新概念51单片机C语言教程
——入门、提高、开发、拓展全攻略
（第2版）

郭天祥　编著

U0240861

电子工业出版社

Publishing House of Electronics Industry

北京·BEIJING

内容简介

本书从单片机入门学习者的视角出发，避开了枯燥繁杂的理论介绍，以实验过程和实验现象为主导，循序渐进地讲述51单片机C语言编程方法以及51单片机的硬件结构和功能应用。全书共分5篇，分别为入门篇、内外部资源操作篇、提高篇、实战篇和拓展篇。

本书内容丰富，实用性强，书中大部分内容均来自科研工作及教学实践，许多C语言代码可以直接应用到工程项目中。本书配有13讲近30学时的教学视频和实例代码（通过扫描二维码下载或者网站下载），可使读者更快、更好地掌握单片机知识和应用技能。本书作者还可提供与本书配套的单片机实验板。

本书可作为大学本、专科单片机课程教材，适合于51单片机的初学者和使用51单片机从事项目开发的技术人员，也可供从事自动控制、智能仪器仪表、电力电子、机电一体化等专业的技术人员参考。

图书在版编目（CIP）数据

新概念51单片机C语言教程：入门、提高、开发、拓展全攻略 / 郭天祥编著. —2版. —北京：电子工业出版社，2018.1

ISBN 978-7-121-32022-4

Ⅰ. ① 新⋯　Ⅱ. ① 郭⋯　Ⅲ. ① 单片微型计算机－C语言－程序设计－教材　Ⅳ. ① TP368.1 ② TP312.8

中国版本图书馆CIP数据核字（2017）第144247号

策划编辑：章海涛
责任编辑：章海涛
印　　刷：三河市鑫金马印装有限公司
装　　订：三河市鑫金马印装有限公司
出版发行：电子工业出版社
　　　　　北京市海淀区万寿路173信箱　　邮编　100036
开　　本：787×1092　1/16　　印张：28.75　　字数：736千字
版　　次：2009年1月第1版
　　　　　2018年1月第2版
印　　次：2024年12月第20次印刷
定　　价：88.00元

凡所购买电子工业出版社图书有缺损问题，请向购买书店调换。若书店售缺，请与本社发行部联系，联系及邮购电话：（010）88254888，88258888。

质量投诉请发邮件至zlts@phei.com.cn，盗版侵权举报请发邮件至dbqq@phei.com.cn。

本书咨询联系方式：192910558（QQ群）。

序一

——STC（宏晶科技）创始人　姚永平

郭天祥老师的这本书是单片机界的第一奇书：因为厚，从未被看好；因为广，被称为单片机应用龙书；拥有者最多，配套学习板最疯狂时月销量超过 1 万套，连续 8 年各大网站排名单片机类书籍销量第一名。加上大量未经允许的盗版，数量应在正版 5 倍以上。配套视频更是全民皆盗（学单片机的学生），可谓功德无量。

郭靖行走江湖用了降龙十八掌，郭老师没有十八般武艺，但行走江湖只用了一掌。

一本 STC89C52 笑傲江湖，将 STC 领先全球的 ISP 程序在线下载技术发挥到极致，虽是学生时代开始创业，却立即有省长上门指导工作，成为黑龙江省自主创业标兵，产值迅速做到 500 万元/年以上，总部也迁到首都北京，成立北京海克智动，开拓新的领域！

学生写单片机教材，有部分老师反对，说太简单了，不够深度，大杂烩，虽然全，但不够专业，还厚，不适合当教材。中国单片机教育界的元老，哈工大教授（教育部单片机精品课程负责教师）说：我跟我的学生讲，如果身体不好，或没时间听我的课，或听不懂我的课，就去看郭老师的视频，看郭老师的书，他讲得通俗易懂，书也由浅入深，全面详实，最后只要通过我张老师的考试就可以了。

河南省一高校老师语：我们学校每年采购郭老师的书 1000 本以上，全校单片机教材都改用郭天祥的书了，学生说用他的书看他的视频，一看就透，其他很多书和视频把简单的讲复杂了，不容易懂，还是郭老师讲的简单到位。

河北省一高校老师语：我们学校每年大学生电子设计竞赛都是指定用郭老师的书来培训，全面详实，一本书、一部视频中，不但有"STC89 系列单片机从入门到提高"、"C 语言从入门到提高"，还有"单片机外围基础电路知识介绍"甚至"较复杂的拓展电路知识"，是全国大学生电子设计竞赛的降龙十八掌啊！

民间最高业绩：连续 8 年各大网站排名单片机类书籍销量第一名，淘宝上连续 8 年配套学习板销量第一名。

很多企业，新入职单片机工程师培训，人手一本郭老师的书，统一集中强化。

广东省的一高校老师讲：我的机器人方向的研究生，入学后，发现他们都人手一本郭天祥的书，很厚，但也确实全面详实，真是单片机入门的龙书啊！

电子工业出版社对本书的肯定：多次请郭老师百忙之中将多年畅销第一的书再丰富一下，补充更多更实用的新知识点进来，让传奇成为经典。

STC 对本书的肯定：创始人连夜通宵为第 2 版作序，指定本书为 STC 单片机全国大学规划教材，STC 推荐的全国大学生电子设计竞赛指导用书，采用本书作为教材的高校，可优先建立 STC 高性能单片机联合实验室，优先获得免费的 8051 仿真器赞助，并指定本书为 STC 内部新员工培训教材。

序二

——上海庆科信息技术有限公司 CEO　王永虹

目前，各种 8 位、16 位、32 位单片机型号众多，应用适应性各不相同，但 51 系列单片机从 20 世纪 80 年代流行的 80C31 至今，从外置 EPROM（80C31）、内置 EPROM（87C51）、内置 Flash（89C51），到如今众多厂商、上千种型号，始终保持着高速发展，体现出勃勃生机，堪称单片机领域的常青树、不倒翁。这充分说明了 51 单片机的经典性。

单片机技术和应用在物联网时代得到了前所未有的发展，对单片机开发应用人才的数量和要求也越来越高。有人觉得单片机技术难学，是因为其内部结构复杂、编程语言抽象，而且实际应用中与其他元器件知识、电子通信技术相互关联，而一个设计通常需要把很多软硬件技术结合起来，一开始往往难以下手。如何循序渐进学习单片机、从菜鸟变为高手，郭天祥编著的《新概念 51 单片机 C 语言教程——入门、提高、开发、拓展全攻略（第 2 版）》一书提供了一条很好的进阶学习之路。

学习单片机第一阶段只需要了解单片机的基本结构、简单的 C 语言编程和开发工具。本书第 1 篇介绍单片机引脚功能、数字逻辑和 C51 基础、Keil 开发环境等，既是单片机学习的基础，也非常容易入门。特别是用软件点亮一个发光二极管，是学习单片机的第一个里程碑成就。

第二阶段要了解单片机的具体内部结构、外设接口、经常用到的电子技术和元器件知识。本书第 2 篇介绍定时器、中断、串行接口、键盘和显示、ADC、DAC、运算放大器基础等，都是单片机应用系统的常用外设接口和组件，学习原理、编程使用这些外设和组件，可为后续应用开发做好准备。

单片机学习的第三阶段是学习单片机各种外设接口的多种工作模式、如何与其他设备进行有效对接和通信，还要学习掌握更多的数据结构和编程技巧，并进行实践锻炼。本书的第 3 篇（提高篇）和第 4 篇（实战篇）介绍了不同定时器和串口的多种工作模式，以及指针的用法，并进行了实时钟、温度传感器、PC 机串口通信等应用系统常见模块的实战演练。

经过以上三个阶段的学习进阶，一般能进行一些单片机简单应用的开发。其他不同应用开发一般需要学习相关的专业知识，如电机控制类应用，需要学习各种电机的原理、控制算法；仪器仪表类应用，需要学习各种传感器原理和编程，数据处理以及人机界面 GUI 等。本书第 5 篇介绍了电源、常用元器件、PCB 设计、物联网应用方面的知识，可作为具体项目设计开发参考。希望此书能帮助读者进行基于单片机的物联网应用系统开发。

感谢郭天祥编写了这本好书。相信此书的出版，不仅会给广大单片机学习者、开发者提供很好的帮助，也会进一步推动单片机技术的普及、应用和发展。

前　言

本书第 1 版在 2009 年 1 月出版，至今已印刷近 40 次，由于采用全新的教学理念和方法，本书深受广大读者尤其是在校大学生朋友的喜爱。随着科学技术日新月异的发展以及高校大学生科技创新活动的蓬勃兴起，本书读者的需求与时俱进，作者一些当年的思路和想法难免略显陈旧，因此有必要推出第 2 版，以飨广大读者。

第 2 版主要修订内容

① 虽然单片机应用日趋广泛和灵活，但 51 系列单片机内核硬件架构和基本开发方法变化不大，因此本书关于单片机 C 语言教学部分变化不大，仅对第 1 版中出现的文字错误进行修改，同时补充和细化了基础运放电路专题。

② 在实战篇中新增应用单片机做电容感应触摸按键的内容，以适应消费类电子产品开发的需要。

③ 为了适应单片机技术的发展潮流，拓展篇的内容修改较大：新增 PCB 设计软件 Altium Designer 14、基于 Wi-Fi 的物联网应用、STC8 系列单片机的内容；在运放扩展专题中加入运算放大器的高阶应用内容，如程控增益放大器、自动增益放大器等，供读者选用。

本书特色

① 本书从实际工程应用入手，以实验过程和实验现象为主导，由浅入深、循序渐进地讲述使用 C 语言进行 51 单片机编程的方法、51 单片机的硬件结构和各种功能应用。

② 不同于传统的讲述单片机的书籍，本书中的大部分例程以实际硬件实验板实验现象为依据，通过 C 语言程序来分析单片机工作原理。读者既能知其然，又能知其所以然，从实际应用中彻底理解和掌握单片机。

③ 本书中的大部分内容来自作者及其团队的科研及教学工作实践，内容涵盖多年来项目经验总结的精华，并且贯穿一些学习方法的建议。

④ 本书内容丰富，实用性强，许多 C 语言代码可以直接应用到工程项目中。本书为读者提供近 30 小时的单片机教学视频（可以扫描下文列表中的二维码进行在线观看，也可以登录到 http://www.hxedu.com.cn，注册后下载）。

同时，作者开发了与本书配套的 TX-1C 单片机实验板，可帮助读者边学边练，达到学以致用的目的。读者在学习过程中可以将视频和图书互为参考，配合学习，并用单片机实验板进行实践，这样有助于更快更好地掌握单片机应用知识和技能。

⑤ 本书适用范围广，可以作为高校电子信息类和机电类各专业的本科、专科相关课程的教材或者大学生创新基地培训教材，也可供 51 单片机的初学者和使用 51 单片机从事项目开发的技术人员学习和参考，还满足从事自动控制、智能仪器仪表、电力电子、机电一体化等专业的技术人员的选用需求。

本书内容组织

本书内容共分 5 篇，分别为入门篇、内外部资源操作篇、提高篇、实战篇和拓展篇。

第 1 篇主要讲解单片机相关基本知识及 C 语言编程基础，为初学者入门奠定基础。相关概念介绍简洁、易懂，避免长篇累牍的堆积专业术语，力求好学、好用。

第 2 篇讲解单片机基本操作及其应用。针对每个应用都设计一个具体的实验项目，通过实验项目的实现，教授单片机的 C 语言编程使用方法。内容组织上循序渐进，由浅入深；教学方法上从原理到实践，再由实验现象进一步分析原理；做到理论与实践互相交融，有助于读者上手学习。

在前 2 篇的基础上，通过实验，第 3 篇进一步扩展讲解了 51 单片机的高级功能应用，包括定时器/计数器以及串口应用，每个应用都设计针对性的实验项目和编程实例，使读者看得着，想得到，同时介绍 C 语言"精髓"——指针的相关应用。

第 4 篇是作者教学和实际工作中精选出的具有代表性的真实项目，知识涉及面广，内容丰富，是作者开发经验的精华总结，以期引导读者综合运用前面所学知识，搭建 51 单片机系统，建立系统概念。

第 5 篇为拓展部分，详细讲解了使用 Altium Designer 14 软件绘制原理图、PCB 图、元件库和元件封装的过程；详细介绍了基于 Wi-Fi 的物联网应用；分别讲解了直流电机、步进电机和舵机的原理及驱动方法；介绍了 STC8 系列单片机以及运放的高级应用方法。本篇主要面向具有一定单片机开发经验的读者，主要目的是拓宽读者思路，为学习者提供必要参考。

本书学习建议

随书提供的视频与本书前 3 篇基本对应，建议读者在学习本书之前，最好有一块与本书中相同的实验板。学习时先看视频，对单片机有一个初步的印象，视频中的互动部分，读者可亲自做实验；在学习过程中，读者要多动脑，多动手；边学边做，边做边学，在不断实践中领悟单片机工作原理。

在对实验原理理解的前提下，读者要尝试独立编写出书中每章的实例程序，有困惑时再查看书中代码，反思自己的失误在哪里，进而积累更多的经验。

在掌握基本单片机使用后，针对具体开发和应用，读者可选读本书其他章节，有目的地阅读和参考可提高学习和工作效率。

本书教学资源

本书提供的教学资源包括：本书所有教学课件、实例代码和视频教程。

以上教学资源提供两种方式浏览或下载。

① 二维码扫描，见相关二维码。

教学课件　　　　　　　　　实例代码　　　　　　　TX-1C 原理图

② 网站，登录到 http://www.hxedu.com.cn，注册之后进行下载。（下载过程中如有问题，请联系 dyl@phei.com.cn。）

视频教程的介绍和二维码如下：

讲次	内 容	细 节	二维码
第1讲	学习单片机预备知识 如何点亮一个发光管	单片机能做什么，基本电子知识，如何用 TX-1C 单片机学习板学习单片机，C51 知识简介，如何申请免费芯片样品。点亮一个发光管	
第2讲	流水灯设计 蜂鸣器发声 继电器控制	简单延时程序、子程序调用、带参数子程序设计、流水灯同时蜂鸣器响、如何驱动蜂鸣器，如何驱动继电器，集电极开路的概念及应用	
第3讲	数码管显示的原理 数码管的静态显示	共阳/共阴数码管显示原理、定时器工作方式介绍、重点讲述工作方式2、中断概念及中断函数写法、外部中断实验、定时器中断应用	
第4讲	数码管的动态显示原理及应用实现	动态扫描概念、定时器、中断加深 用单片机的定时器及中断设计一个60秒定时器	
第5讲	独立键盘、矩阵键盘的检测原理及实现	键盘用来做什么、如何检测键盘、消抖、键盘编码、带返回值函数写法及应用	
第6讲	A/D、D/A 的工作原理及实现、运放电路	模拟电压与数字电压的关系、为什么要使用 A/D 及 D/A、ADC0804 的操作方法、DAC0832 的操作方法	
第7讲	串口通信原理及操作流程	串口通信工作方式、10 位数据通信、波特率概念、如何根据波特率计算定时器初值	
第8讲	1602 液晶显示原理及实现	最简单液晶工作原理、如何对一个没有任何概念的芯片开始单片机的操作	
第9讲	I²C 总线 AT24C02 芯片工作原理	I²C 总线工作原理、目前非常通用的一种通信机制	
第10讲	利用 51 单片机的定时器设计一个时钟	综合运用 51 单片机知识设计一个可以随意调节时间、带整点闹铃的时钟（其中用到定时器、中断、按键、蜂鸣器、数码管或串口通信）	
第11讲	用 DS12C887 时钟芯片设计一个高精度时钟	DS12C887 内部带有锂电池，系统掉电情况下可自行精确走 10 年，并带有闹钟功能、年、月、日、时、分、秒等（本节由学生自己设计电路）	
第12讲	使用 Protel 99 绘制电路图全过程	Protel 99 软件使用、元件库、封装库设计、绘制原理图、错误检查、生成 PCB、手动、自动布线、送去加工	
第13讲	Altium designer 6.5 绘制电路图全过程	最顶级电路板设计软件 Altium Designer 使用、元件库、封装库设计、绘制原理图、错误检查、生成 PCB、手动、自动布线、送去加工	

这里对配套视频中讲解三极管和场效应管部分的一点错误给予更正：

作者在讲课时说：三极管是压控流型器件，场效应管是压控压型器件。

正确结论应该是：三极管是流控流型器件，场效应管是压控流型器件。

在编写本书的过程中，作者得到了母校哈尔滨工程大学信息与通信工程学院刁鸣教授、王松武教授、刘文智老师和李海波老师的大力支持。本书的部分章节由我的同学叶大鹏、李健编写，另外我的老师兼好友王伞也十分关心本书的编写进度，为提高书稿的质量提出了许多宝贵的建议和修改意见。以下人员都参与了本书的部分编写：张凤莲、孟宪良、李勇、汪浩、樊宝华、杜海堂、闫智璐、吴海平、王晓川、王丽然、王鑫鹏、纪文龙、陈新杰、李彦、李璞、黄帅、霍智多、宋玉娇、靳鹏、高云、黄晓静、马五里、吴庆健、魏旭东、朱文彬、薄理夫、李桃、韦云飞、刘杰。同时，电子工业出版社为本书的出版付出辛勤的劳动。在此，对他们表示衷心的感谢。

由于作者的水平有限，错误和疏漏之处在所难免，欢迎广大技术专家和读者指正。

作者的联系方式是 txmcu@163.com，读者也可以登录天祥电子网站发表意见，或联系购买单片机实验板，网址是 http://www.txmcu.com。

郭天祥

2017 年 11 月　于北京

再致读者

——我的创业

时光荏苒，岁月流逝。转瞬间，距本书第 1 版发行已过去 8 年，我从一个身处大学涉世未深的懵懂青年转变为投身社会艰苦奋斗的创业者。在这 8 年时间里，我把父母从老家接到了城市，建立了幸福的家庭，拥有了可爱的孩子；但我无暇过多沉浸于父母的谆谆叮嘱、妻子的温柔体贴、孩子的牙牙学语，因为社会是残酷的，竞争是无情的。作为一个创业者，我无时无刻不在触摸时代的脉搏，无时无刻不在寻找发展的机遇，无时无刻不在思考创新的理念。

当代社会，是一个信息高度发达，行业产业迅猛发展，环境机遇瞬息万变的时代；要想发展、开拓自己的事业，不锐意创新，迎难而上，很快就会被发展的洪流所吞没，被激烈的竞争所淘汰。还好，有赖于上天的眷顾，我挺过来了！从最初创建的天祥电子，发展为现在的北京海克智动，并成为空气净化智能化解决方案的引领者；一路走来虽然跌跌跄跄，但也算扎实，逐渐被行业认可，站稳脚跟。回首创业之路，虽荆棘坎坷但也无怨无悔！在这里，请允许我以"过来人"身份向大家简述我的创业历程，以期和广大读者，尤其是广大青年朋友们共勉！

2009 年，我从哈尔滨工程大学信息与通信工程学院毕业，获得电子信息工程工学硕士学位。当时，我有多种选择：一是继续攻读博士学位，二是就业，三是创业。我身边的很多老师都劝我读博，父母也希望家里能出一个博士"光宗耀祖"。这一选择首先被我"pass"掉了！我信奉一句话"纸上得来终觉浅，绝知此事要躬行"，出自陆游的《冬夜读书示子聿》一诗。意思是说，从书本上得到的知识毕竟比较肤浅，要透彻地认识事物还必须亲自实践。我并不是说书上的知识浅薄，而是要"学以致用"，用知识指导实践才能真正理解知识的内涵。况且，与在象牙塔里面当一个博士来搞理论研究相比，我更喜欢做实际项目，通过具体实践来不断提高自己。选择二是就业，2007 年 9 月，我曾以实习生的身份到一家公司做硕士课题，至 2008 年 6 月我离开公司，我为公司研发了一系列太阳能充/放电控制器、太阳能路灯控制器和联通移动基站的太阳能电站充/放电控制器，并且得到了批量生产和应用。公司很看重我的技术能力，曾许诺高薪聘请我回去工作。当时，行业对电子信息专业人才需求很旺盛，许多国内知名的大企业正在扩大规模高速发展，我们那届毕业生都能找到较好的工作，况且我有很多实践项目经历和创新获奖，要找一个月薪过万的工作并不是难事。我也曾纠结，是否要像大多数毕业生一样，做一份漂亮工整的个人简历；穿上笔挺的西装，出入于各大公司招聘会，露出谦恭的笑容，解答用人单位的询问，极力推销自己。找份踏实工作的好处显而易见，有一份稳定的收入，只管安心干活就是了，不用操心太多事。只要技术过硬，肯吃苦，拿得出过硬的"东西"，能让"老板"赚到钱，你就能获得丰厚的回报。运气好的话，得到"老板"赏识，青云直上，一跃成为领导；大多情况，都得"靠年头"，等到你的直管上级高升、调转或光荣退休，你就会递补上位，"多年的媳妇熬成婆"。找到一份喜爱且薪酬高的工作，确实是就业的最好选择，绝大多数（超过 95%）毕业生都梦想得到一份这样的工作。当时我们同学见面互相问候不是"吃了吗"而是"签了吗"，然后就问"多少钱"，如果你骄傲地告诉他"兄弟月薪过万"，对方大多会露出羡慕的眼光，然后调侃道"小弟以后就靠你提携了"。经过一番思想斗争，自主创业就成为我最后的选择。

当然，自主创业的问题多多，但我来不及想其他问题，总是在想最坏的结果。我把这个问题抛给了我一个实验室的年轻教师王伞，他当时在付永庆老师的课程组工作。他想了半天，跟我说了影响我走上创业道路的一段话！

他说："做什么不重要，重要的是你有没有做好的决心、信心和恒心。你问我这个问题我回答不了，没人能回答得了，只有你自己能回答；因为没人能代你选择人生道路，道理很简单，他们不能经历你自己的人生。如果你不能从成败这个问题上自拔，我建议你思考三个问题：第一，我是谁？第二，我想做什么样的事？第三，我想成为什么样的人？"。

是啊，**我是谁？** 我是郭天祥，来自新疆农村一个贫穷的家庭，经过千辛万苦考上大学来到哈尔滨，年幼艰苦的生活环境磨砺了我坚韧的性格。**我想做什么样的事？** 我喜欢标新立异，喜欢做别人想不到的东西（时髦的话叫创新），喜欢创造属于自己的产品（术语叫品牌）。**我想成为什么样的人？** 我不想做一个隐匿于人群的"普通人"，我想按自己的意愿安排工作，我想通过我创造的"小玩意"改变人们的生活；我想成为"名人"，当人们使用我设计的产品时可以想到我；我想在我老的时候拿出和那些产业巨头、IT精英的合影并对我的后辈说："瞧，当年我也是风云人物"；我想……打住，就此打住！谁不想成为这样的人？理想很丰满，现实很骨感，如果不付诸行动，都只能是幻想！好了，我想通了！我不要做郭博士、郭员工，我要做郭经理、郭总、郭董事长！创立一家伟大的公司，带领一帮平凡的人做不平凡的事情，为社会做出自己的贡献！从当初到现在，我依然在路上努力着。

在我 2002 年考到哈尔滨工程大学的时候，学校已经开始意识到大学生科技创新能力培养的重要性；尤其是我所在的信息与通信工程学院，学生科技创新方面的工作一直走在学校前列，鼓励学生参加电子设计竞赛、"五四杯"等课外科技创新活动；建设了创新实验室，全天开放，吸引学生从事"自助式"的创新活动。我的成长和读研都与学生科技创新活动密不可分（详见第 1 版序），在这里我要再次感谢哈尔滨工程大学的领导、感谢哈尔滨工程大学的创新教育体制。在当时，学校创新教育注重的是学生创新思维的启发和创新能力的培养，通俗地讲，就是教你怎样做出一个创新的作品来；还没有涉及怎样将一个创新作品做成可以投入市场的产品，也就是创业教育。现在国内的高校都意识到这一点，开始注重创业教育，而且一提就是大学生创新创业教育，创新与创业终于不用分家了。由于没有接受过创业教育，在我的印象中创业就是创建一家公司，然后开发自己的产品，投入市场去卖！创业基本上就是这样一回事，只不过没有这么简单，有许多环节和细节需要去完善。

俗话说万事开头难。我开始创业的第一个问题是场地问题。开公司总不能去摆地摊吧，需要一个固定场所从事产品开发和业务洽谈。到市场去租商用房，价格太贵，我承担不起。我在上大学阶段曾建立个人网站"天祥电子"http://www.txmcu.com/，通过网络销售自主研发的 TX-1C 单片机学习板，销路还算可以；另外，我与同学承接了一个开发项目，我设计硬件，他写软件，项目完成后也获得了一定报酬；赚到的钱支付学费和日常生活花费后，所剩不多。都说创业最重要的是"第一桶金"，需要一笔启动资金，可我当时没有"一桶金"，充其量有一桶钢镚，面值都是一毛的。还好，学校为支持大学生创业，在所属的哈尔滨工程大学国家大学科技园开辟了大学生创业专区，可以优惠租房给大学生创业者。经王松武老师介绍，我找到科技园负责大学生创业的老师郑志，他热情地接待了我。详细了解情况后，他向我具体介绍了学校的优惠政策，包括：优惠租房、注册公司的快速通道以及优惠贷款政策等。基本上能由他们解决的问题都会帮我办理，他们解决不了的也告诉我怎样办理。在此，我要感谢郑志老师以及科技园的所有员工，是他们无私的帮助使我这个创业"菜鸟"成功地迈出了第一步。

21世纪什么最重要，人才！一个人才也不行，得一群人才才能成！要想办公司，光我一个"人才"显然不行，但公司刚起步，名气不大，资金有限，很难吸引人才，于是我想从身边发掘人才。叶大鹏，我的同班同学，时任班级最高领导人——班长。个子不高，人很聪明，学习成绩顶呱呱，学生干部也干得风生水起，属于两手抓，两手都硬的一流"军政"人才。他和我住一个寝室，为人厚道，与同学们的关系都不错，和我更是好兄弟。在我的不断劝说下，大鹏最终同意放弃去选择稳定的工作，与我一起创业。

大鹏的加入，使我在创业的道路上不再独行，当我遇到挫折时，是你助我前行；当我意志消沉时，是你提点我振作；当我迷茫时，是你解开我内心的困惑；虽然最终你离开公司去开拓自己的事业，我真诚祝福你前程远大，我永远的兄弟——大鹏。

2008年9月，我人生最值得铭记的一个日子："祥鹏电子"公司诞生了，从此这个世界上少了一个郭博士、郭员工，多了一个郭经理！公司开展的第一个业务很重要，"开门红"是成功的开端。为了稳妥起见，我决定继续把单片机学习板的开发和销售做好。原因有四：第一，在大学我已经开发了TX-1C单片机学习板，投入市场销售反映良好，积累形成了良好的口碑，品牌效应初步显现，我判断当时的市场还有很大的容量，继续跟进还是前景可期的。第二，我用单片机做过很多项目，对该项技术掌握较成熟，从事单片机学习板开发驾轻就熟，技术风险小，有把握缩短开发周期，快速推出新产品占领市场。第三，学习板用户主要定位于在学校就读的广大青年学生，我刚从校门走出，最清楚他们的心理以及他们的需求，也大致了解他们的课程体系，基本知道他们在什么时间段学什么课程，能够针对他们的学习要求开发相应的学习工具。用术语讲，就是我能很准确地把握客户需求。第四，我能做到特色鲜明。实际上在我做学习板之前，市场上已经有太多的相关产品。老实讲，单片机学习板的开发难度并不大，一个初学者经过很短时间的科学培训就能基本掌握单片机的主要功能，你再教会他画PCB板图，他就能开发出一款单片机学习板。尤其是，同一类单片机的内部硬件结构是相同的，各种产品的区别在于外设芯片不同，但从学习者的角度来看，就是操控的程序不同。怎样做到"人无我有"呢？

既然"硬件"无法区分，那就"软件"上找，这里说的"软件"不是单片机开发软件和程序，而是单片机学习方法和理念。我从大二开始接触单片机，那时候学单片机的人很少，身边也没有"牛人"可以请教，全凭"自学成才"。刚入门的时候很难，一些相关的概念很抽象，只能靠自己"硬啃"，花费了很多的时间和精力，也走了不少弯路。我切身体会到单片机难学，主要是入门难。<u>其一，初学者很难抓住学习重点。</u>当你翻开大多数单片机教学书籍时，扑面而来的是连篇累牍地介绍内存、地址、总线、存储器等抽象概念，让初学者不知所云，难以理解。花大量时间学习，收效甚微，渐渐丧失兴趣，放弃学习。其实单片机学习重在使用，学习者要从如何使用单片机入手，避开繁杂抽象的概念理解，直接学习设置功能寄存器，控制输入、输出，这样才能较快上手。<u>其二，学习方法不对。</u>我也上过单片机课程，很认真地听老师讲每个知识点，很多内容听不懂；课后也用心去看教材，但理解得也不透彻，似是而非。时间长了（过不了几天）都忘了，再捡起书本看，再忘、再看，如此反复！相信广大的学生朋友都有过这样的经历。这种问题的根源在于学习理念和方法不对，像单片机这样的硬件系统要在实践中学习，你可以先找到一块单片机学习板，编写最简单的程序下载观察现象，如果不成功，再到书上查阅相关内容，或到网上查找相关资料，或与其他学习者交流，然后修改程序下载，直到成功为止。**边实践、边学习，再实践、再学习。**当你点亮第一个 LED 发光管时，当你让蜂鸣器发出第一声鸣叫时，那种成就感油然而生，就会产生浓厚的兴趣激励你编写新的程序，开发新的功能；几个程序过后（个人认为不超过 10 个），恭喜你"脱贫了"，你已经成为菜鸟眼中的"牛人"。至于那些复杂的概念，用得多了，自然就理解了！为了方便大家学习，我编写了本书第 1 版，打破传统教学内容，直接以单片机应用为切入点，针对单片机每个功能讲授程序编写，并附带出相关其他知识点，帮助学习者由浅入深地学习。

看书终归不够形象，我录制了 13 讲视频教程，"手把手"教用户学单片机。在视频中，我会直接解决初习者在学习过程可能遇到的"难点"和"痛点"，让"菜鸟们"迅速上手！当时，我喊出了"十天学会单片机"的口号，得到广大学习者的强烈响应。可以说，我的卖点不在于单片机学习板硬件本身，而在于单片机教育的创新方法和理念。

到 2009 年 12 月，TX-1C 单片机学习板累计卖出 12000 套，公司年营业额突破 300 万元。有了资金支持，我决定丰富产品线，改变公司产品单一的现状，相继投入研发 AVR、PIC、STM32 等系列单片机，以及 ARM 系列学习板的开发及相关视频教材的制作。由于公司研发人员有限，我这个总经理也冲在第一线，没日没夜地埋头苦干。虽然辛苦，但看到研发的新产品顺利投入市场，受到用户的欢迎和赞赏，我由衷地感到欣慰。

这时，许多学校和企业找到我，要建设单片机实训基地，我为此开发了单片机实验箱，以优惠的价格提供给他们。我觉得，作为一家企业，追求利益无可厚非，但更应谨记社会责任；如果我的产品能为学校的人才培养提供支持，为广大青年学习提供便利，那也算是我对中国教育的一点点贡献，也是我人生价值的最大体现。

随着各类产品的逐步上市，公司业绩逐级攀升；公司运转也走上正轨，招收了 20 多名新员工，先后建立了硬件研发部、软件研发部、调试部、销售部、财务部。大家分工明确，各司其职，有条不紊地开展工作，日子就这样平静地过着。宁静中孕育着危机，也孕育着希望。比尔·盖茨曾告诫微软员工"我们的公司离破产永远只差 18 个月"，海尔集团 CEO 张瑞敏说得更绝，"海尔离倒闭只有一天"。两位前辈告诫我们，做公司要保持高度的危机意识，如果你安于现状，不主动打破平静，危险正步步向你逼近。

虽然在 2009 年的时候，公司业绩还在节节攀升，但我意识到在未来的几年，公司出货量将趋于稳定甚至下滑。因为我提出的单片机教学理念被市场接受后，很多后来者争相模仿，很容易将学习理念移植到他们的产品上；今天我提出"十天学会单片机"，明天就会有人喊出"五天学会单片机"，而且价格更便宜，同类产品激烈竞争会流失一部分用户；另外，我的产品用户主要是在校的学生，现在学校大力发展创新创业教育，各种培训、学科赛事、科研立项使单片机的应用逐渐被推广，会使用单片机的学生越来越多，学习者获得学习资源的途径越来越便捷，而且成本很低。例如，一名学生可以参加科技协会举办的单片机培训班并购买协会开发的学习板，也可以参与学科竞赛并参加相应的培训讲座，在竞赛过程中请教其他学生学习，并购买二手的学习资料。总之，当一项技术得到普及和推广的时候，相关产品必然降价；这对学生是好事，但提供产品公司的利润将被严重地压缩。就好比 20 世纪 90 年代移动通信技术刚投入市场时，买一部"大哥大"需要几万元，而现在花几百块钱就会买到一部很好用的手机。

因此，我觉得"不能把鸡蛋都放在一个篮子里"，公司要多元化经营，开拓新的领域。恰巧，当时有许多客户慕名找到我，请我帮他们做项目，于是公司开始承接项目。我们先后完成了"USB 摄像头拍照存储器"、"手持摄像测温记录仪"、"网络温度采集器"、"水泥包装微机控制系统"、"铁路道口员监控报警器"、"油水井远程数据监管系统"、"电动机执行器控制器"等十几个项目。做项目的过程是艰辛的，每个项目都倾注了我的大量心血，为了项目顺利交付，通常是泡面加咸菜，通宵达旦苦干，可谓"衣带渐宽终不悔，为伊消得人憔悴"。通过项目历练，公司技术能力得到快速增长，同时积累了宝贵的经验；最主要的是开拓了视野，真正接触到生活生产第一线，使我由一名"象牙塔"里走出的大学生转变为从容应对社会风浪的工程师。

社会生活中的项目开发与学校内的科研立项区别很大，很多刚走上社会的大学生朋友很难适应，因此有必要将我积累的经验倾囊相授，使青年朋友们对项目管理有初步了解。介绍过程中我将用到一些专业术语（当时我也不懂，后来学习专业知识才了解），但我会尽量用通俗的语言讲给大家。

经验一：做分内的事，术语叫项目范围管理。项目范围管理是在收集项目需求的基础上，界定本项目需要做的事。作为项目管理者和实施者，在签订项目合同时要锱铢必较，必须严格界定项目范围内需要做的事。签署项目协议时，多一个字、一句话，就可能让你的工作量翻倍。

经验二：按时交差，术语叫项目时间管理。作为项目经理，一直在考虑的一件事就是：时间。在项目最终完成前，你必须制定几个关键时间点及相应标志成果！当你按计划检验时间进度时，就要考虑：为了在规定时间点完成任务，需要投入多少人手？怎样可以节省时间？哪些工作重要并提前实施？进度落后了怎么办？总之，时间管理就是协调项目参与者按统一的节奏和速度一起完成项目。

经验三：花小钱，多办事，办大事，术语叫项目经费管理。我很羡慕在校的大学生，他们可以"很任性"地购买功能最强大的芯片器件，应用最先进的技术完成科研立项，结题时通常会得到评委老师的赞赏。但在实际工作中，"不计代价地"完成某个项目是不可想象的，除非你"人傻钱多"。在保障实现项目要求的前提下，尽量节约使用经费，能一块钱解决的事，绝不花两块钱，你要确认你的钱或客户的钱每一分都有效利用，并花在刀刃上。

经验四：简单可靠最重要，术语叫项目质量管理。衡量项目质量的指标很多，最重要的是可靠性。项目最终成果是要投入使用的，无论你拿出来的东西技术多么先进，外形多么炫酷，如果"一用就坏"，那就没有任何意义了。如何提高可靠性是一门科学，你可以规划设计流程、生产流程、质检流程；最实用的方法是把系统做简单，尽量简化结构，采用最少的元器件、较少的连接等。简单的好处还在于，一旦出现故障，方便定位和维修。

经验五：做好迎接困难的准备，术语叫项目风险管理。做项目不可能一帆风顺，肯定会遇到很多问题，做项目前要充分预估可能遇到的困难，并做好相应处理预案，防止猝不及防的风险发生，比如资金紧缺问题、技术难关、项目组人员变动、客户需求改变等。只有自觉消除和规避风险，才能保障项目顺利完成。

2012 年，注定是不平凡的一年。我来到北京参加一次中关村举办的创业创新大赛，这次我仅以一名普通观众的身份参加，现场看到了创业者们的激情、创意、科技，感觉到了大环境的重要性。我第一次感觉到自己像一个刚走出家门的"孩子"，原来外面的世界分外精彩！在北京，你能感受到祖国心脏强劲的脉搏，泵出活力和激情；在北京，你能遇到更多创客精英，商业大咖就在身边；在北京，你有更多融资的机会，资本的大门等待你去叩响；在北京，你有更多的"玩法"，商业模式的创新如雨后春笋般涌现；在北京，你将遇到无数意想不到的意外。我萌生了一个念头，我要到北京来创业，我要投身到这风云际会的创新创业大潮。

2012年7月，告别我挚爱的哈尔滨，踏上北京创业征程，正式注册北京海克智动科技开发有限公司，公司主营定位基于物联网的空气检测产品线、针对空气净化器与新风设备行业的智能化解决方案、面向家庭和商业用户的全屋新风净化系统解决方案。经过5年的奋斗，现在的海克智动已经是行业领军企业，生产的空气质量检测仪成为全国销量最大的仪表，空气净化行业的智能化解决方案覆盖国内超过50%的厂商。不久的将来，海克智动的新风系统也将遍布每个家庭及商用场所。海克智动选择做空净产业，不只是为客户创造价值，更是为消费者送来健康，为社会创造价值，这也是我当年创业的初衷。

提笔至此，洋洋洒洒已近万字，感谢读者不厌其烦地看我累述。经常遇到学弟学妹们用景仰的目光看着我，虚心地请教创业的成功经验。其实，我的创业过程很平凡，没有波澜壮阔的曲折，也缺乏异峰突起的转折，我走的每一步都靠埋头苦干、挥汗如雨。每个人的境况不同，创业的道路也不同，我不能以偏概全，以我的经历指导大家，创业是不可复制的，但经验是可以借鉴的。请允许我对千千万万怀揣创业梦想的青年朋友提几点小建议：

第一：珍惜大学时光，努力学习文化知识，结交知心朋友，学习与人交往，提升个人素质修养。

第二：敢闯敢试，明确目标，持之以恒，坚持到底。

第三：寻找自我创新，坚持产品创新，打造中国创新。

第四：成大事者不为蝇头小利所驱使，忠于自己的创业理念，立志长远；改变自己，改变命运，改变生活，改变世界。

好了，终于写完了！揉揉困顿的双眼，远眺窗外的夜空；今夜，北京，月朗星稀。此时，心境，辽阔悠远。我的视线开始模糊，依稀看到一个瘦弱的身影奔跑在广袤的原野上，他绕过荆棘，跳过水潭，执着地奔向一片花海；繁花似锦，渐迷人眼，他采撷最娇艳的一朵，轻轻放在眼前；于是，整个世界就变得像花儿一样美好。以梦为马，不负韶华；我，一直在路上，你们呢？

郭天祥

2017年7月于北京

致读者

——我的大学

在哈尔滨工程大学六年，我在学校国家电工电子教学基地的电子创新实验室呆了四年，这四年里创新实验室给我提供了良好的学习环境和完善的实验设备；在与众多电子爱好者的交流中，使我学到了更多的专业知识；在学校老师的教导下，让我学会了如何做一名合格的大学生。因此，在这里我要感谢哈尔滨工程大学的历任领导，我今天成绩的取得得益于他们不断完善的教育体制；衷心地感谢曾经教导过我的刁鸣教授、付永庆教授、王松武教授，没有他们对我的培养，也就没有我的今天。同时我也希望能有更多的电子爱好者加入创新实验室，在完善自我的同时，在电子行业做出更突出的业绩。

2007 年，我以全新的教学方式推出了一套讲述 51 单片机的教学视频课程——"十天学会单片机"，该视频自从网上发布后，得到了电子爱好者的一致好评，诸多的单片机初学者通过这套视频走上了单片机开发之路。有很多学员来信或打电话希望我能够将视频中的内容著书出版，让更多的人受益。为此，从 2007 年 9 月至 2008 年 7 月，我用了近十个月的时间将本书写完。本书的写作风格与我在教学视频中的讲课风格相似，它与传统讲授单片机的书籍完全不同，我以学单片机"过来人"的思路，抱着如何才能更容易掌握单片机的态度，理论与实践完全结合的方式清晰地讲解了单片机部分。其余大部分内容为我多年做项目的经验积累，也有部分内容来自于网络电子高手们的精华总结，应当说，在本书中有太多的知识是大家平时在书本上学不到的。在这里，先将我在大学期间的学习和生活经历与大家分享，借此鼓舞大家珍惜大学时光，多学习文化知识，开创更加美好的明天。

写这篇文章的时候，我正处于硕士研究生毕业论文的准备阶段，眼睁睁看着我的大学生活即将画上句号，再看看身边有很多低年级的学生们一天天把时间白白荒废掉，我在心里替他们惋惜，在即将结束我的大学生活之际，我将我的大学几年的有意义的生活与大家分享，看过这篇文章后也许能让那些有梦想的同学为了实现自己的人生目标少走些弯路，大家要相信，大学校园——将为你提供一生最好的学习环境。

我高中毕业于新疆伊宁市三中，2002 年考入哈尔滨工程大学信息与通信工程学院电子信息工程专业，2006 年以创新人才免试保送哈尔滨工程大学硕士研究生，现在已经是我在学校的最后一个学期了。记得我刚入校的时候对电子知识一点也不懂，之前我比较喜欢经商，想着好好努力，将来开个公司，做做生意，所以第一志愿报了经济管理学院，结果没被经管学院录取，而被调剂到信通学院，现在想来也算是走对了。在上大学之前，我的梦想是上大学后，一定要当班长，一定要当学生会的干部。所以我从上大一就开始加入学校的学生会，非常积极地竞选班干部，后来也如了我的愿，班长也当了，学生会干部也做了不少。因为刚上大一的时候根本不知道大学里具体要学什么知识，每天就是上课，那时一节课也不敢逃，每天的生活就是去上课、吃饭、打球和踢球，然后回宿舍瞎侃，上床睡觉。周末时，找几个同学逛逛街什么的，每周都重复着同样的生活，日子过得平平淡淡，但那时也不觉得在虚度，可能还带着刚离开高中校园的那种兴奋，认为理想中的大学生活就是如此吧。

　　大一的一年就这样糊里糊涂过去了，接着就大二了。大二上学期除了在学生会的职位高了点外，其余和大一时也没什么区别，没有特别的事情发生过，偶尔逃逃不点名的公共课，天天照旧打篮球、踢足球。在大二下学期开学不久的某一天，我静静地思考了很久，我想起了我曾经有过的梦想、我追求的人生、我向往的生活，想想如果再这样过完两年，我的将来会是什么样子?那天我觉悟了。我的专业是电子信息工程，那我必须在这方面学有所成，两年都快过去了，天天抱着课本啃，现在想想我的水平和高中时一样，我学的是电子专业，从初中就开始学电阻了，到现在都六七年了，至今我连电阻长什么样都没见过，这样下去学的算是什么电子专业?我想我不能再这样下去了，于是找了同宿舍的另一位同学赖世雄，我对他说："我们一起参加学校的'五四杯'电子设计竞赛吧!"他欣然同意了，当时我俩真是对电子知识一无所知，根本不知道从哪里开始，于是我们就从电子杂志上随便找了个类似电话控制器的小作品，把杂志上原理图中所有的元件型号抄下来，然后我俩就去电子市场上买元件。第一次买电子元件，一点专业知识也没有，我们讲的好多东西卖元件的人都听不懂，闹了不少笑话，一个电阻被人家要了一毛钱，还说这东西真便宜啊!（实际上一个电阻还不到一分钱），最后买了一堆电阻、电容和三极管，加起来一共六七十元，回来就准备照着别人的原理图焊接，很显然，这种做法从一开始就已经注定结果必然是失败的。无奈之下，我们跑去找当时教我们电路基础课的付永庆教授，我对付老师说我们想学点真正的东西，但根本无从下手，能不能请付老师帮我们想想看做个什么东西? 付老师当时正在构想从学校低年级学生中选出一部分爱动手、有上进心的学生作为创新型人才来培养，他看我俩有想法，就直接对我俩说："你们俩可以到我的实验室里来，现在我正好带几个大四的学生做毕业设计，你俩先跟着他们学习学习吧!"。当时因为是付老师个人的实验室，所以计算机不够用，于是我俩就把自己的计算机搬进了实验室，从那天起，我真正踏上了电子设计这条路。付老师又给我俩介绍了一位正在做毕业设计的大四女同学，她叫黄光亚，她正在做一个两台计算机之间用激光通信的题目，我和赖世雄每天都去实验室看着黄光亚焊电路、写程序，那时看着真是一头雾水，感觉那些东西好神奇，在计算机上写上几句程序，按完回车，看见一道激光穿过眼前，然后在另一台计算机上就能看到整屏滚动的数据。大概跟着黄光亚前后忙了一个月，对黄光亚正在做的作品的硬件部分算是有了基本的了解，但计算机部分具体怎么实现的还是不明白。那时正好赶上2004年学校的"五四杯"电子设计竞赛，我们借黄光亚的作品申报了参赛资格。在比赛那天，我们就用仅懂些基本原理的一堆元件加两台计算机等待比赛评委的到来，当时评委们问了我们这是什么原理、信号怎么调制、传输波特率多少等很多很多简单的专业问题。说实话，我们哪里知道啊! 我那时连RS-232电平是什么概念都不明白，评委们提的专业名词我根本就没听说过，当时也就把我们懂的东西全说了，也不知道对应评委的哪个问题。那时学校"五四杯"电子竞赛的参赛作品比较少，评委看我们才大二，而且我们的作品又是一个较完整的系统，基本没什么工作上的漏洞，为了鼓励我们，最后还是给我们发了个小奖项。

　　"五四杯"结束后，赖世雄就从实验室把他的计算机搬回宿舍了，很可惜，他放弃了继续走这条路，我的计算机一直放在付老师的实验室。说到这里，还要讲一点儿关于我买计算机的小插曲。大二上学期时，我的很多同学们都买了计算机，于是我也跟着买了，当时不知道买来计算机后具体要学什么东西，我的同学们买来计算机后，大部分时间在玩游戏、QQ聊天，有的同学可以从早上一直聊到晚上，玩游戏的同学可以从早玩到晚，我同学建议我玩"传奇"

游戏，说很有意思，他帮我注册了账号，游戏里一个动画人物拿着一把大刀不停地砍野猪、野鹿什么乱七八糟的所谓怪物，他砍了几刀就把一头野猪砍死了，然后他说："你看长经验了吧，多有意思，你来玩！"，我接过鼠标砍了三刀，我想破脑子也想不出他说的有意思是指什么，然后我说："实在是无聊！"那天起开始了我的游戏生涯，三刀后也结束了我的游戏生涯，我觉得网络游戏实在是没有意思。我更不喜欢聊 QQ，可是这计算机都买了，不能一点用处都没有吧，当时那个时候，真的不知道计算机能"玩"什么和我们专业有关的东西，那些天我每天用计算机做的最多的工作就是把文件从一个分区拷到另一个分区，把一些不用的文件删除，甚至把 C 盘下能删的文件都删了，最后导致系统无法启动，还问为什么？过了几个月，我发现，除了复制和粘贴功能我用得非常熟练外，其他好像还是什么也没学会。后来就去书店买了些制作 Flash 动画和制作照片的 Photoshop 之类的书，回来后天天学那些没用的东西。现在想来真的是太可惜了，那时真是浪费了大把大把的时间。计算机真的是可以学很多很多东西的，对于我们专业来讲，学单片机需要学 C 语言，学 Keil、WAVE、IAR、ICC、MPLAB 软件的使用，学汇编语言；在用到上位机界面编程时，需要学 C++、VC++、VB 语言等；用 CPLD/FPGA/SOPC 时，需要学 VHDL 和 Verlog 语言，学这些语言时，可以学 Maxplus、Quartus 软件的使用；当用到仿真时，可以学 Porteus、Multisim 软件的使用；设计电路板时，可以学 Protel、Altium Designer、Power PCB 软件的使用等；还可以学 DSP 用的 CCS 软件、ARM 用的 ADS、STD 软件等，所有上面我提到的这些，全都依赖于计算机系统。在今天看来，我是全部掌握了，然而这是后来我付出巨大的代价才换来的。如果我能利用好大一大二那些大好时光的话，我相信今天的我又会是另一番模样。

接上面话题，赖世雄搬走后，付老师给了我实验室的钥匙，从那天起，实验室便成了我的另一个家。当时那个实验室只有我一个人学硬件，也只有我一个本科生，其他的硕士、博士研究生主要研究理论，所以很少有做硬件的，那时我分不清电解电容的正负极性，我拿着一个电解电容问了实验室的好几个人，结果他们也不知道，更有人说这是什么东西，我从来没见过。这件事很令我震惊，难道这就是电子专业读了四年本科，又读了几年硕士研究生的高水平大学生吗？现在大学毕业生的工作确实不好找，那不能怪别人，只是因为你确实没有别人需要你的理由。偶尔听前届的学长们说到，作为信通学院的学生，如果学会了单片机、C 语言、DSP 那你的前途必定是一片光明。于是我开始学习单片机，当时苦于没有硬件实验环境，身边又没有会的人请教，于是我就上网找资料，看见网上有卖单片机学习板的，那时价格都挺贵的，但我还是狠下心买了一块三百多块钱的单片机学习板，寄回来后我就开始做练习，之前也看过几遍书，可发现光看书没有任何效果，看上十遍、二十遍，感觉是学会单片机了，可当要应用到硬件系统中时，发现其实我什么也不会。

后来我就边做实验边查书，这样就理解得很透彻了，就是从那时起我每天早上八点之前就到实验室了，除了选上部分课外，其他时间都泡在实验室里，一直到晚上十点多看楼的大爷用脚踹着实验室的门叫我走我才离开实验室。那时每天就摆弄单片机，没有人教我，全是我自己一个人摸索，而且当时学的是非常难懂的汇编语言。记得大一时也学过 C 语言，可我发现等要用的时候我什么也不会，根本和单片机联系不起来，就和没学一样，我只好选择汇编语言，大概一个月后，也就是快放暑假时，我做出来了自己的第一个单片机作品——一个电子钟。有人说，你要是用单片机做出一个电子钟，那你基本掌握单片机的 80% 了。这句话有道理，电子钟对编程的综合性要求还是相当高的。

那时，我对单片机已经有了初步的掌握，假期的时候我报名参加了2004年黑龙江省大学生电子设计大赛，那天起我搬进了学校的电子创新实验室，我们选的题目是无线数据通信，当时指导老师让我们用FPGA做，其中还要用到VC编程及C++语言，我那时还不懂什么是FPGA，于是我开始拼命地学这些知识，每天吃饭都在实验室。省赛不同国赛，省赛是把题目先发下来，两个月后交作品就行，其实学FPGA/CPLD也和学单片机一样，关键是自己动手写程序实践，不停地写程序，然后看程序运行的效果，这两个月里我把VHDL语言搞得很熟练，但是VC还差一点。我们队一共三个人，除我之外还有路智超（做模拟电路部分）和魏旭东（上位机VC程序），魏旭东是我校理学院的，VC学得相当好，他的VC编程也全是自己业余学的。魏旭东编程时，我就在旁边看，他耐心地给我解释每一行每一句，等空闲时我自己再练，那段时间我对VC有了初步的了解。比赛结果很好，我们获得了黑龙江省一等奖，这也是我的第二次获奖，这次获奖给了我很大的鼓舞。接下来我发现必须要学单片机C语言编程了，汇编编程非常烦琐，一个全面的人才不能只将知识局限于某一方面。

从大三开始学校里有各种电子设计竞赛，我总是积极报名参加，为自己寻找锻炼的机会。我为此放弃了我最喜欢的篮球、足球运动，再没有逛过一次街，每天早上起床、洗脸、刷牙，然后就拿着书去实验室，白天在实验室写程序、调电路，做各种硬件练习，晚上回来补充理论知识，模电、数电、高频一遍一遍地重复看，每晚差不多两点睡觉，充分地把实践与理论结合在了一起，那时我才发现大学里的理论知识同样是那么重要，而原来根本没有意识到。孤立地学习理论，不把它们与要应用的领域结合在一起，就失去了学习它的真正意义；如果只为了参加期末考试，等考完试的第二周也许就已经忘得干干净净了，如果这样学习，那只能说我们学错了方向。如果一个人的模拟电路、数字电路和高频电子线路的基础不好，那么他可能设计不出什么好的电路，我们在做硬件实践的同时再来看书中的理论知识，这样的结合是最好的。这种单调的生活我天天重复着大概过了一年，无数次实验失败时内心涌起的烦燥被我执着追求知识的欲望一次次抑制住；无数次胜利的经验告诉我，唯有坚持不懈、永不放弃才会取得最终的胜利。在这一年期间，我陆续参加了一些国家级及校里的竞赛，同时也获得了不少奖项。

大三下学期，我基本上在学习单片机C语言编程，进一步熟练VC、C++语言。等真正学会用C语言给单片机编程时，那时才将单片机用到得心应手的程度。回想过去，学汇编语言花费了我大量的时间，假如当初有人指点我学单片机的C语言编程那该有多好，至少可以少走很多弯路。很多人说，学单片机最好先学汇编语言，以我的经验告诉大家，绝对没有这个必要，初学者一开始就直接用C语言为单片机编程，既省时间，学起来又容易，进步速度会很快。在刚开始学单片机的时候，千万不要为了解单片机内部结构而浪费时间，这样只能打击你的信心，当你学会编程后，自然一步步就掌握其内部结构了。大三暑期时，我为每两年一届的"索尼杯"全国大学生电子设计竞赛做准备，大赛时我们选择的题目是"集成运放参数测量仪"，题目是自己队员商量后选择的，我们代表队有三名成员。说实话，对于这个题目我当时心里还真没底，大家研究了2个小时，感觉不应该选这个题目，可惜题目已定，不能更换。大赛只有4天3夜的时间，第一天的早上八点知道题目，要求第四天的晚上8点交作品，所以每一分钟都是非常宝贵的，既然题目都选了不管有多大的难度都要坚持到底。计算机系的于振南主要负责写软件，他对硬件也很熟悉，完全是凭兴趣自学的，他的工作态度和吃苦精神当时给我留下了很深的印象。那四天三夜里我们没有睡过觉，尤其是于振南，他几乎是一直坐在计算机前写软件，差不多有几十个小时没有睡一分钟，他什么时候吃的饭我都没看见，最后我看他眼睛一直在流眼泪，当然不是哭了，那是看计算机屏幕看的。因为工作量非常大，要做硬件，写软件，绘制整个系统的电路图，还要写几万字的论文，都要在这四天三夜里完成。当时我们队三个人的个人能力都比较强，可能是以前大家没在一起合作过，所以到真正合作设计作品的时候还不是很默契。电路焊了一套又一套，结果都不理想。我们的作品最终在联调时失败了，每个人负责的功能能够独立实现，可联在一起就不能工作了，而评委要看的就是你的整体功能实现，不会看部分的。这次比赛我们以失败告终。以后大家如果有机会组队参加比赛要注意如下三点：① 选题最关键，一定要选你们比较熟的，队里有一两个比较熟也行，但如果三个人都不会那一定要换题。② 题目选定后，首先以实现基本功能为主开始做题，如果基本功能你都能做成功了，那你应该能得全国二等奖了，因为在这么短的时间里大部分队根本是什么也做不出来的，如果发挥部分再能做出一部分就可以向全国一等奖进军了，我们队失败的另一个原因就是我们直接开始做发挥部分的题目，而忽略了基本部分。③ 组队的安排，一定要找大家熟悉的人，最好在一起合作过，分工要明确，不要无头绪地各干各的，最后要做什么大家都不明白。

参加完这次比赛后，我承接了一个开发项目，我找了于振南合作。我设计硬件，于振南写软件，我俩很快就把项目做完了，这也算是我们用所学的专业知识淘的第一桶金吧，获得的报酬足够支付我俩两年的学费了。在学习更多电子技术知识的同时，我和于振南共同合作开发了几个项目，一点点积累着经验。

大四了，已经习惯了的生活和大三没有多大的变化，和我第一次参加"五四杯"的赖世雄同学每天都在忙着复习考研，最终也考上了他理想的学校。我不想再读书了，想着早点毕业出去工作。快十月份时，我们学院国家电工电子基地的王松武老师告诉我，北京某个电子公司每年在我们学校招两三个学生，要求动手能力较强的，最好参加过一些国家级的竞赛获过奖的同学，那边公司待遇很不错，王老师推荐了我，我谢过王老师准备参加该单位十月三号来学校进行的面试。我正准备面试呢，十月二号学校贴出通告，我被免试保送我校的研究生了，当时很高兴。学校有制度，学生有某方面的特长，多次获级别较高国家奖项的可以推荐免试读研究生，保送读研究生不交学费，不用考试，而且享有硕博连读的优先资格。当时值得庆幸的是，我的综合成绩平均分70多分，也就是刚够分数线，若再低一点点恐怕我也无缘这等好事了。我从内心感谢哈尔滨工程大学的领导、感谢哈尔滨工程大学的教育体制。

大四上学期一学期我基本上都在为2005年的"枭龙杯"中国空中机器人大赛备赛，这次于振南也参加了，我主要负责飞机的自动驾驶仪，另外协助于振南一起写地面站操作平台。这次比赛涉及的知识领域非常广泛，主要包括同时刻四通道无线通信（遥控器、远程无线数据传输、远程微波图像传输、GPS信号传输）、单片机技术、计算机控制、应用软件、图像捕捉、图像识别、惯性导航、飞行器制造等技术。这次比赛我全身心投入，在调试飞机的近六个月的时间里，差不多天天早出晚归。功夫不负有心人，我校设计的无人机实现了全程无人控制全自主的自动起飞、自动巡航、自动识别静态/动态目标、自动着陆动作，开辟了我国无人机全自主飞行的先河。最终我校代表队战胜清华等多所名校，获得了全国亚军。

大四的寒假，那时我对单片机的掌握已经很熟练了，想着应该用学会的知识来开发些产品了，一来可以解决生活费用上的开销，二来正好也可以圆我经商做生意的梦。想着很多曾经和我一样的单片机初学者可能会购买学习板，于是决定开发单片机学习板，2月份做出第一个样板，3 月份做出第 2 版，4 月底建立个人网站"天祥电子"http://www.txmcu.com/，在经过 3 个月共改进了 7 版后，最终定型 TX-1C 单片机学习板为最终产品。

4 月份，中央电视台"我的太阳"摄制组来到我校特别为我拍摄了专题片"我的太阳——创新 360 之郭天祥"，该片以我参加 2005 "枭龙杯"中国空中机器人大赛为背景，讲述了我在哈尔滨工程大学几年的创新学习生活，5 月 7 日在中央电视台教育一台播出，同时我远在新疆的家人在电视里看见了已经离开家乡几年的我，这也是我生平第一次上中央电视台的专题节目。

从大四下学期开始，我一边管理自己的网站，一边学习 DSP（数字信号处理器），因为我清楚，在科技日新月异的今天，仅靠会一点单片机而在社会上立足是万万不行的，我必须充分利用在大学校园里的这几年时间，以最快的速度尽可能多地掌握各种电子技术知识，一旦出了校园，恐怕再也不会有太多的学习时间了。由于学校实验室里有 DSP 实验箱，这样学习起来就方便多了，一台 DSP 实验箱的价格都在七、八千甚至上万元，以个人能力购买还是很费劲的。学硬件主要就是做实验，写程序、下载程序、观察现象、认真思考、修改程序、再下载程序、再观察现象……如此重复，直到得到满意的现象结果，只要抓住这条思路，任何硬件都会在很短的时间内掌握。大四下学期，我的同学们都在为各自的本科毕业设计而忙碌，而我却在设计自己的 DSP 实验板，由于 DSP 实验板上使用的芯片大多为多引脚贴片封装的，所以至少要设计成 4 层的 PCB 板，那是我第一次画 4 层 PCB 板，用了近一个月才绘制完成，值得庆幸的是，板子做出来后完全正常，我又用了一个月将其调试完成。差不多在 4 个月的时间里，我完成了对 DSP 从认识到制板再到最后调试实验板通过的全过程。因为之前有单片机的基础，本科毕业设计对我来讲是非常容易的，在大多数同学花半年的时间去研究的时候，我从设计到完成用了不到 10 天的时间，而且在这 10 天里还帮了很多同学的忙。

转眼就到了本科毕业聚会了，大部分同学的大学生活就此画上了句号。我亲眼看着他们如何一步步地成就了自己的梦想，也亲眼看着他们如何一次次地重复着自己的生活，同时也亲眼看着他们如何一天天地堕落下去。从那天起，大家又将迎来各自的全新环境，在那里，也许有人庆幸，也许有人后悔，但无论怎样，自己的路自己选择，当然要自己走下去。

知识的海洋永无尽头，在路上的我不能停止，还没等到研究生开学，我已经为这两年半的时间制定了全面的计划。从假期开始，我就开始接触 ARM（嵌入式系统）了，在我看来，如果不涉及 ARM 的操作系统，那么它的学习方法还是和单片机一样，在开始阶段，我就把它当成一块单片机来用，当然它的功能要比单片机强大得多。半年后，我和同学宋宝森还有于振南三人共同承接了一个用三星 ARM7 做主控制器的工程项目，该项目所涉及的知识也非常之广，内容涵盖单片机系统、嵌入式 ARM7、GPRS 网络、Internet 应用、图像采集、图像处理及远程传输、TCP/IP 协议、移动通信技术、码分多址技术、网络数据解析、模拟电路、数字电路、高频电路、射频无线数据传输、工业传感器等技术。在这个项目设计中，我发现，上面我提到的这些知识领域，没有几个是我大学专业所学到的，就算是学到了也没有几个是真正能应用到实际当中的，在高科技主导社会进步的今天，单纯掌握某一狭窄领域的知识是远远不够的，我们只有不断地学习，不断地应用，再学习，抱着这种态度才能让知识得到最大的发挥，让科技不断地进步。

2007 年初，通过学校的科技创新立项，我申报了"远程无线可控潜水器"项目，最后以全校唯一特大重点项目获得批准，学校和院里都给予了全额资金的支持，在经过我和团队成员 5 个月的努力后，我们的作品终于试水成功。该作品获 2007 年学校"五四杯"一等奖，同年获得黑龙江省"挑战杯"大学生电子设计竞赛一等奖。至我离开学校时，该项目还在由团队其他成员进一步改进完善中。

在研一阶段，我利用两个寒暑期在学校举办了为期十天的单片机培训班，我以全新的授课方式，以初学者最容易快速入门的方法为学员讲解了 51 单片机的用法，我在课堂现场带领学员做实验，每天课后学员们自己再练习写程序，经过十天的强化训练，课程结束时，几乎所有的学员都能够独立编程操作 51 单片机的各个功能了。在同年的"索尼杯"全国大学生电子设计大赛中，我担任学校指导教师，在大赛现场我看到了许多曾经在我的课堂上听课的学员的身影，而且他们最终都取得了喜人的成绩，我由衷地感到欣慰。为了让更多的单片机初学者受益，我将授课过程全程录像，然后将其免费发布到网上，自该录像在网上发布后，得到了很多学员的高度赞扬，甚至有许多国外的留学生打来电话向我致谢。

2007 年 9 月，我以实习生的身份到某能源股份有限公司做硕士课题，当时与我同去的还有很多其他院校的本科毕业生，他们有与我同专业的，也有自动化专业的。我与几个老员工是公司仅有的能够独立开发项目并且真正懂硬件编程的人，我们拿着高薪，而且公司还把我们当成宝贝，其他新来的大学生们在夸奖我们能力的同时也叹息自己大学里到底学了什么，从无奈的语气中我看出了他们的悔恨，然而今天的他们在现实中又有什么办法呢？每周 6 个工作日、每天 8 小时、迟到扣工资、早退扣工资、请假扣工资……这就是摆在他们面前不可改变的现实，每月等待那么一天的到来，而薄薄的信封里也仅仅够每个月的基本生活费。年轻的朋友们啊！同是从大学校园里走出的大学生，这就是差距，而且这只是差距的开始。实习期间，在与公司技术人员的交流中，在产品一步步地改进完善中，我的专业知识得到进一步的升华，我深刻地认识到，仅仅死学书本上的理论而不与实际硬件结合进行实践，这样的理论没有用；仅仅在校园里做的简单硬件实践如果不与工业现场应用结合，这样的实践是不成熟的。至 2008 年 6 月我离开公司，我为公司研发了一系列的太阳能充/放电控制器、太阳能路灯控制器和联通移动基站的太阳能电站充/放电控制器，并且得到了批量生产和应用。

大学生活是我们人生中最宝贵的经历，我们付出了四年光阴的代价，我们应该也必须为此有所收获。很多同学在大学校园里迷失了方向，不知道自己来到这里究竟是为了什么，单纯的认为毕业后找个好工作就万事大吉了，可你们是否想过，没有真正的本领如何能找到好工作？如何能为这个社会做出贡献？更现实一些，没有一份好工作如何买房成家，建立起属于你自己的幸福快乐的家呢？真本事不是靠混日子混出来的，我们身边有很多机会可以发挥自己的能力，实现自己的理想，即使这些机会不是很明显地让我们看见，我们也应该努力地去争取。偶尔的娱乐是可以的，可是成宿在网络游戏中挥舞大刀的同学们，那里可以砍出你的未来吗？适当的运动也是应该的，可整天都泡在篮球场上的同学们，你觉得你还有希望成为第二个乔丹吗？哥们义气固然重要，可三天两头为朋友两肋插刀，你的肋骨够用吗？年轻人应该有更高的追求，你要为你的将来做好准备，外面的世界很精彩，外面的世界也很残酷，你活着的每一天都应该好好珍惜！

我的大学生活即将结束，这就是我大学的六年生活，有人认为我可能失去了很多东西，但我得到的却是无价的，这样的人生经历可能有很多人惋惜，然而这样的结果必然有很多人羡慕。为了追求我的梦想，我充分利用每一天每一秒，为了实现我的目标，我在知识的海洋里吸取每一点每一滴，我感觉到的是充实。只要你有技高别人的想法，你有出人头地的愿望，你能下得了做一件事情的决心，你有能坚持下去的毅力，只要你天天都在进步，用不了多久，你会发现一个全新的你将重新站立在大家面前。希望各位学弟学妹们珍惜你们拥有的，在大学里好好努力，四年时间过得飞快，当瞬间过后发现自己和刚入校时并没有太大的变化时，那时后悔恐怕真的晚了！

郭天祥

2008 年 11 月

目　录

第1篇　入　门　篇

第 3 篇 提 高 篇

第4篇　实　战　篇

第 5 篇　拓　展　篇

第 1 篇
入 门 篇

　　本书前 2 章为基础入门知识，为方便读者学习，前 2 章内容与随书光盘中视频教程的前 2 讲基本对应。

　　本篇主要内容是介绍单片机概念及其应用方向，讲解单片机 C 语言编程需要掌握的一些基础知识，介绍 Keil 软件的使用，最后结合 TX-1C 单片机实验板用 C 语言在 Keil 软件中实现一个流水灯程序。

　　有了本篇的基础，读者便能跟随后续章节循序渐进地学习单片机的各种功能。

▶ 基础知识必备
▶ Keil 软件使用及流水灯设计

第1章 基础知识必备

1.1 单片机概述

1.1.1 什么是单片机

很多初学者在刚开始接触单片机的时候不清楚究竟什么是单片机。用专业语言讲，单片机就是在一块硅片上集成了微处理器、存储器及各种输入/输出接口的芯片，这样的芯片就具有了计算机的属性，因而被称为单片微型计算机，简称单片机。看到这里大家可能更加糊涂了，微处理器又是什么？存储器又是什么？什么是输入/输出接口呢？如果本书也按照传统书籍一样，上来就是满篇专业术语，让大家看得晕头转向，打击了单片机初学者的信心，那便失去了我写本书的意义。在本书中，我将用最通俗的语言为大家讲解学习单片机的整个过程，当大家对单片机的基本概念有了初步的认识和简单的了解之后，我将适时地为大家解释稍复杂的概念及专业知识点，在大家对单片机的各知识点循序渐进掌握的过程中，即使是专业语言也将成为通俗语言了。

我们用最通俗的语言给出单片机的定义。单片机是一块集成芯片，但这块集成芯片具有一些特殊的功能，这些功能的实现要靠我们使用者自己来编程完成。我们编程的目的就是控制这块芯片的各引脚在不同时间输出不同的电平（高电平或低电平，关于电平在后面会讲到），进而控制与单片机各引脚相连接的外围电路的电气状态。编程时可以选择用 C 语言或汇编语言，根据我多年的编程经验，建议大家直接选用 C 语言编程，即使读者对汇编语言一点不了解也不会影响大家掌握单片机，反而在学习进度上比先学汇编语言编程要快得多。

1.1.2 单片机标号信息及封装类型

在本书一开始，我们首先对单片机芯片名称及其文字标识做一个全面的了解，本书主要讲解的是目前国内外使用较多的以 51 内核扩展出的单片机，即通常所说的 51 单片机，TX-1C 单片机实验板上使用的单片机型号为 STC89C52RC。由于生产 51 单片机的厂商比较多，大家千万不要只见了目前用得比较多的 AT89C51 单片机才认识这是 51 单片机，世界上不同国家的很多芯片厂商都生产各种单片机，以 51 单片机为例，如表 1.1.1 所示。

表 1.1.1 51 单片机芯片厂商产品列表

公司	产品
AT（Atmel）	AT89C51，AT89C52，AT89C53，AT89C55，AT89LV52，AT89S51，AT89S52，AT89LS53 等
Philips（飞利浦）	P80C54，P80C58，P87C54，P87C58，P87C524，P87C528 等
Winbond（华邦）	W78C54，W78C58，W78E54，W78E58 等
Intel（英特尔）	i87C54，i87C58，i87L54，i87L58，i87C51FB，i87C51FC 等
Siemens（西门子）	C501-1R，C501-1E，C513A-H，C503-1R，C504-2R 等
STC	STC89C51RC，STC89C52RC，STC89C53RC，STC89LE51RC，STC89LE52RC，STC12C5412AD 等

由于厂商及芯片型号太多，不能一一举出，表中提到的都是 51 内核扩展出来的单片机，也就是说，只要学会 51 单片机的操作，这些单片机便全部会操作了。因为 C 语言是通用工程语言，读者学会 51 单片机 C 语言编程后，就会发现其它架构内核的单片机编程问题与 51 单片机类似，往往能触类旁通，举一反三。关于芯片上的标号举两个例子说明，其他厂商大同小异。若还有不明之处，请上网搜索。以下以 STC 单片机为例，如图 1.1.1 和图 1.1.2 所示。

图 1.1.1　STC89C51RC-DIP

图 1.1.2　STC89C52RC-PLCC

图 1.1.1 所示芯片上的全部标号为 STC 89C51RC 40C-PDIP 0707CU8138.00D。其标识分别解释如下：

- ❖ STC—前缀，表示芯片为 STC 公司生产的产品。其他前缀还有如 AT、i、Winbond、SST 等。
- ❖ 8—表示该芯片为 8051 内核芯片。
- ❖ 9—表示内部含 Flash E2PROM 存储器。另，80C51 中的 0 表示内部含 Mask ROM（掩模 ROM）存储器，87C51 中的 7 表示内部含 EPROM 存储器（紫外线可擦除 ROM）。
- ❖ C—表示该器件为 CMOS 产品。另，89LV52 和 89LE58 中的 LV 和 LE 表示该芯片为低电压产品（通常为 3.3V 电压供电）；89S52 中的 S 表示该芯片含有可串行下载功能的 Flash 存储器，即具有 ISP 可在线编程功能。
- ❖ 5—固定不变。
- ❖ 1—表示该芯片内部程序存储空间的大小，1 为 4 KB，2 为 8 KB，3 为 12 KB，即该数乘上 4 KB 就是该芯片内部的程序存储空间大小。程序空间大小决定了一个芯片所能装入执行代码的多少。一般来说，程序存储空间越大，芯片价格越高，所以我们在选择芯片时要根据自己硬件设备实现功能所需代码的大小来选择价格合适的芯片，只要程序能装得下，同类芯片的不同型号不会影响其功能。
- ❖ RC—STC 单片机内部 RAM（随机读写存储器）为 512 B。另，RD+表示内部 RAM 为 1280 B。
- ❖ 40—表示芯片外部晶振最高可接入 40 MHz。对于 AT 单片机，其值一般为 24，表示其外部晶振最高为 24 MHz。
- ❖ C—产品级别，代表商业级，表示芯片使用温度范围，为 0℃～+70℃。
- ❖ PDIP—产品封装型号，表示双列直插式。
- ❖ 0707—表示本批芯片生产日期为 2007 年第 7 周。
- ❖ CU8138.00D—不详（有关资料显示，此标号表示芯片制造工艺或处理工艺）。

【知识点】　芯片上的标号对应温度范围如下：

- ⊙ C —表示商业用产品，温度范围为 0℃～+70℃。
- ⊙ I —表示工业用产品，温度范围为–40℃～+85℃。

⊙ A —表示汽车用产品，温度范围为–40℃ ~ +125℃。

⊙ M —表示军用产品，温度范围为–55℃ ~ +150℃。

【知识点】 芯片封装简介

1．DIP（Dual In-line Package）双列直插式封装

DIP 是指采用双列直插形式封装的集成电路芯片，绝大多数中小规模集成电路（IC）均采用这种封装形式，其引脚数一般不超过 100 个。采用 DIP 封装的 CPU 芯片有两排引脚，需要插入到具有 DIP 结构的芯片插座上。当然，也可以直接插在有相同焊孔数和几何排列的电路板上进行焊接，如图 1.1.3 所示。

2．PLCC（Plastic Leaded Chip Carrier）带引线的塑料芯片封装

PLCC 指带引线的塑料芯片封装载体，表面贴型封装之一，外形呈正方形，引脚从封装的 4 个侧面引出，呈丁字形，是塑料制品，外形尺寸比 DIP 封装小得多。PLCC 封装适合用 SMT 表面安装技术在 PCB 上安装布线，具有外形尺寸小、可靠性高的优点，如图 1.1.4 所示。

3．QFP（Quad Flat Package）塑料方型扁平式封装和 PFP（Plastic Flat Package）塑料扁平组件式封装

QFP 和 PFP 可统一为 PQFP（Plastic Quad Flat Package），QFP 封装的芯片引脚之间距离很小，引脚很细，一般大规模或超大型集成电路采用这种封装形式，其引脚数一般在 100 个以上。用这种形式封装的芯片必须采用 SMD（表面安装设备技术）将芯片与主板焊接起来。采用 SMD 安装的芯片不必在主板上打孔，一般在主板表面上有设计好的相应引脚的焊点。PFP 封装的芯片与 QFP 方式基本相同，它们唯一的区别是 QFP 一般为正方形，而 PFP 既可以是正方形，也可以是长方形，如图 1.1.5 所示。

图 1.1.3　DIP 封装　　　　图 1.1.4　PLCC 封装　　　　　　图 1.1.5　PQFP 封装

4．PGA（Pin Grid Array package）插针网格阵列封装

PGA 芯片封装形式在芯片的内外有多个方阵形的插针，每个方阵形插针沿芯片的四周间隔一定距离排列，根据引脚数目的多少，可以围成 2 ~ 5 圈。安装时，将芯片插入专门的 PGA 插座。为了使 CPU 能够更方便地安装和拆卸，从 486 芯片开始，出现了一种名为 ZIF 的 CPU 插座，专门满足 PGA 封装的 CPU 在安装和拆卸上的要求，如图 1.1.6 和图 1.1.7 所示。

图 1.1.6　PGA 封装插座　　　　　　　图 1.1.7　　ZIF 封装插座

ZIF（Zero Insertion Force socket）是指零插拔力的插座。把这种插座上的扳手轻轻抬起，CPU 就能容易地插入到插座中。然后将扳手压回原处，利用插座本身的特殊结构生成的挤压力，使 CPU

的引脚与插座牢牢地接触，绝对不存在接触不良的问题。拆卸 CPU 芯片只需将插座的扳手轻轻抬起，使压力解除，CPU 芯片即可轻松取出。TX-1C 实验板上的主芯片就是用 ZIF 插座固定的。

5. BGA（Ball Grid Array package）球栅阵列封装

随着集成电路技术的发展，对集成电路的封装要求更加严格。这是因为封装技术关系到产品的功能性，当 IC 的引脚数大于 208 时，传统的封装方式有难度。因此，除使用 QFP 封装方式外，现今大多数的多引脚数芯片（如图形芯片与芯片组等）皆转而使用 BGA 封装技术。BGA 一出现便成为 CPU、主板上南/北桥芯片等高密度、高性能、多引脚封装的最佳选择。BGA 封装如图 1.1.8 所示。

图 1.1.8　BGA 封装

BGA 封装技术又可分为以下 5 类。

① PBGA（Plasric BGA）基板：一般为 2～4 层有机材料构成的多层板。Intel 系列 CPU 中，Pentium II、III、IV 处理器均采用这种封装形式。

② CBGA（CeramicBGA）基板：即陶瓷基板，芯片与基板间的电气连接通常采用倒装芯片（Flip Chip，FC）安装方式。Intel 系列 CPU 中，Pentium I、II、Pentium Pro 处理器采用过这种封装形式。

③ FCBGA（Filp Chip BGA）基板：硬质多层基板。

④ TBGA（Tape BGA）基板：带状软质的 1～2 层 PCB 电路板。

⑤ CDPBGA（Carity Down PBGA）基板：指封装中央有方型低陷的芯片区（又称为空腔区）。

另，封装技术还有 TO-89、TO-92、TO-220、SOJ（J 型引脚小外形封装）、TSOP（薄小外形封装）、VSOP（甚小外形封装）、SSOP（缩小型 SOP）、TSSOP（薄的缩小型 SOP）、SOT（小外形晶体管）、SOIC（小外形集成电路）等。由于封装型号较多，这里不一一列出，其他封装请大家在网络上搜索相关资料查看。

再看图 1.1.2 芯片标号信息，其片上标号为 STC 89C52RC 40I-PLCC 0618RB8946.1D，传达的信息是：STC 公司生产的 8051 内核、具有 8 KB 内部程序存储器、512 B 内部 RAM、CMOS 工艺、最高外部时钟为 40 MHz、工业级、使用温度范围为−40℃～+85℃、2006 年第 18 周出厂、封装型号为 PLCC、制造工艺为 8RB8946.1D。

1.1.3　单片机能做什么

单片机是一种可通过编程控制的微处理器，单片机芯片自身不能单独运用于某项工程或产品上，必须要靠外围数字器件或模拟器件的共同协调工作才可发挥其自身的强大功能，所以我们在学习单片机知识的同时不能仅仅学习单片机一种芯片，要广泛涉猎它外围的数字及模拟芯片知识，以及常用外围电路的设计和调试方法等。

单片机属于控制类数字芯片，目前其应用领域已非常广泛，包括：① 工业自动化，如数据采集、测控技术；② 智能仪器仪表，如数字示波器、数字信号源、数字万用表、感应电流表等；③ 消费类电子产品，如洗衣机、电冰箱、空调机、电视机、微波炉、IC 卡、汽车电子设备等；④ 通信方面，如调制解调器、程控交换技术、手机、小灵通等；⑤ 武器装备。如飞机、军舰、坦克、导弹、航天飞机、鱼雷制导、智能武器等。这些电子器件内部无一不用到单片机，而且大多数电器内部的主控芯片是由一块单片机控制的，可以说，凡是与控制或简单计算有关的电子设备都可以用单片机来实现。当然，需要根据实际情况选择不同性能的单片机，如 atmel、stc、pic、avr、凌阳、C8051 等。因此，对于自动化或与电子专业有关的理工科大学生来说，掌握单片机的知识是最简单和基本的要求，如果大学四年甚至七年、八年，你连单片机的知识都没有掌握，再别提更高级的 CPLD、FPGA、DSP、ARM 技术，没有单片机知识做基本支撑，学其他内容更是难于上青天。

1.1.4　如何开始学习单片机

很多单片机初学者问我的第一句话都是：怎样才能学好单片机？下面我结合自己的实际情况，来介绍如何开始学习单片机，如何开始上手，如何开始熟练等话题。

现在用得比较多的是 8051 单片机，它的资料比较全，用得人也较多，市场也很大，51单片机内部结构简单，非常适合初学者学习，建议初学者将 51 单片机作为入门级芯片。

单片机属于硬件，强烈反对大家只是使用单片机仿真软件来学习单片机，因为使用仿真软件是学不会单片机的，只有把硬件摆在你面前，亲自操作它，才有深刻的体会，也才能掌握它。

单片机相关的课程非常重视动手实践，不能总是看书，但是也不能完全不看书，我们需要从书中大概了解单片机的各功能寄存器，如果看得多了反而容易搞乱，尤其是现在市场上大多数讲单片机的书一开始就讲解较复杂的内存、地址、存储器，更让初学者感到不知所云、难以入门。简单地说，当我们使用单片机时，实际上是用自己编写的软件去控制单片机的各功能寄存器；再简单些，就是控制单片机哪些引脚的电平什么时候输出高，什么时候输出低，由这些高、低变化的电平来控制外围电路，实现我们需要的各种功能。

关于看书，大家只需大概了解单片机各引脚的功能，简单了解寄存器。第一次、第二次，你可能看不明白，但不要紧，因为还缺少实际的感观认识。所以我总是说，学单片机看书看两三天就够了，我们要把更多的时间放到实践中，这才是最关键的，在实践过程有不懂之处再查书，这样记忆才深刻。

关于实践，有两种方法建议读者选择。方法一，你自己花钱买一块单片机的学习板，不要求那种价格上千块、功能特别全的。（功能太全的板子，初学者可能这辈子都用不着其中的某些功能。）我建议，学习板有流水灯、数码管、独立键盘、矩阵键盘、A/D 和 D/A、液晶、蜂鸣器、I²C 总线，有 USB 扩展最好，这些就差不多了。（由于本书中所有例子及讲解完全依照天祥电子的 TX-1C 单片机学习板，建议大家选择此款学习板，这样更有利于尽快掌握单片机。）如果上面提到的这些功能你能熟练应用，可以说对单片机的操作你已经入门了，剩下的就是自己练习设计外围电路，不断积累经验。只要过了第一关，后面的路就好走多了，万事开头难，大家都听说过。

方法二，你身边如果有单片机方面的高手，向他求助，让他帮你搭个简单的最小系统板。高手做个单片机的最小系统板可能只需要几分钟的时间，而对于初学者可就难多了，因为只有对硬件彻底了解了，你才能熟练驾驭它。

如果你身边没有这样的高手，又找不到可以帮助你的人，那我劝你还是选择方法一，毕竟自己有一块学习板要方便得多，以后做单片机类的小实验时经常都能用得上，省时又省事。

有了单片机学习板后，你就要多练习，最好自己有台计算机（少看电影，少打游戏），把学习板与计算机连好，打开调试软件坐在计算机前，先学会怎么用调试软件，然后从最简单的流水灯实验做起，等你能让 8 个流水灯按照你的意愿随意流动时，你已经入门了。你会发现，单片机是多么迷人的东西啊，太好玩了，这不是在学习知识，而是在玩，比跑跑卡丁车、玩玩魔兽世界有趣得多。当你编写的程序按你的意愿实现时，你比做任何事都开心，你会上瘾的。真的，做电子设计的人真的会上瘾。然后，你让数码管亮起来。这两项会了以后，你已经不能自拔了。就是要这样练习，在写程序的时候你肯定会遇到很多问题，而这时你再去翻书找答案，或是请教别人，或是上网搜索。当得到解答后你会记它一辈子，知识必须应用于现实生活中，解决实际问题，这样才能发挥它的作用，你自己好好想想，上了这么多年大学，天天上课，你在课堂上学到了什么？是不是为了期末考试而忙碌呢？考完得了 90 分，好高兴啊，过一个假期，甚至过一个周末，然后忘得一干二净，是不是？你学到什么了？但是我告诉你单片机一旦学会，永远不会忘了。

我再谈谈关于用汇编语言还是用 C 语言编程的问题。很多学校大一、大二就开设了 C 语言课，我也上过，我知道那时上课老师讲的就是几乘几、几加几、求阶乘、画星星什么的。学完了有什么用？虽然考试我考了 90 分，可我心里比谁都明白，C 语言到底是什么？它有什么用？到底它能做什么？我还是一无所知。我们不能过多地评价当今的高校教育，但我们必须对自己负责。让你用 C 语言编单片机的程序时，你是不是就傻了？单片机编程用 C 语言或汇编语言都可以，但是我建议用 C 语言，如果原来有 C 语言的基础，那么学起来会更快；如果没有，可以边学单片机边学 C 语言。C 语言很简单，只是一种工具，我劝大家最好能学好学精它，将来肯定用得着，要不然以后也得学，一点汇编语言都不会无所谓，但你一点 C 语言都不会，那你将来会吃苦头。给大家推荐谭浩强编写的《C 程序设计》，大家在学习本书的同时再参考上面提到的这本书更有利于 C 语言学习，但根本没必要从头把《C 程序设计》学一遍，就算再学一遍，也许结果还是与现在一样，最好的办法是用到哪里学到哪里。汇编语言写程序代码效率高，但相对难度较大，而且烦琐，尤其是遇到算法方面的问题时，麻烦得不得了，现在单片机的主频在不断提高。我们完全不需要那么高效率的代码，因为有高频率的时钟，单片机的 ROM 空间也在不断提高，足够装下你 C 语言编写的任何代码，C 语言的资料又多又好找，将来可移植性非常好，所以我劝大家用 C 语言编程。

总结上面，只要你有信心，做事能坚持到底，有不成功绝不放弃的坚强意志，学会单片机对你来说就是件非常容易的事。建议学习步骤如下：<1> 看书大概了解一下单片机结构，大概了解就行，不用都看懂，又不让你出书；<2> 用学习板练习编写程序。学习单片机主要就是练习编写程序，遇到不会的再问人或查书；<3> 自己在网上找些小电路类的资料，练习设计外围电路，焊好后自己调试，熟悉过程；<4> 自己独立设计具有个人风格的电路、产品……你已经是高手了。

1.2 51 单片机外部引脚介绍

图 1.2.1～图 1.2.6 是 51 单片机芯片不同封装的引脚图和实物图，其中标有 NC 的是不连接（No Connect）的意思。

当大家首次看见这些引脚时，一定会有又多又乱的感觉，而且难以记忆。千万不要着急，对于初学者来说，单纯地记忆引脚标号没有任何意义，最好的方法就是边学边记。在了解各引脚含义之前，我们应该先学会如何在实物上区分引脚序号，基于 8051 内核的单片机，若引脚数相同或封装相同，它们的引脚功能是相通的，其中用得较多的是 40 脚 DIP 封装的 51 单片机，也有 20、28、32、44 等引脚数的 51 单片机。这些大家也要了解，不能只见了 40 脚的芯片才认为它是 51 单片机。

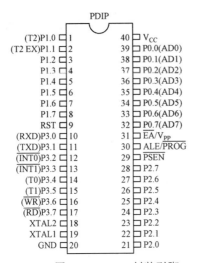

图 1.2.1　PDIP 封装引脚

图 1.2.2　AT89S52 实物

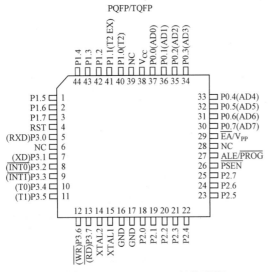

图 1.2.3　PQFP/TQFP 封装引脚

图 1.2.4　PQFP/TQFP 实物

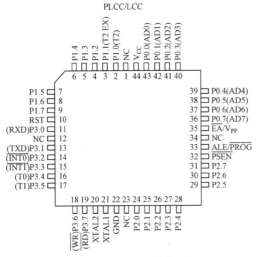

图 1.2.5　PLCC/LCC 封装引脚

图 1.2.6　PLCC/LCC 实物

无论哪种芯片，当我们观察它的表面时，都会找到一个凹进去的小圆坑，或是用颜色标识的一个小标记（圆点或三角或其他小图形），这个小圆坑或标记对应的引脚就是这个芯片的第 1 引脚，然后逆时针方向数下去，即 1 到最后一个引脚。我们现在查看上面三组图中 DIP 封装的单片机，在左上角有一个小圆坑，并且下面还有一个白色小三角，那它的左边对应的引脚即为此单片机的第 1 引脚，逆时针数依次为 2、3、…、40。PQFP/TQFP 封装的小圆坑在左下角，PLCC/LCC 封装的小圆坑在最上面的正中间，在实际焊接或绘制电路板时，务必注意它们的引脚标号，如果焊接错误，那么完成的作品是绝对不可能正常工作的。

接下来以图 1.2.1 中的 PDIP 封装引脚图为例介绍单片机各引脚的功能。按照功能，40 个引脚被分成 3 类：① 电源和时钟引脚，如 VCC、GND、XTAL1、XTAL2（需掌握）；② 编程控制引脚，如 RST、$\overline{PSEN}$、ALE/$\overline{PROG}$、$\overline{EA}$/VPP（了解即可）；③ I/O 口引脚，如 P0、P1、P2、P3，4 组 8 位 I/O 口（需掌握）。

V_{CC}（40 脚）、GND（20 脚）—— 单片机电源引脚，不同型号单片机接入对应电压电源，常压为+5 V，低压为+3.3 V，大家在使用时要查看其芯片对应文档。

XTAL1（19 脚）、XTAL2（18 脚）—— 外接时钟引脚。XTAL1 为片内振荡电路的输入端，XTAL2 为片内振荡电路的输出端。8051 的时钟有两种方式，一种是片内时钟振荡方式，需在这两个脚外接石英晶体和振荡电容，振荡电容的值一般取 10 pF～30 pF；另一种是外部时钟方式，即将 XTAL1 接地，外部时钟信号从 XTAL2 脚输入。

RST（9 脚）—— 单片机的复位引脚。当输入连续两个机器周期以上高电平时为有效，用来完成单片机的复位初始化操作，复位后程序计数器 PC=0000H，即复位后将从程序存储器的 0000H 单元读取第一条指令码，通俗地讲，就是单片机从头开始执行程序。

$\overline{PSEN}$（29 脚，即程序存储器允许输出控制端）—— 在读外部程序存储器时，$\overline{PSEN}$ 低电平有效，以实现外部程序存储器单元的读操作，由于现在使用的单片机内部已经有足够大的 ROM，所以几乎没有人再去扩展外部 ROM，因此这个引脚大家只需了解即可。① 内部 ROM 读取时，$\overline{PSEN}$ 不动作；② 外部 ROM 读取时，在每个机器周期会动作两次；③ 外部 RAM 读取时，两个 $\overline{PSEN}$ 脉冲被跳过不会输出；④ 外接 ROM 时，与 ROM 的 OE 脚相接。

ALE/$\overline{PROG}$（30 脚）—— 在单片机扩展外部 RAM 时，ALE 用于控制 P0 口的输出低 8 位地址送锁存器锁存起来，以实现低位地址和数据的隔离。ALE 有可能是高电平也有可能是低电平，当 ALE 是高电平时，允许地址锁存信号，访问外部存储器时，ALE 信号负跳变（即由正变负）将 P0 口上低 8 位地址信号送入锁存器；当 ALE 是低电平时，P0 口上的内容与锁存器输出一致。锁存器的内容在后面会有详细介绍。不访问外部存储器时，ALE 以 1/6 振荡周期频率输出（即 6 分频），访问外部存储器时，以 1/12 振荡周期输出（12 分频）。可以看到，当系统没有进行扩展时，ALE 会以 1/6 振荡周期的固定频率输出，因此可以作为外部时钟或外部定时脉冲使用。$\overline{PROG}$ 为编程脉冲的输入端，单片机的内部有程序存储器（ROM），其作用是存放用户需要执行的程序，那么我们怎样才能将写好的程序存入这个 ROM 中呢？实际上，我们是通过编程脉冲输入才写进去的，这个脉冲的输入端口就是 $\overline{PROG}$。现在很多单片机已不需要编程脉冲引脚往内部写程序，如 STC 单片机，它直接通过串口写入程序，只需要 3 条线与计算机相连即可。而且，现在的单片机内部都带有丰富的 RAM，不需要再扩展 RAM，因此 ALE/$\overline{PROG}$ 这个引脚的用处已经不太大。

$\overline{EA}$/VPP（31 脚）—— $\overline{EA}$ 接高电平时，单片机读取内部程序存储器。当扩展有外部 ROM

时，读取完内部 ROM 后自动读取外部 ROM。$\overline{EA}$ 接低电平时，单片机直接读取外部（ROM）。8031 单片机内部是没有 ROM 的，所以在使用 8031 单片机时，这个引脚一直接低电平。8751 单片机烧写内部 EPROM 时，利用此引脚输入 21 V 的烧写电压。因为现在我们用的单片机都有内部 ROM，所以在设计电路时此引脚始终接高电平。

I/O 口—— P0 口、P1 口、P2 口和 P3 口。

P0 口（32～39 脚）—— 双向 8 位三态 I/O 口，每个口可独立控制。51 单片机 P0 口内部没有上拉电阻，为高阻状态，所以不能正常地输出高/低电平。因此，该组 I/O 口在使用时务必要外接上拉电阻，一般选择接入 10 kΩ 的上拉电阻。

P1 口（1～8 脚）—— 准双向 8 位 I/O 口，每个口可独立控制，内带上拉电阻。这种接口输出没有高阻状态，输入也不能锁存，所示不是真正的双向 I/O 口。之所以称它为"准双向"，是因为该口在作为输入使用前，要先向该口进行写 1 操作，然后单片机内部才可正确读出外部信号，也就是使其有个"准"备的过程，所以才称为准双向口。对于 52 单片机，P1.0 引脚的第二功能为 T2 定时器/计数器的外部输入，P1.1 引脚的第二功能为 T2EX 捕捉、重装触发，即 T2 的外部控制端。

P2 口（21～28 脚）—— 准双向 8 位 I/O 口，每个口可独立控制，内带上拉电阻，与 P1 口相似。

P3 口（10～17 脚）—— 准双向 8 位 I/O 口，每个口可独立控制，内带上拉电阻。作为第一功能使用时当做普通 I/O 口，与 P1 口相似。作为第二功能使用时，各引脚的定义如表 1.2.1 所示。值得强调的是，P3 口的每个引脚均可独立定义为第一功能的输入/输出或第二功能。

表 1.2.1　P3 口各引脚第二功能定义

标号	引脚	第二功能	说　明	标号	引脚	第二功能	说　明
P3.0	10	RXD	串行输入口	P3.4	14	T0	定时器/计数器 0 外部输入端
P3.1	11	TXD	串行输出口	P3.5	15	T1	定时器/计数器 1 外部输入端
P3.2	12	$\overline{INT0}$	外部中断 0	P3.6	16	$\overline{WR}$	外部数据存储器写脉冲
P3.3	13	$\overline{INT1}$	外部中断 1	P3.7	17	$\overline{RD}$	外部数据存储器读脉冲

1.3　电平特性

单片机是一种数字集成芯片，数字电路中只有两种电平：高电平和低电平。为了让大家在刚起步的时候对电平特性有一个清晰的认识，我们暂且定义单片机的输出与输入为 TTL 电平，其中高电平为+5 V，低电平为 0 V。计算机的串口为 RS-232C，其中高电平为–12 V，低电平为+12 V。这里要强调的是，RS-232C 为负逻辑电平，大家千万不要认为上面是我写错了。因此当计算机与单片机之间要通信时，需要加电平转换芯片，我们在 TX-1C 单片机实验板上所加的电平转换芯片是 MAX232（实验板左下角）。初学者在学习时先掌握上面这点就够了，若有兴趣，请阅读下面的知识点——常用逻辑电平。

【知识点】　常用逻辑电平

常用的逻辑电平有 TTL、CMOS、LVTTL、ECL、PECL、GTL、RS-232、RS-422、RS-485、LVDS 等。其中，TTL 和 CMOS 逻辑电平按典型电压可分为 4 类：5 V 系列（5 V TTL 和 5 V CMOS）、3.3 V 系列、2.5 V 系列和 1.8 V 系列。

5 V TTL 和 5 V CMOS 是通用的逻辑电平。3.3V 及以下逻辑电平被称为低电压逻辑电平，常用的为 LVTTL 电平。低电压逻辑电平还有 2.5 V 和 1.8 V 两种。ECL/PECL 和 LVDS 是差分输入/输出。RS-422/485 和 RS-232 是串口的接口标准，RS-422/485 是差分输入/输出，RS-232 是单端输入/输出。

TTL 电平信号用得最多，这是因为数据表示通常采用二进制，+5 V 等价于逻辑 1，0 V 等价于逻辑 0，被称为 TTL（晶体管–晶体管逻辑电平）信号系统。这是计算机处理器控制的设备内部各部分之间通信的标准技术。TTL 电平信号对于计算机处理器控制的设备内部的数据传输是理想的，首先，计算机处理器控制的设备内部的数据传输对于电源的要求不高，热损耗也较低；其次，TTL 电平信号直接与集成电路连接，不需要价格昂贵的线路驱动器和接收器电路；再者，计算机处理器控制的设备内部的数据传输是在高速下进行的，TTL 接口的操作恰能满足这一要求。TTL 型通信大多数情况下采用并行数据传输方式，并行数据传输对于超过 10 英尺（约 3 米）的距离就不适合了，因为可靠性和成本两方面的原因。并行接口中存在着偏相和不对称问题，这些问题对可靠性均有影响；另外，电缆和连接器的并行通信费用比串行的也要高一些

CMOS 电平 V_{CC} 可达 12V，CMOS 电路输出高电平约为 $0.9V_{CC}$，而输出低电平约为 $0.1V_{CC}$。CMOS 电路中不使用的输入端不能悬空，否则会造成逻辑混乱。另外，CMOS 集成电路电源电压可以在较大范围内变化，因而对电源的要求不像 TTL 集成电路那样严格。

TTL 电路和 CMOS 电路的逻辑电平关系如下：① VOH—逻辑电平 1 的输出电压；② VOL—逻辑电平 0 的输出电压；③ VIH—逻辑电平 1 的输入电压；④ VIL—逻辑电平 0 的输入电压。

TTL 电平临界值：① VOH_{min}=2.4 V，VOL_{max}=0.4 V；② VIH_{min}=2.0 V，VIL_{max}=0.8 V。

CMOS 电平临界值（电源电压为+5 V）：① VOH_{min}=4.99 V，VOL_{max}=0.01 V；② VIH_{min}=3.5 V，VIL_{max}=1.5 V。

TTL 和 CMOS 的逻辑电平转换：CMOS 电平能驱动 TTL 电平，但 TTL 电平不能驱动 CMOS 电平，需加上拉电阻。

常用逻辑芯片的特点如下：

74LS 系列：	TTL	输入：	TTL	输出：	TTL
74HC 系列：	CMOS	输入：	CMOS	输出：	CMOS
74HCT 系列：	CMOS	输入：	TTL	输出：	CMOS
CD4000 系列：	CMOS	输入：	CMOS	输出：	CMOS

通常情况下，单片机、DSP、FPGA 之间引脚能否直接相连要参考以下情况进行判断：同电压的可以相连，不过最好先查看芯片技术手册上 VIL、VIH、VOL、VOH 的值是否匹配；有些情况在一般应用中没有问题，但参数上就是有点不够匹配，在某些情况下可能不够稳定，或者不同批次的器件就不能运行。

1.4　二进制和十六进制

1.4.1　二进制

数字电路中只有两种电平特性，即高电平和低电平，这决定了数字电路中使用二进制。十进制数大家应该都不陌生，"逢十进一，借一当十"是十进制数的特点。有了十进制数的基础，我们学习二进制数便非常容易了，"逢二进一，借一当二"便是二进制数的特点。十进制数 1 转换为二进制数是 1B（这里 B 是表示二进制数的后缀）；十进制数 2 转换为二进制数时，因为已经到 2，所以需要进 1，那么二进制数为 10B；十进制数 5 转换为二进制数，2

为 10B，那么 3 为 10B+1B=11B，4 为 11B+1B=100B，5 为 100B+1B=101B。以此类推，当十进制数为 254 时，对应二进制数为 11111110B。

我们可找出一般规律，当二进制数转换成十进制数时，从二进制数的最后一位起往前看，每一位代表的数为 2^n，这里的 n 表示从最后起的第几位二进制数。n 从 0 算起，若对应二进制数位上有 1，就表示有值，为 0 即无值。例如，把二进制数 11111110B 反推回十进制数，计算过程如下：$0×2^0+1×2^1+1×2^2+1×2^3+1×2^4+1×2^5+1×2^6+1×2^7=254$。其中，$2^n$ 称为"位权"。

对于十进制数与二进制数之间的转换，我们能够熟练掌握 0～15 以内的数就够用了，为了方便记忆，归纳如表 1.4.1 所示。

表 1.4.1　十进制数和二进制数之间的转换

十进制	二进制	十进制	二进制	十进制	二进制	十进制	二进制
0	0	4	100	8	1000	12	1100
1	1	5	101	9	1001	13	1101
2	10	6	110	10	1010	14	1110
3	11	7	111	11	1011	15	1111

在进行单片机编程时常常会用到其他较大的数，这时用 Windows 系统自带的计算器，可以方便地进行二进制、八进制、十进制、十六进制数之间的任意转换，如图 1.4.1 所示。

1.4.2　十六进制

十六进制与二进制大同小异，不同之处是十六进制"逢十六进一，借一当十六"。还有一点需要注意，十进制数 0～15 表示成十六进制数分别为 0～9、A～F，即十进制的 10 对应十六进制的 A，11 对应 B……15 对应 F。一般在十六进制数的最

图 1.4.1　Windows 自带的计算器

后加上后缀 H，表示该数为十六进制数，如 AH、DEH 等。这里的字母不区分大小写，在 C 语言编程时要写成 "0xa，0xde"，数的最前面加上 "0x" 表示该数为十六进制数。十进制数与十六进制数之间的转换在这里不再讲解，可参考十进制数与二进制数之间的转换规则。

关于十进制、二进制与十六进制数之间的转换，我们要熟练掌握 0～15 之间的数，因为在以后的单片机 C 语言编程中要大量使用。一般的转换规律是，先将二进制数转换成十进制数，再将十进制数转换为十六进制数，若大家现在记忆不牢，也可在以后的学习中边学边加深记忆。二进制、十进制、十六进制 0～15 的数的转换列表如表 1.4.2 所示。

表 1.4.2　十、二、十六进制数的转换表

十进制	二进制	十六进制	十进制	二进制	十六进制
0	0	0	8	1000	8
1	1	1	9	1001	9
2	10	2	10	1010	A
3	11	3	11	1011	B
4	100	4	12	1100	C
5	101	5	13	1101	D
6	110	6	14	1110	E
7	111	7	15	1111	F

1.5 二进制的逻辑运算

1. 与

"与"运算是实现"必须都有，否则没有"这种逻辑关系的运算，在单片机 C 语言中的运算符为"&"，运算规则如下：0&0=0，0&1=1&0=0，1&1=1。其运算符号如图 1.5.1 所示。

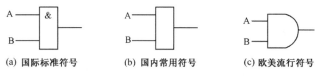

图 1.5.1 "与"运算符号

单片机 C 语言中，"&"表示"按位与"运算，意思是变量之间按二进制位数对应关系一一进行"与"运算，如(01010101) & (10101010)=00000000。

2. 或

"或"运算是实现"只要其中之一有就有"这种逻辑关系的运算，在单片机 C 语言中的运算符为"|"，运算规则如下：0|0=0，0|1=1|0=1，1|1=1。其运算符号如图 1.5.2 所示。

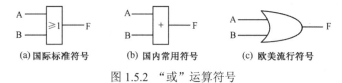

图 1.5.2 "或"运算符号

单片机 C 语言中，"|"表示"按位或"运算，意思是变量之间按二进制位数对应关系一一进行"或"运算。如(01010101) | (10101010)=11111111。

3. 非

"非"运算是实现"求反"这种逻辑关系的运算，在单片机 C 语言中，其运算符为"!"，运算规则如下：!0=1，!1=0。其运算符号如图 1.5.3 所示。

图 1.5.3 "非"运算符号

单片机 C 语言中，"~"表示"按位取反"运算。如~01010101=(10101010)，上面讲到的"!"运算符只是对单一位进行运算。

4. 同或、异或

"同或"与"异或"运算用得较少，这里只做简单了解，大家用到时可再查找相关资料。

"同或"运算是实现"必须相同，否则没有"这种逻辑关系的运算，其逻辑运算符为"⊙"，运算规则如下：0⊙0=1，1⊙0=0，0⊙1=0，1⊙1=1。C 语言中没有规定符号，其运算符号如图 1.5.4 所示。

"异或"运算是实现"必须不同，否则没有"这种逻辑关系的运算，其逻辑运算符为"⊕"，运算规则如下：0⊕0=0，1⊕0=1，0⊕1=1，1⊕1=0。

单片机 C 语言中，"按位异或"运算符为"^"，其运算符号如图 1.5.5 所示。

图 1.5.4 "同或"运算符号　　　　　　　　　　图 1.5.5 "异或"运算符号

1.6　单片机的 C51 基础知识介绍

1.6.1　利用 C 语言开发单片机的优点

　　C 语言作为一种非常方便的语言而得到广泛的支持，很多硬件开发都用 C 语言编程，如单片机、DSP、ARM 等。C 语言程序本身不依赖于机器硬件系统，基本上不做修改或仅做简单修改，就可将程序从不同的系统移植过来直接使用。C 语言提供了很多数学函数并支持浮点运算，开发效率高，可极大地缩短开发时间，增加程序可读性和可维护性。

　　单片机的 C51 编程与汇编 ASM-51 编程相比，有如下优点：

　　① 对单片机的指令系统不要求有任何的了解，就可以用 C 语言直接编程操作单片机。

　　② 寄存器分配、不同存储器的寻址及数据类型等细节完全由编译器自动管理。

　　③ 程序有规范的结构，可分成不同的函数，可使程序结构化。

　　④ 库中包含许多标准子程序，具有较强的数据处理能力，使用方便。

　　⑤ 具有方便的模块化编程技术，使已编好的程序很容易移植。

　　C 语言常用语法不多，尤其是单片机的 C 语言常用语法更少，初学者没有必要系统地将 C 语言重学一遍，只要跟着我们的教程学下去，当遇到难点时，停下来适当地查阅 C 语言书籍的相关部分，便会容易掌握，而且可以马上应用到实践中，记忆深刻。C 语言仅仅是一个开发工具，其本身并不难，难的是如何在将来开发庞大系统中灵活运用 C 语言的正确逻辑编写出结构完善的程序。在开始学习之前，首先大家要有十足的信心，要有拿不下它誓不罢休的强烈愿望。我相信你们能行，你们要更加相信自己能行！

1.6.2　C51 中的基本数据类型

　　很多初学者对数据类型是什么东西搞不明白，我们举个简单例子。

　　设 X=10，Y=I，Z=X+Y，求 Z=？本例中，我们将 10 和 I 分别赋给 X 和 Y，再将 X+Y 赋给 Z，由于 10 已经固定，X 被称为"常量"；Y 的值随 I 值的变化而变化，Z 的值随 X+Y 值的变化而变化，Y 和 Z 被称为"变量"。本例中，X 的值为 10，Y 的值为 I，但其他例子中 X 的值可能是 10000，Y 的值有可能是其他数。在日常计算时，X 和 Y 的值可赋为任意大小，当我们给单片机编程时，单片机也要运算，而单片机的运算中，这个"变量"数据的大小是有限制的，我们不能随意给一个变量赋任意的值。因为变量在单片机的内存中是要占据空间的，变量大小不同，占据的空间就不同。为了合理利用单片机内存空间，我们在编程时要设定合适的数据类型，不同的数据类型代表了十进制中不同的数据大小，所以我们在设定一个变量之前，必须给编译器声明这个变量的类型，以便让编译器提前从单片机内存中为这个变量分配合适的空间。单片机的 C 语言中常用的数据类型如表 1.6.1 所示。

表 1.6.1　C51 中常用的数据类型

数据类型	关 键 字	所占位数	表示数的范围
无符号字符型	unsigned char	8	$0 \sim 255$
有符号字符型	char	8	$-128 \sim 127$
无符号整型	unsigned int	16	$0 \sim 65535$
有符号整型	int	16	$-32768 \sim 32767$
无符号长整型	unsigned long	32	$0 \sim 2^{32}-1$
有符号长整型	long	32	$-2^{31} \sim 2^{31}-1$
单精度实型	float	32	$3.4e-38 \sim 3.4e38$
双精度实型	double	64	$1.7e-308 \sim 1.7e308$
位类型	bit	1	$0 \sim 1$

C 语言中还有 short int、long int、signed short int 等数据类型，在单片机 C 语言中默认规则如下：short int 即 int，long int 即 long，前面若无 unsigned 符号，则一律认为是 signed 型。

关于所占位数的解释：无论是以十进制、十六进制还是以二进制表示的数，在单片机中，所有数据都是以二进制形式存储在存储器中的，既然是二进制，就只有两个数——0 和 1，这两个数每个所占的空间就是一位（b）。位也是单片机存储器中最小的单位。

比位大的单位是字节（B），1 字节等于 8 位（即 1 B=8 b）。从表 1.6.1 可以看出，除了位，字符型占存储器空间最小，为 8 位，双精度实型最大，为 64 位。其中，float 型和 double 型用来表示浮点数，就是带有小数点的数，如 12.234、0.213 等。这里需要说明的是，在一般系统中，float 型数据只能提供 7 位有效数字，double 型数据能够提供 15～16 位有效数字，但是这个精度还与编译器有关系，并不是所有的编译器都遵守这条原则。当把一个 double 型变量赋给 float 型变量时，系统会截取相应的有效位数。例如：

```
float a;                         // 定义一个 flaot 型变量
a=123.1234567;
```

由于 float 型变量只能接收 7 位有效数字，因此最后的 3 位小数将被四舍五入截掉，即实际 a 的值将是 123.1235。若将 a 改成 double 型变量，则能全部接收上述 10 位数字，并存储在变量 a 中。

1.6.3　C51 数据类型扩充定义

单片机内部有很多的特殊功能寄存器，每个寄存器在单片机内部都被分配有唯一的地址，根据寄存器功能的不同，一般我们给寄存器赋予各自的名称，当需要在程序中操作这些特殊功能寄存器时，必须在程序的最前面将这些名称加以声明。声明的过程实际就是将这个寄存器在内存中的地址编号赋给这个名称，这样编译器在以后的程序中才可认知这些名称所对应的寄存器。对于大多数初学者来讲，这些寄存器的声明已完全被包含在 51 单片机的特殊功能寄存器声明头文件"reg51.h"中，初学者若不想深入了解，完全可以暂不操作它。

❖ sfr—特殊功能寄存器的数据声明，声明一个 8 位的寄存器。

❖ sfr16—16 位特殊功能寄存器的数据声明。

❖ sbit—特殊功能位声明，也就是声明某一个特殊功能寄存器中的某一位。

❖ bit—位变量声明，当定义一个位变量时可使用此符号。

例如：

```
sfr SCON = 0x98;
```

SCON 是单片机的串行口控制寄存器，这个寄存器在单片机内存中的地址为 0x98。这样声明后，以后要操作这个控制寄存器时，就可以直接对 SCON 进行操作，这时编译器也会明白，我们实际要操作的是单片机内部 0x98 地址处的这个寄存器，而 SCON 仅仅是这个地址的一个代号或是名称而已。当然，我们也可以定义成其他名称。

例如：

```
sfr16 T2 = 0xCC;
```

声明了一个 16 位的特殊功能寄存器，它的起始地址为 0xCC。

例如：

```
sbit TI =SCON^1;
```

SCON 是一个 8 位寄存器，SCON^1 表示这个 8 位寄存器的次低位，最低位是 SCON^0；SCON^7 表示这个寄存器的最高位。该语句的功能就是将 SCON 寄存器的次低位声明为 TI，以后若要对 SCON 寄存器的次低位操作，则可直接操作 TI。

1.6.4 C51 中常用的头文件

头文件通常有 reg51.h，reg52.h，math.h，ctype.h，stdio.h，stdlib.h，absacc.h，intrins.h，常用的是 reg51.h 或 reg52.h、math.h。

reg51.h 和 reg52.h 是定义 51 单片机或 52 单片机特殊功能寄存器和位寄存器的，这两个头文件中大部分内容是一样的，52 单片机比 51 单片机多一个定时器 T2，因此，reg52.h 中也就比 reg51.h 中多几行定义 T2 寄存器的内容。

math.h 是定义常用数学运算的，比如求绝对值、求方根、求正弦和余弦等，该头文件中包含有各种数学运算函数，当我们需要使用时可以直接调用它的内部函数。

对特殊功能寄存器有了基本的了解后，可以自己动手来写具有自己风格的头文件。例如，在 TX-1C 单片机学习板上，我们用的是 STC 公司的 51 内核单片机，该单片机内部除了一般 51 单片机所具有的功能外，还有一些特殊功能，如果使用这些特殊功能，就要对它进行其他操作，此时需要自定义这些特殊功能寄存器的名称，可以根据芯片说明文档上注明的各寄存器地址来定义它们。关于这方面的扩展，我们会在以后的实际应用中再次提到。

1.6.5 C51 中的运算符

C51 算术运算、关系（逻辑）运算、位运算符如表 1.6.2～表 1.6.4 所示。

表 1.6.2 算术运算符

算术运算符	含 义
+	加法
-	减法
*	乘法
/	除法或求模运算
++	自加
--	自减

表 1.6.3 关系（逻辑）运算符

关系运算符	含 义
>	大于
>=	大于等于
<	小于
<=	小于等于
==	测试相等
!=	测试不等
&&	与
||	或
!	非

表 1.6.4 位运算符

位运算符	含 义
&	按位与
|	按位或
^	异或
~	取反
>>	右移

"/"用在整数除法中时，10/3=3，求模运算也用在整数中，如 10 对 3 求模即 10 中含有多少个整数的 3，即 3 个。进行小数除法运算时，需要写为 10/3.0，它的结果是 3.333333，若写成 10/3，只能得到整数而得不到小数，这一点一定注意。

"%"求余运算，也是在整数中，如 10%3=1，即 10 中含有整数倍的 3 取掉后剩下的数为所求余数。

"= ="两个等号写在一起表示测试相等，即判断两边的数是否相等，在写程序时我们再做详解。"!="判断两个等号两边的数是否不相等。

1.6.6　C51 中的基础语句

C51 中用到的基础语句如表 1.6.5 所示。

表 1.6.5　C51 中的基础语句

语　句	类　型
if	选择语句
while	循环语句
for	循环语句
switch/case	多分支选择语句
do-while	循环语句

1.6.7　学习单片机应该掌握的主要内容

① 掌握单片机最小系统能够运行的必要条件。
❖ 电源
❖ 晶振
❖ 复位电路
② 掌握对单片机任意 I/O 口的操作。
❖ 输出控制电平高低。
❖ 输入检测电平高低。
③ 定时器：重点掌握最常用的方式 2。
④ 中断：掌握外部中断、定时器中断、串口中断。
⑤ 串口通信：掌握单片机之间通信、单片机与计算机之间的通信。

掌握了以上这几点知识后，可以说大家对单片机已经基本掌握了，其他知识是在这些知识点的基础上扩展出的，只要大家愿意积极尝试，善于举一反三，很快便能将单片机相关的知识轻松掌握。

第2章　Keil 软件使用及流水灯设计

本章将详细介绍单片机程序常用编译软件 Keil 的用法，包括用 Keil 建立工程、工程配置、C51 单片机程序软件仿真、单步、全速、断点设置、变量查看等，还将介绍如何使用 SST89E516RD 单片机进行计算机与 TX-1C 单片机学习板之间的硬件仿真。本章用一个完整的 C51 程序来操作发光二极管的点亮与熄灭，然后调用 C51 库函数来实现流水灯，最后为大家补充蜂鸣器与继电器的操作方法及集电极开路与漏极开路的概念。从本章开始，我们将手把手地讲解单片机 C 语言编程。认真学好本章，对于初学者来说将是一个非常好的开头。

2.1　Keil 工程建立及常用按钮介绍

在使用 Keil 软件之前，要保证在用户的计算机上装有一套稳定可靠的软件。本书中讲解的 Keil 版本为 V6.12，为了能让大家更方便地学习本软件的用法，建议大家在学习本书时尽量选择该版本。

我们强烈推荐的学习方法是边学边用，所以这里不会像传统专业书籍那样，将某个软件的所有功能事先都讲解得非常仔细，很多不用的地方我们不做说明，需要用到什么，我们就学习什么，这样才能有效地理解它、记忆它，最终达到学以致用的目的。

2.1.1　Keil 工程的建立

进入 Keil 后，屏幕如图 2.1.1 所示，然后出现编辑界面，如图 2.1.2 所示。

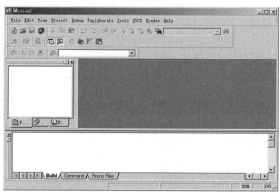

图 2.1.1　启动 Keil 软件时的屏幕　　　　图 2.1.2　进入 Keil 软件后的编辑界面

<1> 建立一个新工程，单击〖Project〗菜单中的〖New Project...〗选项，如图 2.1.3 所示。

<2> 选择工程要保存的路径，输入工程文件名。Keil 的一个工程里通常含有很多小文件，为了方便管理，通常将一个工程放在一个独立文件夹下，如保存到 part2_1 文件夹，工程文件的名字为 part2_1，如图 2.1.4 所示，然后单击〖保存〗按钮。工程建立后，此工程名变为 part2_1.uv2。

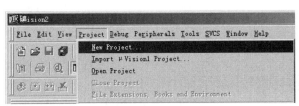

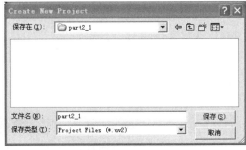

图 2.1.3　新建工程　　　　　　　　　　　　　　图 2.1.4　保存工程

<3> 这时弹出一个对话框，要求用户选择单片机的型号，可以根据使用的单片机来选择。

Keil C51 几乎支持所有 51 内核的单片机，TX-1C 实验板上用的是 STC89C52，在对话框中找不到这个型号的单片机。因为 51 内核单片机具有通用性，所以可以任选一款 89C52，Keil 软件的关键是程序代码的编写，而非用户选择什么硬件，这里选择 Atmel 的 89C52 来说明，如图 2.1.5 所示。

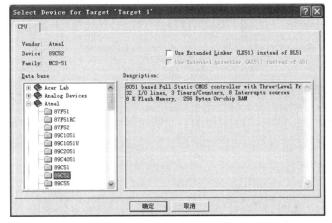

图 2.1.5　选择单片机型号

选择 89C52 之后，右边〖Description〗栏中是对该型号单片机的基本说明，我们可以单击其他型号单片机，浏览其功能特点，然后单击〖确定〗按钮。

<4> 完成后，窗口界面如图 2.1.6 所示。但是我们还没有建立好一个完整的工程，虽然有了工程名称，但工程中还没有任何文件及代码，接下来添加文件及代码。

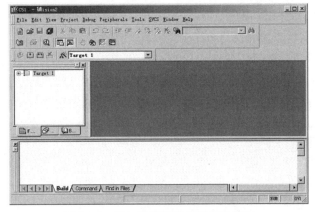

图 2.1.6　添加完单片机后的窗口界面

<5> 单击〖File〗菜单中的〖New〗菜单项（如图 2.1.7 所示），或单击界面上的  快捷图标。新建文件后窗口界面如图 2.1.8 所示。此时光标在编辑窗口中闪烁，可以输入用户的应用程序，但此时这个新建文件与我们刚才建立的工程还没有直接的联系，单击图标 🖫，窗口界面如图 2.1.9 所示，在〖文件名（N）〗编辑框中，输入要保存的文件名，同时必须输入正确的扩展名。

图 2.1.7　添加文件

图 2.1.8　添加完文件后的窗口界面

图 2.1.9　保存文件

注意，用 C 语言编写程序，扩展名必须为 .c；用汇编语言编写程序，则扩展名必须为 .asm。这里的文件名不一定与工程名相同，可以随意填写文件名，然后单击〖保存〗按钮。

<6> 回到编辑界面，单击〖Target 1〗前面的"+"，然后在〖Source Group 1〗选项上单击右键，弹出如图 2.1.10 所示菜单。然后选择〖Add Files to Group 'Source Group 1'〗菜单项，对话框如图 2.1.11 所示。

选中〖part2_1.c〗，单击〖Add〗按钮，再单击〖Close〗按钮，然后单击左侧〖Sourse Group 1〗前面的"+"，如图 2.1.12 所示，〖Source Group 1〗文件夹中多了子项〖part2_1.c〗。当一个工程中有多个代码文件时，都要加在这个文件夹下，这时源代码文件就与工程关联起来了。

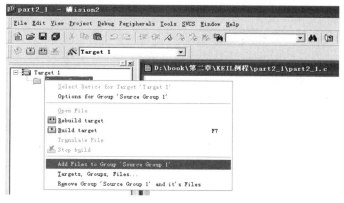

图 2.1.10 将文件加入工程的菜单

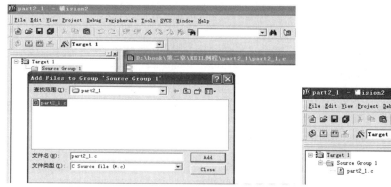

图 2.1.11 选中文件后的对话框

图 2.1.12 将文件加入工程后的屏幕窗口

通过以上 6 步，我们学习了如何在 Keil 编译环境下建立一个工程，在开始编写程序之前，有必要先学习编辑界面上一些常用的按钮功能和用法。

2.1.2 常用按钮

按钮 —显示或隐藏项目窗口。单击该按钮，可以观察其现象，如图 2.1.13 所示。

按钮 —显示或隐藏输出信息窗口。进行程序编译时，可查看输出信息窗口，查看程序代码是否有错误、是否成功编译、是否生成单片机程序文件等。单击该按钮，可以观察其现象，输出信息窗口如图 2.1.14 所示。

图 2.1.13 项目窗口

图 2.1.14 输出信息窗口

按钮 —编译正在操作的文件。

按钮 —编译修改过的文件，并生成应用程序供单片机直接下载。

按钮 —重新编译当前工程中的所有文件，并生成应用程序供单片机直接下载。因为很多工程有不止一个文件，当有多个文件时，我们可使用此按钮进行编译。

按钮 —打开〖Oprions for Target〗对话框，也就是为当前工程设置选项，从中对当前工程进行详细设置。关于该对话框的设置方法将在使用时详细讲解。

以上是使用频率最多的几个按钮，大家千万不要被一打开软件时呈现在眼前令人眼花缭乱的众多按钮所吓着哟。其他一些调试时用到的按钮等我们具体用到时再介绍。

2.2 点亮第一个发光二极管

大家是不是已经迫不及待地想编写程序了？接下来用 C 语言编写一个点亮 TX-1C 实验板上第一个发光二极管的程序。由于这是本书的第一个程序，看懂了它，也意味着你已经踏入了单片机 C 语言编程的第一道门槛，因此在这里要花些时间讲解它。大家一定要有耐心，认真地弄明白它。

先回到 2.1 节最后的编辑界面"part2_1.c"下，在当前编辑框中输入如下 C 语言源程序。注意：在输入源代码时务必将输入法切换成英文半角状态。

【例 2.2.1】 编写程序，点亮第一个发光二极管。

```
#include <reg52.h>            // 52 系列单片机头文件
sbit led1=P1^0;               // 声明单片机 P1 口的第一位
void main()                   // 主函数
{
    led1=0;                   // 点亮第一个发光二极管
}
```

在输入上述程序时，Keil 会自动识别关键字，并以不同的颜色提示用户加以注意，这样会使用户少犯错误，有利于提高编程效率。若新建立的文件没有事先保存，Keil 是不会自动识别关键字的，也不会有不同颜色出现。程序输入完毕后，如图 2.2.1 所示。暂且不要管这几句程序表示什么意思，先学会编译及错误处理，再具体学习代码的含义。

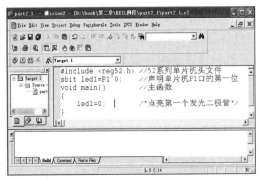

图 2.2.1 输入代码后的编辑界面

接下来编译此工程，看看程序代码是否有错误。先保存文件，再单击〖全部编译〗图标。编译后的屏幕如图 2.2.2 所示，我们重点观察信息输出窗口。

建议大家每次在执行编译之前都先保存一次文件，从一开始就养成良好的习惯对你将来写程序有很大好处。因为进行编译时，Keil 软件有时会导致计算机死机，不得不重启计算机，若在编写一个很大的工程文件时没有及时保存，那么重启后，你将找不到它的任何踪影，只得重写。虽然这种情况极少发生，但出于安全考虑，建议大家及时保存。

图 2.2.2　编译后的界面

在图 2.2.2 中，信息输出窗口中显示的是编译过程及编译结果。其过程含义如下：

创建目标 "Target 1"

编译文件 part2_1.c…

链接…

工程 "part2_1" 编译结果-0 个错误，0 个警告。

以上信息表示此工程成功编译通过。

当然，并不是每个用户第一次都能顺利地编译成功。下面我们故意改错一处，再编译一次，来观察它的编译错误信息，并教大家如何查找错误。

将程序中 "led1=0;" 一行中的 ";" 删掉，然后将输入法切换成中文输入，在中文输入状态下重新输入 ";"，保存后再编译，提示的错误信息如图 2.2.3 所示。

图 2.2.3　输出错误信息界面

可以看出，编译过程出现了错误，错误信息有 3 处，分别为 part2_1.c 的第 5、5、6 行。在一个比较大的程序中，如果某处出现了错误，编译后会发现有很多个错误信息，其实这些错误并非真正的错误，而是当编译器发现一个错误时，编译器自身已经无法完整编译完后续代码而引发的更多错误。

解决办法如下：将错误信息窗口右侧的滚动条拖到最上面，双击第一条错误信息，可以看到 Keil 软件自动将错误定位，并且在代码行前面出现一个蓝色的箭头。双击图 2.2.3 中的第一条错误信息后，显示如图 2.2.4 所示。需要说明的是，有些错误连 Keil 软件自身也不能准确显示错误信息，更不能准确定位，只能定位到错误出现的大概位置，我们根据这个大概位置和错误提示信息，自己再查找和修改错误。可见，在中文状态下，Keil 软件代码区输入符号会出现错误，我们改正错误后再编译一次，成功通过。

图 2.2.4　定位错误

现在回到 Keil 编辑界面，开始分析代码含义。

【知识点】　reg52.h 头文件的作用

在代码中引用头文件，其实际意义就是将这个头文件中的全部内容放到引用头文件的位置处，免去我们每次编写同类程序都要将头文件中的语句重复编写。

在代码中加入头文件有两种书写方法，分别为#include <reg52.h>和#include "reg52.h"，包含头文件时都不需要在后面加分号。两种写法区别如下：

① 使用<>包含头文件时，编译器先进入到软件安装文件夹处开始搜索这个头文件，也就是Keil\C51\INC 文件夹下，如果这个文件夹下没有引用的头文件，编译器将报错。

② 使用双撇号" "包含头文件时，编译器先进入到当前工程所在文件夹处开始搜索该头文件，如果当前工程所在文件夹下没有该文件，编译器将继续回到软件安装文件夹处搜索这个头文件，若找不到该头文件，编译器将报错。

图 2.2.5　打开头文件方法

reg52.h 在软件安装文件夹处存在，所以我们一般写成#include <reg52.h>。打开该头文件查看其内容，将鼠标移动到 reg52.h 上，单击右键，选择〖Open document <reg52.h>〗，即可打开该头文件，如图 2.2.5所示。以后若需打开工程中的其他头文件，也可采用这种方式。或者手动定位到头文件所在的文件夹也可。其全部内容如下：

```
/*-------------------------------------------------------------------
REG52.H
Header file for generic 80C52 and 80C32 microcontroller.
Copyright (c) 1988-2001 Keil Elektronik GmbH and Keil Software, Inc.
All rights reserved.
-------------------------------------------------------------------*/

/*  BYTE Registers  */
sfr P0    = 0x80;
sfr P1    = 0x90;
sfr P2    = 0xA0;
sfr P3    = 0xB0;
sfr PSW   = 0xD0;
sfr ACC   = 0xE0;
sfr B     = 0xF0;
sfr SP    = 0x81;
sfr DPL   = 0x82;
```

```
sfr DPH   = 0x83;
sfr PCON  = 0x87;
sfr TCON  = 0x88;
sfr TMOD  = 0x89;
sfr TL0   = 0x8A;
sfr TL1   = 0x8B;
sfr TH0   = 0x8C;
sfr TH1   = 0x8D;
sfr IE    = 0xA8;
sfr IP    = 0xB8;
sfr SCON  = 0x98;
sfr SBUF  = 0x99;

/*  8052 Extensions  */
sfr T2CON  = 0xC8;
sfr RCAP2L = 0xCA;
sfr RCAP2H = 0xCB;
sfr TL2    = 0xCC;
sfr TH2    = 0xCD;

/*  BIT Registers  */
/*  PSW  */
sbit CY   = PSW^7;
sbit AC   = PSW^6;
sbit F0   = PSW^5;
sbit RS1  = PSW^4;
sbit RS0  = PSW^3;
sbit OV   = PSW^2;
sbit P    = PSW^0; //8052 only

/*  TCON  */
sbit TF1  = TCON^7;
sbit TR1  = TCON^6;
sbit TF0  = TCON^5;
sbit TR0  = TCON^4;
sbit IE1  = TCON^3;
sbit IT1  = TCON^2;
sbit IE0  = TCON^1;
sbit IT0  = TCON^0;

/*  IE  */
sbit EA   = IE^7;
sbit ET2  = IE^5; //8052 only
sbit ES   = IE^4;
sbit ET1  = IE^3;
sbit EX1  = IE^2;
sbit ET0  = IE^1;
sbit EX0  = IE^0;

/*  IP  */
sbit PT2  = IP^5;
sbit PS   = IP^4;
```

```
sbit PT1   = IP^3;
sbit PX1   = IP^2;
sbit PT0   = IP^1;
sbit PX0   = IP^0;
/*  P3  */
sbit RD    = P3^7;
sbit WR    = P3^6;
sbit T1    = P3^5;
sbit T0    = P3^4;
sbit INT1  = P3^3;
sbit INT0  = P3^2;
sbit TXD   = P3^1;
sbit RXD   = P3^0;
/*  SCON  */
sbit SM0   = SCON^7;
sbit SM1   = SCON^6;
sbit SM2   = SCON^5;
sbit REN   = SCON^4;
sbit TB8   = SCON^3;
sbit RB8   = SCON^2;
sbit TI    = SCON^1;
sbit RI    = SCON^0;
/*  P1  */
sbit T2EX  = P1^1;      // 8052 only
sbit T2    = P1^0;      // 8052 only

/*  T2CON  */
sbit TF2    = T2CON^7;
sbit EXF2   = T2CON^6;
sbit RCLK   = T2CON^5;
sbit TCLK   = T2CON^4;
sbit EXEN2  = T2CON^3;
sbit TR2    = T2CON^2;
sbit C_T2   = T2CON^1;
sbit CP_RL2 = T2CON^0;
```

从上面代码中可以看到，该头文件中定义了 52 系列单片机内部所有的功能寄存器，用到了前面讲到的 sfr 和 sbit 两个关键字。"sfr P0=0x80;"语句的意义是，把单片机内部地址 0x80 处的寄存器重新命名为 P0，以后在程序中可直接操作 P0，相当于直接对单片机内部的 0x80 地址处的寄存器进行操作。说通俗点，通过 sfr 关键字，让 Keil 编译器在单片机与人之间搭建一座可以进行沟通的桥梁，我们操作的是 P0 口，而单片机本身并不知道什么是 P0 口，但是它知道其内部地址 0x80 是什么。大家应该已经明白，以后凡是编写 51 内核单片机程序时，源代码的第一行中可以直接包含该头文件。

"sbit CY= PSW^7;"语句的意思是，将 PSW 寄存器的最高位重新命名为 CY，以后我们要单独操作 PSW 寄存器的最高位时，便可直接操作 CY。其他类似。

讲完了头文件，我们再回到编辑界面，紧接着头文件后面有"//…"，请看知识点。

【知识点】 C 语言中注释的写法

在 C 语言中，注释有两种写法：

① //…："//" 后面跟着的为注释语句。这种写法只能注释一行，换行时必须在新行上重新写

"//"。

② /*…*/：这种写法可以注释任意行，即 "/*" 与 "*/" 之间的所有文字都作为注释。

所有注释都不参与程序编译，编译器在编译过程会自动删去注释，注释的目的是为了我们读程序方便，一般在编写较大的程序时分段加入注释，这样当我们回过头来再次读程序时，因为有了注释，其代码的意义便一目了然了。若无注释，我们不得不特别费力地将程序重新阅读一遍方可知道代码含义。养成良好的书写代码格式的习惯，经常为自己编写的代码加入注释，以后定能方便许多。

例 2.2.1 程序中接着往下看，"sbit led1=P1^0;" 语句的含义是，将单片机 P1 口的最低位定义为 led1。在 TX-1C 实验板上，8 个发光二极管的阴极通过一个 74HC573 锁存器分别连接至单片机的 P1 口，要控制某个发光二极管，就是控制单片机 P1 口的某一位，必定要声明这一位，否则单片机不知道我们要操作的是什么。注意，这里的 P1 不可随意写，P 是大写，若写成 "p"，编译程序时将报错，因为编译器并不认识 "p1"，只认识 "P1"，头文件中定义的是 "sfr　P1= 0x90;"。这也是大多初学者编写第一个程序时常犯的错误。

例 2.2.1 程序中再往下就到了主函数 main()，无论一个单片机程序有多大或多小，所有的单片机在运行程序时，总是从主函数开始运行。关于主函数的写法请看下面的知识点。

【知识点】 main( )主函数的写法

main( )函数的格式为：

```
void main( )
```

注意，后面没有分号。

特点：无返回值，无参数。

无返回值表示该函数执行完后不返回任何值，上面 main 前面的 void 表示"空"，即不返回值的意思，后面我们会讲到有返回值的函数，到时大家一对比便会更加明白。

无参数表示该函数不带任何参数，即 main 后面的 "( )" 中没有任何参数，我们只写 "( )" 就可以了，也可以在 "( )" 中写上 void，表示"空"的意思，如 void main(void)。

任何一个单片机 C 程序有且仅有一个 main 函数，它是整个程序开始执行的入口。大家注意看，在写完 main( )之后，在下面有 "{ }"，这是 C 语言中函数写法的基本要求之一，即在一个函数中，所有的代码都写在这个函数的 "{ }" 内，每条语句结束后都要加上 ";"，语句与语言之间可以用空格或回车隔开。例如：

```
void main( )
{
    总程序从这里开始执行;
    其他语句;
    ……
}
```

接下来是 "led1=0;" 语句，也就是该程序中最核心的语句。在数字电路中，电平只有两种状态：高电平，1；低电平，0。显然，该语句的意思是，让 P1 口的最低位清 0。由于没有操作其他口，因此其余口均保持原来状态不变。那么，为什么 P1 口的最低位清 0，板上的第一个发光二极管就会亮呢？下面来讲解电路知识，TX-1C 单片机实验板上流水灯与单片机连接方法如图 2.2.6 所示。图 2.2.6 电路中，除单片机外，主要元件有 3 类：P2（1kΩ排阻）、D（1～8）（发光二极管）、U3（74HC573 锁存器），下面分别介绍。

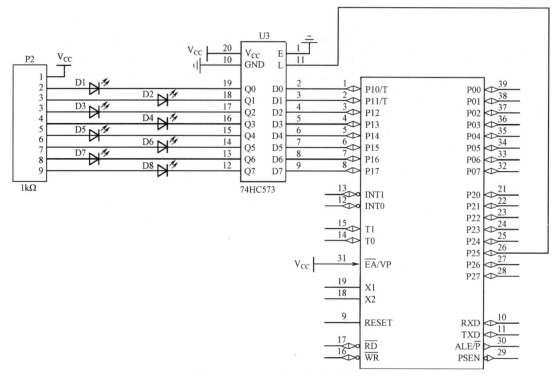

图 2.2.6　TX-1C 板上发光二极管

① 排阻。通俗地讲，排阻就是一排电阻，图 2.2.6 中有 8 个发光二极管，每个管子上串联一个电阻，然后在电阻的另一端接电源。因为 8 个管子接法相同，所以我们把 8 个电阻的另一端全部连接在一起，这样便有 9 个引脚，其中一个称为公共端。图 2.2.7 和图 2.2.8 是直插式和贴片式排阻的实物图。

图 2.2.7　直插式排阻

图 2.2.8　贴片式排阻

【知识点】　由电阻标号认知阻值

一般在排阻上都标有阻值号，其公共端附近也有明显标记。如图 2.2.7 和图 2.2.8 中分别为 103 和 150。103 表示其阻值大小为 $10 \times 10^3\Omega$，即 10 kΩ，若是 102 其阻值大小为 $10 \times 10^2\Omega$，即 1 kΩ，150 为 $15 \times 10^0\Omega$，即 15 Ω，其他读法都相同。

标号 1002 表示 $100 \times 10^2\Omega$，即 10 kΩ，标号 1001 表示 $100 \times 10^1\Omega$，即 1 kΩ。

3 位数表示与 4 位数表示的阻值读法我们都要会，标号位数不同，其电阻的精度不同。一般，3 位数表示 5% 精度，4 位数表示 1% 精度。TX-1C 实验板上与发光二极管连接的是 102 阻值的 9 引脚直插排阻。

还有的标号如 3R0，表示阻值为 3 Ω，4K7 表示阻值为 4.7 kΩ，R002 表示阻值为 0.002 Ω。

② 发光二极管。发光二极管具有单向导电性，通过 5 mA 左右电流即可发光，电流越大，其亮度越强，但电流过大会烧毁二极管，一般控制在 3～20 mA 之间。

给发光二极管串联一个电阻的目的就是为了限制通过发光二极管的电流不要太大，因此这个电阻又称为"限流电阻"。当发光二极管发光时，测量它两端电压约为 1.7V，这个电压又叫做发光二极管的"导通压降"。图 2.2.9 和图 2.2.10 分别为直插式发光二极管和贴片式发光二极管实物图。发光二极管正极又称阳极，负极又称阴极，电流只能从阳极流向阴极。直插式发光二极管长脚为阳极，短脚为阴极。仔细观察，贴片式发光二极管正面的一端有彩色标记，通常有标记的一端为阴极。大家可观察 TX-1C 实验板上贴片发光二极管有一端有绿色标记，此标记即标识它是管子的阴极。

关于排阻大小的选择：根据欧姆定律 $U=IR$，当发光二极管正常导通时，其两端电压约为 1.7 V，发光管的阴极为低电平，即 0 V，阳极串接一电阻，电阻的另一端为 V_{CC}，为 5 V，因此加在电阻两端的电压为 5 V–1.7 V=3.3 V，计算穿过电阻的电流为 3.3 V/1000 Ω=3.3 mA，即穿过发光管的电流也为 3.3 mA。若想让发光管再亮一些，可以适当减小该电阻。

图 2.2.9　直插式发光二极管

图 2.2.10　贴片式发光二极管

③ 74HC573 锁存器，是一种数字芯片。因为数字芯片种类成千上万，我们不可能将其全部记住，所以只能用一个学一个，然后弄明白它，日积月累，大家必能灵活地设计出各种电路。锁存器将作为一个知识点来讲解。其直插式和贴片式实物图分别如图 2.2.11 和 2.2.12 所示。

图 2.2.11　直插式 74HC573

图 2.2.12　贴片式 74HC573

【知识点】 锁存器

图 2.2.13 为 74HC573 的引脚分布图，先对照引脚图分别介绍各引脚的作用，$\overline{OE}$ 的专业术语为三态允许控制端（低电平有效），通常称为输出使能端或输出允许端；1D ~ 8D 为数据输入端；1Q ~ 8Q 为数据输出端；LE 为锁存允许端（或叫锁存控制端）。

图 2.2.14 为 74HC573 的真值表。真值表用来表示数字电路或数字芯片工作状态的直观特性，大家务必要看明白。图 2.2.14 真值表中字母代码含义如下：H—高电平；L—低电平；X—任意电平；Z—高阻态，也就是既不是高电平也不是低电平，而它的电平状态由与它相连接的其他电气状态决定；Q0—上次的电平状态。

由真值表可以看出，当 $\overline{OE}$ 为高电平时，无论 LE 与 D 端为何种电平状态，其输出都为高阻态，此时该芯片处于不可控状态。将 74HC573 接入电路的目的是控制它，在设计电路时必须将 $\overline{OE}$ 接低电平，所以 TX-1C 实验板上使用的三个锁存器的 $\overline{OE}$ 端全部接地。

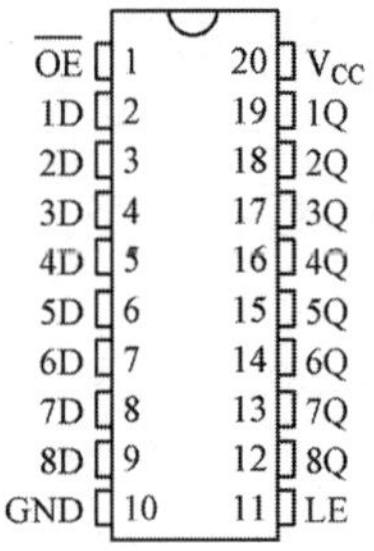

```
      ┌───∪───┐
 OE ──┤1    20├── Vcc
 1D ──┤2    19├── 1Q
 2D ──┤3    18├── 2Q
 3D ──┤4    17├── 3Q
 4D ──┤5    16├── 4Q
 5D ──┤6    15├── 5Q
 6D ──┤7    14├── 6Q
 7D ──┤8    13├── 7Q
 8D ──┤9    12├── 8Q
 GND ─┤10   11├── LE
      └───────┘
```

图 2.2.13　74HC573 引脚

INPUTS			OUTPUT
$\overline{OE}$	LE	D	Q
L	H	H	H
L	H	L	L
L	L	X	Q_0
H	X	X	Z

图 2.2.14　74HC573 真值表

当 $\overline{OE}$ 为低电平时，我们再看 LE。当 LE 为 H 时，D 与 Q 同时为 H 或 L；而当 LE 为 L 时，无论 D 为何种电平状态，Q 都保持上一次的数据状态。也就是说，当 LE 为高电平时，Q 端数据状态紧随 D 端数据状态变化；当 LE 为低电平时，Q 端数据将保持住 LE 端变化为低电平之前 Q 端的数据状态。因此，我们将锁存器的 LE 端与单片机的某一引脚相连，再将锁存器的数据输入端与单片机的某组 I/O 口相连，便可通过控制锁存器的锁存端与锁存器的数据输入端的数据状态来改变锁存器的数据输出端的数据状态。

TX-1C 实验板上发光二极管处连接锁存器的目的是：发光二极管通过锁存器连接到单片机的 P1 口，而板上 A/D 芯片的数据输出端也连接到单片机的 P1 口，当我们在做 A/D 实验时，A/D 芯片的数据输出端的数据就会实时发生变化，若不加锁存器，那么发光二极管的阴极电平也跟随 A/D 的数据输出的变化而变化，这样会看见发光管无规则闪动，为了在做 A/D 实验时不影响发光二极管，我们在发光二极管与单片机之间加入一个锁存器用以隔离。做 A/D 实验时，我们可通过单片机将此锁存器的锁存端关闭，而此时无论单片机 P1 口数据怎么变化，发光二极管也不会闪动。做发光二极管的实验时，可将锁存端始终打开，也就是让锁存器的锁存端处于高电平状态，此时发光二极管会跟随单片机的 P1 口状态而变化。

可能看到这里，大家会有疑问，为什么我们刚才在写程序的时候，并没有写一句控制锁存器的锁存端置高的语句呢？原因是这样的，大家一定要牢记，51 单片机在一上电时，如果没有人为地控制其 I/O 口的状态，它所有未控制的 I/O 口都将默认为高电平，因此我们并不需要写一句让锁存端置高的语句。

讲到这里，我们基本上讲完了与点亮第一个发光管有关的内容。大家可以看一看，虽然仅仅只是一个简单的发光二极管，可里面融合了多少知识啊！知识在于一点一滴地积累，大家继续往下看，后面的内容更精彩。

接下来把前面编写的这段程序生成可以下载到单片机的代码，然后亲自下载到实验板上，看看其效果究竟如何？

回到 Keil 编辑界面，在〖Project〗菜单中选择〖Options for Target 'Target 1'〗项，或直接单击界面上的工程设置选项快捷图标，弹出如图 2.2.15 所示的对话框。单击〖Output〗，选中〖Create HEX File〗项，使程序编译后产生 HEX 代码，供下载器软件下载到单片机中。这里简单补充，单片机只能下载 HEX 文件或 BIN 文件，HEX 文件是十六进制文件，英文全称为 hexadecimal，BIN 文件是二进制文件，英文全称为 binary，这两种文件可以通过软件相互转换，其实际内容都是一样的。我们可同时将选项〖Browse Information〗选中，这样我们在程序中某处调用函数的地方单击右键选择打开函数时，可直接跳转到该函数体中。这个功能在编写比较大的程序中会经常用到。

再将工程编译一次，信息输出窗口如图 2.2.16 所示。可以看到，多了一行"creating hex file

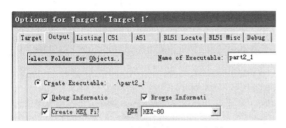

图 2.2.15　选择生成 HEX 文件　　　　　图 2.2.16　生成 HEX 文件后的窗口

from "part2_1"…"。再补充一点，当创建一个工程并编译这个工程时，生成的 HEX 文件名与工程文件名是相同的，添加的源代码名可以有很多，但 HEX 文件名只跟随工程文件名。

然后，我们将此 HEX 文件下载到 TX-1C 单片机实验板上（关于下载过程请大家查看视频教程或实验板配套光盘资料），实际效果如图 2.2.17 所示。

图 2.2.17　例 2.2.1 实际效果

在图 2.2.17 中，右侧 8 个发光二极管中，最上面的发光管点亮了，其余没有亮，这说明程序按照我们编写的意图工作了。

这种控制 I/O 口的方法是一条语句只能控制一个 I/O 口，就是通常所说的位操作法，如果要同时让 1、3、5、7 这 4 个发光二极管亮，就要声明 4 个 I/O 口，然后在主程序中再写 4 句分别点亮 4 个发光管的程序。显然，这种写法比较麻烦。接下来将讲解一种总线操作法。

【例 2.2.2】　在原工程下新建立一个文件，保存并修改名称为 part2_2.c，将此文件添加到工程中，在项目窗口中选中〖part2_1.c〗，按键盘的 Delete 键，删除此文件，这时工程中的文件就只有 part2_2.c。注意：必须删除 part2_1.c 才可正常编译新文件，因为一个工程中只能有一个主函数。我们在新文件中输入以下语句：

```
#include <reg52.h>        // 52 系列单片机头文件
void main( )              // 主函数
{
    P1=0xaa;
}
```

这里的"P1=0xaa;"就是对单片机 P1 口的 8 个 I/O 口同时进行操作,"0x"表示后面的数据是以十六进制形式表示的,十六进制数的 aa 转换成二进制的 10101010,那么对应的发光二极管便是 1、3、5、7 亮,2、4、6、8 灭。0xaa 被转换成十进制数的 170,也可直接对 P1 口进行十进制数的赋值,如"P1=170;",其效果是一样的,只是麻烦了许多。因为无论是几进制的数,在单片机内部都是以二进制数形式保存的,只要是同一个数值的数,在单片机内部占据的空间就是固定的,这里还是用十六进制比较直观。编译后下载,实际效果如图 2.2.18 所示。

图 2.2.18　例 2.2.2 实际效果

2.3　while 语句

通过 2.2 节的学习,想必大家已经对点亮实验板上的任意发光二极管驾轻就熟了,但是不要高兴得太早,上面的程序并不完善,任何一个程序都要有头有尾才对,而上面写的程序似乎只有头而无尾。我们分析一下,当程序运行时,首先进入主函数,顺序执行里面的所有语句,因为主函数中只有一条语句,执行完这条语句后,该执行什么?因为没有给单片机明确指示下一步该做什么,所以单片机在运行时很有可能出错。根据经验(并没有详细记录可查),当 Keil 编译器遇到这种情况时,会自动从主函数开始处重新执行语句,所以单片机在运行上面两个程序时,实际上是在不断地重复点亮发光二极管的操作,而我们的意图是让单片机点亮二极管后就结束,也就是让程序停止在某处,这样一个有头有尾的程序才完整。那么,如何让程序停止在某处呢?我们用 while 语句就可以实现。

【知识点】　while( )语句

while( )语句的格式如下:

```
while (表达式)
{
    内部语句 (内部可为空)
}
```

特点:先判断表达式,后执行内部语句。

原则:若表达式不是 0,即为真,那么执行语句,否则跳出 while 语句,执行后面的语句。

注意:① C 语言中一般把"0"视为"假","非 0"视为"真",也就是说,只要不是 0 就是真,所以 1、2、3 等都是真。

② 内部语句可为空，即 while 后面的"{ }"中什么都不写也是可以的，如"while(1){};"既然"{ }"中什么也没有，那么我们就可以直接省略"{ }"，如"while(1);"，但是其中的";"一定不能少，否则 while( )会把跟在它后面第一个";"前的语句认为是它的内部语句。例如：

```
while(1)
   P1=123;
   P2=121;
      …
```

上面的例子中，while()会把"P1=123;"当做它的语句，即使这条语句并没有加"{ }"。既然如此，那么我们以后在写程序时，如果 while( )内部只有一条语句，就可以省去"{ }"，而直接将这条语句跟在它的后面。例如：

```
while(1)
   P1=123;
```

③ 表达式可以是一个常数、一个运算或一个带返回值的函数。

有了上面的介绍，在程序最后加上"while(1);"语句就可以让程序停止。因为该语句表达式值为 1，内部语句为空，执行时先判断表达式值，因为为真，所以什么也不执行，再判断表达式，仍然为真，又不执行。因为只有当表达式值为 0 时才可跳出 while()语句，所以程序将不停地执行这条语句，也就是说，单片机点亮发光管后将永远重复执行这条语句。

初学者可能会这样想，让单片机把发光二极管点亮后，就让它停止工作，不再执行别的指令，这样不是更好吗？请注意，单片机是不能停止工作的，只要它有电，有晶振在起振，它就不会停止工作，每过一个机器周期，它内部的程序指针就要加 1，程序指针就指向下一条要执行的指令。想让它停止工作的办法就是把电断掉，不过这样发光二极管也就不会亮了。不过我们可以将单片机设置为休眠状态或掉电模式，这样可以最大限度地降低它的功耗。这些内容在后面会讲到。

【例 2.3.1】 编写一个完整的点亮第一个发光二极管的程序。

```
#include <reg52.h>          // 52 系列单片机头文件
void main()                 // 主函数
{
   P1=0xfe;
   while(1);
}
```

2.4   for 语句及简单延时语句

【知识点】 for 语句

for 语句的格式如下：

```
for (表达式 1；表达式 2；表达式 3)
{
   语句 (内部可为空)
}
```

执行过程如下。

第 1 步，求解表达式 1。

第 2 步，求解表达式 2，若其值为真（非 0 即为真），则执行 for 中语句，然后执行第 3 步；否则结束 for 语句，直接跳出，不再执行第 3 步。

第 3 步，求解表达式 3。

第 4 步，跳到第 2 步重复执行。

注意，三个表达式之间必须用 ";" 隔开。

利用 for 语句和 while 语句可以写出简单的延时语句。下面就用 for 语句来写一个简单的延时语句，并进一步讲解 for 语句的用法。

```
unsigned char i;
for(i=2;i>0;i--);
```

上面这两句先定义一个无符号字符型变量 i，然后执行 for 语句，表达式 1 给 i 赋一个初值 2，表达式 2 判断 i 大于 0 是真还是假，表达式 3 让 i 自减 1。

执行过程如下：

<1>给 i 赋初值 2，此时 i=2。

<2> 因为 2>0 条件成立，所以其值为真，那么执行一次 for 中的语句，因为 for 内部语句为空，即什么也不执行。

<3>i 自减 1，即 i=2-1=1。

<4> 跳到第<2>步，因为 1>0 条件成立，所以其值为真，那么执行一次 for 中的语句，因为 for 内部语句为空，即什么也不执行。

<5>i 自减 1，即 i=1-1=0。

<6> 跳到第<2>步，0>0 条件不成立，所以其值为假，则结束 for 语句，直接跳出。

通过以上 6 步，这个 for 语句就执行完了。单片机在执行这个 for 语句的时候是需要时间的，上面 i 的初值较小，所以执行的步数就少，给 i 赋的初值越大，所需的执行时间就越长，因此可以利用单片机执行这个 for 语句的时间来作为一个简单延时语句。

很多初学者容易犯的错误是想用 for 语句写一个延时比较长的语句，他可能这样写：

```
unsigned char i;
for(i=3000; i>0; i--);
```

但是结果发现，这样写并不能达到延长时间的效果，因为 i 是一个字符型变量，它的最大值为 255，给它赋一个比最大值都大的数时，编译器自然出错了。因此尤其注意，每次给变量赋初值时，首先要考虑变量类型，然后根据变量类型赋一个合理的值。

那么，怎样才能写出长时间的延时语句呢？下面讲解 for 语句的嵌套。

```
unsigned char  i, j;
for(i=100; i>0; i--)
    for(j=200; j>0; j--);
```

上面这个例子是 for 语句的两层嵌套，第一个 for 后面没有 ";"，编译器默认第二个 for 语句就是第一个 for 语句的内部语句，而第二个 for 语句内部语句为空，程序在执行时，第一个 for 语句中的 i 每减一次，第二个 for 语句便执行 200 次，因此上面这个例子便相当于共执行了 100×200 次 for 语句。

这种嵌套可以写出比较长时间的延时语句，还可以进行 3 层、4 层嵌套来增加时间，或改变变量类型，将变量初值再增大也可以增加执行时间。

这种 for 语句的延时时间到底有没有精确的算法呢？在 C 语言中，这种延时语句不好算出它的精确时间，如果需要非常精确的延时时间，我们在后面会讲到利用单片机内部的定时器来延时，它的精度非常高，可以精确到微秒级。而一般的简单延时语句实际上并不需要太精确，不过我们也有办法知道它大概延时多长时间，请看 2.5 节中的讲解。

2.5 Keil 仿真及延时语句的精确计算

【例 2.5.1】利用 for 语句的延时特性，编写一个让实验板上第一个发光二极管以间隔 1 s 亮灭闪动的程序。我们新建一个文件 part2_3.c，添加到工程中，删去原来的文件，在新文件中输入以下代码：

```
#include <reg52.h>              // 52 系列单片机头文件
#define uint unsigned int       // 宏定义
sbit led1 = P1^0;               // 声明单片机 P1 口的第一位
uint  i, j;
void main()                     // 主函数
{
  while(1)                      // 大循环
  {
    led1=0;                     // 点亮第一个发光二极管
    for(i=1000; i>0; i--)       // 延时
      for(j=110; j>0; j--)  ;
        led1=1;                 // 关闭第一个发光二极管
    for(i=1000; i>0; i--)       // 延时
      for(j=110; j>0; j--)  ;
  }
}
```

观察上面的代码，与 part2_1.c 相比，关键部分多了#define 语句、"while(1){}"和两个 for 语句。

【知识点】 #define 宏定义

#define 宏定义的格式如下：

#define 新名称 原内容

注意，后面没有 ";"。#define 命令用它后面的第一个字母组合代替该字母组合后面的所有内容，相当于我们给"原内容"重新起一个比较简单的"新名称"，方便以后在程序中直接写简短的新名称，而不必每次都写烦琐的原内容。

上例中使用宏定义的目的就是将 unsigned int 用 uint 代替。在上面的程序中可以看到，当我们需要定义 unsigned int 型变量时，并没有写为"unsigned int i, j;"，而是"uint i, j;"。在一个程序代码中，只要宏定义过一次，那么在整个代码中都可以直接使用它的"新名称"。注意，对同一个内容，宏定义只能定义一次，若定义两次，将会出现重复定义的错误提示。

while 语句和 for 语句在前面都已经讲过，这里使用"while(1){}"语句，因为 while 中的表达式是 1，永远为真，所以程序将永远循环执行"{}"中的所有语句。单片机在执行指令的时候按代码从上到下的顺序执行，while "{}"中的语句含义是："点亮灯→延时一会儿→关闭灯→再延时一会儿→点亮灯→延时一会儿…"如此循环下去，当我们把程序下载到实验板上，便可看到小灯亮灭闪动的效果。

我们如何用软件来模拟出这个延时语句究竟延长多少时间呢？回到 Keil 编辑界面，打开工程设置对话框，在〖Target〗标签下的〖Xtal(MHz):〗后将原来的默认值修改为 TX-1C 单片机实验板的晶振频率值 11.0592 MHz，如图 2.5.1 所示。

Keil 编译器在编译程序时，计算代码执行时间与该数值有关，既然模拟真实时间，那么软件模拟运行速度就要与实际硬件——对应，TX-1C 实验板的外部晶振频率是 11.0592 MHz，在实验板上单片机的右下角大家可以看到实物，如图 2.5.2 所示。单击〖确定〗按钮后，再单击窗口上的调试按钮快捷图标 ⓠ，进入软件模拟调试模式，如图 2.5.3 所示。

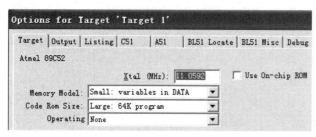

图 2.5.1　Keil 中设置仿真晶振频率

图 2.5.2　TX-1C 实验板上的晶振

图 2.5.3　Keil 软件调试模式

在软件调试模式下，我们可以设置断点、单步、全速、进入某个函数内部运行程序，还可以查看变量变化过程、模拟硬件 I/O 口电平状态变化、查看代码执行时间等。在开始调试之前，我们先熟悉调试按钮的功能。调试状态下多了图 2.5.4 所示的几个调试按钮。

图 2.5.4　调试按钮

常用的按钮介绍如下：

⚟—将程序复位到主函数的最开始处，准备重新运行程序。

⚟—全速运行，运行程序时中间不停止。

⚟—停止全速运行，全速运行程序时激活该按钮，用来停止正全速运行的程序。

⚟—进入子函数内部。

⚟—单步执行代码，它不会进入子函数内部，可直接跳过函数。

⚟—跳出当前进入的函数，只有进入子函数内部该按钮才被激活。

┫} —程序直接运行至当前光标所在行。

🔍 —显示/隐藏编译窗口，可以查看每句 C 语言编译后所对应的汇编代码。

🌐 —显示/隐藏变量观察窗口，可以查看各个变量值的变化状态。

大家不妨把这些按钮一个个都单击试试看，只有亲自操作过了记忆才会深刻。我们先来看如何在单步执行代码时，查看硬件 I/O 口电平变化和变量值的变化。先将硬件 I/O 口模拟器打开，在图 2.5.5 中单击〖Port 1〗项，弹出如图 2.5.6 所示的对话框，其中显示的是软件模拟出的单片机 P1 口 8 位口线的状态，单片机上电后 I/O 口全为 1，即十六进制的 0xFF。

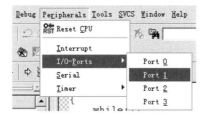

图 2.5.5 选择 I/O 口状态

图 2.5.6 查看 I/O 口状态

再单击图 2.5.3 中右下角变量观察窗口的〖Watch #1〗标签，变成图 2.5.7 所示，可以看到上面显示"type F2 to edit（按 F2 进行编辑）"字样。我们分别按两次 F2 键，输入本程序中用到的两个变量 i 和 j。在右面立即显示出变量的值 0x0000，如图 2.5.8 所示。i 和 j 在最开始定义的时候并没有给它们赋初值，编译器默认给它们赋的初值是 0，而当进入 for 语句后，我们才为 i 和 j 分别赋了 1000 和 110 的值。

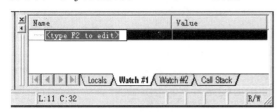

图 2.5.7 打开变量观察窗口

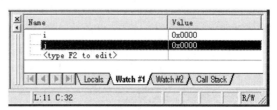

图 2.5.8 输入变量查看数值

同时，在图 2.5.3 左侧的寄存器窗口中可以看到一些寄存器名称及它们的值，如图 2.5.9 所示。我们最关心的只有一个，就是本节的核心部分"sec"，它后面显示的数据就是程序代码执行所用的时间，单位是秒。可以看到，上面显示的是 422.09 μs，这是程序启动执行到目前停止位置所花的所有时间。注意：这个时间是累计时间。

回到代码编辑框，在图 2.5.3 中看到主函数"led1=0;"前有一个黄色的小箭头，这个小箭头指向的代码是下一步将要执行的代码。我们单击单步运行快捷图标 **┠**，这时黄色小箭头向下移动了一行，在 P1 口软件模拟窗口中，P1 的最低位对应的对号没有了，这说明"led1=0;"这条语句执行结束，实际硬件中点亮了 P1 口最低位所对应的发光二极管。同时，sec 后面变为 423.18 μs，我们可以计算出执行这条指令实际花了 423.18−422.09=1.09 μs 的时间，这个时间恰好就是 51 单片机在 11.0592 晶振频率下一个机器周期（知识点）所花的时间。

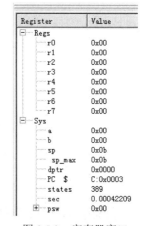

图 2.5.9 寄存器窗口

【知识点】 单片机的周期

① 时钟周期，也称为振荡周期，定义为时钟频率的倒数（可以这样理解，时钟周期就是单片机外接晶振的倒数，如 12 MHz 晶振的时钟周期就是 1/12 μs），它是单片机中最基本的、最小的时间单位。在一个时钟周期内，CPU 仅完成一个最基本的动作。对于某个单片机来讲，若采用 1 MHz 的时钟频率，则时钟周期就是 1 μs；若采用 4 MHz 的时钟频率，则时钟周期就是 250 ns。时钟脉冲是 CPU 的基本工作脉冲，它控制着 CPU 的工作节奏（使 CPU 的每步都统一到它的步调上来）。显然，对同一种单片机，时钟频率越高，单片机的工作速度越快。但是，不同的单片机其内部硬件电路和电气结构不完全相同，所以其需要的时钟频率范围也不一定相同。我们使用的 STC89C 系列单片机的时钟范围约为 1～40 MHz。

② 状态周期：时钟周期的 2 倍。

③ 机器周期：单片机的基本操作周期，在一个操作周期内，单片机完成一项基本操作，如取指令、存储器读/写等。机器周期由 12 个时钟周期（6 个状态周期）组成。

④ 指令周期：指 CPU 执行一条指令所需的时间。指令周期一般包含 1～4 个机器周期。

再单击单步运行按钮，这时右下角变量查看窗口中的 i 被赋值 0x03E8，在这个值上单击右键并选择〖Number Base〗→〖Decimal〗项，将数值显示方式改成十进制显示，我们看到 i 的值即为 1000，实际上就是刚才上一步运行第一个 for 语句时给 i 赋的值。继续单步运行，可以看到 i 的值从 1000 开始递减，同时左侧的 sec 在一次次增加，但 j 的值始终为 0。因为每执行一次外层 for 语句，内层 for 语句将执行 110 次，即 j 已经由 110 递减到 0，所以看上去 j 的值始终都是 0。如果我们要看这个 for 嵌套语句到底执行了多长时间，是不是就要单击 1000 次呢？其实不用这么麻烦，设置断点可以方便地解决这个问题。

设置断点有很多好处。在软件模拟调试状态下，当程序全速运行时，每遇到断点，程序会自动停止在断点处，即下一步将要执行断点处所在的这条指令。这样，我们只需在延时语句的两端各设置一个断点，然后通过全速运行，便可方便地计算出所求延时代码的执行时间。设置方式如下：单击复位钮，然后在第一个 for 所在行前面空白处双击鼠标，前面出现一个红色方框，表示本行设置了一个断点，然后在 "led1=1;" 所在行以同样方式插入另一个断点，这两个断点之间的代码就是这个两级 for 嵌套语句，如图 2.5.10 所示。

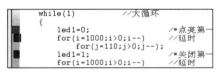

图 2.5.10　断点设置

单击全速运行按钮，程序会自动停止在第一个 for 语句所在行，时间显示为 423.18 μs。再单击一次全速运行按钮，程序停止在第二个 for 语句下面一行处，时间显示为 968.31272 ms。忽略微秒，此时间约为 1 s。因为无须精确时间，所以这个精度已经足够，for 语句延时时间便计算出来了。

可以改变 for 语句中两个变量的初值来重新测试时间，这里讲讲我曾用过的实践经验：for 语句中两个变量类型都为 unsigned int 型时（注意，若变量为其他类型则时间不遵循以下规律，因为变量类型不同，单片机运行时所需时间就不同），内层 for 语句中变量恒定值为 110 时，外层 for 中变量为多少，这个 for 嵌套语句就延时约多少毫秒，大家可自行测试验证，也可自己测试出更精确的延时语句。

2.6 不带参数函数的写法及调用

先观察 2.5 节中的例 2.5.1，可以看到，在打开和关闭发光二极管的两条语句之后，是两个完全相同的 for 嵌套语句：

```
for(i=1000; i>0; i--)                          // 延时
    for(j=110; j>0; j--)  ;
```

在 C 语言中，如果有一些语句不止一次用到，而且语句内容都相同，我们可以把这样的语句写成一个不带参数的子函数，在主函数中需要用到这些语句时，直接调用这个子函数就可以了。以上面这个 for 嵌套语句为例，其写法如下：

```
void delay1s()
{
    for(i=1000; i>0; i--)
        for(j=110; j>0; j--)  ;
}
```

其中，void 表示这个函数执行完后不返回任何数据，即它是一个无返回值的函数。delay1s 是函数名，这个名字我们可以随便起，但是注意不要与 C 语言中的关键字相同。写成 delay_1s、delay1miao 等都是可以的，一般写成方便记忆或读懂的名字，也就是一看到函数名就知道此函数实现的内容是什么。这里写成 delay1s 是因为这个函数是一个延时 1 s 的函数。紧跟函数名后面的是一个 "( )"，其中没有任何数据或符号（即 C 语言当中的 "参数"），因此这个函数是一个无参数的函数。接下来 "{ }" 中包含着其他要实现的语句。以上讲解的是一个无返回值、不带参数的函数的写法。

注意，子函数可以写在主函数的前面或后面，但是不可以写在主函数中。写在后面时，必须在主函数之前声明子函数，声明方法如下：将返回值特性、函数名及后面的 "( )" 完全复制，若是无参函数，则 "( )" 中为空；若是有参函数，则需要在 "( )" 中依次写上参数类型，只写参数类型，无须写参数，参数类型之间用 "," 隔开。最后在 "( )" 的后面必须加上 ";"。当子函数写在主函数前面时，不需声明，因为写函数体的同时就已经相当于声明了函数本身。通俗地讲，声明子函数的目的是为了编译器在编译主程序的时候，当它遇到一个子函数时知道有这样一个子函数存在，并且知道它的类型和带参情况等信息，以方便为这个子函数分配必要的存储空间。

【例 2.6.1】写一个完整的调用子函数的例子，让实验板第一个发光二极管以间隔 500 ms 亮灭闪动。新建一个文件 part2_4.c，添加到工程中，删去原文件，在新文件中输入以下代码：

```
#include <reg52.h>              // 52 系列单片机头文件
#define uint unsigned int       // 宏定义
sbit led1=P1^0;                 // 声明单片机 P1 口的第一位
void delay1s();                 // 声明子函数
void main()                     // 主函数
{
    while(1)                    // 大循环
    {
        led1=0;                 // 点亮第一个发光二极管
        delay1s();              // 调用延时子函数
```

```
        led1=1;                         // 关闭第一个发光二极管
        delay1s();                      // 调用延时子函数
    }
}
void delay1s()                          // 子函数体
{
  uint  i, j;
  for(i=500; i>0; i--)                  // i=500, 即延时 500 毫秒
    for(j=110; j>0; j--)  ;
}
```

在例 2.6.1 中，注意"uint i, j;"语句，i 和 j 两个变量的定义放到了子函数中，而没有写在主函数的最外面。在主函数外面定义的变量叫做全局变量，像这种定义在某个子函数内部的变量被称为局部变量，这里 i 和 j 就是局部变量。注意：局部变量只在当前函数中有效，程序一旦执行完当前子函数，在它内部定义的所有变量都将自动销毁，当下次再调用该函数时，编译器重新为其分配内存空间。我们要知道，在一个程序中，每个全局变量都占据着单片机内固定的 RAM，局部变量需要时随时分配，不用时立即销毁。单片机的 RAM 是有限的，如 AT89C52 只有 256 B 的 RAM，如果定义 unsigned int 型变量，最多只能定义 128 个；STC 单片机内部的 RAM 比较多，有 512 B 或 1280 B。很多时候，当写一个比较大的程序时，经常会遇到内存不够用的情况，因此我们从一开始写程序时就要坚持"能节省 RAM 空间就要节省，能用局部变量就不用全局变量"的原则。

将程序下载到实验板，可看见小灯先亮 500 ms，再灭 500 ms，一直闪烁。

2.7 带参数函数的写法及调用

有了 2.6 节的知识，本节学起来便容易多了。我们来看 2.6 节中的 delay1s( ) 子函数，i=500 时延时 500 ms，如果要延时 300 ms，就需要在子函数里把 i 再赋值为 300；要延时 100 ms，就得改 i 为 100。这样岂不是很麻烦？有了带参数的子函数就好办多了，写法如下：

```
void delayms(unsigned int xms)
{
  uint  i, j;
  for(i=xms; i>0; i--)                  // i=xms, 即延时约 xms 毫秒
    for(j=110; j>0; j--)  ;
}
```

上面的代码中，delayms 后面的"( )"中多了一句"unsigned int xms"，这就是该函数所带的一个参数。xms 是一个 unsigned int 型变量，又叫这个函数的形参，在调用此函数时，我们用一个具体真实的数据代替此形参，这个真实数据被称为实参。形参被实参代替之后，在子函数内部所有与形参名相同的变量将都被实参代替。声明方法在 2.6 节已经讲过，这里再强调一下，声明时必须将参数类型带上，如果有多个参数，多个参数类型都要写上，类型后面可以不跟变量名，也可以写上变量名，具体使用过程请看例 2.7.1。有了这种带参函数，我们要调用一个延时 300 ms 的函数，就可以写成"delayms(300);"，要延时 200 ms，可以写成"delayms(200);"。这样就方便多了。

【例 2.7.1】写一个完整的程序，让一个小灯闪动，不过这次让它以亮 200 ms、灭 800 ms

的方式闪动。完整程序代码如下：

```
#include <reg52.h>                    // 52 系列单片机头文件
#define uint unsigned int             // 宏定义
sbit led1=P1^0;                       // 声明单片机 P1 口的第一位
void delayms(uint);                   // 声明子函数
void main()                           // 主函数
{
    while(1)                          // 大循环
    {
        led1=0;                       // 点亮第一个发光二极管
        delayms(200);                 // 延时 200 毫秒
        led1=1;                       // 关闭第一个发光二极管
        delayms(800);                 // 延时 800 毫秒
    }
}
void delayms(uint xms)
{
    uint i, j;
    for(i=xms; i>0; i--)              // i=xms, 即延时约 xms 毫秒
        for(j=110; j>0; j--) ;
}
```

将程序下载到实验板，可看见小灯先亮 200 ms，再灭 800 ms，这样一直闪烁。

2.8 利用 C51 库函数实现流水灯

实现流水灯的办法有多种，可以用逻辑运算来实现，也可以用 C51 库自带的函数来实现。本节调用现成的库函数来实现流水灯。打开 Keil 软件安装文件夹，定位到 Keil\C51\HLP 文件夹，打开此文件夹下的 C51lib 文件，这是 C51 自带库函数帮助文件。在索引栏找到 _crol_ 函数，双击它，打开它的介绍，内容如下：

```
#include <intrins.h>
unsigned char _crol_ (unsigned char c,       /* character to rotate left */
                      unsigned char b);       /* bit positions to rotate */
Description:
The _crol_ routine rotates the bit pattern for the character c left b bits. This routine is implemented
as an intrinsic function. The code required is included in-line rather than being called.
Return Value:
The _crol_ routine returns the rotated value of c.
```

这个函数包含在 intrins.h 头文件中，也就是说，如果在程序中要用到这个函数，必须在程序的开头处包含 intrins.h 头文件。再来看"unsigned char _crol_(unsigned char c, unsigned char b);"函数，它不像前几节讲过的函数，前面没有 void，取而代之的是 unsigned char；"( )"中有两个形参：unsigned char c 和 unsigned char b，这种函数叫做有返回值、带参数的函数。有返回值的意思是，程序执行完这个函数后，通过函数内部的某些运算而得出一个新值，该函数最终将这个新值返回给调用它的语句。_crol_ 是函数名，不再多讲。我们再来看看函数实现了什么功能。

上面英文的大意是，Description（描述）：_crol_ 函数将字符 c 循环左移 b 位，这是 C51

库自带的内部函数，在使用这个函数之前，需要在文件中包含它所在的头文件。再看后面的 Return Value（返回值）：_crol_函数返回的是将 c 循环左移之后的值。

关于移位操作，我们看下面的知识点。

【知识点】 移位操作

① 左移。C51 中的操作符为"<<"，每执行一次左移指令，被操作的数将最高位移入单片机 PSW 寄存器的 CY 位，CY 位中原来的数丢弃，最低位补 0，其他位依次向左移动一位，如图 2.8.1 所示。

② 右移。C51 中的操作符为">>"，每执行一次右移指令，被操作的数将最低位移入单片机 PSW 寄存器的 CY 位，CY 位中原来的数丢弃，最高位补 0，其他位依次向右移动一位，如图 2.8.2 所示。

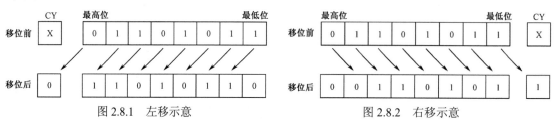

图 2.8.1　左移示意　　　　　　　　　　图 2.8.2　右移示意

③ 循环左移。最高位移入最低位，其他位依次向左移一位。C 语言中没有专门的指令，通过移位指令与简单逻辑运算可以实现循环左移，或直接利用 C51 库中自带的函数_crol_实现，如图 2.8.3 所示。

④ 循环右移。最低位移入最高位，其他位依次向右移一位。C 语言中没有专门的指令，通过移位指令与简单逻辑运算可以实现循环右移，或直接利用 C51 库中自带的函数_cror_实现，如图 2.8.4 所示。

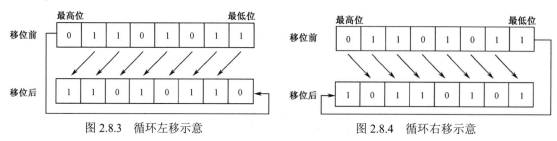

图 2.8.3　循环左移示意　　　　　　　　图 2.8.4　循环右移示意

为了加深印象，大家可以利用软件模拟的方法在 Keil 中亲自操作，通过单步运行查看变量，左移、右移时可看到 PSW 寄存器中 CY 的变化与被移位数的变化状态，可参照例 2.8.1 和例 2.8.2 程序。

【例 2.8.1】 左移程序。

```c
#include <reg52.h>              // 52 系列单片机头文件
#define uchar unsigned char     // 宏定义
uchar a;
void main()                     // 主函数
{
  a=0xaa;
  while(1)                      // 大循环
  {
    a=a<<1;
  }
```

```
}
```

【例 2.8.2】 右移程序。

```
#include <reg52.h>                 // 52 系列单片机头文件
#define uchar unsigned char        // 宏定义
uchar a;
void main()                        // 主函数
{
    a=0xaa;
    while(1)                       // 大循环
    {
        a=a>>1;
    }
}
```

【知识点】 PSW 寄存器

　　PSW（Program Status Word，程序状态字标志寄存器）是一个 8 位寄存器，位于单片机片内的特殊功能寄存器区，字节地址 D0H，用来存放运算结果的一些特征，如有无进位、借位等。使用汇编编程时，PSW 寄存器很有用，但在利用 C 语言编程时，编译器会自动控制该寄存器，很少人为操作它，大家只需做简单了解即可。其每位的具体含义如图 2.8.5 所示。

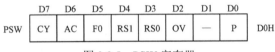

图 2.8.5　PSW 寄存器

　　① CY—进位标志位，表示运算是否有进位（或借位）。如果操作结果在最高位有进位（加法）或者借位（减法），则该位为 1，否则为 0。

　　② AC—辅助进位标志，又称半进位标志，指两个 8 位数运算低 4 位是否有半进位，即低 4 位相加（或相减）是否进位（或借位），如有 AC 为 1，否则为 0。

　　③ F0—由用户使用的一个状态标志位，可用软件来使它置 1 或清 0，也可由软件来测试它，以控制程序的流向。

　　④ RS1，RS0—4 组工作寄存器区选择控制位。在汇编语言中，这 2 位用来选择 4 组工作寄存器区中的哪一组为当前工作寄存区。

　　⑤ OV—溢出标志位，反映带符号数的运算结果是否有溢出。有溢出时，为 1，否则为 0。

　　⑥ P—奇偶标志位，反映累加器 ACC 内容的奇偶性。如果 ACC 中的运算结果有偶数个 1（如 11001100B，其中有 4 个 1），则 P 为 0，否则为 1。

【例 2.8.3】 利用 C51 自带的库函数_crol_()，以间隔 500 ms，在 TX-1C 实验板上实现流水灯程序，新建文件 part2 6.c，源代码如下：

```
#include <reg52.h>                 // 52 系列单片机头文件
#include <intrins.h>               // 包含_crol_函数所在的头文件
#define uint unsigned int          // 宏定义
#define uchar unsigned char
void delayms(uint);                // 声明子函数
uchar aa;                          // 定义一个变量，用来给 P1 口赋值
void main()                        // 主函数
{
    aa=0xfe;                       // 赋初值 11111110
    while(1)                       // 大循环
```

```
    {
        P1=aa;                              // 先点亮第一个发光管
        delayms(500);                       // 延时 500 毫秒
        aa=_crol_(aa, 1);                   // 将 aa 循环左移 1 位后, 再赋给 aa
    }
}
void delayms(uint xms)
{
    uint i, j;
    for(i=xms;i>0;i--)                      // i=xms, 即延时约 xms 毫秒
        for(j=110;j>0;j--);
}
```

下面解释例 2.8.3 中的 "aa=_crol_(aa, 1);" 语句。因为 _crol_ 是一个带返回值的函数, 本语句在执行时, 先执行 "=" 右边的表达式, 即将变量 aa 循环左移一位, 然后将结果重新赋给 aa。如 aa 初值为 0xfe, 二进制为 11111110, 执行此函数时, 将它循环左移一位后为 11111101, 即 0xfd, 再将 0xfd 重新赋给变量 aa, 等 while(1) 中的最后一条语句执行完后, 将返回到 while(1) 中的第一语句重新执行, 此时 aa 的值变成了 0xfd。

除这种方法实现流水灯外, 利用左移、右移指令与逻辑运算指令也可以实现循环移位, 若感兴趣, 大家可自己编写这方面的程序。

至此, 我们已经从最简单的建立工程开始, 通过一步步操作, 为大家详细介绍了设计一个完整的流水灯程序的过程, 从中我们学到了 Keil 软件的使用、调试模式下的软件仿真、while 语句、for 语句、各种函数的写法及用法。本章的知识非常重要, 属于基础入门级讲解, 大家若有不明白之处, 要多看几遍, 多查找相关资料, 最重要的是多实践, 多操作, 以实践与理论相结合的方式来学习, 真正将单片机及电子方面的知识全部吸收消化。

第 2 篇
内外部资源操作篇

  本篇包含 7 章，分别讲解如何操作单片机的内外部资源，其中内部资源包括单片机的定时器系统、中断系统、串口通信系统等；外部资源主要讲解 TX-1C 单片机实验板上与单片机相连的外部电路，包括数码管、独立键盘、矩阵键盘、A/D、D/A、运放电路、串口通信、IIC 总线协议、单总线协议、液晶驱动方法等。本篇增加了基础运放电路专题，具体讲解基于运算放大器的基础模拟电路设计，引领读者初步学习模拟电路相关知识，为数字、模拟电路混合应用奠定基础。

  通过本篇的学习，读者将掌握单片机大部分常用外部电路的设计方法，综合、灵活地运用 C 语言进行单片机编程，为后续提高篇及实战篇打好基础。

- ▶ 数码管显示原理及应用实现
- ▶ 键盘检测原理及应用实现
- ▶ A/D 和 D/A 工作原理
- ▶ 串行口通信原理及操作流程
- ▶ 通用型 1602、12232、12864 液晶操作方法
- ▶ IIC 总线 AT24C02 芯片应用
- ▶ 基础运放电路专题

第3章 数码管显示原理及应用实现

3.1 数码管显示原理

先来看几个数码管的图片，图 3.1.1 为单位数码管、图 3.1.2 为双位数码管、图 3.1.3 为四位数码管，另外还有右下角不带点的数码管、"米"字数码管等。

图 3.1.1　单位数码管　　　　图 3.1.2　双位数码管　　　　图 3.1.3　四位数码管

不管将几位数码管连在一起，数码管的显示原理都是一样的，都是靠点亮内部的发光二极管来发光，下面讲解数码管是如何亮起来的。数码管内部电路如图 3.1.4 所示，从图(a)可看出，一位数码管的引脚是 10 个，显示一个 8 字需要 7 个小段，还有一个小数点，所以其内部共有 8 个小的发光二极管，最后还有一个公共端。生产商为了封装统一，单位数码管都封装 10 个引脚，其中第 3 和第 8 引脚是连接在一起的。而它们的公共端又可分为共阳极和共阴极，图 3.1.4(b)为共阴极内部原理图，图 3.1.4(c)为共阳极内部原理图。

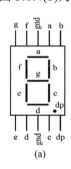

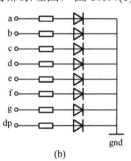

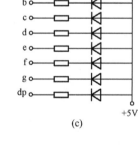

图 3.1.4　数码管内部电路

对共阴极数码来说，其 8 个发光二极管的阴极在数码管内部全部连接在一起，所以称为"共阴"，而它们的阳极是独立的，通常在设计电路时一般把阴极接地。当我们给数码管的任一个阳极加一个高电平时，对应的这个发光二极管就点亮了。如果想显示"8"，并且把右下角的小数点也点亮，则可以给 8 个阳极全部送高电平，如果想显示"0"，除了给 g、dp 这两位送低电平外，其余引脚全部送高电平，这样就显示了"0"。想让它显示几，就给相对应的发光二极管送高电平，因此我们在显示数字的时候首先做的就是给 0~9 十个数字编码，在要它亮什么数字的时候直接把这个编码送到它的阳极即可。

共阳极数码管的内部 8 个发光二极管的所有阳极全部连接在一起，电路连接时，公共端接高电平，因此我们要点亮的那个发光二极管需要给阴极送低电平，此时显示数字的编码与共阳极编码是相反的关系，数码管内部发光二极管点亮时，也需要 5 mA 以上电流，而且电流不可过大，否则会烧毁发光二极管。单片机的 I/O 口送不出如此大的电流，所以数码管与单片机连接时需要加驱动电路，可以用上拉电阻的方法或使用专门的数码管驱动芯片。TX-1C 实验板上使用的是 74HC573 锁存器，其输出电流较大，电路接口简单，可借鉴使用。

图 3.1.2 和图 3.1.3 还显示了二位一体、四位一体的数码管，当多位一体时，它们内部的公共端是独立的，而负责显示什么数字的段线全部连接在一起，独立的公共端可以控制多位一体中的哪一位数码管点亮，连接在一起的段线可以控制这个能点亮数码管亮什么数字，通常我们把公共端叫做"位选线"，连接在一起的段线叫做"段选线"，有了这两个线后，通过单片机及外部驱动电路，就可以控制任意的数码管显示任意的数字了。

一般单位数码管有 10 个引脚，二位数码管也是 10 个引脚，四位数码管是 12 个引脚，关于具体的引脚及段、位标号大家可以查询相关资料，最简单的办法是用数字万用表测量。若没有数字万用表，也可用 5 V 直流电源串接 1 kΩ电阻后测量，将测量结果进行记录，通过统计便可绘制出引脚标号。

【知识点】 如何用万用表检测数码管的引脚排列

对数字万用表来说，红色表笔连接表内部电池正极，黑色表笔连接表内部电池负极，当把数字万用表置于二极管挡时，其两表笔间开路电压约为 1.5 V，把两表笔正确加在发光二极管两端时，可以点亮发光二极管。

如图 3.1.5 所示，将数字万用表置于二极管挡，红表笔接在 1 脚，然后用黑表笔去接触其他各引脚，假设只有当接触到 9 脚时，数码管的 a 段发光，而接触其余引脚时不发光。由此可知，被测数码管为共阴极结构类型，9 脚是公共阴极，1 脚是数码管的 a 段。再检测各段引脚，仍使用数字万用表二极管挡，将黑表笔固定接在 9 脚，用红表笔依次接触 2、3、4、6、6、7、8、10 引脚时，数码管的其他段先后分别发光，据此便可绘出该数码管的内部结构和引脚排列图。

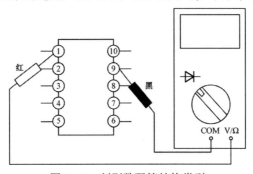

图 3.1.5　判别数码管结构类型

检测中，若被测数码管为共阳极类型，则需将红、黑表笔对调才能测出上述结果，在判别结构类型时，操作时要灵活掌握，反复试验，直到找出公共端为止。大家只要懂得了原理，检测出各引脚便不在是问题了。

3.2　数码管静态显示

当多位数码管应用于某一系统时，它们的"位选"是可独立控制的，而"段选"是连接在一起的，可以通过位选信号控制哪几个数码管亮。在同一时刻，位选选通的所有数码管上显示的数字始终都是一样的，因为它们的段选是连接在一起的，所以送入所有数码管的段选信号都是相同的，那么它们显示的数字必定一样，数码管的这种显示方法叫做静态显示。

TX-1C 单片机实验板上数码管与单片机的连接如图 3.2.1 所示。

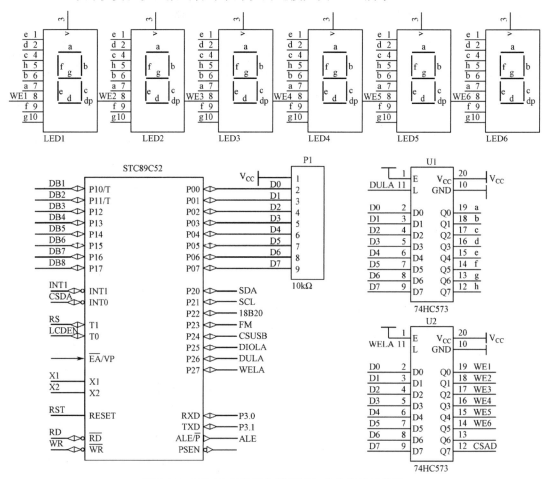

图 3.2.1 TX-1C 实验板上数码管与单片机的连接图

在原理图中，标号相同的节点在实际电路中是物理电气相连的。为了让原理图看上去简洁整齐，我们在绘制原理图时通常用相同的标号表示电气连接，以免用连线把电路画得让人眼花缭乱。TX-1C 实验板上使用的数码管为共阴极，在图 3.2.1 中，最上面一排是 6 个单位数码管，可以看到所有数码管的阳极，即标有 a、b、c、d、e、f、g、h 的引脚全部连接在一起，然后与下面的 U1 元件 74HC573 锁存器的数据输出端相连，锁存器的数据输入端连接单片机的 P0 口，P0 口同时加了上拉电阻。数码管中的 WE1～WE6 是它们的位选端，每个数码对应一个位选端，与下面 U2 元件 74HC573 的数据输出端的低 6 位相连。U2 的数据输入端也连接到单片机的 P0 口。两个锁存器的锁存端分别与单片机的 P2.6 和 P2.7 相连。锁存器原理前面已经讲过，因为用单片机可以控制锁存器的锁存端，进而控制锁存器的数据输出，这种分时控制的方法可方便地控制任意数码管显示任意数字。

下面用 C 语言写一段程序，先让第一个数码管显示 "8"。分析如下：让第一个数码管显示 "8"，那么其他数码管的位选就要关闭，即只打开第一个数码管的位选。在操作时，先给 U2 锁存器的锁存端一个高电平，然后将数据从单片机的 P0 口直接送出到锁存器 U2 的数据输出端，再关闭 U2 锁存端。因为数码管为共阴极，所以位选选通时为低电平，位选关闭时为高电平，即只有 W1 端对应数据为 0，其他都为 1，因此 P0 口要输出的数据为 0xFE（二进制为 1111 1110）。位选确定后，再确定段选，要显示"8"，只有 h 段为 0，其余段都为 1，所以接着用操作 U2 一样的方法给 U1 的数据输出端再送一个 0x7F（二进制为 0111 1111）。

【例 3.2.1】 新建文件 part2.1 1.c，程序代码如下：

```
#include <reg52.h>        // 52 系列单片机头文件
sbit dula=P2^6;           // 申明 U1 锁存器的锁存端
sbit wela=P2^7;           // 申明 U2 锁存器的锁存端
void main()
{
    wela=1;               // 打开 U2 锁存端
    P0=0xFE;              // 送入位选信号
    wela=0;               // 关闭 U2 锁存端

    dula=1;               // 打开 U1 锁存端
    P0=0x7F;              // 送入段选信号
    dula=0;               // 关闭 U1 锁存端
    while(1);             // 程序停止到这里
}
```

将代码编译下载到实验板后，显示效果如图 3.2.2 所示。从例 3.2.1 中程序和实际显示效果我们进一步认识到，U1 锁存器控制数码管显示内容，U2 锁存器控制哪一位数码管显示。

图 3.2.2　例 3.2.1 实际显示效果

下面介绍一种编码方法，在数码管显示数字时通常都要用到这种编码方法，刚才显示的是"8"，给 U1 送入的数据是 0x7f，这是我们根据实际电路图自己给出的编码。不同的电路，编码可能不同，共阳极的编码与共阴极的编码也是不同的，因此大家一定要掌握编码原理，就是要明白数码管显示的原理。根据本课程电路图，我们将 0～F 按表 3.2.1 所示进行编码。

表 3.2.1　共阴极数码管编码

符　号	编　码	符　号	编　码	符　号	编　码	符　号	编　码
0	0x3f	8	0x7f	4	0x66	C	0x39
1	0x06	9	0x6f	5	0x6d	d	0x5e
2	0x5b	A	0x77	6	0x7d	E	0x79
3	0x4f	b	0x7c	7	0x07	F	0x71

在用 C 语言编程时，编码定义方法如下：

```
unsigned char code table[]={0x3f, 0x06, 0x5b, 0x4f,
                            0x66, 0x6d, 0x7d, 0x07,
                            0x7f, 0x6f, 0x77, 0x7c,
                            0x39, 0x5e, 0x79, 0x71 };
```

编码定义方法与 C 语言中的数组定义方法类似，不同的是在数组类型后面多了一个 code 关键字，code 即编码的意思。注意，单片机 C 语言中定义数组时是占用内存空间的，而定义编码时是直接分配到程序空间中，编译后，编码占用的是程序存储空间，而非内存空间。

上面的 unsigned char 是数组类型，也就是数组中元素变量类型，table 是数组名，我们可以自由定义它，但是不要与关键字重名；table 后面必须加"[ ]"，"[ ]"内部要注明当前数组内的元素个数，也可不注明。C51 编译器在编编译时能够自动计算，通常我们不注明。等号右边用"{ }"包含所有元素，后面加一个";"，"{ }"中的元素与元素之间用","隔开。注意，最后一个元素后面不要加","。

调用数组方法如下：

```
P0=table[3];
```

将 table 这个数组中的第 4 个元素直接赋给 P0 口，即

```
P0=0x4f;
```

注意，在调用数组时，table 后的"[ ]"中的数字是从 0 开始的，对应后面"{ }"中的第 1 个元素。有了这种编码方法，我们在写数码管显示程序时就会方便很多。

【例 3.2.2】 下面结合第 2 章讲过的延时程序，实现这样的功能：让实验板上 6 个数码管同时点亮，依次显示 0～F，时间间隔为 0.5 s，循环下去。

新建文件 part2.1 2.c，程序代码如下：

```
#include <reg52.h>                          // 52 系列单片机头文件
#define uchar unsigned char
#define uint unsigned int
sbit dula=P2^6;                             // 申明 U1 锁存器的锁存端
sbit wela=P2^7;                             // 申明 U2 锁存器的锁存端
uchar num;
uchar code table[]={0x3f, 0x06, 0x5b, 0x4f,
                    0x66, 0x6d, 0x7d, 0x07,
                    0x7f, 0x6f, 0x77, 0x7c,
                    0x39, 0x5e, 0x79, 0x71};
void delayms(uint);
void main()
{
    wela=1;                                 // 打开 U2 锁存端
    P0=0xc0;                                // 送入位选信号
    wela=0;                                 // 关闭 U2 锁存端
    while(1)
    {
        for(num=0; num<16; num++)           // 16 个数循环显示
        {
            dula=1;                         // 打开 U1 锁存端
            P0=table[num];                  // 送入段选信号
            dula=0;                         // 关闭 U1 锁存端
            delayms(500);                   // 延时 0.5 秒
        }
    }
}
void delayms(uint xms)
{
    uint  i, j;
```

```
    for(i=xms; i>0; i--)                        // i=xms 即延时约 xms 毫秒
        for(j=110; j>0; j--)  ;
}
```

将代码编译下载到实验板后，可看到 6 个数码管上的数字依次从 0～F 变换显示，实际显示效果如图 3.2.3 所示。

图 3.2.3　实际显示效果

例 3.2.2 中程序有两方面需要注意：

① 在刚进入主函数后，执行了一次位选锁存命令，然后便进入了大循环。因为题目的意思是让 6 个数码管同时显示，所以位选命令只执行一次，将所有数码管位选全部选中，也就是同时开启所有数码管显示，再不需要操作位选。

② while(1)大循环中使用了一个 for 循环语句，原来仅用 for 做延时，这里首次遇见用 for 语句来实现一个规定数目的有限循环。大家要掌握它的用法，以后会经常用到。

3.3　数码管动态显示

数码管的动态显示又叫数码管的动态扫描显示，为了能让大家更容易地理解数码管动态扫描的概念，我们先来看例程，通过感观认识，再加上理论分析，大家可容易掌握。

【例 3.3.1】　在 TX-1C 实验板上实现如下现象：第一个数码管显示 1，时间为 0.5 s，然后关闭它，立即让第二个数码管显示 2，时间为 0.5 s，再关闭它……一直到最后一个数码管显示 6，时间同样为 0.5 s；关闭它后再显示第一个数码管，一直循环下去。

新建文件 part2.1 3.c，程序代码如下：

```
#include <reg52.h>                          // 52 系列单片机头文件
#define uchar unsigned char
#define uint unsigned int
sbit dula=P2^6;                             // 申明 U1 锁存器的锁存端
sbit wela=P2^7;                             // 申明 U2 锁存器的锁存端
uchar code table[]={0x3f, 0x06, 0x5b, 0x4f,
                    0x66, 0x6d, 0x7d, 0x07,
                    0x7f, 0x6f, 0x77, 0x7c,
                    0x39, 0x5e, 0x79, 0x71};
void delayms(uint);
void main()
{
    while(1)
    {
        dula=1;
        P0=table[1];                        // 送段选数据
        dula=0;
        P0=0xff;                            // 送位选数据前关闭所有显示，防止打开位选锁存时
```

```
        wela=1;                              // 原来段选数据通过位选锁存器造成混乱
        P0=0xfe;                             // 送位选数据
        wela=0;
        delayms(500);                        // 延时

        dula=1;
        P0=table[2];
        dula=0;
        P0=0xff;
        wela=1;
        P0=0xfd;
        wela=0;
        delayms(500);

        dula=1;
        P0=table[3];
        dula=0;
        P0=0xff;
        wela=1;
        P0=0xfb;
        wela=0;
        delayms(500);

        dula=1;
        P0=table[4];
        dula=0;
        P0=0xff;
        wela=1;
        P0=0xf7;
        wela=0;
        delayms(500);

        dula=1;
        P0=table[5];
        dula=0;
        P0=0xff;
        wela=1;
        P0=0xef;
        wela=0;
        delayms(500);

        dula=1;
        P0=table[6];
        dula=0;
        P0=0xff;
        wela=1;
        P0=0xdf;
        wela=0;
        delayms(500);
    }
}
void delayms(uint xms)
{
   Uint  i, j;
   for(i=xms; i>0; i--)                      // i=xms 即延时约 xms 毫秒
```

```
        for(j=110; j>0; j--)  ;
}
```

例 3.3.1 的程序中需要注意：在每次送完段选数据后、送入位选数据前，需要加上语句"P0=0xff;"，这条语句的专业名称叫做"消影"。解释如下：在刚送完段选数据后，P0 口仍然保持着上次的段选数据，若不加"P0=0xff;"语句再执行接下来的打开位选锁存器命令后，原来保持在 P0 口的段选数据将立即通过位选锁存器直接加在数码管上，接下来才是再次通过 P0 口给位选锁存器送入位选数据。虽然这个过程非常短暂，但是在数码管高速显示状态下，我们仍然可以看见数码管出现显示混乱的现象，加上"消影"后，在开启位选锁存器后，P0 口数据全为高电平，所以哪个数码管都不会亮，**因此这个"消影"动作是很重要的。**

编译代码下载程序后观察，上面的代码实现了题目的要求，但还没有体现出本节的重点。下面将每个数码管点亮的时间缩短到 100 ms，编译下载，可看见数码管变换显示的速度快多了；再缩短至 10 ms，编译下载，此时已经可隐约看见 6 个数码管上同时显示着数字 123456 字样，但是看上去有些晃眼；再缩短至 1 ms，编译下载，这时 6 个数码管上非常稳定、清晰地显示着 123456 字样，如图 3.3.1 所示。

图 3.3.1　例 3.3.1 实际显示效果

讲到这里，相信大家已经清楚数码管动态扫描显示的概念和实现原理。所谓动态扫描显示，即轮流向各位数码管送出字形码和相应的位选，利用发光管的余辉和人眼视觉暂留作用，使人的感觉好像各位数码管同时都在显示，而实际上多位数码管是一位一位轮流显示的，只是轮流的速度非常快，人眼已经无法分辨出来。

3.4　中断概念

中断是为使单片机具有对外部或内部随机发生的事件实时处理而设置的，中断功能的存在，很大程度上提高了单片机处理外部或内部事件的能力，这也是单片机最重要的功能之一，是我们学习单片机必须掌握的。很多初学者被困在中断中，学了很久仍然不知道中断究竟是个什么东西。大家千万不要认为它有多难，其实只要掌握正确的学习方法，没有哪个知识点是学不会的。

51 单片机内部有 5 个中断源，也就是说，有 5 种情况发生会使单片机去处理中断程序。本章只讲解其中的一种中断情况——定时器中断。只要大家从理论和实践中真正明白了中断的概念，其他几种情况便能轻松掌握。

为了能让大家更容易理解中断概念，先来举一个生活事例：你打开火，烧上一壶水，然后去洗衣服，在洗衣服的过程中，突然听到水壶发出水开的报警声，这时你停止洗衣服动作，立即去关掉火，然后将开水灌入暖水瓶中，灌完开水后，你又回去继续洗衣服。这个过程中实际上就发生了一次中断，其流程图如图 3.4.1 所示。

对于单片机来讲，中断是指：CPU 在处理某一事件 A 时，发生了另一事件 B，请求 CPU

迅速去处理（中断发生）；CPU暂时停止当前的工作（中断响应），转去处理事件B（中断服务）；待CPU将事件B处理完毕后，再回到原来事件A被中断的地方继续处理事件A（中断返回）。其流程如图3.4.2所示。

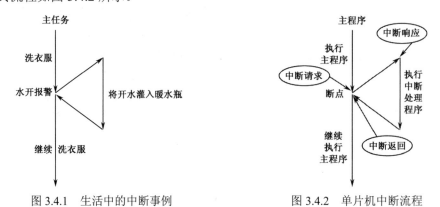

图 3.4.1　生活中的中断事例　　　　　图 3.4.2　单片机中断流程

再看前面的生活事例，与中断结合分析，你的主任务是洗衣服，水开报警这是一个中断请求，相当于断点处。你响应中断去关火，然后将开水灌入暖水瓶中，这一动作实际上就是处理中断程序。灌完开水后回去继续洗衣服，相当于处理完中断程序后再返回主程序继续执行主程序。注意，水开是随时都有可能的，但无论什么时候开，只要一开，你将立即去处理它，处理完后再回来继续洗刚才那件衣服。单片机在执行程序时，中断也随时有可能发生，无论何时发生，只要发生，单片机将立即暂停当前程序，赶去处理中断程序，处理完中断程序后再返回刚才暂停处，接着执行原来的程序。单片机执行程序时的流程图如图3.4.3所示。

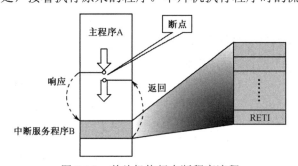

图 3.4.3　单片机执行中断程序流程

引起CPU中断的根源，称为中断源，中断源向CPU提出中断请求，CPU暂时中断原来的事务A，转去处理事件B，对事件B处理完毕后，再回到原来被中断的地方（即断点），称为中断返回。实现上述中断功能的部件称为中断系统（中断机构）。

中断的开启与关闭、设置启用哪一个中断等都是由单片机内部的一些特殊功能寄存器来决定的，在以前的学习中，我们仅对单片机内部的特殊功能寄存器I/O口寄存器设置过，从下一节起，我们将会设置单片机内部更多的特殊功能寄存器。

与中断有关的知识点还有一个叫中断嵌套，意思是说：如果单片机正在处理一个中断程序，此时有另一个中断现象发生，单片机将停止当前的中断程序，而转去执行新的中断程序，新中断程序处理完毕后再回到刚才停止的中断程序处继续执行，执行完这个中断后再返回主程序继续执行主程序，如图3.4.4所示。联系前面的生活事例，如果你在往暖水瓶中灌开水的时候，突然你家的电话响起，此时你将先停止灌开水，去接电话，接完电话后，再回去灌开水，灌完开水继续回去洗衣服，如图 3.4.5 所示。

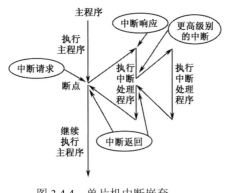

图 3.4.4　单片机中断嵌套

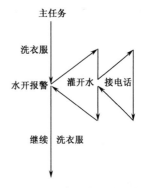

图 3.4.5　生活事例中断嵌套

涉及中断时还有一个重要的关键词——中断优先级。假如你在洗衣服的时候，突然水开了，电话也响起了，接下来你只能去处理一件事，那你该处理哪件事呢？你将根据自己的实际情况来选择其中一件更重要的事先处理。在这里，你认为更重要的事就是优先级较高的事情。单片机在执行程序时同样会遇到类似的状况，即同一时刻发生了两个中断，那么单片机该先执行哪个中断呢？这取决于单片机内部的一个特殊功能寄存器——中断优先级寄存器的设置情况，通过设置中断优先级寄存器，我们可以告诉单片机，当两个中断同时出现时先执行哪个中断程序。若没有人为操作优先级寄存器，单片机会按照默认的优先级自动处理，我们在具体使用时详细讲解。

52 单片机共有 6 个中断源，它们的符号、名称及产生的条件分别解释如下：

❖ INT0 —外部中断 0，由 P3.2 端口线引入，低电平或下降沿引起。

❖ INT1 —外部中断 1，由 P3.3 端口线引入，低电平或下降沿引起。

❖ T0 —定时器/计数器 0 中断，由 T0 计数器计满回零引起。

❖ T1 —定时器/计数器 1 中断，由 T1 计数器计满回零引起。

❖ T2 —定时器/计数器 2 中断，由 T2 计数器计满回零引起。

❖ TI/RI —串行口中断，串行端口完成一帧字符发送/接收后引起。

以上 6 个中断源中，T2 是 52 单片机特有的。它们默认的中断级别如表 3.4.1 所示。

表 3.4.1　52 单片机中断级别

中 断 源	默认中断级别	序号（C 语言用）	入口地址（汇编语言用）
INT0，外部中断 0	最高	0	0003H
T0，定时器/计数器 0 中断	第 2	1	000BH
INT1，外部中断 1	第 3	2	0013H
T1，定时器/计数器 1 中断	第 4	3	001BH
TI/RI，串行口中断	第 5	4	0023H
T2，定时器/计数器 2 中断	最低	5	002BH

单片机在使用中断功能时，通常需要设置两个与中断有关的寄存器：中断允许寄存器 IE 和中断优先级寄存器 IP。

【知识点】　中断允许寄存器 IE

中断允许寄存器 IE 用来设定各中断源的打开和关闭。IE 在特殊功能寄存器中，字节地址为

A8H，位地址（由低位到高位）分别是 A8H～AFH。IE 寄存器可进行位寻址，即可对其每一位进行单独操作。单片机复位时 IE 全部被清 0，各位定义如表 3.4.2 所示。

表 3.4.2　中断允许寄存器 IE

位序号	D7	D6	D5	D4	D3	D2	D1	D0
位符号	EA	--	ET2	ES	ET1	EX1	ET0	EX0
位地址	AFH	--	ADH	ACH	ABH	AAH	A9H	A8H

EA—全局中断允许位。EA = 1，打开全局中断控制，由各中断控制位确定相应中断的打开或关闭；EA = 0，关闭全部中断。

--—无效位。

ET2 —定时器/计数器 2 中断允许位。ET2 = 1，打开 T2 中断；ET2 = 0，关闭 T2 中断。

ES —串行口中断允许位。ES = 1，打开串行口中断；ES = 0，关闭串行口中断。

ET1 —定时器/计数器 1 中断允许位。ET1 = 1，打开 T1 中断；ET1 = 0，关闭 T1 中断。

EX1 —外部中断 1 中断允许位。EX1 = 1，打开外部中断 1 中断；EX1 = 0，关闭外部中断 1中断。

ET0 —定时器/计数器 0 中断允许位。ET0 = 1，打开 T0 中断；ET0 = 0，关闭 T0 中断。

EX0 —外部中断 0 中断允许位。EX0 = 1，打开外部中断 0 中断；EX0 = 0，关闭外部中断 0中断。

【知识点】 中断优先级寄存器 IP

中断优先级寄存器 IP 在特殊功能寄存器中，字节地址为 B8H，位地址（由低位到高位）分别是 B8H～BFH，用来设定各中断源属于两级中断中的哪一级。IP 寄存器可进行位寻址，即可对其每一位进行单独操作。单片机复位时 IP 全部被清 0，各位定义如表 3.4.3 所示。

表 3.4.3　中断优先级寄存器 IP

位序号	D7	D6	D5	D4	D3	D2	D1	D0
位符号	--	--	--	PS	PT1	PX1	PT0	PX0
位地址	--	--	--	BCH	BBH	BAH	B9H	B8H

PS —串行口中断优先级控制位。PS = 1，串行口中断定义为高优先级中断；PS = 0，串行口中断定义为低优先级中断。

PT1 —定时器/计数器 1 中断优先级控制位。PT1 = 1，定时器/计数器 1 中断定义为高优先级中断；PT1 = 0，定时器/计数器 1 中断定义为低优先级中断。

PX1 —外部中断 1 中断优先级控制位。PX1 = 1，外部中断 1 定义为高优先级中断；PX1 = 0，外部中断 1 定义为低优先级中断。

PT0 —定时器/计数器 0 中断优先级控制位。PT0 = 1，定时器/计数器 0 中断定义为高优先级中断；PT0 = 0，定时器/计数器 0 中断定义为低优先级中断。

PX0 —外部中断 0 中断优先级控制位。PX0 = 1，外部中断 0 定义为高优先级中断；PX0 = 0，外部中断 0 定义为低优先级中断。

在 51 单片机系列中，高优先级中断能够打断低优先级中断以形成中断嵌套，同优先级中断之间或低级对高级中断则不能形成中断嵌套。若几个同级中断同时向 CPU 请求中断响应，在没有设置中断优先级情况下，按照默认中断级别响应中断，在设置中断优先级后，则按设置顺序确定响应的先后顺序。

3.5 单片机的定时器中断

我们先来了解单片机的定时器系统。51 单片机内部有 2 个 16 位可编程的定时器/计数器，即定时器 T0 和定时器 T1。52 单片机内部多一个 T2 定时器/计数器。它们既有定时功能又有计数功能，通过设置与它们相关的特殊功能寄存器，可以选择启用定时功能或计数功能。注意，定时器系统是单片机内部一个独立的硬件部分，它与 CPU 和晶振通过内部某些控制线连接并相互作用，CPU 一旦设置开启定时功能后，定时器便在晶振的作用下自动开始计时，当定时器的计数器计满后，会产生中断，即通知 CPU 该如何处理。结合生活事例，还是以烧开水为例，当你打开火时，注定不久就会响起水开的警报，这时你必须对该警报做出处理。烧开水是独立运行的一件事，但通过你打开火或者听到警报声来处理它。

定时器/计数器的实质是加 1 计数器（16 位），由高 8 位和低 8 位 2 个寄存器组成。TMOD 是定时器/计数器的工作方式寄存器，确定工作方式和功能；TCON 是控制寄存器，控制 T0、T1 的启动和停止及设置溢出标志，如图 3.5.1 所示。

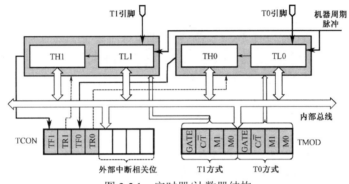

图 3.5.1　定时器/计数器结构

加 1 计数器输入的计数脉冲有两个来源，一个是由系统的时钟振荡器输出脉冲经 12 分频后送来；另一个是 T0 或 T1 引脚输入的外部脉冲源，每来一个脉冲计数器加 1，当加到计数器为全 1 时，再输入一个脉冲就使计数器回零，且计数器的溢出使 TCON 寄存器中 TF0 或 TF1 置 1，向 CPU 发出中断请求（定时器/计数器中断允许时）。如果定时器/计数器工作于定时模式，则表示定时时间已到；如果工作于计数模式，则表示计数值已满。

由此可见，由溢出时计数器的值减去计数初值才是加 1 计数器的计数值。

设置为定时器模式时，加 1 计数器是对内部机器周期计数（1 个机器周期等于 12 个振荡周期，即计数频率为晶振频率的 1/12）。计数值 N 乘以机器周期 T_{cy} 就是定时时间 t。

设置为计数器模式时，外部事件计数脉冲由 T0 或 T1 引脚输入到计数器。在每个机器周期的 S5P2（请查看 10.5 节的图 10.5.1 及介绍）期间采样 T0、T1 引脚电平。当某周期采样到高电平输入，而下一周期又采样到低电平时，则计数器加 1，更新的计数值在下一个机器周期的 S3P1 期间装入计数器。由于检测一个从 1～0 的下降沿需要 2 个机器周期，因此要求被采样的电平至少要维持一个机器周期。当晶振频率为 12 MHz 时，最高计数频率不超过 1/2 MHz，即计数脉冲的周期要大于 2 μs。

单片机在使用定时器或计数器功能时，通常需要设置 2 个与定时器有关的寄存器：定时器/计数器工作方式寄存器 TMOD 与定时器/计数器控制寄存器 TCON。

【知识点】 定时器/计数器工作方式寄存器 TMOD

定时器/计数器工作方式寄存器 TMOD 在特殊功能寄存器中，字节地址为 89H，不能位寻址，用来确定定时器的工作方式及功能选择。单片机复位时，TMOD 全部被清 0。其各位的定义如表 3.5.1。由表 3.5.1 可知，TMOD 的高 4 位用于设置定时器 1，低 4 位用于设置定时器 0，对应 4 位的含义如下：

GATE —门控制位。GATE=0，定时器/计数器启动与停止仅受 TCON 寄存器中的 TRX（X=0，1）来控制；GATE=1，定时器/计数器启动与停止由 TCON 寄存器中的 TRX（X=0，1）和外部中

表 3.5.1 定时器/计数器工作方式寄存器 TMOD

位序号	D7	D6	D5	D4	D3	D2	D1	D0
位符号	GATE	C/$\overline{\text{T}}$	M1	M0	GATE	C/$\overline{\text{T}}$	M1	M0
	←———— 定时器1 ————→				←———— 定时器0 ————→			

断引脚（INT0 或 INT1）上的电平状态来共同控制。

C/$\overline{\text{T}}$ —定时器模式和计数器模式选择位。C/$\overline{\text{T}}$=1，为计数器模式；C/$\overline{\text{T}}$=0，为定时器模式。

M1M0 —工作方式选择位。每个定时器/计数器都有 4 种工作方式，它们由 M1M0 设定，如表 3.5.2 所示。

表 3.5.2 定时器/计数器的 4 种工作方式

M1	M0	工作方式
0	0	方式 0，为 13 位定时器/计数器
0	1	方式 1，为 16 位定时器/计数器
1	0	方式 2，8 位初值自动重装的 8 位定时器/计数器
1	1	方式 3，仅适用于 T0，分成两个 8 位计数器，T1 停止计数

【知识点】 定时器/计数器控制寄存器 TCON

定时器/计数器控制寄存器 TCON 在特殊功能寄存器中，字节地址为 88H，位地址（由低位到高位）分别是 88H～8FH，可进行位寻址。TCON 寄存器用来控制定时器的启、停，以及标志定时器溢出和中断情况。单片机复位时，TCON 全部被清 0。其各位定义如表 3.5.3。其中，TF1、TR1、TF0 和 TR0 用于定时器/计数器；IE1、IT1、IE0 和 IT0 用于外部中断。

表 3.5.3 定时器/计数器控制寄存器 TCON

位序号	D7	D6	D5	D4	D3	D2	D1	D0
位符号	TF1	TR1	TF0	TR0	IE1	IT1	IE0	IT0
位地址	8FH	8EH	8DH	8CH	8BH	8AH	89H	88H

TF1 —定时器 1 溢出标志位。当定时器 1 计满溢出时，由硬件使 TF1 置 1，并且申请中断。进入中断服务程序后，由硬件自动清 0。注意，如果使用定时器的中断，那么该位完全不用人为去操作；如果使用软件查询方式的话，当查询到该位置 1 后，就需要用软件清 0。

TR1 —定时器 1 运行控制位。由软件清 0 关闭定时器 1。当 GATE=1 且 INT1 为高电平时，TR1 置 1，启动定时器 1；当 GATE=0 时，TR1 置 1，启动定时器 1。

TF0 —定时器 0 溢出标志，其功能及操作方法同 TF1。

TR0 —定时器 0 运行控制位，其功能及操作方法同 TR1。

IE1 —外部中断 1 请求标志。

当 IT1=0 时，为电平触发方式，每个机器周期的 S5P2 采样 INT1 引脚，若 INT1 脚为低电平，则置 1，否则 IE1 清 0。

当 IT1=1 时，INT1 为跳变沿触发方式，当第一个机器周期采样到 INT1 为低电平时，则 IE1 置 1。IE1=1，表示外部中断 1 正在向 CPU 申请中断。当 CPU 响应中断，转向中断服务程序时，该位由硬件清 0。

IT1 —外部中断 1 触发方式选择位。IT1=0，为电平触发方式，引脚 INT1 上低电平有效；IT1=1，为跳变沿触发方式，引脚 INT1 上的电平从高到低的负跳变有效。

IE0 —外部中断 0 请求标志，其功能及操作方法同 IE1。

IT0 —外部中断 0 触发方式选择位，其功能及操作方法同 IT1。

从上面的知识点可知，每个定时器都有 4 种工作方式，可通过设置 TMOD 寄存器中的 M1M0 位来进行工作方式选择，本节只讲述其中一个定时器的一种工作方式——定时器 0 的工作方式 1：16 位定时器。方式 1 的计数位数是 16 位，对 T0 来说，由 TL0 寄存器作为低 8 位、TH0 寄存器作为高 8 位，组成了 16 位加 1 计数器，其逻辑结构框图如图 3.5.2 所示。

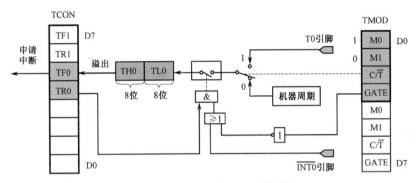

图 3.5.2　定时器 0 方式 1 逻辑结构

当 GATE=0，TR0=1 时，TL0 便在机器周期的作用下开始加 1 计数，当 TL0 计满后向 TH0 进一位，直到把 TH0 也计满，此时计数器溢出，置 TF0 为 1，接着向 CPU 申请中断，接下来 CPU 进行中断处理。在这种情况下，只要 TR0 为 1，那么计数就不会停止。这就是定时器 0 的工作方式 1 的工作过程，其他 8 位定时器、13 位定时器的工作方式都大同小异。

接下来讲解如何计算定时器的初值问题。定时器一旦启动，它便在原来的数值上开始加 1 计数，若在程序开始时，没有设置 TH0 和 TL0，则默认值都是 0，假设时钟频率为 12 MHz，12 个时钟周期为一个机器周期，那么此时机器周期就是 1 μs，计满 TH0 和 TL0 就需要 $2^{16}-1$ 个数，再来一个脉冲计数器溢出，随即向 CPU 申请中断。因此溢出一次共需 65536 μs，约 65.5 ms。如果我们要定时 50 ms，就需要先给 TH0 和 TL0 装一个初值，在这个初值的基础上计 50000 个数后，定时器溢出，此时刚好就是 50 ms 中断一次；当需定时 1 s 时，我们写程序时产生 20 次 50 ms 的定时器中断后，便认为是 1 s，这样便可精确控制定时时间了。要计 50000 个数时，TH0 和 TL0 中应该装入的总数是 65536–50000=15536，把 15536 对 256 求模：15536/256=60 装入 TH0 中，把 15536 对 256 求余：15536%256=176 装入 TL0 中。

以上就是定时器初值的计算方法，总结后得出如下结论：当用定时器的方式 1 时，设机器周期为 T_{cy}，定时器产生一次中断的时间为 t，那么需要计数的个数 $N=t/T_{cy}$，装入 THX 和 TLX 中的数分别为

$$THX=(65536-N)/256 \qquad\qquad TLX=(65536-N)\%256$$

要计算机器周期 T_{cy}，就需要知道系统时钟频率，即单片机的晶振频率。TX-1C 实验板上时钟频率为 11.0592 MHz，则机器周期为 $12\times(1/11059200)\approx1.09$ μs，若 t=50 ms，那么 N

=50000/ 1.09≈45872，这是晶振在 11.0592 MHz 下定时 50 ms 时初值的计算方法，当晶振为 12 MHz 时，计算起来就比较方便了，用同样方法可算得 N=50000。

【知识点】 中断服务程序的写法

C51 的中断函数格式如下：

```
void 函数名() interrupt 中断号 using 工作组
{
    中断服务程序内容
}
```

中断函数不能返回任何值，所以最前面用 "void"；后面紧跟函数名，名字可以随便起，但不要与 C 语言中的关键字相同；中断函数不带任何参数，所以函数名后面的 "( )" 中为空；中断号是指单片机中几个中断源的序号，请查看 3.4 节讲解中断时的表 3.4.1。这个序号是编译器识别不同中断的唯一符号，因此在写中断服务程序时务必要写正确；最后的 "using 工作组" 是指这个中断函数使用单片机内存中 4 组工作寄存器中的哪一组，C51 编译器在编译程序时会自动分配工作组，因此最后这句话通常省略，但大家以后若遇到这样的程序代码时要知道是什么意思。

一个简单中断服务程序写法如下：

```
void T1_time() interrupt 3
{
    TH1 = (65536-10000)/256;
    TL1 = (65536-10000)%256;
}
```

上面的代码是一个定时器 1 的中断服务程序，定时器 1 的中断序号是 3，因此我们要写成 interrupt 3，服务程序的内容是给两个初值寄存器装入新值。

在写单片机的定时器程序时，在程序开始处需要对定时器及中断寄存器做初始化设置，通常定时器初始化过程如下：

① 对 TMOD 赋值，以确定 T0 和 T1 的工作方式。
② 计算初值，并将初值写入 TH0、TL0 或 TH1、TL1。
③ 中断方式时，则对 IE 赋值，开放中断。
④ 使 TR0 或 TR1 置位，启动定时器/计数器定时或计数。

下面通过两个实例来讲解定时器 0 和定时器 1 方式 1 的具体用法。

【例 3.5.1】 利用定时器 0 工作方式 1，在 TX-1C 实验板上实现第一个发光管以 1 s 亮灭闪烁。新建文件 part2.1 4.c，程序代码如下：

```
#include <reg52.h>                          // 52 系列单片机头文件
#define uchar unsigned char
#define uint unsigned int
sbit led1=P1^0;
uchar num;
void main()
{
    TMOD=0x01;                              // 设置定时器 0 为工作方式 1(M1M0 为 01)
    TH0=(65536-45872)/256;                  // 装初值 11.0592M 晶振，定时 50ms 数为 45872
    TL0=(65536-45872)%256;
    EA=1;                                   // 开总中断
    ET0=1;                                  // 开定时器 0 中断
    TR0=1;                                  // 启动定时器 0
```

```
    while(1);                              // 程序停止在这里等待中断发生
}
void T0_time() interrupt 1
{
    TH0=(65536-45872)/256;                 // 重装初值
    TL0=(65536-45872)%256;
    num++;                                 // num 每加 1 次，判断一次是否到 20 次
    if(num==20)                            // 如果到了 20 次，说明 1 秒时间到
    {
        num=0;                             // 然后把 num 清 0，重新计 20 次
        led1=~led1;                        // 让发光管状态取反
    }
}
```

编译程序下载到实验板，我们可以看到实验板上第一个发光管以 1 s 间隔闪动。

分析：进入主程序后，首先是对定时器和中断有关的寄存器初始化，按照上面讲到的通常的初始化过程来操作。定时 50 ms 的初值，我们在前面已讲过为 45872。启动定时器后，主程序停止在 while(1) 处，这里通常有很多人会有疑问：程序都停止在这里了，那么这个中断程序何时执行呢？主程序既然停止了，为什么发光管却在闪烁呢？解释如下：一旦开启定时器，定时器便开始计数，当计数溢出时，自动进入中断服务程序执行代码，执行完中断程序后再回到原来处继续执行，也就是继续等待。相当于你一旦打开火烧上开水后，不管你是洗衣服还是洗袜子，过一会儿水都会开，那么你要停止当前的活去处理开水问题，处理完后再回来继续洗你的衣服或是袜子。

为了确保定时器的每次中断都是 50 ms，需要在中断函数中每次为 TH0 和 TL0 重新装入初值，因为每进入一次中断需要时间 50 ms，在中断程序中做一判断是否进入了 20 次，也就是判断时间是否到了 1 s，若时间到，则执行相应动作。

注意：在中断服务程序中一般不要写过多的处理语句，因为如果语句过多，中断服务程序中的代码还未执行完毕，而下一次中断又来临，这样我们会丢失这次中断。当单片机循环执行代码时，这种丢失累积出现，程序便完全乱套。我们一般遵循的原则是：能在主程序中完成的功能就不在中断函数中写，若非要在中断函数中实现功能，那么一定要高效、简洁。这样，例 3.5.1 中的 20 次判断就可写在主程序中，实现如下。

"while(1);" 处改为：

```
while(1)
{
    if(num == 20)                          // 如果到了 20 次，说明 1 秒时间到
    {
        num=0;                             // 然后把 num 清 0，重新计 20 次
        led1=~led1;                        // 让发光管状态取反
    }
}
```

中断函数改为：

```
void T0_time() interrupt 1
{
    TH0=(65535-45872)/256;                 // 重装初值
    TL0=(65535-45872)%256;
    num++;
```

```
}
```

【例 3.5.2】 在 TX-1C 实验板上完成如下功能：用定时器 0 的方式 1 实现第一个发光管
以 200 ms 间隔闪烁，用定时器 1 的方式 1 实现数码管前两位 59 s 循环计时。新建文件
part2.1 5.c，程序代码如下：

```
#include <reg52.h>                              // 52 系列单片机头文件
#define uchar unsigned char
#define uint unsigned int
sbit dula=P2^6;                                 // 申明 U1 锁存器的锁存端
sbit wela=P2^7;                                 // 申明 U2 锁存器的锁存端
sbit led1=P1^0;
uchar code table[]={ 0x3f, 0x06, 0x5b, 0x4f,
                     0x66, 0x6d, 0x7d, 0x07,
                     0x7f, 0x6f, 0x77, 0x7c,
                     0x39, 0x5e, 0x79, 0x71};
void delayms(uint);
void display(uchar, uchar);
uchar  num, num1, num2, shi, ge;
void main()
{
    TMOD=0x11;                                  // 设置定时器 0 和 1 为工作方式 1(0001 0001)
    TH0=(65536-45872)/256;                      // 装初值
    TL0=(65536-45872)%256;
    TH1=(65536-45872)/256;                      // 装初值
    TL1=(65536-45872)%256;
    EA=1;                                       // 开总中断
    ET0=1;                                      // 开定时器 0 中断
    ET1=1;                                      // 开定时器 1 中断
    TR0=1;                                      // 启动定时器 0
    TR1=1;                                      // 启动定时器 1
    while(1)                                    // 程序在这里不停的对数码管动态扫描同时等待中断发生
    {
        display(shi, ge);
    }
}

void display(uchar shi, uchar ge)               // 显示子函数
{
    dula=1;
    P0=table[shi];                              // 送段选数据
    dula=0;
    P0=0xff;                                    // 送位选数据前关闭所有显示，防止打开位选锁存时
    wela=1;                                     // 原来段选数据通过位选锁存器造成混乱
    P0=0xfe;                                    // 送位选数据
    wela=0;
    delayms(5);                                 // 延时
    dula=1;
    P0=table[ge];
    dula=0;
    P0=0xff;
    wela=1;
    P0=0xfd;
```

```
    wela=0;
    delayms(5);
}
void delayms(uint xms)
{
    uint  i, j;
    for(i=xms; i>0; i--)                          // i=xms 即延时约 xms 毫秒
        for(j=110; j>0; j--)  ;
}
void T0_time() interrupt 1
{
    TH0=(65536-45872)/256;                        // 重装初值
    TL0=(65536-45872)%256;
    num1++;
    if(num1 == 4)                                 // 如果到了 4 次，说明 200ms 时间到
    {
        num1=0;                                   // 然后把 num1 清 0，重新计 4 次
        led1=~led1;                               // 让发光管状态取反
    }
}
void T1_time() interrupt 3
{
    TH1=(65536-45872)/256;                        // 重装初值
    TL1=(65536-45872)%256;
    num2++;
    if(num2 == 20)                                // 如果到了 20 次，说明 1 秒时间到
    {
        num2=0;                                   // 然后把 num2 清 0，重新计 20 次
        num++;
        if(num == 60)                             // 这个数用来送数码管显示，到 60 后归 0
            num=0;
        shi = num/10;                             // 把一个 2 位数分离后，分别送数码管显示
        ge = num%10;                              // 十位和个位
    }
}
```

编译后下载，实验现象如题目所述。实际效果图如图 3.5.3 所示。

图 3.5.3　例 3.5.2 实际效果

分析：例 3.5.2 中用了两个中断函数，单片机在区分进入哪个中断服务程序是靠 interrupt 后面的序号来决定的，两个定时器各自产生中断时，都会有各自的中断服务程序。另外，主程序初始化定时器和中断寄存器后便进入数码管动态扫描大循环中不停地显示数码管，因为数码管是动态显示，所以不能停止扫描程序，也是在等定时器中断的到来。

这里需要注意两点：

① 在例 3.5.2 中，我们不能把判断发光管亮灭时间是否到达的语句写在主程序中，若写在主程序中，可能发生如下错误情况：当主程序运行在数码管显示语句当中时，此时恰好定时器 0 进入中断且 num1 刚好加到 4，当定时器 0 中断再次进入时，主程序仍未退出数码管显示语句，那么此时 num1 的值便成了 5，这样的话，num1=4 这个点便永远检测不到了，因此发光管的闪烁便失去了控制。虽然本例中这种情况不会发生，因为数码管显示语句的执行总时间约为 10 ms 多，小于定时器 0 中断一次的时间。但写程序搞研究一定要严格，绝对不能抱侥幸心理，若要这种情况发生，大家可自行测试，将显示数码管代码里的 delayms(5)延长至 delayms(30)，或缩短定时器 0 中断一次的时间。

② 数码管的显示部分写成了一个带参数的函数，两个参数分别为要显示的十位数和个位数，以后我们操作数码管时都可以写成类似这样的带参数函数，调用起来会非常方便。在定时器 1 的中断服务程序中，最后面有两条语句：

```
shi = num/10;                    // 求模运算，就是求出 num 中有多少个整数倍 10
ge = num%10;                     // 求余运算，就是求出 num 中除去整数倍 10 的后的余数
```

其作用是把一个两位数分离成两个一位数，因为数码管在显示的时候只能是一位一位地显示，不可能在一个数码管上同时显示两位数，因此这个操作是必须的。

如果把一个 3 位数分离成 3 个一位数，同样可用这样的方法：

```
Bai = num/100;
Shi = num%100/10;
Ge = num%10;
```

大家可自己动手算一算，再多写几个这样的程序下载到实验板观察效果，唯有多练习、多实践才是学好单片机的唯一捷径。

第4章 键盘检测原理及应用实现

键盘分为编码键盘和非编码键盘。键盘上闭合键的识别由专用的硬件编码器实现，并产生键编码号或键值的称为编码键盘，如计算机键盘。而靠软件编程来识别的键盘称为非编码键盘，在单片机组成的各种系统中用得较多的是非编码键盘。非编码键盘又分为独立键盘和行列式（又叫矩阵式）键盘。

4.1 独立键盘检测

键盘实际上就是一组按键，在单片机外围电路中，通常用到的按键都是机械弹性开关，当开关闭合时，线路导通，开关断开时，线路断开，图 4.1.1 是几种单片机系统常见的按键。

(a) 弹性小按键　　　　　　(b) 贴片式小按键　　　　　　(c) 自锁式小按键

图 4.1.1　单片机系统常见按键

弹性小按键被按下时闭合，松手后自动断开；自锁式按键按下时闭合且会自动锁住，只有再次按下时才弹起断开。通常，我们把自锁式按键当做开关使用，如 TX-1C 实验板的电源开关就使用自锁按键。单片机的外围输入控制用小弹性按键较好，单片机检测按键的原理是：单片机的 I/O 口既可作为输出也可作为输入使用，检测按键时用的是输入功能。我们把按键的一端接地，另一端与单片机的某个 I/O 口相连，开始时先给该 I/O 口赋一高电平，然后让单片机不断地检测该 I/O 口是否变为低电平，当按键闭合时，相当于该 I/O 口通过按键与地相连，变成低电平，程序一旦检测到 I/O 口变为低电平则说明按键被按下，然后执行相应的指令。

按键的连接方法非常简单，如图 4.1.2 所示，右侧 I/O 端与单片机的任一 I/O 口相连。按键在被按下时，其触点电压变化过程如图 4.1.3 所示。

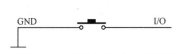

图 4.1.2　按键与单片机连接图

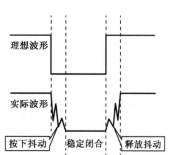

图 4.1.3　按键被按下时电压的变化

从图 4.1.3 可看出，理想波形与实际波形之间是有区别的，实际波形在按下和释放的瞬间都有抖动现象，抖动时间的长短和按键的机械特性有关，一般为 5～10 ms。通常，我们手动按下键然后立即释放，这个动作中稳定闭合的时间超过 20 ms。因此，单片机在检测键盘是否按下时都要加上去抖动操作。有专用的去抖动电路，也有专用的去抖动芯片，但通常我们用软件延时的方法就能解决抖动问题，没有必要添加多余的硬件电路。

用示波器跟踪不同类型的开关，得到图 4.1.4 和图 4.1.5 的波形，观察波形可以帮助我们对抖动现象有一个直观的了解。

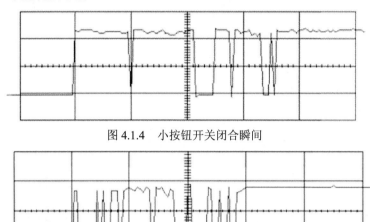

图 4.1.4　小按钮开关闭合瞬间

图 4.1.5　小型继电器闭合瞬间

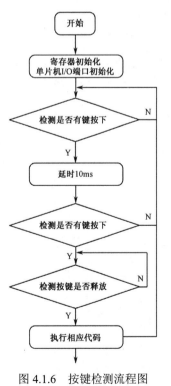

图 4.1.6　按键检测流程图

图 4.1.4 是一个小的按钮开关在闭合时的抖动现象，水平轴 2 ms/Div，抖动间隙大约为 10 ms，在达到稳定状态前一共有 6 次变化，频率随时间升高。图 4.1.5 是一个小型继电器在闭合时的抖动现象，水平轴 2 ms/Div，抖动间隙大约为 8 ms，在达到稳定状态前共有 13 次变化。注意在开始和结束时，几个小的脉冲后伴随较高的频率。

编写单片机的键盘检测程序时，一般在检测按下时加入去抖延时，检测松手时则不加。按键检测流程图如图 4.1.6 所示。

TX-1C 实验板的独立键盘与单片机连接图如图 4.1.7 所示。

实验板上键盘区最下面一行 S2～S5 为 4 个独立键盘，与单片机的 P3.4～P3.7 分别相连，如图 4.1.8 所示。

下面通过一个实例来讲解独立键盘的具体操作方法，在 TX-1C 实验板上实现如下描述。

【例 4.1.1】用数码管的前两位显示一个十进制数，变化范围为 00～59，开始时显示 00，每按下 S2 键一次，数值加 1；每按下 S3 键一次，数值减 1；每按下 S4 键一次，数值归零；按下 S5 键一次，利用定时器功能使数值开始自动每秒加 1，再次按下 S5 键，数值停止自动加 1，保持显示原数。新建文件 part2.2_1.c，程序代码如下：

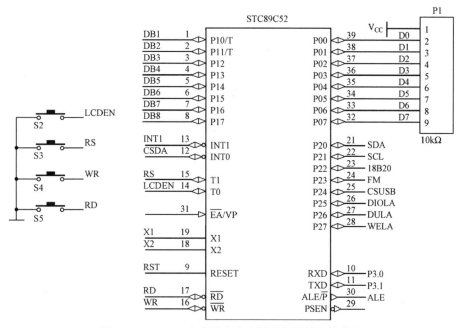

图 4.1.7　TX-1C 实验板上独立键盘与单片机连接图

图 4.1.8　TX-1C 实验板的独立键盘

```
#include <reg52.h>                          // 52 系列单片机头文件
#define uchar unsigned char
#define uint unsigned int
sbit key1=P3^4;
sbit key2=P3^5;
sbit key1=P3^4;
sbit key2=P3^5;
sbit key3=P3^6;
sbit key4=P3^7;

sbit dula=P2^6;                             // 申明 U1 锁存器的锁存端
sbit wela=P2^7;                             // 申明 U2 锁存器的锁存端
uchar code table[]={ 0x3f, 0x06, 0x5b, 0x4f,
                     0x66, 0x6d, 0x7d, 0x07,
                     0x7f, 0x6f, 0x77, 0x7c,
                     0x39, 0x5e, 0x79, 0x71};
void delayms(uint);
uchar  numt0, num;
void display(uchar numdis)                  // 显示子函数
{
    uchar  shi, ge;                         // 分离两个分别要显示的数
    shi = numdis/10;
    ge = numdis%10;
```

```
        dula=1;
        P0=table[shi];                      // 送十位段选数据
        dula=0;
        P0=0xff;                            // 送位选数据前关闭所有显示，防止打开位选锁存时
        wela=1;                             // 原来段选数据通过位选锁存器造成混乱
        P0=0xfe;                            // 送位选数据
        wela=0;
        delayms(5);                         // 延时

        dula=1;
        P0=table[ge];                       // 送个位段选数据
        dula=0;
        P0=0xff;
        wela=1;
        P0=0xfd;
        wela=0;
        delayms(5);
}
void delayms(uint xms)
{
    uint  i, j;
    for(i=xms; i>0; i--)                    // i=xms 即延时约 xms 毫秒
        for(j=110; j>0; j--)  ;
}
void init()                                 // 初始化函数
{
    TMOD=0x01;                              // 设置定时器 0 为工作方式 1(0000 0001)
    TH0=(65536-45872)/256;                  // 装初值 50ms 一次中断
    TL0=(65536-45872)%256;
    EA=1;                                   // 开总中断
    ET0=1;                                  // 开定时器 0 中断
}
void keyscan()
{
    if(key1 == 0)
    {
        delayms(10);
        if(key1 == 0)
        {
            num++;
            if(num == 60)                   // 当到 60 时重新归 0
                num=0;
            while(!key1);                   // 等待按键释放
        }
    }
    if(key2==0)
    {
        delayms(10);
        if(key2==0)
        {
            if(num == 0)                    // 当到 0 时重新归 60
                num=60;
            num--;
```

```
            while(!key2);
        }
    }
    if(key3 == 0)
    {
        delayms(10);
        if(key3 == 0)
        {
            num=0;                              // 清0
            while(!key3);
        }
    }
    if(key4==0)
    {
        delayms(10);
        if(key4 == 0)
        {
            while(!key4);
            TR0=~TR0;                           // 启动或停止定时器0
        }
    }
}
void main()
{
    init();                                     // 初始化函数
    while(1)
    {
        keyscan();
        display(num);
    }
}
void T0_time() interrupt 1
{
    TH0=(65536-45872)/256;                      // 重装初值
    TL0=(65536-45872)%256;
    numt0++;
    if(numt0 == 20)                             // 如果到了20次，说明1秒时间到
    {
        numt0=0;                                // 然后把num清0，重新计20次
        num++;
        if(num == 60)
            num=0;
    }
}
```

分析如下：

① 例 4.1.1 中将定时器初始化部分、键盘扫描部分、数码管显示部分等分别写成独立的函数，在主函数中只需方便地直接调用它们就可以了，这样可使程序看上去简洁、明了，修改也很方便。

② 大家在写程序时一定要注意代码的层次感，一级和一级之间用一个 Tab 键隔开，尤其是初写程序的学员，不注意书写格式，程序从头到尾不加任何注释，级与级之间没有任何

空格。当程序有问题，回头查询起来很不方便，大家从一开始就要养成良好的书写习惯，具体书写格式可参照本书例程。最好不要写成下面这样，根本没有层次感：

```
void kayscan()
{
  if(key1 == 0)
  {
    delayms(10);
    if(key1 == 0)
    {
      num++;
      if(num == 60)
        num=0;
      while(!key1);
    }
  }
  if(key2 == 0)
  {
    delayms(10);
    if(key2 == 0)
    {
      if(num == 0)
        num=60;
      num--;
      while(!key2);
    }
  ...
```

③ 在键盘扫描程序中"delayms(10);"即去抖延时。在确认按键被按下后，程序中还有语句"while(!key1);"，它的意思是等待按键释放，若按键没有释放，则 key1 始终为 0，那么"!key1"始终为 1，程序一直停止在这个 while 语句处，直到按键释放，key1 变成 1，才退出这个 while 语句。通常，我们在检测单片机的按键时，要等按键确认释放后才去执行相应的代码。若不加按键释放检测，由于单片机执行代码的速度非常快，而且是循环检测按键，因此当按下一个键时，单片机会在程序循环中多次检测到键被按下，从而造成错误的结果。大家可不加按键释放检测代码，编译程序下载后测试，当按下 S2 键时，会看到数码管上的数值变化很快，而且没有规律。

4.2　矩阵键盘检测

独立键盘与单片机连接时，每个按键都需要单片机的一个 I/O 口，若某单片机系统需较多按键，如果用独立按键，会占用过多的 I/O 口资源。单片机系统中 I/O 口资源往往比较宝贵，当用到多个按键时，为了节省 I/O 口线，我们引入矩阵键盘。

我们以 4×4 矩阵键盘为例讲解其工作原理和检测方法。将 16 个按键排成 4 行 4 列，第一行将每个按键的一端连接在一起构成行线，第一列将每个按键的另一端连接在一起构成列线，这样便有 4 行 4 列共 8 根线。我们将这 8 根线连接到单片机的 8 个 I/O 口，通过程序扫描键盘就可检测 16 个键。用这种方法也可实现 3 行 3 列 9 个键、5 行 5 列 25 个键等。

无论是独立键盘还是矩阵键盘，单片机检测其是否被按下的依据都是一样的，就是检测与该键对应的 I/O 口是否为低电平。独立键盘有一端固定为低电平，单片机写程序检测时比较方便。而矩阵键盘两端都与单片机 I/O 口相连，因此在检测时需人为通过单片机 I/O 口送出低电平。检测时，先送一列为低电平，其余几列全为高电平（此时确定了列数），然后立即轮流检测一次各行是否有低电平，若检测到某一行为低电平（此时又确定了行数），我们便可确认当前被按下的键是哪一行哪一列的。用同样方法轮流送各列一次低电平，再轮流检测一次各行是否变为低电平，这样即可检测完所有的按键。当有键被按下时，便可判断按下的键是哪一个键。当然，我们也可以将行线置低电平，扫描列是否有低电平。这就是矩阵键盘检测的原理和方法。TX-1C 实验板上 16 个矩阵按键与单片机连接图如图 4.2.1 所示。

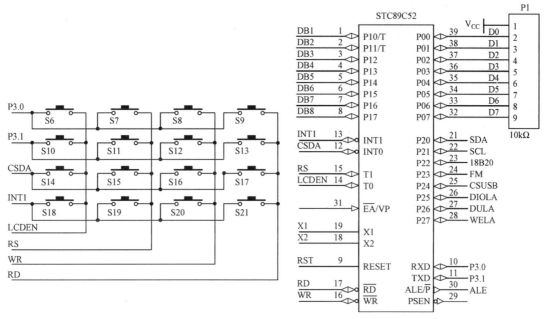

图 4.2.1　TX-1C 实验板上矩阵按键与单片机连接图

TX-1C 实验板的键盘区上面 4 行 S6～S21 即 16 个矩阵键盘，8 条线分别与单片机的 P3 口相连，如图 4.2.2 所示。从图 4.2.1 可看到，矩阵键盘的 4 行分别与单片机的 P3.0～P3.3 相连，矩阵键盘的 4 列分别与单片机的 P3.4～P3.7 相连。图 4.2.1 是 4×4 矩阵键盘接法图，也有 3×3、3×4、4×5 等矩阵键盘，其检测方法相同，我们可根据系统需要设计相应的电路。

图 4.2.2　TX-1C 实验板的矩阵键盘

【例 4.2.1】　在 TX-1C 实验板上实现如下描述：实验板上电时，数码管不显示，顺序按下矩阵键盘后，在数码管上依次显示 0～F，6 个数码管同时静态显示即可。新建文件 part2.2_2.c，程序代码如下：

```c
#include <reg52.h>                          // 52 系列单片机头文件
#define uchar unsigned char
#define uint unsigned int
sbit dula=P2^6;                             // 申明 U1 锁存器的锁存端
sbit wela=P2^7;                             // 申明 U2 锁存器的锁存端
uchar code table[]={0x3f, 0x06, 0x5b, 0x4f,
                    0x66, 0x6d, 0x7d, 0x07,
                    0x7f, 0x6f, 0x77, 0x7c,
                    0x39, 0x5e, 0x79, 0x71};
void delayms(uint xms)
{
  uint  i, j;
  for(i=xms; i>0; i--)                      // i=xms 即延时约 xms 毫秒
    for(j=110; j>0; j--)  ;
}
void display(uchar num)
{
  P0=table[num];                            // 显示函数只送段选数据
  dula=1;
  dula=0;
}
void matrixkeyscan()
{
  uchar  temp, key;
  P3=0xfe;
  temp=P3;
  temp=temp&0xf0;
  if(temp != 0xf0)
  {
    delayms(10);
    temp=P3;
    temp=temp & 0xf0;
    if(temp != 0xf0)
    {
      temp=P3;
      switch(temp)
      {
        case 0xee:    key=0;
                      break;
        case 0xde:    key=1;
                      break;
        case 0xbe:    key=2;
                      break;
        case 0x7e:    key=3;
                      break;
      }
      while(temp != 0xf0)                    // 等待按键释放
      {
        temp=P3;
        temp=temp&0xf0;
      }
      display(key);                          // 显示
    }
```

```
}
P3=0xfd;
temp=P3;
temp=temp & 0xf0;
if(temp != 0xf0)
{
    delayms(10);
    temp=P3;
    temp=temp & 0xf0;
    if(temp != 0xf0)
    {
        temp=P3;
        switch(temp)
        {
            case 0xed:      key=4;
                            break;
            case 0xdd:      key=5;
                            break;
            case 0xbd:      key=6;
                            break;
            case 0x7d:      key=7;
                            break;
        }
        while(temp != 0xf0)
        {
            temp=P3;
            temp=temp & 0xf0;
        }
        display(key);
    }
}
P3=0xfb;
temp=P3;
temp=temp & 0xf0;
if(temp != 0xf0)
{
    delayms(10);
    temp=P3;
    temp=temp & 0xf0;
    if(temp != 0xf0)
    {
        temp=P3;
        switch(temp)
        {
            case 0xeb:      key=8;
                            break;
            case 0xdb:      key=9;
                            break;
            case 0xbb:      key=10;
                            break;
            case 0x7b:      key=11;
                            break;
        }
```

```c
            while(temp != 0xf0)
            {
                temp=P3;
                temp=temp & 0xf0;
            }
            display(key);
        }
    }
    P3=0xf7;
    temp=P3;
    temp=temp & 0xf0;
    if(temp != 0xf0)
    {
        delayms(10);
        temp=P3;
        temp=temp & 0xf0;
        if(temp != 0xf0)
        {
            temp=P3;
            switch(temp)
            {
                case 0xe7:      key=12;
                                break;
                case 0xd7:      key=13;
                                break;
                case 0xb7:      key=14;
                                break;
                case 0x77:      key=15;
                                break;
            }
            while(temp != 0xf0)
            {
                temp=P3;
                temp=temp & 0xf0;
            }
            display(key);
        }
    }
}
void main()
{
    P0=0;                                       // 关闭所有数码管段选
    dula=1;
    dula=0;
    P0=0xc0;                                     // 位选中所有数码管
    wela=1;
    wela=0;
    while(1)
    {
        matrixkeyscan();                        // 不停调用键盘扫描程序
    }
}
```

分析如下：

① 进入主函数后，首先关闭所有数码管的段选，也就是不让数码管显示任何数字。接着位选中所有的数码管，以后再次操作数码管时只需要送段选数据即可。因为题目要求所有数码管都显示，接着进入 while() 大循环不停的扫描键盘是否有被按下。

② 在检测矩阵键盘时我们用到这样几条语句：

```
P3=0xfe;
temp=P3;
temp=temp&0xf0;
if(temp!=0xf0)
{
    delayms(10);
    temp=P3;
    temp=temp&0xf0;
    if(temp!=0xf0)
    {
        ...
```

上面这几句扫描的是第一行按键，搞明白这几句后，其他的都一样，每句解释如下：

"P3=0xfe;" 将第 1 行线置低电平，其余行线全部为高电平。

"Temp=P3;" 读取 P3 口当前状态值赋给临时变量 temp，用于后面计算。

"temp=temp&0xf0;" 将 temp 与 0xf0 进行 "与" 运算，再将结果赋给 temp，主要目的是判断 temp 的高 4 位是否有 0。如果 temp 的高 4 位有 0，那么与 0xf0 "与" 运算后结果必然不等于 0xf0；如果 temp 的高 4 位没有 0，那么它与 0xf0 "与" 运算后的结果仍然等于 0xf0。temp 的高 4 位数据实际上就是矩阵键盘的 4 个列线，通过判断 temp 与 0xf0 "与" 运算后的结果是否为 0xf0 来判断第一行按键是否有键被按下。

"if(temp!=0xf0)" 的 temp 是上面 P3 口数据与 0xf0 "与" 运算后的结果，如果 temp 不等于 0xf0，说明有键被按下。

"delayms(10);" 延时去抖操作。

"temp=P3;" 重新读一次 P3 口数据。

"temp=temp&0xf0;" 重新进行一次 "与" 运算。

"if(temp!=0xf0)" 如果 temp 仍然不等于 0xf0，这次确认第一行确实有键被按下了。

③ 判断被按下的是该行第几列的键，我们用到了 switch-case 语句。（关于该语句请看下一个知识点。）在判断列线时，我们再将 P3 口数据读一次，"temp=P3;"，如果读回 P3 口的值为 0xee，则说明行线 1 与列线 1 都为低电平，那么它们的交叉处是第 1 个按键；如果读回 P3 口的值为 0xde，则说明行线 1 与列线 2 都为低电平，那么它们的交叉处是第 2 个按键。用同样的方法可检测第一行的所有键，每检测到有按键被按下后，我们可以将这个键的键值赋给一个变量，用来后期处理。用同样方法检测其他几行便可检测到矩阵键盘的所有按键。

④ 在判断完按键序号后，我们还需要等待按键被释放，检测释放语句如下：

```
while(temp!=0xf0)                    // 等待按键释放
{
    temp=P3;
    temp=temp&0xf0;
}
```

不断读取 P3 口数据，然后和 0xf0 "与" 运算，只要结果不等于 0xf0，则说明按键没有被释放，直到释放按键，程序才退出该 while 语句。

【知识点】 **switch-case 语句**

if 语句一般用来处理两个分支。处理多个分支时需使用 if-else-if 结构，但如果分支较多，则嵌套的 if 语句层就越多，程序不但庞大而且理解比较困难。因此，C 语言提供了一个专门用于处理多分支结构的条件选择语句，称为 switch 语句，又称为开关语句。使用 switch 语句可直接处理多个分支（当然包括两个分支）。其一般形式如下：

```
switch(表达式)
{
    case 常量表达式 1: (注意这里，常量表达式 1 后面是冒号而不是分号)
                    语句 1;
                    break;
    case 常量表达式 2:
                    语句 2;
                    break;
    ......
    case 常量表达式 n:
                    语句 n;
                    break;
    default:
                    语句 n+1;
                    break;
}
```

switch 语句的执行流程是：首先计算 switch 后面 "( )" 中表达式的值，然后用此值依次与各 case 后的常量表达式比较，若与某个 case 后面的常量表达式的值相等，就执行此 case 后面的语句；执行遇到 break 语句就退出 switch 语句；若 "( )" 中表达式的值与所有 case 后面的常量表达式都不等，则执行 default 后面的 "语句 n+1"，然后退出 switch 语句，程序转向 switch 语句后面的下一个语句。如下程序可以根据输入的考试成绩的等级，输出百分制分数段：

```
switch(grade)
{
    case 'A':                          /*注意，这里是 ":"，并不是 ";" */
            printf("85-100\n");
            break;                     /*每个 case 语句后都要跟一个 break 用来退出 switch 语句*/
    case 'B':                          /*每个 case 后的常量表达式必须是不同的值，以保证分支的唯一性*/
            printf("70-84\n");
            break;
    case 'C':
            printf("60-69\n");
            break;
    case 'D':
            printf("<60\n");
            break;
    default:
            printf("error!\n");
}
```

如果在 case 后面包含多条执行语句，case 后面不需要像 if 语句那样加 "{ }"，进入某个 case 后，会自动顺序执行本 case 后面的所有语句。

default 总是放在最后，这时 default 后不需要 break 语句，并且 default 部分也不是必须的。如果没有这一部分，当 switch 后"( )"中表达式的值与所有 case 后面的常量表达式的值都不相等时，则不执行任何一个分支，而是直接退出 switch 语句。此时，switch 语句相当于一个空语句。如上面的矩阵键盘扫描程序，当没有任何键按下时，单片机不执行 case 中的任何语句。

在 switch-case 语句中，多个 case 可以共用一条执行语句，如

```
......
case 'A':
case 'B':
case 'C':
        printf(">60\n");
        break;
......
```

在 A、B、C 三种情况下，均执行相同的语句，即输出">60"。

最开始的例子中，如果把每个 case 后的"break;"删除，当 greak='A'时，程序从语句"printf("85-100\n");"开始执行，输出结果为

```
85-100
70-84
60-69
<60
error
```

这是因为 case 后面的常量表达式实际上只起语句标号作用，而不起条件判断作用，即"只是开始执行处的入口标号"。因此，一旦与 switch 后"( )"中表达式的值匹配，就从此标号处开始执行，而且执行完一个 case 后面的语句，若没遇到 break 语句，就自动进入下一个 case 继续执行，而不再判断是否与之匹配，直到遇到 break 语句才停止执行，退出 switch 语句。因此，若想执行一个 case 分支之后立即跳出 switch 语句，就必须在此分支的最后添加 break 语句。

第5章 A/D 和 D/A 工作原理

5.1 模拟量与数字量概述

如温度、压力、位移、图像等都是模拟量，电子线路中模拟量通常包括模拟电压和模拟电流，生活用电 220 V 交流正弦波属于模拟电压，随着负载大小的变化，其电流大小也跟着变化，这里的电流信号也属于模拟电流。图 5.1.1 和图 5.1.2 表示的信号就属于模拟量，其中信号的幅值随着时间变化而连续变化的量就是模拟量，模拟量有可能是标准的正弦波，有可能是不规则的任何波形，也有可能是规则的方波、三角波等，当我们用数值表示其大小时，通常用十进制数表示，如 2.3 V，5 A，47 N 等。

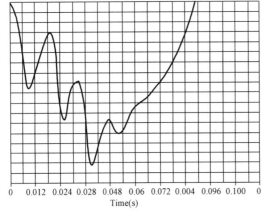

图 5.1.1　不规则模拟量

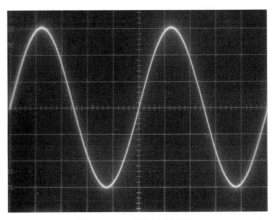

图 5.1.2　正弦波模拟量

单片机系统内部运算时用的全部是数字量，即 0 和 1，因此对单片机系统而言，我们无法直接操作模拟量，必须将模拟量转换成数字量。数字量就是用一系列 0 和 1 组成的二进制代码表示某个信号大小的量。用数字量表示同一个模拟量时，数字位数可以多也可以少，位数越多则表示的精度越高，位数越少表示的精度就越低。比如对图 5.1.2 中的正弦波模拟量，我们可以用 00000～11111 的 5 位二进制数字量来表示它，5 位二进制数最多有 32 种组合形式，因此需把这个正弦波最大值与最小值之间分成 32 等分，每一等分用一组 5 位二进制数表示。显然，如果用 32 等分数字量表示这个模拟量的话，任意两相邻等分之间的模拟量无法表示出来，唯有增加等分，也就是增加数字量的位数才可表示出来。因此，若要用数字量完全表示一个模拟量，其数字量位数为无穷多位。若要设计出这样的硬件，当今的技术还无法实现。

单片机在采集模拟信号时，通常需要在前端加上模拟量/数字量转换器，简称模/数转换器，即常说的 A/D（Analog to Digital）芯片。当单片机在输出模拟信号时，通常在输出级要加上数字量/模拟量转换器，简称数/模转换器，即 D/A（Digital to Analog）芯片。

5.2 A/D 转换原理及参数指标

因为输入的模拟信号在时间上是连续的，而输出的数字信号代码是离散的，所以在进行 A/D 转换时，必须在一系列选定的瞬间（时间坐标轴上的一些规定点上）对输入的模拟信号采样，再把这些采样值转换为数字量。因此，A/D 转换的一般过程是通过采样保持、量化和编码三个步骤完成的，即先对输入的模拟电压信号采样，采样结束后进入保持时间，在这段时间内将采样的电压量转化为数字量，并按一定的编码形式给出转换结果，然后开始下一次采样。图 5.2.1 是模拟量到数字量转换过程的框图。

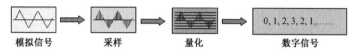

图 5.2.1 模拟量到数字量转换过程框图

1．采样定理

可以证明，为了正确无误地用图 5.2.2 中所示的采样信号 v_S 表示模拟信号 v_I，必须满足：

$$f_S \geq 2f_{imax} \tag{5.2.1}$$

式中，f_S 为采样频率，f_{imax} 为输入信号 v_I 的最高频率分量的频率。这就是所谓的采样定理。

在满足采样定理的条件下，可以用一个低通滤波器将信号 v_S 还原为 v_I，低通滤波器的电压传输系数 $|A(f)|$ 在低于 f_{imax} 的范围内应保持不变，而在 f_S-f_{imax} 以前应迅速下降为 0，如图 5.2.3 所示。因此，采样定理规定了 A/D 转换的频率下限。

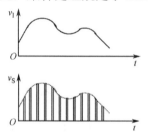

图 5.2.2 对输入模拟信号的采样

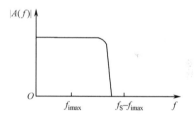

图 5.2.3 还原采样信号所用滤波器的频率特性

因此，A/D 转换器（Analog to Digital Converter，ADC）的采样频率必须高于式（5.2.1）规定的频率。采样频率提高后，留给 ADC 每次进行转换的时间也相应缩短了，这就要求转换电路必须具备更快的工作速度。不能无限制地提高采样频率，通常取 $f_S = (3\sim5)f_{imax}$ 已经能够满足要求。

因为每次把采样电压转换为相应的数字量都需要一定的时间，所以在每次采样以后，必须把采样电压保持一段时间。可见，进行 A/D 转换时所用的输入电压，实际上是每次采样结束时的 V_I 值。

2．量化和编码

数字信号不仅在时间上是离散的，数值的变化也不是连续的。也就是说，任何一个数字量的大小，都是以某个最小数量单位的整倍数来表示的。因此，在用数字量表示采样电压时，必须把它化成这个最小数量单位的整倍数，这个转化过程就叫做量化。所规定的最小数量单位叫做量化单位，用 Δ 表示。显然，数字信号最低有效位中的 1 表示的数量大小就等于 Δ。把量化的数值用二进制代码表示，称为编码。这个二进制代码就是 A/D 转换的输出信号。

　　既然模拟电压是连续的，那么它就不一定能被 Δ 整除，因而不可避免地会引入误差，我们把这种误差称为量化误差。在把模拟信号划分为不同的量化等级时，用不同的划分方法可以得到不同的量化误差。

　　假定需要把 0～+1 V 的模拟电压信号转换成三位二进制代码，这时便可以取 Δ =（1/8）V，并规定凡数值在 0～1/8 V 之间的模拟电压都当做 0×Δ 看待，用二进制的 000 表示；凡数值在 1/8～2/8 V 之间的模拟电压都当做 1×Δ 看待，用二进制的 001 表示……如图 5.2.4(a)所示。不难看出，最大的量化误差可达 Δ，即 1/8 V。

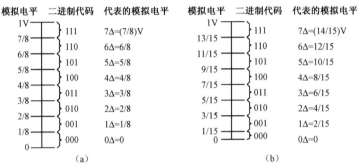

图 5.2.4　划分量化电平的两种方法

　　为了减少量化误差，通常采用图 5.2.4(b)所示的划分方法，取量化单位 Δ=2/15 V，并将 000 代码所对应的模拟电压规定为 0～1/15 V，即 0～Δ/2。这时，最大量化误差将减少为 Δ/2=1/15 V。这个道理不难理解，因为把每个二进制代码代表的模拟电压值规定为它所对应的模拟电压范围的中点，所以最大的量化误差自然就缩小为 Δ/2 了。

【知识点】 采样－保持电路

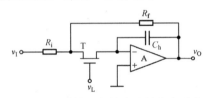

图 5.2.5　采样－保持电路的基本形式

　　① 电路组成及工作原理。N 沟道 MOS 管 T 作为采样开关用。当控制信号 v_L 为高电平时，T 导通，输入信号 v_I 经电阻 R_i 和 T 向电容 C_h 充电，如图 5.2.5 所示。取 $R_i=R_f$，则充电结束后 $v_O=-v_I=v_C$。如果控制信号返回低电平，则 T 截止。C_h 无放电回路，所以 v_O 的数值被保存下来。

　　缺点：采样过程中需通过 R_i 和 T 向 C_h 充电，所以使采样速度受到了限制；同时，R_i 的数值不允许取得很小，否则会进一步降低采样电路的输入电阻。

　　② 改进电路及其工作原理。图 5.2.6 是单片集成采样-保持电路 LE198 的电路原理图及符号，它是一个经过改进的采样－保持电路。A_1、A_2 是两个运算放大器，S 是电子开关，L 是开关的驱动电路，当逻辑输入 v_L 为 1 即高电平时，S 闭合；v_L 为 0 即低电平时，S 断开。

　　当 S 闭合时，A_1、A_2 均工作在单位增益的电压跟随器状态，所以 $v_O=v'_O=v_I$。如果将电容 C_h 接到 R_2 的引出端和地之间，则电容上的电压也等于 v_I。当 v_L 返回低电平以后，虽然 S 断开了，但 C_h 上的电压不变，所以输出电压 v_O 的数值得以保持下来。

　　在 S 再次闭合以前的这段时间里，如果 v_I 发生变化，v'_O 可能变化非常大，甚至超过开关电路能承受的电压，因此需要增加 D_1 和 D_2 构成保护电路。当 v'_O 比 v_O 保持的电压高（或低）一个二极管的压降时，D_1（或 D_2）导通，从而将 v'_O 限制在 v_I+v_D 以内。而在开关 S 闭合的情况下，v'_O 和 v_O 相等，故 D_1 和 D_2 均不导通，保护电路不起作用。

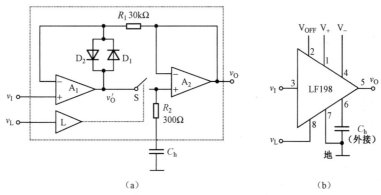

（a）　　　　　　　　　　　　　（b）

图 5.2.6　单片集成采样 - 保持电路 LE198 的电路原理图及符号

3. 直接 A/D 转换器

直接 A/D 转换器能把输入的模拟电压直接转换成输出的数字量而不需要经过中间变量。常用的电路有并行比较型和反馈比较型两类。

（1）并行比较型 ADC

三位并行比较型 A/D 转换电路如图 5.2.7 所示，由电压比较器、寄存器和代码转换器三部分组成，其输入与输出的转换关系如表 5.2.1 所示。

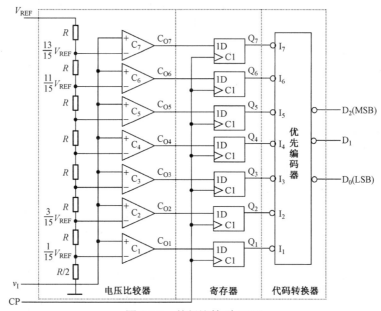

图 5.2.7　并行比较型 ADC

表 5.2.1　三位并行 ADC 输入与输出转换关系

输入模拟电压	寄存器状态（代码转换器输入）							数字量输出（代码转换器输出）		
v_I	Q_7	Q_6	Q_5	Q_4	Q_3	Q_2	Q_1	D_2	D_1	D_0
$(0 \sim \frac{1}{15})V_{REF}$	0	0	0	0	0	0	0	0	0	0
$(\frac{1}{15} \sim \frac{3}{15})V_{REF}$	0	0	0	0	0	0	1	0	0	1
$(\frac{3}{15} \sim \frac{5}{15})V_{REF}$	0	0	0	0	0	1	1	0	1	0

输入模拟电压	寄存器状态（代码转换器输入）							数字量输出（代码转换器输出）		
$(\frac{5}{15}\sim\frac{7}{15})V_{REF}$	0	0	0	0	0	1	1	0	1	1
$(\frac{7}{15}\sim\frac{9}{15})V_{REF}$	0	0	0	1	1	1	1	1	0	0
$(\frac{9}{15}\sim\frac{11}{15})V_{REF}$	0	0	1	1	1	1	1	1	0	1
$(\frac{11}{15}\sim\frac{13}{15})V_{REF}$	0	1	1	1	1	1	1	1	1	0
$(\frac{13}{15}\sim1)V_{REF}$	1	1	1	1	1	1	1	1	1	1

电压比较器中，量化电平的划分采用图 5.2.4(b)所示的方式，用电阻链把参考电压 V_{REF} 分压，得到从 $\frac{1}{15}V_{REF}\sim\frac{13}{15}V_{REF}$ 之间 7 个比较电平，量化单位 $\Delta=\frac{2}{15}V_{REF}$。然后，把这 7 个比较电平分别接到 7 个比较器 $C_1\sim C_7$ 的输入端作为比较基准。同时，将要输入的模拟电压同时加到每个比较器的另一个输入端上，与这 7 个比较基准进行比较。

单片集成并行比较型 A/D 转换器的产品较多，如 AD 公司的 AD9012（8 位）、AD9002（8 位）AD9020（10 位）等。

并行 A/D 转换器具有如下特点：① 由于转换是并行的，其转换时间只受比较器、触发器和编码电路延迟时间限制，因此转换速度快。② 随着分辨率的提高，元件数目要按几何级数增加。一个 n 位转换器，所用的比较器个数为 2^n-1，如 8 位的并行 A/D 转换器就需要 $2^8-1=255$ 个比较器。由于位数愈多，电路愈复杂，因此制成分辨率较高的集成并行 A/D 转换器是比较困难的。③ 使用这种含有寄存器的并行 A/D 转换电路时，可以不用附加采样 - 保持电路，因为比较器和寄存器这两部分也兼有采样 - 保持功能，这也是该电路的一个优点。

并行比较型 ADC 的缺点是需要用很多的电压比较器和触发器。从图 5.2.7 得知，输出为 n 位二进制代码的转换器中应当有 2^n-1 个电压比较器和 2^n-1 个触发器。电路的规模随着输出代码位数的增加而急剧增加。如果输出为 10 位二进制代码，则需要用 $2^{10}-1=1023$ 个比较器和 1023 个触发器以及一个规模相当大的代码转换电路。

（2）反馈比较型 ADC

反馈比较型 ADC 的构思是：取一个数字量加到 DAC（Digital to Analog Converter，D/A 转换器）上，得到一个对应的输出模拟电压，将这个模拟电压和输入的模拟电压信号比较，如果两者不相等，则调整所取的数字量，直到两个模拟电压相等为止，最后所取的这个数字量就是所求的转换结果。

反馈比较型 ADC 中经常采用的有计数型和逐次比较型两种方案。图 5.2.8 为计数型 ADC 原理框图。

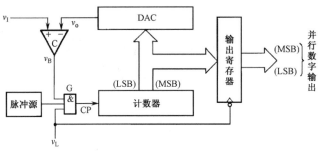

图 5.2.8　计数型 ADC 原理框图

转换电路由比较器 C、D/A 转换器、计数器、脉冲源、控制门 G 以及输出寄存器等几部分组成。转换开始前先用复位信号将计数器置 0，且转换信号停留在 v_L=0 的状态，这时门 G 被封锁，计数器不工作。计数器加给 DAC 的是全 0 信号，所以 DAC 输出的模拟电压 v_O=0。如果 v_I 为正电压信号，比较器的输出电压为 1。依同样方法比较完 DA 的全部位数。

因为在转换过程中计数器中的数字不停地变化，所以不宜将计数器的状态直接作为输出信号，为此在输出端设置了输出寄存器。在每次转换完成以后，用转换控制信号的下降沿将计数器输出的数字置入输出寄存器中，而以寄存器的状态作为最终的输出信号。这个方案的明显问题是：转换时间长，当输出为 n 位二进制数码时，最长的转换时间可达到 2^n-1 倍的时钟信号周期，因此这种方法只能用在对转换速度要求不高的场合。但是它的电路非常简单，所以在对转换速度没有严格要求时仍是一种可取的方案。

为了提高转换速度，在计数型 A/D 转换的基础上产生了逐次比较型 ADC。逐次逼近转换过程与用天平称物重非常相似。按照天平称重的思路，逐次比较型 ADC 是将输入模拟信号与不同的参考电压做比较，使转换所得的数字量在数值上逐次逼近输入模拟量的对应值。

三位逐次比较型 ADC 是一个输出为三位二进制数的逐次比较型 ADC，其逻辑电路如图 5.2.9 所示。C 为电压比较器，当 $v_I \geqslant v_O$ 时，比较器的输出为 0，反之输出为 1。触发器 FF_A、FF_B、FF_C 组成了三位数码寄存器，触发器 $FF_1 \sim FF_5$ 和门电路 $G_1 \sim G_9$ 组成控制逻辑电路。

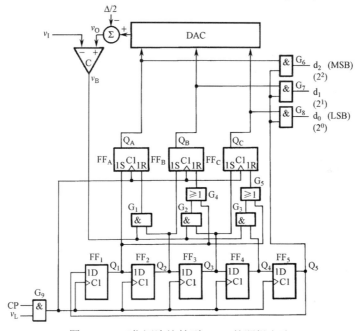

图 5.2.9　三位逐次比较型 ADC 的逻辑电路

逐次比较型 ADC 完成一次转换所需时间与其位数和时钟脉冲频率有关，位数愈少，时钟频率越高，转换所需时间越短。这种 A/D 转换器具有转换速度快，精度高的特点。

集成逐次比较型 ADC 有 ADC0804/0808/0809 系列（8）位、AD575（10 位）、AD574A（12 位）等。

（3）间接 A/D 转换器

目前使用的间接 A/D 转换器多半都属于电压 - 时间变换型（V-T 变换型）和电压 - 频率变换型（V-F 变换型）两类。

在 V-T 变换型 ADC 中，首先把输入的模拟电压信号转换成与之成正比的时间宽度信号，然后在这个时间宽度里对固定频率的时钟脉冲计数，计数的结果就是正比于输入模拟电压的数字信号。

在 V-F 变换型 ADC 中，首先把输入的模拟电压信号转换成与之成正比的频率信号，然后在一个固定的时间间隔里对得到的频率信号计数，得到的结果就是正比于输入模拟电压的数字量。下面给出 V-T 变换型和 V-F 变换型的结构框图，如图 5.2.10～图 5.2.13 所示。

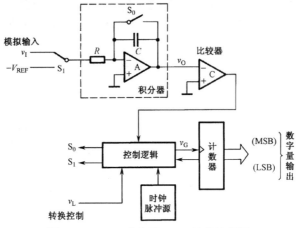

图 5.2.10　V-T 变换型 ADC 的结构框图

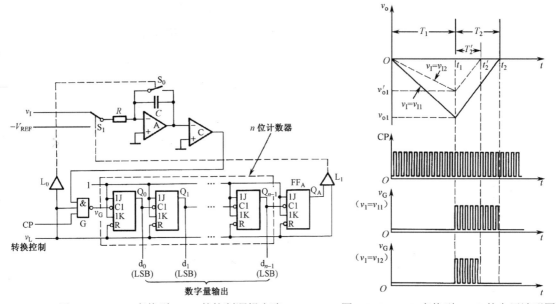

图 5.2.11　V-T 变换型 ADC 的控制逻辑电路　　　图 5.2.12　V-T 变换型 ADC 的电压波形图

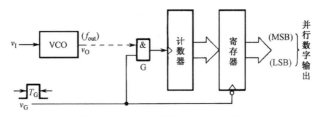

图 5.2.13　V-F 变换型 ADC 结构

（4）ADC 的参数指标

① 分辨率——它说明 A/D 转换器对输入信号的分辨能力。

ADC 的分辨率以输出二进制数的位数表示。从理论上讲，n 位输出的 ADC 能区分 2^n 个不同等级的输入模拟电压，能区分输入电压的最小值为满量程输入的 $1/2^n$。在最大输入电压一定时，输出位数愈多，量化单位愈小，分辨率愈高，常用的有 8、10、12、16、24、32 位等。例如，ADC 输出为 8 位二进制数，输入信号最大值 5 V，那么这个转换器应能区分输入信号的最小电压为 19.53 mV（5 V×$1/2^8$≈19.53 mV）。再如，某 ADC 输入模拟电压的变化范围为 –10～+10 V，转换器为 8 位，若第一位用来表示正、负号，其余 7 位表示信号幅值，则最末一位数字可代表 80 mV 模拟电压（10 V×$1/2^7$≈80 mV），即转换器可以分辨的最小模拟电压为 80 mV。同样情况下，10 位转换器能分辨的最小模拟电压为 20 mV（10 V×$1/2^9$≈20 mV）。

② 转换误差——表示 ADC 实际输出的数字量与理论输出数字量之间的差别。

在理想情况下，输入模拟信号所有转换点应当在一条直线上，但实际的特性不能做到输入模拟信号所有转换点在一条直线上。转换误差是指实际的转换点偏离理想特性的误差，一般用最低有效位来表示。例如，给出相对误差≤±LSB/2，这就表明实际输出的数字量和理论上应得到的输出数字量之间的误差小于最低位的一半。注意，在实际使用中当使用环境发生变化时，转换误差也将发生变化。

③ 转换精度——ADC 的最大量化误差和模拟部分精度的共同体现。

具有某种分辨率的转换器在量化过程中由于采用了四舍五入的方法，因此最大量化误差应为分辨率数值的一半。如上例，8 位转换器最大量化误差应为 40 mV（80 mV×0.5 = 40 mV），全量程的相对误差则为 0.4%（40 mV/10 V×100%）。可见，A/D 转换的精度由最大量化误差决定。实际上，许多转换器末位数字并不可靠，实际精度还要低一些。

由于含有 ADC 的模/数转换模块通常包括有模拟处理和数字转换两部分，因此整个转换器的精度还应考虑模拟处理部分（如积分器、比较器等）的误差。一般转换器的模拟处理误差与数字转换误差应尽量处在同一数量级，总误差则是这些误差的累加和。例如，一个 10 位 ADC 用其中 9 位计数时的最大相对量化误差为 2^9×0.5≈0.1%，若模拟部分精度能达到 0.1%，则转换器总精度可接近 0.2%。

④ 转换时间——指 ADC 从转换控制信号到来开始，到输出端得到稳定的数字信号所经过的时间。

不同类型的转换器转换速度相差甚远。并行比较 ADC 转换速度最高，8 位二进制输出的单片集成 ADC 转换时间可达 50ns 以内。逐次比较型 ADC 次之，它们多数转换时间为 10～50 μs，也有几百纳秒的。间接 ADC 的速度最慢，如双积分 ADC 的转换时间大都在几十毫秒至几百毫秒之间。在实际应用中，应从系统数据总的位数、精度要求、输入模拟信号的范围及输入信号极性等方面综合考虑 ADC 的选用。

【例 5.2.1】 某信号采集系统要求用一片 A/D 转换集成芯片在 1 s（秒）内对 16 个热电偶的输出电压分时进行 A/D 转换。已知热电偶输出电压范围为 0～0.025 V（对应于 0～450℃温度范围），需要分辨的温度为 0.1℃，试问应选择多少位的 ADC，其转换时间为多少？

解：对于从 0～450℃温度范围，信号电压范围为 0～0.025 V，分辨温度为 0.1℃，这相当于 $\frac{0.1}{450} = \frac{1}{4500}$ 的分辨率。12 位 ADC 的分辨率为 $\frac{1}{2^{12}} = \frac{1}{4096}$，所以必须至少选用 13 位 ADC。

系统的采样速率为 16 次每秒，采样时间为 62.5 ms。对于这样慢的采样速度，任何一个

ADC 都可以达到。可选用 13 位或 13 位以上带有采样 - 保持（S/H）的逐次比较型 ADC 或不带 S/H 的双积分式 ADC 均可。

小结：

① 不同的 A/D 转换方式具有各自的特点，在要求转换速度高的场合，选用并行 ADC；在要求精度高的情况下，可采用双积分 ADC，当然也可选高分辨率的其他 ADC，但会增加成本。由于逐次比较型 ADC 在一定程度上兼有以上两种转换器的优点，因此得到普遍应用。

② ADC 和 DAC 的主要技术参数是转换精度和转换速度，在与系统连接后，转换器的这两项指标决定了系统的精度与速度。

5.3 ADC0804 工作原理及其实现方法

集成 ADC 品种繁多，选用时应综合考虑各种因素选取集成芯片。一般逐次比较型 ADC 用得较多，ADC0804 就是这类单片集成 ADC。它采用 CMOS 工艺 20 引脚集成芯片，分辨率为 8 位，转换时间为 100 μs，输入电压范围为 0～5 V。芯片内具有三态输出数据锁存器，可直接连接在数据总线上。图 5.3.1 为 ADC0804 双列直插式封装引脚分布图，图 5.3.2 和图 5.3.3 为 ADC0804 芯片实物图。

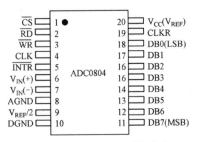

图 5.3.1　ADC0804 引脚分布

图 5.3.2　直插式 ADC0804 实物

图 5.3.3　贴片式 ADC0804 实物

各引脚名称及作用如下：

VIN(+)、VIN(−) —两模拟信号输入端，用来接收单极性、双极性和差模输入信号。

DB7～DB0 —具有三态特性的数字信号输出口。

AGND —模拟信号地。

DGND —数字信号地。

CLK —时钟信号输入端。

CLKR —内部时钟发生器的外接电阻端，与 CLK 端配合可由芯片自身产生时钟脉冲，其频率为 1/（1.1RC）。

$\overline{\text{CS}}$ —片选信号输入端，低电平有效，一旦有效，表明 ADC 被选中，可启动工作。

$\overline{\text{WR}}$ —写信号输入，低电平启动 A/D 转换。

$\overline{\text{RD}}$ —读信号输入，低电平输出端有效。

$\overline{\text{INTR}}$ —A/D 转换结束信号，低电平表示本次转换已完成。

VREF/2 —参考电平输入，决定量化单位。

V_{CC} —芯片电源 5 V 输入。

打开 ADC0804 的芯片手册，它的典型应用接法如图 5.3.4 所示。

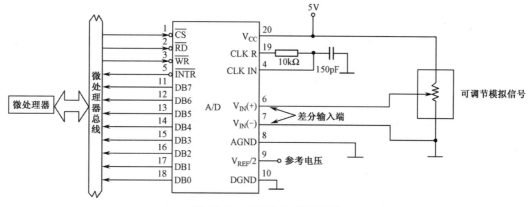

图 5.3.4　ADC0804 典型接法

TX-1C 实验板上 ADC0804 外围电路及与单片机的连接是参照图 5.3.4 设计的,如图 5.3.5 所示。分析图 5.3.5 如下:

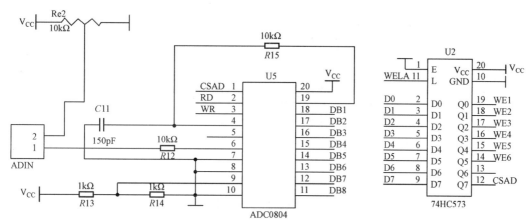

图 5.3.5　TX-1C 实验板上 ADC0804 接法

① ADC0804 的片选端 CS 连接 U2 锁存器的 Q7 输出端,我们可通过控制锁存器来控制 CS,这样接的原因是 TX-1C 实验板扩展的外围太多,没有多余的 I/O 口独立控制 ADC0804 的 CS 端,所以选择 U2。

② VIN(+)接电位器的中间滑动端,VIN(−)接地,因为这两端可以输入差分电压,即可测量 VIN(+)〉与 VIN(−)之间的电压。当 VIN(−)接地时,VIN(+)端的电压即 ADC0804 的模拟输入电压。VIN(+)与电位器之间串联一个 10 kΩ电阻,目的是限制流入 VIN(+)端的电流,防止电流过大而烧坏 A/D 芯片。当用短路帽短接插针 ADIN 后,电位器的中间滑动端便通过电阻 R_{12} 与 VIN(+)连接,此时调节电位器的旋钮,其中间滑动端的电压便在 0~VCC 变化,进而 ADC0804 的数字输出端也在 0x00~0xFF 变化。

③ CLKR、CLR、GND 之间用电阻和电容组成 RC 振荡电路,给 ADC0804 提供工作所需的脉冲,其脉冲的频率为 1/(1.1RC)。按芯片手册上说明,R 取 10 kΩ,C 取 150 pF,TX-1C 实验板为了减少元件种类和焊接方便,C 选用的是 104 瓷片电容。大家在设计自己的电路时,可选择 150 pF 电容,否则会影响 A/D 的转换速率。

④ VREF/2 端用两个 1 kΩ的电阻分压得到 VCC/2 电压,即 2.5 V,将该电压作为 A/D 芯片工作时内部的参考电压。

⑤ $\overline{WR}$、$\overline{RD}$ 分别接单片机的 P3.6 和 P3.7 引脚，数字输出端接单片机的 P1 口。

⑥ 将 AGND 和 DGND 同时连接到实验板的 GND 上。我们在设计产品时，若用到 A/D 和 D/A，一般这些芯片都提供独立的模拟地（AGND）和数字地（DGND）引脚，为了达到精度高、稳定性好的目的，最好将所有器件的模拟地与数字地分别连接，最后将模拟地与数字地仅在一点相连。

⑦ $\overline{INTR}$ 引脚未连接，TX-1C 实验板上读取 A/D 数据未用中断法，因此可不接该引脚。

数字芯片在操作时首先要分析它的操作时序图，图 5.3.6 是 ADC0804 的启动转换时序图。分析图 5.3.6 可知，CS 先为低电平，$\overline{WR}$ 随后置低，经过至少 t_W（$\overline{WR}$）时间后，$\overline{WR}$ 拉高，随后 A/D 转换器被启动，并且在经过（1～8 个 A/D 时钟周期+内部 T_c）时间后，A/D 转换完成，转换结果存入数据锁存器，同时 INTR 自动变为低电平，通知单片机本次转换已结束。关于几个时间的大小在芯片手册中都有说明。

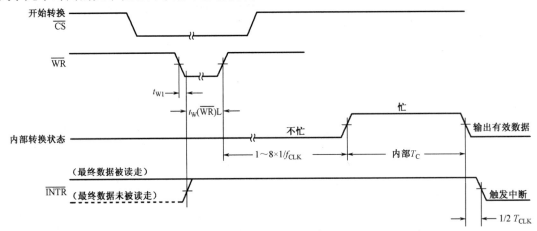

图 5.3.6　ADC0804 启动转换时序图

我们在写单片机程序启动 A/D 转换时要遵循上面的时序。TX-1C 实验板未用中断读取 A/D 数据，因此我们在启动 A/D 转换后，稍等一会儿，然后直接读取 A/D 的数字输出口即可。读取结束后再启动一次 A/D 转换，如此循环。图 5.3.7 是 ADC0804 读取数据时序图。

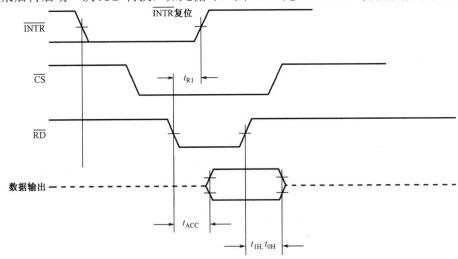

图 5.3.7　ADC0804 读取数据时序图

分析图 5.3.7 可知，当 $\overline{\text{INTR}}$ 变为低电平后，将 $\overline{\text{CS}}$ 先置低，再将 $\overline{\text{RD}}$ 置低，在 $\overline{\text{RD}}$ 置低至少经过 t_{ACC} 时间后，数字输出口上的数据达到稳定状态。此时直接读取数字输出端口数据，便可得到转换后的数字信号。读走数据后，马上将 $\overline{\text{RD}}$ 拉高，再将 $\overline{\text{CS}}$ 拉高，$\overline{\text{INTR}}$ 是自动变化的，当 $\overline{\text{RD}}$ 置低 t_{R1} 时间后，$\overline{\text{INTR}}$ 自动拉高，不必人为去干涉。

图 5.3.6 和图 5.3.7 是 ADC0804 启动转换和读取数据的时序图，这是启动一次和读取一次数据的时序图，当我们要连续转换并且连续读取数据时，就没有必要每次都把 $\overline{\text{CS}}$ 置低再拉高，因为 $\overline{\text{CS}}$ 是片选信号，置低表示该芯片可被操作或处于能够正常工作状态，所以在写程序时，只要一开始将 $\overline{\text{CS}}$ 置低，以后当要启动转换和读取数据时只需操作 $\overline{\text{WR}}$ 和 $\overline{\text{RD}}$ 即可。

下面亲自操作这个 A/D 芯片，在 TX-1C 实验板上实现如下描述。

【例 5.3.1】用单片机控制 ADC0804 进行模数转换，当拧动实验板上 A/D 旁边的电位器 Re2 时，在数码管的前三位以十进制方式动态显示出 A/D 转换后的数字量（8 位 A/D 转换后数值在 0~255 变化）。新建文件 part2.3_1.c，程序代码如下：

```
#include <reg52.h>                          // 52 系列单片机头文件
#include <intrins.h>
#define uchar unsigned char
#define uint unsigned int
sbit dula=P2^6;                             // 申明 U1 锁存器的锁存端
sbit wela=P2^7;                             // 申明 U2 锁存器的锁存端
sbit adwr=P3^6;                             // 定义 A/D 的 WR 端口
sbit adrd=P3^7;                             // 定义 A/D 的 RD 端口
uchar code table[]={0x3f, 0x06, 0x5b, 0x4f,
                    0x66, 0x6d, 0x7d, 0x07,
                    0x7f, 0x6f, 0x77, 0x7c,
                    0x39, 0x5e, 0x79, 0x71};
void delayms(uint xms)
{
    uint  i, j;
    for(i=xms; i>0; i--)                    // i=xms 即延时约 xms 毫秒
        for(j=110; j>0; j--)  ;
}
void display(uchar bai, uchar shi, uchar ge)   // 显示子函数
{
    dula=1;
    P0=table[bai];                         // 送段选数据
    dula=0;
    P0=0xff;                               // 送位选数据前关闭所有显示，防止打开位选锁存时
    wela=1;                                // 原来段选数据通过位选锁存器造成混乱
    P0=0x7e;                               // 送位选数据
    wela=0;
    delayms(5);                            // 延时
    dula=1;
    P0=table[shi];
    dula=0;
    P0=0xff;
    wela=1;
    P0=0x7d;
    wela=0;
    delayms(5);
```

```
      dula=1;
      P0=table[ge];
      dula=0;
      P0=0xff;
      wela=1;
      P0=0x7b;
      wela=0;
      delayms(5);
}
void main()                              // 主程序
{
   uchar  a, A1, A2, A3, adval;
   wela=1;
   P0=0x7f;                              // 置 CSAD 为 0，选通 ADCS，以后不必再管 ADCS
   wela=0;
   while(1)
   {
      adwr=1;
      _nop_();
      adwr=0;                            // 启动 A/D 转换
      _nop_();
      adwr=1;
      for(a=10; a>0; a--)          // TX-1C 实验板 A/D 工作频率较低，所以启动转换后要多留点时间用来转换
      {                                  // 把显示部分放这里的原因也是为了延长转换时间
         display(A1, A2, A3);
      }
      P1=0xff;                           // 读取 P1 口之前先给其写全 1
      adrd=1;                            // 选通 ADCS
      _nop_();
      adrd=0;                            // A/D 读使能
      _nop_();
      adval=P1;                          // A/D 数据读取赋给 P1 口
      adrd=1;
      A1=adval/100;                      // 分出百、十和个位
      A2=adval%100/10;
      A3=adval%10;
   }
}
```

TX-1C 实验板上 A/D 外围电路如图 5.3.8 所示。A/D 右边的电位器 Re2 就是用来给 A/D 输入模拟电压的，做本实验时，首先将 A/D 左边的插针 ADIN 用短路帽短路，这样电位器才

图 5.3.8　TX-1C 实验板上 A/D 外围电路

与 A/D 芯片连接上。设计这个插针的目的是，考虑用户可能会用 A/D 采集实验板外面的模拟信号，这时直接与该插针连接就可以。编译代码下载程序后，可看到数码管前 3 位显示一个十进制数字，当拧动电位器时数字也跟着变化，变化范围为 0～255。

分析如下：

① 刚进入主程序后，先将 U2 锁存器的输出口的最高位置低电平，目的是将与之相连的 ADC0804 的 $\overline{CS}$ 片选端置低选中。因为本例专门操作 A/D 芯片，所以一次选中，以后再不用管它。同时注意，以后凡是操作 U2 锁存器的地方都不要再改变 A/D

的 $\overline{CS}$ 端，在数码管显示程序中，送出位选信号时，始终保持 U2 锁存器的最高位为低电平，上例数码管显示部分程序中"P0=0x7e; P0=0x7d; P0=0x7b;"即是。

② 进入 while(1)大循环后，先启动 A/D 转换，其操作方法是按照前面介绍的启动时序图来完成的。其中用到"_nop_();"，相当于一个机器周期的延时。关于"_nop_();"请看下一个知识点。

③ 在启动 A/D 转换后，还未读取转换结果，立即先送结果给数码管显示，这样写的目的是给 A/D 转换留有一定时间。我们把数码管显示这部分作为 A/D 转换的时间，首次显示时，数码管上必然显示的全是 0。我们编码下载程序后，首次上电会看到显示全是 0，但马上又出现了数字。因为首次显示完后，接下来便读取到了 A/D 转换后的结果，当程序再次循环回来时，便显示了上次的数值。这样并不影响我们观察实验现象。

④ 有些用户可能会发现，扭动电位器时，数码管上数字始终不动，只有复位一次，或重新上电一次，数字才会刷新。这是因为转换时间不够的原因，遇到这种情况时，有两种解决办法。一是将实验板上 C11 电容换成 150pF；二是再适当延长 A/D 转换的时间，即增加数码管显示的次数，可将上例"for(a=10;a>0;a--)"中的 a 值增大。

【知识点】 _nop_()解释

打开 C51 帮助文件，在索引中查找到_nop_，原始英文描述如下：

Description:

The _nop_ routine inserts an 8051 NOP instruction into the program. This routine can be used to pause for 1 CPU cycle. This routine is implemented as an intrinsic function. The code required is included in-line rather than being called.

nop( ) 函数是延时一个机器周期的意思，包含在头文件 intrins.h 中。当程序中用到_nop_( )时，需在最开始处包含头文件 intrins.h。

【例 5.3.2】 nop ( )用法举例。

```
#include <intrins.h>
#include <reg52.h>
void main ()
{
  P1 = 0xFF;
  _nop_();                          // 硬件延迟
  _nop_();
  _nop_();
  P1 = 0x00;
  while(1);
}
```

5.4 D/A 转换原理及其参数指标

1. D/A 转换器的基本原理

数字量是用二进制代码按数位组合起来表示的，对于有权码，每位代码都有一定的权。为了将数字量转换成模拟量，必须将每 1 位的代码按其权的大小转换成相应的模拟量，然后将这些模拟量相加，即可得到与数字量成正比的总模拟量，从而实现数/模转换，这就是构成 D/A 转换器的基本思路。图 5.4.1 是 D/A 转换器的转换示意。

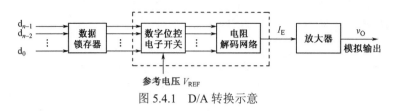

图 5.4.1　D/A 转换示意

图 5.4.2 是 D/A 转换器的输入、输出关系框图，$d_0 \sim d_{n-1}$ 是输入的 n 位二进制数，v_O 是与输入二进制数成比例的输出电压。图 5.4.3 是一个输入为三位二进制数时 D/A 转换器的转换特性，它具体而形象地反映了 D/A 转换器的基本功能。

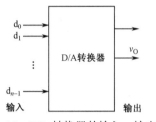

图 5.4.2　D/A 转换器的输入、输出

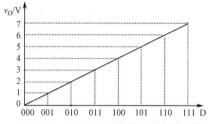

图 5.4.3　三位 D/A 转换器的转换特性

2．权电阻网络 D/A 转换器

前面讲过，一个多位二进制数中每一位的 1 代表的数值大小称为这一位的位权。如果一个 n 位的二进制数用 $D_n = d_{n-1}d_{n-2}d_{n-3} \cdots d_1 d_0$ 表示，它的最高位（Most Significant Bit，MSB）到最低位（Least Significant Bit，LSB）的位权依次为 $2^{n-1}, 2^{n-2}, \cdots, 2^1, 2^0$。图 5.4.4 是 4 位权电阻网络 D/A 转换器的原理图，它由权电阻网络、4 个模拟开关和一个求和放大器组成。

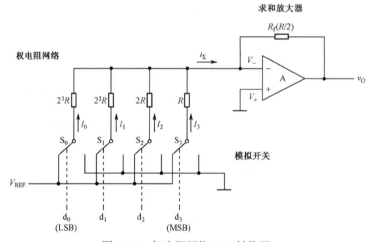

图 5.4.4　权电阻网络 D/A 转换器

S_3、S_2、S_1、S_0 是 4 个电子开关，它们的状态分别受输入代码 d_3、d_2、d_1、d_0 取值的控制，代码为 1 时，开关连接到参考电压 V_{REF} 上，代码为 0 时，开关接地。故 $d_i = 1$ 时，有支路电流 I_i 流向放大器，$d_i = 0$ 时，支路电流为零。

求和放大器是一个接成负反馈的运算放大器。为了简化分析计算，可以把运算放大器近似地看成理想放大器，即它的开环放大倍数为无穷大，输入电流为零（输入电阻为无穷大），输出电阻为 0，当同相输入端 V_+ 的电位高于反相输入端 V_- 的电位时，输出端对地的电压 v_O 为正；当 V_- 高于 V_+ 时，v_O 为负。当参考电压经电阻网络加到 V_- 时，只要 V_- 稍高于 V_+，便在

v_O 产生负的输出电压。v_O 经 R_f 反馈到 V_- 端使 V_- 降低，其结果必然使 $V_- \approx V_+ = 0$。

在认为运算放大器输入电流为零的条件下，可以得到

$$v_O = -R_f i_\Sigma = -R_f(I_3 + I_2 + I_1 + I_0) \qquad (5.4.1)$$

由于 $V_- \approx 0$，因而各支路电流分别为

$$I_3 = \frac{V_{REF}}{R}d_3 \quad （d_3 = 1 \text{ 时},\ I_3 = \frac{V_{REF}}{R};\ d_3 = 0 \text{ 时},\ I_3 = 0）$$

$$I_2 = \frac{V_{REF}}{R}d_2 \qquad\qquad I_1 = \frac{V_{REF}}{2^2 R}d_1 \qquad\qquad I_0 = \frac{V_{REF}}{2^3 R}d_0$$

将它们代入式（5.4.1）并取 $R_f = R/2$，则得到

$$v_O = -\frac{V_{REF}}{2^4}(d_3 2^3 + d_2 2^2 + d_1 2^1 + d_0 2^0) \qquad (5.4.2)$$

对于 N 位权电阻网络 D/A 转换器，反馈电阻 $R_f = R/2$ 时，输出电压的计算公式可写成

$$v_O = -\frac{V_{REF}}{2^n}(d_{n-1} 2^{n-1} + d_{n-2} 2^{n-2} + \cdots + d_1 2^1 + d_0 2^0) = -\frac{V_{REF}}{2^n}D_n \qquad (5.4.3)$$

上式表明，输出的模拟电压正比于输入的数字量 D_n，从而实现了从数字量到模拟量的转换。

当 $D_n = 0$ 时，$v_O = 0$；$D_n = 11\cdots11$ 时，$v_O = -\frac{2^n - 1}{2^n}V_{REF}$。所以，$v_O$ 的最大变化范围是 $0 \sim -\frac{2^n - 1}{2^n}V_{REF}$。

从式（5.4.3）可以看到，在 V_{REF} 为正电压时，输出电压 v_O 始终为负值，要想得到正的输出电压，可以将 V_{REF} 取负值即可。

权电阻网络 D/A 转换器的优点是简单，缺点是电阻值相差大，难于保证精度，且大电阻不宜于集成在 IC 内部。

3. 倒 T 形电阻网络 DAC

为了克服权电阻网络 DAC 中电阻阻值相差太大的问题，又设计了称为倒 T 形电阻网络的 DAC。在单片集成 DAC 中，使用最多的是倒 T 形电阻网络 DAC，如图 5.4.5 所示。

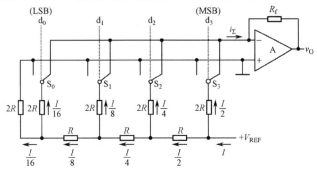

图 5.4.5　4 位倒 T 形电阻网络 D/A 转换器原理图

$S_0 \sim S_3$ 为模拟开关，R-$2R$ 电阻解码网络呈倒 T 形，运算放大器 A 构成求和电路。S_i 由输入数码 d_i 控制，当 $d_i = 1$ 时，S_i 接运放反相输入端（"虚地"），I_i 流入求和电路；当 $d_i = 0$ 时，S_i 将电阻 $2R$ 接地。

无论模拟开关 S_i 处于何种位置，与 S_i 相连的 $2R$ 电阻均等效接"地"（地或虚地）。这样流经 $2R$ 电阻的电流与开关位置无关，为确定值。

在计算倒 T 形电阻网络中各支路的电流时，可以将电阻网络等效地画成图 5.4.6 所示电路。分析 R-2R 电阻解码网络不难发现，从每个节点向左看的二端网络等效电阻均为 R，流入每个 2R 电阻的电流从高位到低位按 2 的整倍数递减。设由基准电压源提供的总电流为 $I=V_{REF}/R$，则流过各开关支路（从右到左）的电流分别为 $I/2$，$I/4$，$I/8$，$I/16$。

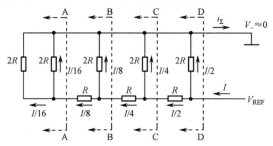

图 5.4.6　计算倒 T 形电阻网络支路电流的等效电路

于是可得到总电流为

$$i_\Sigma = \frac{V_{REF}}{R}\left(\frac{d_0}{2^4}+\frac{d_1}{2^3}+\frac{d_2}{2^2}+\frac{d_3}{2^1}\right)=\frac{V_{REF}}{2^4\times R}D_3 \tag{5.4.4}$$

输出电压为

$$v_O = -i_\Sigma R_f = -\frac{R_f}{R}\cdot\frac{V_{REF}}{2^4}D_3 \tag{5.4.5}$$

将输入数字量扩展到 n 位，可得到 n 位数字量 D_n 倒 T 形电阻网络 DAC 输出模拟量与输入数字量之间的一般关系式为

$$v_O = -\frac{R_f}{R}\cdot\frac{V_{REF}}{2^n}D_n \tag{5.4.6}$$

要使 D/A 转换器具有较高的精度，对电路中的参数有以下要求：① 基准电压稳定性好；② 倒 T 形电阻网络中 R 和 2R 电阻的比值精度要高；③ 每个模拟开关的开关电压降要相等。为实现电流从高位到低位按 2 的整倍数递减，模拟开关的导通电阻相应地按 2 的整倍数递增。

由于在倒 T 形电阻网络 D/A 转换器中，各支路电流直接流入运算放大器的输入端，它们之间不存在传输上的时间差。电路的这一特点不仅提高了转换速度，也减少了动态过程中输出端可能出现的尖脉冲，是目前广泛使用的 D/A 转换器中速度较快的一种。常用的 CMOS 开关倒 T 形电阻网络 D/A 转换器的集成电路有 AD7520（10 位）、DAC1210（12 位）和 AK7546（16 位高精度）等。

在前面分析权电阻网络 DAC 的过程中，都把模拟开关当做理想开关处理，没有考虑它们的导通电阻和导通压降，实际上这些开关总有一定的导通电阻和导通压降，而且每个开关的情况又不完全相同，它们的存在无疑将引起转换误差，影响转换精度。

尽管倒 T 形电阻网络 DAC 具有较高的转换速度，但由于电路中存在模拟开关电压降，当流过各支路的电流稍有变化时，就会产生转换误差。为进一步提高 DAC 的转换精度，可采用权电流型 DAC。在图 5.4.7 中，恒流源从高位到低位电流的大小依次为 $I/2$、$I/4$、$I/8$、$I/16$，与输入的二进制数对应位的"位权"成正比。由于采用了恒流源，每个支路的电流大小不再受开关内阻和压降的影响，从而降低了对开关电路的要求。

当输入数字量的某一位代码 $d_i=1$ 时，开关 S_i 接运算放大器的反相输入端，相应的权电流流入求和电路；当 $d_i=0$ 时，开关 S_i 接地。分析该电路可得出

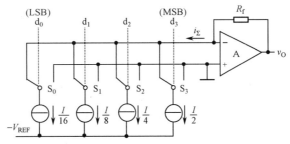

图 5.4.7　权电流型 DAC 的原理电路

$$v_O = i_\Sigma R_f$$

$$= R_f \left(\frac{I}{2} d_3 + \frac{I}{4} d_2 + \frac{I}{8} d_1 + \frac{I}{16} d_0 \right)$$

$$= \frac{I}{2^4} R_f (d_3 \times 2^3 + d_2 \times 2^2 + d_1 \times 2^1 + d_0 \times 2^0)$$

$$= \frac{I}{2^4} R_f D_3$$

（5.4.7）

从式（5.4.7）可以看出，输出正比于输入的数字量。

4．具有双极性输出的 DAC

因为在二进制算术运算中通常都把带符号的数值表示为补码的形式，所以希望 DAC 能够把以补码形式输入的正、负极性数分别转换成正、负极性的模拟电压。

现以输入为三位的二进制补码为例，说明其转换原理。三位二进制补码可以表示从–4～+3 的任何整数，它们与十进制的对应关系以及希望得到的输出模拟电压如表 5.4.1 所示。

表 5.4.1　输入为三位二进制补码时要求 DAC 的输出

补码输入			对应的十进制	要求的输出	补码输入			对应的十进制	要求的输出
d_2	d_1	d_0			d_2	d_1	d_0		
0	1	1	+3	+3 V	1	1	1	–1	–1 V
0	1	0	+2	+2 V	1	1	0	–2	–2 V
0	0	1	+1	+1 V	1	0	1	–3	–3 V
0	0	0	0	0 V	1	0	0	–4	–4 V

在图 5.4.8 的 D/A 转换电路中，如果没有接入反相器 G 和偏移电阻 R_B，它就是一个普通的三位倒 T 形电阻网络 DAC。此时，如果把输入的三位代码看做无符号的三位二进制（即全都是正数）代码，并且取 $V_{REF}=-8$ V，则输入代码为 111 时，输出电压 $v_O=7$ V，输入代码为 000 时，输出电压 $v_O=0$ V，如表 5.4.2 所示。

从表 5.4.1 和表 5.4.2 可以发现，如果把表 5.4.2 中间一列的输出电压偏移–4 V，则偏移后的输出电压恰好同表 5.4.1 所要求得到的输出电压相符。然而，D/A 转换电路输出电压都是单极性

表 5.4.2　具有偏移的 DAC 的输出

原码输入			对应的输出	偏移后的输出
d_2	d_1	d_0		
1	1	1	+7 V	+3 V
1	1	0	+6 V	+2 V
1	0	1	+5 V	+1 V
1	0	0	+4 V	0 V
0	1	1	+3 V	–1 V
0	1	0	+2 V	–2 V
0	0	1	+1 V	–3 V
0	0	0	0 V	–4 V

的，得不到正、负极性的输出电压，为此在图 5.4.8（其中，I_B、i_Σ 和 I 的方向都是电流的实际方向）的 D/A 转换电路中增设 R_B 和 V_B 组成的偏移电路。为了使输入代码为 100 时的输出

电压等于 0，只要使 I_B 与此时的 i_Σ 大小相等即可，故应该取

$$\frac{|V_B|}{R_B} = \frac{I}{2} = \frac{|V_{REF}|}{2R} \qquad (5.4.8)$$

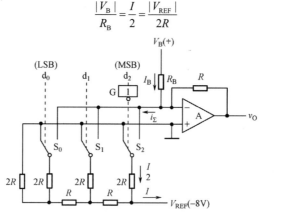

图 5.4.8　具有双极性输出电压的 D/A 转换器

对照表 5.4.1 和表 5.4.2 最左边一列代码可以发现，只要把表 5.4.1 中补码的符号位求反，再加到偏移后的 DAC 上，就可以得到表 5.4.1 中需要得到的输入与输出关系了。为此，在图 5.4.8 中将符号位经反相器 G 反相后才加到 D/A 转换电路上。通过上面的例子，不难总结出构成双极性输出 DAC 的一般方法如下：只要在求和放大器的输入端接入一个偏移电流，使输入最高位为 1 而其他各位输入为 0 时的输出 $v_O=0$，同时将输入的符号位反相后接到一般的 DAC 的输入，就得到了双极性输出的 DAC。

5．D/A 转换器的参数指标

① 分辨率——DAC 模拟输出电压可能被分离的等级数。

输入数字量位数越多，输出电压可分离的等级越多，即分辨率越高，实际应用中往往用输入数字量的位数表示 DAC 的分辨率。DAC 也可以用能分辨的最小输出电压（此时输入的数字代码只有最低有效位为 1，其余各位都是 0）与最大输出电压（此时输入的数字代码各有效位全为 1）之比给出。n 位 DAC 的分辨率可表示为 $(2^n-1)^{-1}$，表示 D/A 转换器在理论上可以达到的精度。

② 转换误差——表示 DAC 实际输出的模拟量与理论输出模拟量之间的差别。

转换误差的来源很多，包括转换器中各元件参数值的误差、基准电源不够稳定和运算放大器零漂的影响等。DAC 的绝对误差（或绝对精度）是指输入端加入最大数字量（全 1）时，其理论值与实际值之差。该误差值应低于 LSB/2。

例如，8 位 DAC 对应最大数字量（FFH）的模拟理论输出值为 $\frac{255}{256}V_{REF}$，$\frac{1}{2}$LSB$=\frac{1}{512}V_{REF}$，所以实际值不应超过 $\left(\frac{255}{256} \pm \frac{1}{512}\right)V_{REF}$。

③ 建立时间（t_{set}）——指输入数字量变化时，输出电压变化到相应稳定电压值所需时间。一般用 DAC 输入的数字量从全 0 变为全 1 时，输出电压达到规定的误差范围（$\pm$LSB/2）时所需时间表示。DAC 的建立时间较快，单片集成 DAC 建立时间最短可达 0.1 μs 以内。

④ 转换速率（SR）——大信号工作状态下模拟电压的变化率。

⑤ 温度系数——指在输入不变的情况下，输出模拟电压随温度变化产生的变化量。一般用满刻度输出条件下温度每升高 1℃，输出电压变化的百分数作为温度系数。

除上述各参数外，在使用 DAC 时应注意它的输出电压特性。由于输出电压事实上是一串离散的瞬时信号，要恢复信号原来的时域连续波形，还必须采用保持电路对离散输出进行波形复原。

还应注意 DAC 的工作电压、输出方式、输出范围和逻辑电平等。

5.5　DAC0832 工作原理及实现方法

DAC0832 是使用非常普遍的 8 位 DAC，其转换时间为 1 μs，工作电压为+5～+15 V，基准电压为±10 V，主要由两个 8 位寄存器和一个 8 位 DAC 组成。使用两个寄存器（输入寄存器和 DAC 寄存器）的好处是可以进行两级缓冲操作，使该操作有更大的灵活性，其转换原理与 T 型解码网络一样，由于其片内有输入数据寄存器，故可以直接与单片机接口。DAC0832 以电流形式输出，当输出需要转换为电压时，可外接运算放大器。属于该系列的芯片还有 DAC0830、DAC0831，它们可以相互代换。DAC0832 主要特性如下：

- ❖ 8 位分辨率。
- ❖ 电流建立时间 1 μs。
- ❖ 数据输入可采用双缓冲、单缓冲或直通方式。
- ❖ 输出电流线性度可在满量程下调节。
- ❖ 逻辑电平输入与 TTL 电平兼容。
- ❖ 单一电源供电（+5～+15 V）。
- ❖ 低功耗，20 mW。

DAC0832 芯片为 20 脚双列直插式封装，其引脚分部如图 5.5.1，实物如图 5.5.2 所示。

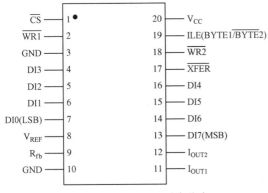

图 5.5.1　DAC0832 引脚分布

图 5.5.2　直插式 DAC0832 实物

各引脚定义如下：

$\overline{CS}$—片选信号输入端，低电平有效。

$\overline{WR1}$—输入寄存器的写选通输入端，负脉冲有效（脉冲宽度应大于 500 ns）。当 CS 为 0，ILE 为 1，WR1 有效时，DI0～DI7 状态被锁存到输入寄存器。

DI0～DI7—数据输入端，TTL 电平，有效时间应大于 90 ns。

V_{REF}—基准电压输入端，电压范围为–10～+10 V。

R_{fb}—反馈电阻端，芯片内部此端与 I_{OUT1} 接有一个 15 kΩ的电阻。

I_{OUT1}—电流输出端，当输入全为 1 时，其电流最大。

I_{OUT2} —电流输出端，其值与 I_{OUT1} 端电流之和为一常数。

$\overline{XFER}$ —数据传输控制信号输入端，低电平有效。

$\overline{WR2}$ —DAC 寄存器的写选通输入端，负脉冲有效（脉冲宽度应大于 500 ns）。当 XEFR 为 0 且 WR2 有效时，输入寄存器的状态被传到 DAC 寄存器中。

ILE —数据锁存允许信号输入端，高电平有效。

V_{CC} —电源电压端，电压范围+5～+15 V。

GND —模拟地和数字地，模拟地为模拟信号与基准电源参考地；数字地为工作电源地与数字逻辑地（两地最好在基准电源处一点共地）。

DAC0804 的芯片手册中的典型应用接法如图 5.5.3 所示，内部结构如图 5.5.4 所示。

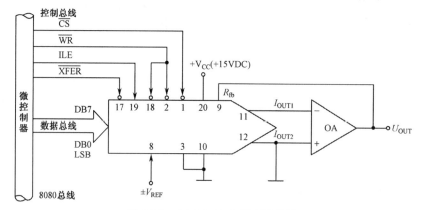

图 5.5.3　DAC0832 典型应用接法

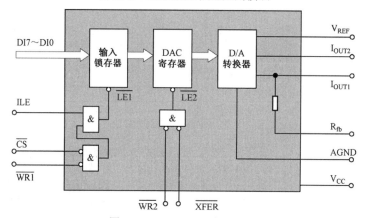

图 5.5.4　DAC0832 内部结构

由于 DAC0832 芯片数据输入可采用双缓冲、单缓冲和直通三种方式。TX-1C 实验板上将 DAC0832 接成直通方式，其外围电路及与单片机的连接如图 5.5.5 所示。

当 DAC0832 芯片的片选信号、写信号及传送控制信号的引脚全部接地，允许输入锁存信号 ILE 引脚接+5 V 时，DAC0832 芯片处于直通工作方式，数字量一旦输入，直接进入 D/C 寄存器，进行 D/A 转换。此时让芯片连续转换，只需连续改变数字输入端的数字信号即可。

分析如下：

① 控制端只有 CSDA 和 WR 信号与单片机连接，当 CSDA 置低后，该芯片被选中，此时对该芯片的操作才有效。

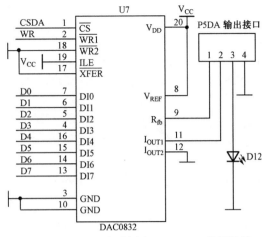

图 5.5.5　TX-1C 实验板上 DAC0832 外围连接

② V_{REF} 接 V_{CC}，即 5 V 电压，说明该 D/A 的参考电压为 5 V，其模拟信号输出一定在 $D×k×5$（单位）内变化（D 为数字输入量，k 为一比值，与内部电路有关）。

③ I_{OUT1} 为该 D/A 芯片电流输出端，$I_{OUT2}+I_{OUT1}=$常数，该常数约为 330 μA，其电流非常小。其中，关于 I_{OUT1} 和 I_{OUT2} 的公式如下：

$$I_{OUT1} = \frac{V_{REF}}{15k\Omega} \times \frac{D}{256}$$
$$I_{OUT2} = \frac{V_{REF}}{15k\Omega} \times \frac{255-D}{256}$$

（5.5.1）

④ I_{OUT2} 可以不用它，直接接地即可。

⑤ P5 为 D/A 输出接口，为了方便用户外接运算放大电路，接口将 D/A 的 R_{fb} 反馈电阻输入端引出。若用短路帽将 P5 的 2、3 短路后，I_{OUT1} 直接与发光二极管 D12 相连。当我们写程序控制 D/A 输出电流变化时，通过发光二极管便可直观看到现象，由于 I_{OUT1} 输出的电流非常小，因此该发光二极管的亮度也比较暗。

DAC0832 芯片的操作时序如图 5.5.6 所示。当 $\overline{CS}$ 为低电平后，数据总线上数据才开始保持有效，再将 $\overline{WR}$ 置低，从 I_{OUT} 线可看出，在 $\overline{WR}$ 置低 t_S 后 D/A 转换结束，I_{OUT} 输出稳定。

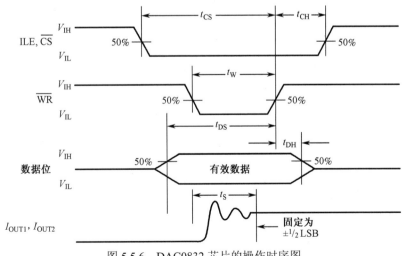

图 5.5.6　DAC0832 芯片的操作时序图

若只控制完成一次转换，再将 $\overline{WR}$ 和 $\overline{CS}$ 拉高即可；若连续转换，则只需改变数字端输入数据。TX-1C 实验板上 DAC0832 实物如图 5.5.7 所示。

图 5.5.7　TX-1C 实验板上 DAC0832 实物

下面亲自操作该 D/A 芯片，在 TX-1C 实验板上实现如下描述。

【例 5.5.1】用单片机控制 DAC0832 芯片输出电流，让发光二极管 D12 由灭均匀变到最亮，再由最亮均匀熄灭。在最亮和最暗时使用蜂鸣器分别警报一声，完成整个周期时间控制在 5 s 左右，循环变化。新建文件 part2.3 2.c，程序代码如下：

```c
#include <reg52.h>
#define uchar unsigned char
#define uint unsigned int
sbit dula=P2^6;                          // 申明 U1 锁存器的锁存端
sbit wela=P2^7;                          // 申明 U2 锁存器的锁存端
sbit dawr=P3^6;                          // 定义 DA 的 WR 端口
sbit dacs=P3^2;                          // 定义 DA 的 CS 端口
sbit beep=P2^3;                          // 定义蜂鸣器端口
void delayms(uint xms)
{
  uint  i, j;
  for(i=xms; i>0; i--)                   // i=xms 即延时约 xms 毫秒
    for(j=110; j>0; j--)  ;
}
void main()
{
  uchar  val, flag;
  dula=0;
  wela=0;
  dacs=0;
  dawr=0;
  P0=0;
  while(1)
  {
    if(flag == 0)
    {
      val += 5;
      P0=val;                            // 通过 P0 口给 DA 数据口赋值
      if(val == 255)
      {
        flag=1;
        beep=0;
        delayms(100);
        beep=1;
```

```
        }
        delayms(50);
      }
      else
      {
        val -= 5;
        P0=val;                              // 通过 P0 口给 DA 数据口赋值
        if(val == 0)
        {
          flag=0;
          beep=0;
          delayms(100);
          beep=1;
        }
        delayms(50);
      }
    }
  }
```

分析如下：

① 程序一开始，使能 D/A 的片选，接着使能写入端，这时 D/A 就成了直通模式，只需变化数据输入端。D/A 的模拟输出端便紧跟着变化，不过要注意变化数据的频率不要太高，不要超过 D/A 芯片的转换最高频率。芯片手册上都会有说明，要等 D/A 的一次转换完成后，再变化下帧数据，方可得到正确的模拟输出。

② 标志位的使用在程序中有非常大的用处，尤其以后编写较大的程序时，灵活运用标志位可使程序编写更加流畅、易懂。例 5.5.1 通过标志位 flag 判断单片机执行灯变亮程序还是变暗程序，请大家务必掌握这种用法。

③ "val+=5d"的意义与"val=val+5"相同，"val-=5"的意义与"val=val-5"相同，还有如"val*=5，val/=5"等。

④ 关于延时计算。255 有 51 个 5，每次延时 50 ms，共计 50×51=2551 ms，忽略蜂鸣器响占用的 100 ms，约为 2.5 s。另外，半周期同样约为 2.5 s，共计约 5 s。当然，时间也能做到更精确，如用定时器可以精确到微秒。这个问题留给大家来练习解答。

5.6　DAC0832 输出电流转换成电压的方法

通常我们在使用 D/A 时，用的较多的是控制电压的变化，很少去控制电流的变化，有很多 D/A 芯片是直接输出电压的，而 DAC0832 是电流输出型的 D/A。图 5.5.3 是 DAC0832 芯片手册中的典型应用电路接法，在 I_{OUT} 输出级后加了一级运算放大器，运放的输出为 U_{OUT}，即这个运算放大器实现了将 DAC0832 输出的电流信号转变成电压信号的功能。

下面讲解如何用简易的方法在 TX-1C 实验板上，使 DAC0832 输出的 0～330 μA 电流信号转换为 0～5 V 电压信号。

在将电流转换为电压时，运算放大器需要加正、负电压，而 TX-1C 实验板上只有+5 V 电源，因此需想办法得到正、负电压。我们在前面讲过，单片机与计算机在通信时需要加电平转换芯片，计算机 RS-232 电平为±12 V，TX-1C 实验板上用 MAX232 芯片完成电平转换功能，因此从该芯片上必定能够找到正、负电压，我们用万用表测量 MAX232 芯片的各引脚，发现该芯片的第 2、6 引脚分别输出+10 V 和–10 V 左右的电压，所以此电压可以作为运放的电源电压。具体电路接法如图 5.6.1 所示。

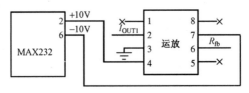

图 5.6.1　电流转电压简易电路

运放选择常用的单运放就可以了，如常见的 TL061、OP07 等。以 OP07 为例，运放的 2 脚与 D/A 的电流输出端 I_{OUT1} 相连；3 脚接地；4、7 分别接 MAX232 的 2、6 脚；6 脚接 D/A 的 R_{fb} 端，同时也是运放的电压输出端；运放 1、5、8 脚悬空。

通过写程序，让 D/A 固定输出某个电流，然后用万用表测量运放的 6 脚，可看到固定的电压。控制 D/A 的数字量变化时，运放的输出端电压也发生变化，具体变化的范围与运放的电源电压有关，请大家自己做试验测量观察。

第6章 串行口通信原理及操作流程

6.1 并行与串行基本通信方式

随着单片机系统的广泛应用和计算机网络技术的普及，单片机的通信功能愈来愈显得重要。单片机通信是指单片机与计算机或单片机与单片机之间的信息交换，单片机与计算机之间的通信通常用得较多。

通信有并行和串行两种方式。在单片机系统以及现代单片机测控系统中，信息的交换多采用串行通信方式。

1. 并行通信方式

并行通信通常是将数据字节的各位用多条数据线同时进行传送，每一位数据都需要一条传输线，如图 6.1.1 所示，8 位数据总线的通信系统，一次传送 8 位数据（1 字节），将需要 8 条数据线。此外，还需要一条信号线和若干控制信号线，这种方式仅适合短距离的数据传输，如比较老式的打印机通过并口方式与计算机连接，现在都用传输速度非常快的 USB 2.0 接口通信了。由于并口通信已经用得较少，因此这里也仅做简单介绍，大家只需了解即可。

并行通信控制简单、相对传输速度快，但由于传输线较多，长距离传输时成本高且收、发方的各位同时接收存在困难。

2. 串行通信方式

串行通信是将数据字节分成一位一位的形式在一条传输线上逐个传输，此时只需要一条数据线，外加一条公共信号地线和若干控制信号线。因为一次只能传输一位，所以 1 字节的数据至少要分 8 位才能传输完毕，如图 6.1.2 所示。

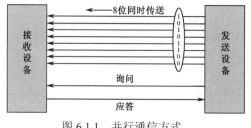

图 6.1.1 并行通信方式

图 6.1.2 串行通信方式

串行通信的必要过程是：发送时把并行数据变成串行数据发送到线路上，接收时把串行信号再变成并行数据，这样才能被计算机及其他设备处理。

串行通信传输线少，长距离传输时成本低，且可以利用电话网等现成的设备，但数据的传输控制比并行通信复杂。

串行通信有两种方式：异步串行通信和同步串行通信。

（1）异步串行通信方式

异步串行通信是指通信的发送与接收设备使用各自的时钟控制数据的发送和接收过程。为使双方收、发协调，要求发送和接收设备的时钟尽可能一致，如图6.1.3所示。

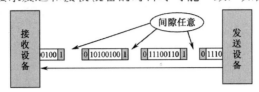

图6.1.3 异步串行通信方式

异步通信是以字符（构成的帧）为单位进行传输，字符与字符之间的间隙（时间间隔）是任意的，但每个字符中的各位是以固定的时间传输的，即字符之间不一定有"位间隔"的整数倍关系，但同一字符内的各位之间的距离均为"位间隔"的整数倍。

异步通信一帧字符信息由4部分组成：起始位、数据位、奇偶校验位和停止位，如图6.1.4所示。有的字符信息也有带空闲位形式，即在字符之间有空闲字符。

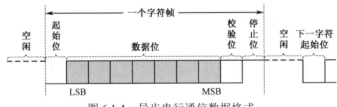

图6.1.4 异步串行通信数据格式

异步通信的特点：不要求收发双方时钟的严格一致，实现容易，设备开销较小，但每个字符附加2～3位，用于起止位、校验位和停止位，各帧之间还有间隔，因此传输效率不高。

在单片机与单片机之间、单片机与计算机之间通信时，通常采用异步串行通信方式。

（4）同步串行通信方式

同步通信时，要建立发送方时钟对接收方时钟的直接控制，使双方达到完全同步。此时，传输数据的位之间的距离均为"位间隔"的整数倍，同时传输的字符间不留间隙，即保持位同步关系，也保持字符同步关系。发送方对接收方的同步可以通过外同步和自同步两种方法实现，分别如图6.1.5和图6.1.6所示。

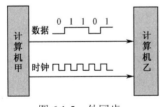

图6.1.5 外同步

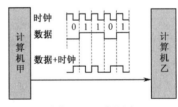

图6.1.6 自同步

面向字符的同步格式如图6.1.7所示。此时，传输的数据和控制信息都必须由规定的字符集（如ASCII码）中的字符组成。帧头为1或2个同步字符SYN（ASCII码为16H）。SOH为序始字符（ASCII码为01H），表示标题的开始，标题中包含源地址、目标地址和路由指示等信息。STX为文始字符（ASCII码为02H），表示传送的数据块开始。数据块是传输的正文内容，包含多个字符，数据块后是组终字符ETB（ASCII码为17H）或文终字符ETX（ASCII码为03H）和校验码，典型的面向字符的同步规程如IBM的二进制同步规程BSC。

| SYN | SYN | SOH | 标题 | STX | 数据块 | ETB/ETX | 块校验 |

图 6.1.7　面向字符的同步格式

面向位的同步格式如图 6.1.8 所示。此时，将数据块看做数据流，并用序列 01111110 作为开始和结束标志。为了避免在数据流中出现序列 01111110 时引起混乱，发送方总是在其发送的数据流中每出现 5 个连续的 1 就插入一个附加的 0；接收方则每检测到 5 个连续的 1 并且其后有一个 0 时，就删除该 0。

8位	8位	8位	≥0位	16位	8位

| 01111110 | 地址场 | 控制场 | 信息场 | 校验场 | 01111110 |

图 6.1.8　面向位的同步格式

典型的面向位的同步协议如 ISO 的高级数据链路控制规程 HDLC 和 IBM 的同步数据链路控制规程 SDLC。

面向位的同步通信的特点是以特定的位组合 01111110 作为帧的开始和结束标志，所传输的一帧数据可以是任意位。其传输效率较高，但实现的硬件设备比异步通信复杂。

（3）串行通信的制式（如图 6.1.9、图 6.1.10 和图 6.1.11 所示）

❖ 单工：指数据传输仅能沿一个方向，不能实现反向传输。

❖ 半双工：指数据传输可以沿两个方向，但需要分时进行。

❖ 全双工：指数据可以同时进行双向传输。

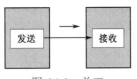

图 6.1.9　单工

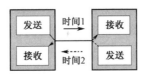

图 6.1.10　半双工

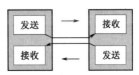

图 6.1.11　全双工

（4）串行通信的错误校验

① 奇偶校验。在发送数据时，数据位尾随的 1 位为奇偶校验位（1 或 0）。奇校验时，数据中 1 的个数与校验位 1 的个数之和应为奇数；偶校验时，数据中 1 的个数与校验位 1 的个数之和应为偶数。接收字符时，对 1 的个数进行校验，若发现不一致，则说明传输数据过程中出现了差错。

② 代码和校验。代码和校验是发送方将所发数据块求和（或各字节异或），产生一个字节的校验字符（校验和）附加到数据块末尾。接收方接收数据时同时对数据块（除校验字节外）求和（或各字节异或），将所得的结果与发送方的"校验和"进行比较，相符，则无差错，否则认为传输过程中出现了差错。

③ 循环冗余校验。这种校验通过某种数学运算实现有效信息与校验位之间的循环校验，常用于对磁盘信息的传输、存储区的完整性校验等，纠错能力强，广泛应用于同步通信中。

6.2　RS-232 电平与 TTL 电平的转换

关于 RS-232 电平与 TTL 电平的特性在前面已经讲过，本节主要讲解使用较多的计算机 RS-232 电平与单片机 TTL 电平之间的转换方式。早期的 MC1488、75188 等芯片可实现 TTL

电平到 RS-232 电平的转换，MC1489、75189 等芯片可实现 RS-232 电平到 TTL 电平的转换。但是现在用的较多的是 MAX232、MAX202、HIN232 等芯片，它们同时集成了 RS-232 电平和 TTL 电平之间的互转。为丰富大家的知识，下面首先讲解在没有 MAX232 这种现成电平转换芯片时，如何用二极管、三极管、电阻、电容等分立元件搭建一个简单的 RS-232 电平与 TTL 电平之间的转换电路。

1. 分立元件实现 RS-232 电平与 TTL 电平转换电路（如图 6.2.1 所示）

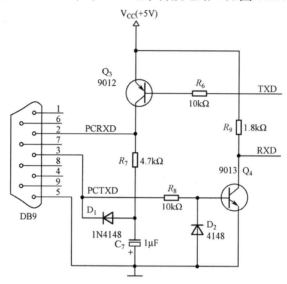

图 6.2.1　分立元件实现 RS-232 电平与 TTL 电平转换电路

集成芯片内部都是由最基本电子元件组成的，如电阻、电容、二极管、三极管等元件，为了方便用户使用，制造商把这些具有一定功能的分立元件封装到一个芯片内，制成了我们使用的各种芯片。学会本电路后，我们也就基本搞清了 MAX232 芯片内部的大致结构。

MAX232 是把 TTL 电平从 0 V 和 5 V 转换到 3～15 V 或–3～–15 V 之间。根据图 6.2.1，TTL 电平 TXD 发送数据时，若发送低电平 0，这时 Q_3 导通，PCRXD 由空闲时的低电平变高电平（如 PC 用中断接收的话会产生中断），满足条件。发送高电平 1 时，TXD 为高电平，Q_3 截止，由于 PCRXD 内部高阻，而 PCTXD 平时是–3～–15 V，通过 D_1 和 R_7 将其拉低 PCRXD 至–3～–15 V，此时计算机接收到的就是 1。下面再反过来，PC 发送信号，由单片机来接收信号。当 PCTXD 为低电平–3～–15 V 时，Q_4 截止，单片机端的 RXD 被 R_9 拉到高电平 5 V；当 PCTXD 变高时，Q_4 导通，RXD 被 Q_4 拉到低电平，便实现了双向转换。这是一个很好的电路，值得大家学习。

2. MAX232 芯片实现 RS-232 电平与 TTL 电平转换

MAX232 芯片是 MAXIM 公司生产的、包含两路接收器和驱动器的 IC 芯片，它的内部有一个电源电压变换器，可以把输入的+5 V 电源电压变换成为 RS-232 输出电平所需的+10 V 电压。所以，采用此芯片接口的串行通信系统只需单一的+5 V 电源即可。对于没有+12 V 电源的场合，其适应性更强，加之其价格适中，硬件接口简单，所以被广泛采用。

MAX232 芯片实物如图 6.2.2 和 6.2.3 所示，其引脚结构和外围电路分别如图 6.2.4 和图 6.2.5 所示。

图 6.2.2 直插式 MAX232CPE

图 6.2.3 贴片式 MAX232CSE

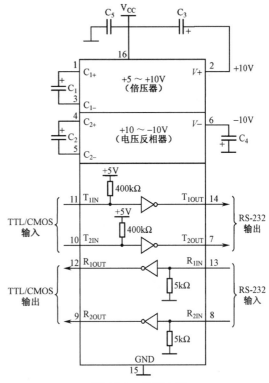

图 6.2.5 外围电路

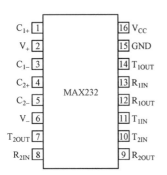

图 6.2.4 MAX232 芯片引脚结构

图 6.2.5 中上半部分的电容 C_1、C_2、C_3、C_4 及 $V+$、$V-$是电源变换电路部分。在实际应用中，器件对电源噪声很敏感，因此 V_{CC} 必须对地加去耦电容 C_5，其值为 0.1 μF。按芯片手册介绍，电容 C_1、C_2、C_3、C_4 应取 1.0 μF/16 V 的电解电容，经大量实验及实际应用，这 4 个电容都可以选用 0.1 μF 的非极性瓷片电容代替 1.0 μF/16 V 的电解电容。在具体设计电路时，这 4 个电容尽量靠近 MAX232 芯片，以提高抗干扰能力。

图 6.2.5 下半部分为发送和接收部分。实际应用中，T_{1IN}、T_{2IN} 可直接连接 TTL/CMOS 电平的 51 单片机串行发送端 TXD；R_{1OUT}、R_{2OUT} 可直接连接 TTL/CMOS 电平的 51 单片机的串行接收端 RXD；T_{1OUT}、T_{2OUT} 可直接连接计算机的 RS-232 串口的接收端 RXD；R_{1IN}、R_{2IN} 可直接连接计算机的 RS-232 串口的发送端 TXD。

现从 MAX232 芯片中两路发送、接收中任选一路作为接口，发送、接收的引脚要对应。如使 T_{1IN} 连接单片机的发送端 TXD，则计算机的 RS-232 接收端 RXD 对应接 T_{1OUT} 引脚。同时，R_{1OUT} 连接单片机的 RXD 引脚，计算机的 RS-232 发送端 TXD 对应接 R_{1IN} 引脚。

TX-1C 实验板串口部分原理图如图 6.2.6 所示，实验板上实物如图 6.2.7 所示。

其数据传输过程如下：MAX232 的 11 脚 T_{1IN} 接单片机 TXD 端 P3.1，TTL 电平从单片机的 TXD 端发出，经过 MAX232 转换为 RS-232 电平后从 MAX232 的 14 脚 T_{1OUT} 发出，再连

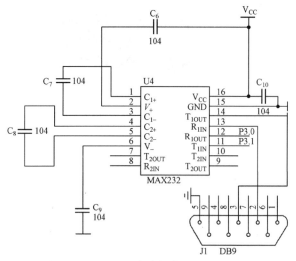

图 6.2.6　TX-1C 实验板串行口部分原理

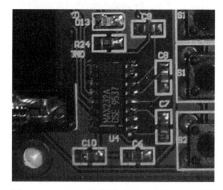

图 6.2.7　TX-1C 实验板上 MAX232 实物

接到实验板上串口座的第 3 脚，再经过随板配送的交叉串口线后，连接至计算机的串口座的第 2 脚 RXD 端，至此计算机接收到数据。PC 机发送数据时从计算机串口座第 3 脚 TXD 端发出数据，再逆向流向单片机的 RXD 端 P3.0 接收数据。

注意，MAX232 与串口座连接时，无论是数据输出端还是数据输入端，连接串口座的第 2 或 3 引脚都可以，选用不同的连接方法，单片机与计算机之间的串口线都要谨慎选择，选择平行串口线还是交叉串口线、选择母头对母头串口线还是母头对公头串口线，这些都要非常注意，每种选择都有对应的电路。但无论哪种搭配方式，大家必须要明白，在单片机与计算机之间必须要有一条数据能互相传输的回路，只要把握好每个交接点，就一定能通信成功。

6.3　波特率与定时器初值的关系

1．波特率

单片机或计算机在串口通信时的速率用波特率表示，定义为每秒传输二进制代码的位数，即 1 波特＝1 位/秒，即 bps（bit per second）。如每秒钟传输 240 个字符，每个字符格式包含 10 位（1 个起始位、1 个停止位、8 个数据位），这时的波特率为 10 位×240 个/秒 ＝ 2400 bps。

串行接口或终端直接传送串行信息位流的最大距离与传输速率及传输线的电气特性也有关。当传输线使用每 0.3 m（约 1 英尺）有 50 pF 电容的非平衡屏蔽双绞线时，传输距离随传输速率的增加而减小。当比特率超过 1000 bps 时，最大传输距离迅速下降，如 9600 bps 时最大距离下降到只有 76 m（约 250 英尺）。因此，我们在做串口通信实验选择较高速率传输数据时，尽量缩短数据线的长度，为了能使数据安全传输，即使是在较低传输速率下，也不要使用太长的数据线。

2．波特率的计算

在串行通信中，收发双方对发送或接收数据的速率要有约定。通过编程，可对单片机串行口设定为 4 种工作方式，其中方式 0 和方式 2 的波特率是固定的，方式 1 和方式 3 的波特率是可变的，由定时器 T1 的溢出率来决定。

串行口的 4 种工作方式对应 3 种波特率。输入的移位时钟的来源不同，所以各种方式的波特率计算公式也不相同，以下是 4 种方式波特率的计算公式。

方式 0 的波特率 $=f_{osc}/12$。

方式 1 的波特率 $=(2^{SMOD}/32)\times(\text{T1 溢出率})$

方式 2 的波特率 $=(2^{SMOD}/64)\times f_{osc}$

方式 3 的波特率 $=(2^{SMOD}/32)\times(\text{T1 溢出率})$

式中，f_{osc} 为系统晶振频率，通常为 12 MHz 或 11.0592 MHz；SMOD 是 PCON 寄存器的最高位（关于 PCON 寄存器请看下一个知识点）；T1 溢出率即定时器 T1 溢出的频率。

【知识点】 **电源管理寄存器 PCON**

电源管理寄存器 PCON 在特殊功能寄存器中，字节地址为 87H，不能位寻址，用来管理单片机的电源部分，包括上电复位检测、掉电模式、空闲模式等。单片机复位时，PCON 全部被清 0。其各位的定义如表 6.3.1 所示。

表 6.3.1　电源管理寄存器 PCON

位序号	D7	D6	D5	D4	D3	D2	D1	D0
位符号	SMOD	(SMOD0)	(LVDF)	(P0F)	GF1	GF0	PD	IDL

SMOD —该位与串口通信波特率有关。SMOD=0，串口方式 1、2、3 时，波特率正常；SMOD=1，串口方式 1、2、3 时，波特率加倍。

(SMOD0)、(LVDF)、(P0F) —这 3 位是 STC 单片机特有的功能，请查看相关手册，其他单片机保留未使用。

GF1、GF0 —两个通用工作标志位，用户可以自由使用。

PD —掉电模式设定位。PD=0，单片机处于正常工作状态；PD=1，单片机进入掉电（Power Down）模式，可由外部中断低电平触发或由下降沿触发或者硬件复位模式唤醒。进入掉电模式后，外部晶振停振，CPU、定时器、串行口全部停止工作，只有外部中断继续工作。

IDL —空闲模式设定位。IDL=0，单片机处于正常工作状态；IDL=1，单片机进入空闲（Idle）模式，除 CPU 不工作外，其余仍继续工作。在空闲模式下，可由任一个中断或硬件复位唤醒。

T1 溢出率就是 T1 定时器溢出的频率，只要算出 T1 定时器每溢出一次所需的时间 T，那么 T 的倒数 $1/T$ 就是它的溢出率。这个问题还是比较容易理解的，第 3 章讲述了定时器 T0 和 T1 方式 1 的操作方法，若设定定时器 T1 每 50 ms 溢出一次，那么其溢出率就为 20 Hz。再将 20 代入串口波特率计算公式中，即可求出相应的波特率。当然，也可根据波特率反推出定时器的溢出率，进而计算出定时器的初值。单片机在通信时，波特率通常都较高，因此 T1 溢出率也必定很高。如果使用定时器 1 的工作方式 1 在中断中装初值的方法来求 T1 溢出率，在进入中断、装值、出中断的过程中容易产生时间上微小的误差，多次操作时微小的误差不断累积，终会产生错误。有效的解决办法是，使用 T1 定时器的工作方式 2、8 位初值自动重装的 8 位定时器/计数器，定时器方式 2 逻辑结构如图 6.3.1 所示。

在学习定时器方式 2 时可参考 3.5 节讲解的定时器方式 1。在方式 1 中，当定时器计满溢出时，自动进入中断服务程序，然后需要手动再次给定时器装初值。而在方式 2 中，当定时器计满溢出后，单片机会自动为其装初值，并且无须进入中断服务程序进行任何处理，这样定时器溢出的速率就会绝对稳定。方式 2 的工作过程是：先设定 M0M1 选择定时器方式 2，在 TLX 和 THX 中装入计算好的初值，启动定时器，然后 TLX 寄存器在时钟的作用下开始加

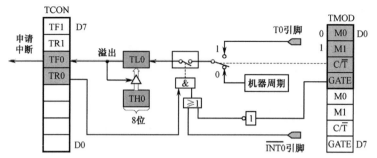

图 6.3.1　定时器方式 2 逻辑结构

1 计数；当 TLX 计满溢出后，CPU 会自动将 THX 中的数装入 TLX 中，继续计数。因此，在在启动定时器之前必须将 TLX 和 THX 中装好合适的数值，让定时器输出产生的溢出率。TLX 和 THX 中装的数值必须相同，因为每次计数溢出后 TLX 中装入的新值是从 THX 中取出的。

下面举例讲解根据已知波特率，如何计算定时器 1 方式 2 下计数寄存器中的初值。

【例 6.3.1】 已知串口通信在串口方式 1 下，波特率为 9600 bps，系统晶振频率为 11.0592 MHz，求 TL1 和 TH1 中装入的数值是多少？

解： 设所求的数为 X，则定时器每计 256–X 个数溢出一次，每计一个数的时间为一个机器周期，一个机器周期等于 12 个时钟周期，所以计一个数的时间为 12/11.0592 MHz（s），那么定时器溢出一次的时间为

$$(256–X)\times 12/11.0592\ \text{MHz（s）}$$

T1 的溢出率就是它的倒数，方式 1 的波特率=$(2^{\text{SMOD}}/32)\times$T1 溢出率，这里取 SMOD=0，则 $2^{\text{SMOD}}=1$，将已知的数代入公式

$$9600=(1/32)\times 11059200/(256–X)\times 12$$

求得 X=253，转换成十六进制为 0xFD。若将 SMOD 置 1，那么 X 的值就变成 250 了。可见，在不变化 X 值的状态下，SMOD 由 0 变 1 后，波特率便增加 1 倍。

大家一定要搞明白上面这段由波特率计算定时器初值的方法，通常波特率是固定的一些数据，如 1200、2400、4800、9600 等，所以都是根据要使用的波特率来求定时器初值，而没有说根据定时器初值来求波特率的。以后大家若要使用不同的波特率来做单片机和单片机之间或单片机与计算机之间的通信实验，可参考上面的计算方法来求定时器初值。

大家可能会有疑惑，为什么单片机系统的晶振要选用 11.0592 MHz 呢？通过上面的计算可能有些人已经明白了，我们用一个小知识点来为大家解答这个疑惑。

【知识点】 为什么 51 系列单片机常用 11.0592 MHz 的晶振设计

常用波特率通常按规范取为 1200、2400、4800、9600 等，若采用晶振 12 MHz 或 6 MHz，计算出的 T1 定时初值将不是一个整数，这样通信时便会产生积累误差，进而产生波特率误差，影响串行通信的同步性能。解决的方法只有调整单片机的时钟频率 f_{osc}，通常采用 11.0592 MHz 晶振。因为用它能够非常准确地计算出 T1 定时初值，即使对于较高的波特率（19600、19200），不管多么古怪的值，只要是标准通信速率，使用 11.0592 MHz 的晶振可以得到非常准确的数值。

表 6.3.2 列出了串口方式 1 定时器 1 方式 2 产生常用波特率时，TL0 和 TH0 中所装入的值。

表 6.3.2　常用波特率初值表

波特率 (bps)	晶振 (MHz)	初　值		误差 (%)	晶振 (MHz)	初　值		误差（12 MHz 晶振，%）	
		SMOD=0	SMOD=1			SMOD=0	SMOD=1	SMOD=0	SMOD=1
300	11.0592	0xA0	0x40	0	12	0x98	0x30	0.16	0.16
600	11.0592	0xD0	0xA0	0	12	0xCC	0x98	0.16	0.16
1200	11.0592	0xE8	0xD0	0	12	0xE6	0xCC	0.16	0.16
1800	11.0592	0xF0	0xE0	0	12	0xEF	0xDD	2.12	−0.79
2400	11.0592	0xF4	0xE8	0	12	0xF3	0xE6	0.16	0.16
3600	11.0592	0xF8	0xF0	0	12	0xF7	0xEF	−3.55	2.12
4800	11.0592	0xFA	0xF4	0	12	0xF9	0xF3	−6.99	0.16
7200	11.0592	0xFC	0xF8	0	12	0xFC	0xF7	8.51	−3.55
9600	11.0592	0xFD	0xFA	0	12	0xFD	0xF9	8.51	−6.99
14400	11.0592	0xFE	0xFC	0	12	0xFE	0xFC	8.51	8.51
19200	11.0592	--	0xFD	0	12	--	0xFD	--	8.51
28800	11.0592	0xFF	0xFE	0	12	0xFF	0xFE	8.51	8.51

6.4　51 单片机串行口结构描述

1．串行口结构

51 单片机的串行口是一个可编程全双工的通信接口，具有 UART（通用异步收发器）的全部功能，能同时进行数据的发送和接收，也可作为同步移位寄存器使用。

51 单片机的串行口主要由两个独立的串行数据缓冲寄存器 SBUF（一个发送缓冲寄存器，一个接收缓冲寄存器）和发送控制器、接收控制器、输入移位寄存器及若干控制门电路组成。串行口基本结构如图 6.4.1 所示。

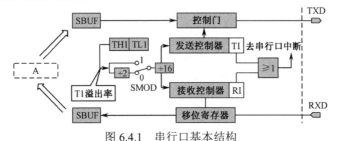

图 6.4.1　串行口基本结构

51 单片机可以通过特殊功能寄存器 SBUF 对串行接收或串行发送寄存器进行访问，两个寄存器共用一个地址 99H，但在物理上是两个独立的寄存器，由指令操作决定访问哪一个寄存器。执行写指令时，访问串行发送寄存器；执行读指令时，访问串行接收寄存器。接收器具有双缓冲结构，即在从接收寄存器中读出前一个已收到的字节之前，便能接收第 2 字节，如果第 2 字节已经接收完毕，第 1 字节还没有读出，则将丢失其中 1 字节，编程时应引起注意。对于发送器，因为数据是由 CPU 控制和发送的，所以不需要考虑。

与串行口紧密相关的一个特殊功能寄存器是串行口控制寄存器 SCON，它用来设定串行口的工作方式、接收/发送控制以及设置状态标志等。

【知识点】　串行口控制寄存器 SCON

　　串行口控制寄存器 SCON 在特殊功能寄存器中，字节地址为 98H，可位寻址，用来设定串行口的工作方式、接收/发送控制以及设置状态标志等。单片机复位时，SCON 全部被清 0。其各位的定义如表 6.4.1 所示。

表 6.4.1　串行口控制寄存器 SCON

位序号	D7	D6	D5	D4	D3	D2	D1	D0
位符号	SM0	SM1	SM2	REN	TB8	RB8	TI	RI

SM0、SM1 —工作方式选择位。串行口有 4 种工作方式，它们由 SM0、SM1 设定，对应关系如表 6.4.2 所示。

表 6.4.2　串行口工作方式

SM0	SM1	方 式	功 能 说 明
0	0	0	同步移位寄存器方式（通常用于扩展 I/O 口）
0	1	1	10 位异步收发（8 位数据），波特率可变（由定时器 1 的溢出率控制）
1	0	2	11 位异步收发（9 位数据），波特率固定
1	1	3	11 位异步收发（9 位数据），波特率可变（由定时器 1 的溢出率控制）

SM2 —多机通信控制位。SM2 主要用于方式 2 和方式 3。当接收机的 SM2=1 时，可以利用收到的 RB8 来控制是否激活 RI（RB8 = 0 时不激活 RI，收到的信息丢弃；RB8 = 1 时收到的数据进入 SBUF，并激活 RI，进而在中断服务中将数据从 SBUF 读走）。当 SM2=0 时，不论收到的 RB8 是 0 还是 1，均可以使收到的数据进入 SBUF，并激活 RI（即此时 RB8 不具有控制 RI 激活的功能）。通过控制 SM2，可以实现多机通信。在方式 0 时，SM2 必须是 0。在方式 1 时，若 SM2=1，则只有接收到有效停止位时，RI 才置 1。

REN —允许串行接收位。REN=1，允许串行口接收数据；REN=0，禁止串行口接收数据。

TB8 —方式 2、3 中发送数据的第 9 位。在方式 2 或方式 3 中，是发送数据的第 9 位，可以用软件规定其作用。TB8 可以用做数据的奇偶校验位，或在多机通信中作为地址帧/数据帧的标志位。在方式 0 和方式 1 中，该位未用。

RB8 —方式 2、3 中接收数据的第 9 位。在方式 2 或方式 3 中，是接收数据的第 9 位，可作为奇偶校验位或地址帧/数据帧的标志位。在方式 1 时，若 SM2=0，则 RB8 是接收到的停止位。

TI —发送中断标志位。在方式 0 时，当串行发送第 8 位数据结束时，或在其他方式，串行发送停止位的开始时，由内部硬件使 TI 置 1，向 CPU 发出中断申请。在中断服务程序中，必须用软件将其清 0，取消此中断申请。

RI —接收中断标志位。在方式 0 时，当串行接收第 8 位数据结束时，或在其他方式，串行接收停止位的中间时，由内部硬件使 RI 置 1，向 CPU 发出中断申请。也必须在中断服务程序中用软件将其清 0，取消此中断申请。

2．串口方式简介

在这里对串口 4 种方式仅做简单介绍，6.5 节将重点介绍串口方式 1，在后面的篇章对其他几种方式再做详细介绍。

① 方式 0。方式 0 时，串行口为同步移位寄存器的输入/输出方式，主要用于扩展并行输入或输出口。数据由 RXD（P3.0）引脚输入或输出，同步移位脉冲由 TXD（P3.1）引脚输出。发送和接收均为 8 位数据，低位在先，高位在后，波特率固定为 $f_{osc}/12$。

② 方式 1。方式 1 是 10 位数据的异步通信口，其中 1 位起始位，8 位数据位，1 位停止位。TXD（P3.1）为数据发送引脚，RXD（P3.0）为数据接收引脚。其传输波特率是可变的，对于 51 单片机，波特率由定时器 1 的溢出率决定。通常，我们在做单片机与单片机串口通

信、单片机与计算机串口通信、计算机与计算机串口通信时，基本选择方式 1，因此这种方式大家务必要完全掌握。

③ 方式 2、3。方式 2、3 时为 11 位数据的异步通信口。TXD（P3.1）为数据发送引脚，RXD（P3.0）为数据接收引脚。这两种方式下，起始位 1 位，数据 9 位（含 1 位附加的第 9 位，发送时为 SCON 中的 TB8，接收时为 RB8），停止位 1 位，一帧数据为 11 位。方式 2 的波特率固定为晶振频率的 1/64 或 1/32，方式 3 的波特率由定时器 T1 的溢出率决定。

方式 2 和方式 3 的差别仅在于波特率的选取方式不同。在两种方式下，接收到的停止位与 SBUF、RB8 及 RI 都无关。

6.5　串行口方式 1 编程与实现

串行口方式 1 是最常用的通信方式，其传送一帧数据的格式如图 6.5.1 所示。

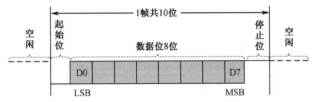

图 6.5.1　串行口方式 1 传送数据格式

串行口方式 1 传送一帧数据共 10 位，1 位起始位（0），8 位数据位，最低位在前，高位在后，1 位停止位（1），帧与帧之间可以有空闲，也可以无空闲。方式 1 数据输出时序图和数据输入时序图分别如图 6.5.2 和图 6.5.3 所示。

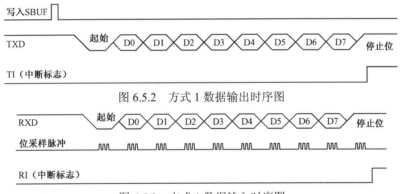

图 6.5.2　方式 1 数据输出时序图

图 6.5.3　方式 1 数据输入时序图

当数据被写入 SBUF 寄存器后，单片机自动开始从起始位发送数据，发送到停止位的开始时，由内部硬件将 TI 置 1，向 CPU 申请中断，接下来可在中断服务程序中做相应处理，也可选择不进入中断。

用软件置 REN 为 1 时，接收器以所选择波特率的 16 倍速率采样 RXD 引脚电平，检测到 RXD 引脚输入电平发生负跳变时，则说明起始位有效，将其移入输入移位寄存器，并开始接收这一帧信息的其余位。接收过程中，数据从输入移位寄存器右边移入，起始位移至输入移位寄存器最左边时，控制电路进行最后一次移位。当 RI=0，且 SM2=0（或接收到的停止位为 1）时，将接收到的 9 位数据的前 8 位数据装入接收 SBUF，第 9 位（停止位）进入

RB8，并置 RI=1，向 CPU 请求中断。

在具体操作串行口之前，需要对单片机的一些与串口有关的特殊功能寄存器进行初始化设置，主要是设置产生波特率的定时器 1、串行口控制和中断控制。具体步骤如下：① 确定 T1 的工作方式（编程 TMOD 寄存器）；② 计算 T1 的初值，装载 TH1、TL1；③ 启动 T1（编程 TCON 中的 TR1 位）；④ 确定串行口工作方式（编程 SCON 寄存器）；⑤ 串行口工作在中断方式时，要进行中断设置（编程 IE，IP 寄存器）。

下面用实例讲解串口方式 1 的使用方法和操作流程，在 TX-1C 实验板实现如下功能。

【例 6.5.1】 在上位机上用串口调试助手发送一个字符 X，单片机收到字符后返回给上位机 "I get X"，串口波特率设为 9600 bps。新建文件 part2.4 1.c，程序代码如下：

```c
#include <reg52.h>
#define uchar unsigned char
#define uint unsigned int
unsigned char flag,a,i;
uchar code table[]="I get ";
void init()
{
    TMOD=0x20;
    TH1=0xfd;
    TL1=0xfd;
    TR1=1;
    REN=1;
    SM0=0;
    SM1=1;
    EA=1;
    ES=1;
}
void main()
{
    init();
    while(1)
    {
        if(flag == 1)
        {
            ES=0;
            for(i=0; i<6; i++)
            {
                SBUF=table[i];
                while(!TI);
                TI=0;
            }
            SBUF=a;
            while(!TI);
            TI=0;
            ES=1;
            flag=0;
        }
    }
}
void ser() interrupt 4
```

```
    {
        RI=0;
        a=SBUF;
        flag=1;
    }
```

分析如下:

① "uchar code table[]="I get ";"定义了一个字符类型的编码数组,数组中的元素为字符串时,用""""将字符串引起来,空格也算一个字符。字符串由一个一个字符组成,因此也可写成另外一种方式"uchar code table[]={'I',' ','g','e','t',' '};",这里的每个字符用两个"'"引起来,元素之间要用",",隔开,空格也算一个字符。为叙述简便,建议选择第一种方式。

② 初始化函数"void init( )"中各句解释如下:

TMOD=0x20;	// 设定 T1 定时器工作方式 2
TH1=0xfd;	// T1 定时器装初值
TL1=0xfd;	// T1 定时器装初值
TR1=1;	// 启动 T1 定时器
REN=1;	// 允许串口接收
SM0=0;	// 设定串口工作方式 1
SM1=1;	// 同上
EA=1;	// 开总中断
ES=1;	// 开串口中断

我们没有看到开定时器 1 中断的语句,因为定时器 1 工作在方式 2 时为 8 位自动重装方式,进中断后无事可做,因此无须打开定时器 1 的中断,更无须写定时器 1 的中断服务程序。

③ "void ser( ) interrupt 4"为串口中断服务程序,在本程序中完成三件事: ❶ RI 清 0,因为程序既然产生了串口中断,那么肯定是收到或发送了数据,在开始时没有发送任何数据,那必然是收到了数据,此时 RI 会被硬件置 1,进入串口中断服务程序后必须由软件清 0,这样才能产生下一次中断; ❷ 将 SBUF 中的数据读走给 a,这才是进入中断服务程序中最重要的目的; ❸ 将标志位 flag 置 1,以方便在主程序中查询判断是否已经收到数据。

④ 进入大循环 while( )语句后,一直在检测标志位 flag 是否为 1,当检测到为 1 时,说明程序已经执行过串口中断服务程序,即收到了数据,否则始终检测 flag 的状态。当检测到flag 置 1 后,先是将 ES 清 0,原因是接下来要发送数据,若不关闭串口中断,当发送完数据后,单片机同样会申请串口中断,便再次进入中断服务程序,flag 又被置 1,主程序检测到flag 为 1,又回到这里再次发送。如此重复下去,程序便成了死循环,造成错误的现象。因此,我们在发送数据前把串口中断关闭,等发送完数据后再打开串口中断,这样可以安全地发送数据了。大家可亲自做实验,不要关闭串口,观察实验结果。

⑤ 在发送数据时,当发送前面 6 个固定的字符时使用了 for 循环语句,将前面数组中的字符依次发送出去,再接着发送从中断服务程序中读回来的 SBUF 中的数据时,当向 SBUF中写入一个数据后,使用"while(!TI);"等待是否发送完毕。因为当发送完毕后 TI 会由硬件置 1,然后才退出"while(!TI);",接下来将 TI 手动清 0。

⑥ 当接收数据时,用"a=SBUF;"语句,单片机会自动将串口接收寄存器中的数据取走给 a;当发送数据时,用"SBUF=a;"语句,程序执行完这条语句便自动开始将串口发送寄存器中的数据一位位从串口发送出去。很多初学者搞不明白,这里再强调一下,SBUF 是共用一个地址的两个独立的寄存器,单片机识别操作哪个寄存器的关键语句就是"a=SBUF"和"SBUF=a;"。串口调试助手设置及实验实拍如图 6.5.4 所示。

图 6.5.4　例 6.5.1 实验效果

6.6　串行口打印在调试程序中的应用

串行口打印功能通常用在程序调试中，举个例子说明它的用途：我们正在用单片机调试一个 A/D 芯片，单片机的外围只接了 A/D 芯片和串行口，写好单片机程序下载后让其运行，可是我们根本不知道这个 A/D 芯片工作了没有，更不知道 A/D 芯片采集回来的数值对不对？如果我们使用串口打印功能，将单片机采集回来的 A/D 值经过处理后，发送到上位机上，在上位机上用一个简单的串口工具就可看见数据，这样在调试程序时便会方便许多。其次，我们在调试其他程序时，在整个程序的不同地方，或是关键地方使用串口打印功能输出给上位机一个关键数据，就可知道程序中某些变量的实时数值，进一步得知程序运行的状况。

6.5 节中将"I get"放在一个数组中，通过一个 for 循环连续发送给上位机，这实际上也算是串口打印功能的应用，但我们还有更方便的方法来运用它，本节将为大家介绍几个 C51 库函数中自带的与串口有关的非常有用的函数。

下面通过实例完整讲述串口打印功能的用法及相关注意事项，利用上位机与 TX-1C 实验板实现如下功能。

【例 6.6.1】　单片机上电后等待从上位机串口发送来的命令，同时在数码管的前 3 位以十进制方式显示 A/D 采集的数值，在未收到上位机发送来的启动 A/D 转换命令之前，数码管始终显示 000。

当收到上位机以十六进制发送来的 01 后，向上位机发送字符串"Turn on ad!"，同时间隔 1 秒读取一次 A/D 的值，然后把 A/D 采集回来的 8 位二进制数转换成十进制数表示的实际电压浮点数，并且从串口发送给上位机，形如"The voltage is 3.398438V"，发送周期也是 1 秒一次，同时在数码管上也要每秒刷新显示的数值。

当收到上位机以十六进制发送来的 02 后，向上位机发送字符串"Turn off ad!"，然后停止发送电压值，数码管上显示上次结束时保持的值。

当收到上位机发来的其他任何数时，向上位机发送字符串"Error!"。

下面是实现上述功能的完整例程。在调试本程序的时候遇到了许多很奇怪的错误现象，我在经过大量反复实验后总结出了一些非常重要的知识点，在例程的后面将一一描述。我们

```c
#include <reg52.h>
#include <intrins.h>
#include <stdio.h>
#define uchar unsigned char
#define uint unsigned int
sbit dula=P2^6;
sbit wela=P2^7;
sbit adwr=P3^6;
sbit adrd=P3^7;
uchar flag,a;
unsigned char  flag_uart, flag_time, flag_on, a, i, t0_num, ad_val;
float ad_vo;
uchar code table[]={0x3f, 0x06, 0x5b, 0x4f,
                    0x66, 0x6d, 0x7d, 0x07,
                    0x7f, 0x6f, 0x77, 0x7c,
                    0x39, 0x5e, 0x79, 0x71};
void delayms(uint xms)
{
    uint  i, j;
    for(i=xms; i>0; i--)
        for(j=110; j>0; j--)  ;
}
void init()
{
    TMOD=0x21;
//    SCON=0x50;
    TH0=(65536-50000)/256;
    TL0=(65536-50000)%256;
    TH1=0xfd;
    TL1=0xfd;
    TR1=1;
    ET0=1;
    SM0=0;
    SM1=1;
    REN=1;
    EA=1;
    ES=1;
}
void display(uchar value)
{
    uchar  bai, shi, ge;
    bai=value/100;
    shi=value%100/10;
    ge=value%10;
    dula=1;
    P0=table[bai];
    dula=0;
    P0=0xff;
    wela=1;
    P0=0x7e;
    wela=0;
```

```c
        delayms(5);
        dula=1;
        P0=table[shi];
        dula=0;
        P0=0xff;
        wela=1;
        P0=0x7d;
        wela=0;
        delayms(5);
        dula=1;
        P0=table[ge];
        dula=0;
        P0=0xff;
        wela=1;
        P0=0x7b;
        wela=0;
        delayms(5);
}
uchar get_ad()
{
        uchar  adval;
        adwr=1;
        _nop_();
        adwr=0;
        _nop_();
        adwr=1;
        P1=0xff;
        adrd=1;
        _nop_();
        adrd=0;
        _nop_();
        adval=P1;
        adrd=1;
        return adval;
}
void main()
{
        init();
        wela=1;
        P0=0x7f;
        wela=0;
        while(1)
        {
            if(flag_uart == 1)
            {
                flag_uart=0;
                ES=0;
                TI=1;
                switch(flag_on)
                {
                    case 0:   puts("Turn on ad!\n");
                              TR0=1;
```

```
                              break;
              case 1:    printf("Turn off ad!\n");
                              TR0=0;
                              break;
              case 2:    puts("Error!\n");
                              break;
            }
            while(!TI);
            TI=0;
            ES=1;
        }
        if(flag_time == 1)
        {
            flag_time=0;
            ad_val=get_ad();
            ad_vo=(float)ad_val*5.0/256.0;
            ES=0;
            TI=1;
            printf("The voltage is %fV\n", ad_vo);
            while(!TI);
            TI=0;
            ES=1;
        }
        display(ad_val);
    }
}
void timer0() interrupt 1
{
    TH0=(65536-50000)/256;
    TL0=(65536-50000)%256;
    t0_num++;
    if(t0_num == 20)
    {
        t0_num=0;
        flag_time=1;
    }
}
void ser() interrupt 4
{
    RI=0;
    a=SBUF;
    flag_uart=1;
    if(a == 1)
        flag_on=0;
    else if( a== 2)
        flag_on=1;
    else
        flag_on=2;
}
```

　　编译程序下载到实验板，打开串口调试助手，分别发送 01、02、03，当开启 A/D 转换后，适当调节实验板上 A/D 电压调节电位器，可看到返回的电压实际值在变化，最终界面显示如图 6.6.1 所示。

图 6.6.1　例 6.6.1 实际效果

分析如下：

在分析本节例程之前先来看 6.5 节的例程。其实在 6.5 节的串口测试程序中有个小问题：如果先打开串口调试助手软件，再打开实验板上电源，会看到上位机软件会在实验板刚一上电的时候收到一串字符 "I get"。可是这时我们并没有向单片机发送任何命令，而单片机为何为主动发数据呢？也许大多数人并没有注意到这个现象，如果作为一个产品，这样的系统肯定不能算稳定工作的。6.5 节的问题若没有解决，本节的例程将不可能调试成功，因此我们必须解决掉任何一个不正常的问题。

① 先来解决 6.5 节的问题。我们在串口初始化函数中有这样几条语句：

```
REN=1;
SM0=0;
SM1=1;
```

这 3 位都是串行口控制寄存器 SCON 中的，单片机刚上电时 SCON 被清 0。因为串口方式为方式 0，串行口为同步移位寄存器的输入/输出方式，当执行完 REN 置 1 语句后，它便直接开始从 RXD 引脚接收数据，并不管与它连接的系统有无发送数据。这时，SM0 和 SM1 还未被操作，可单片机串口寄存器已经收到数据，并且已经产生了串口中断，因此串口中断中的标志位 flag 将被置 1。当运行完下面两条指令后，串口方式才被设置为方式 1，这时才终止串口接收数据。当程序运行到 while(1)大循环中时，因为串口中断服务程序中的标志位 flag 已经被置 1，所以接下来将发送里面的 "I get"。至于后面的 a 被发送到上位机之后为什么变成了一个空格，这个由大家自己来研究。

本问题解决办法如下：将上面三条语句顺序改为

```
SM0=0;
SM1=1;
REN=1;
```

先设置串口模式，再允许串口接收，这样就会避开串口方式 0 接收数据；不要对 SCON 寄存器进行位操作，而是直接对整个寄存器进行设置，如 SCON=0x50。

大家可亲自做实验体检各种现象，若将本节实验中这 3 句改回原样后实验，产生的错误便不会如 6.5 节一样简单了，将会影响整个系统的正常运行，大家务必尝试一下。像这种看似很小的问题，在没有解决之前可能需要花费很长的时间才能找到问题的根源。我也不隐讳地告诉大家，我在调试本例程时，花了近 3 个小时才将它调试成功，无论如何也没有想到错误的原因竟然是因为把"REN=1;"这条语句提前写了 2 行。当然，每解决一个问题，我们学到的知识都将更进一步，甚至更多。单片机是硬件，必须经过大量的实验方可掌握，像这种现象光靠学书本上的理论，是永远都学不到的。

② #include <stdio.h> 头文件中包含有我们要使用的函数 printf() 和 puts()。到 Keil\C51\INC 文件夹下打开 STDIO.H，可看到里面申明了一些外部函数，内容如下：

```
extern char _getkey (void);
extern char getchar (void);
extern char ungetchar (char);
extern char putchar (char);
extern int printf   (const char *, ...);
extern int sprintf  (char *, const char *, ...);
extern int vprintf  (const char *, char *);
extern int vsprintf (char *, const char *, char *);
extern char *gets (char *, int n);
extern int scanf (const char *, ...);
extern int sscanf (char *, const char *, ...);
extern int puts (const char *);
```

extern 表示在这里申明的是一个外部函数，外部函数的函数体不在本文件中，而是在其他某个文件中写有这个函数的实现部分。

在本例中用到的 printf() 和 puts() 函数，在它内部都是由 putchar() 这个函数实现的。这两个函数的用法，大家请看 C51 的帮助文件。在 Keil\C51\LIB 文件夹下打开 PUTCHAR.C 文件，可看到内容如下：

```
char putchar (char c) {
  if (c == '\n') {
    if (RI) {
      if (SBUF == XOFF) {
        do {
          RI = 0;
          while (!RI);
        }
        while (SBUF != XON);
        RI = 0;
      }
    }
    while (!TI);
    TI = 0;
    SBUF = 0x0d;                    /* output CR  */
  }
  if (RI) {
    if (SBUF == XOFF) {
      do {
        RI = 0;
        while (!RI);
      }
      while (SBUF != XON);
```

```
            RI = 0;
        }
    }
    while (!TI);
    TI = 0;
    return (SBUF = c);
}
```

这个函数的主要作用是通过串口发送一个字符，在代码的最后，我们看到有等待 TI 为 1，才将字符发送出去，否则一直等待下去。这也就是我们在本节例程中看到的每次在调用 printf()和 puts()函数之前先要手动将 TI 置 1 的原因。**这一点至关重要**，大家可改变例程亲自做实验，体验去掉 TI=1 后的现象。

③ printf()与 puts()的区别。从串口调试助手收到的数据可以看出，两个函数在参数中都加有"\n"，即回车。而 puts()函数输出到上位机后还多了一个换行，这是区别之一；区别之二是，printf()函数可以在后面追加要输出的变量，而 puts()函数只能输出字符串。

④ 在使用 stdio.h 这个头文件中的函数前，必须将串口部分初始化完毕，最好将串口设置为方式 1，波特率与上位机一致。

⑤ 在每次调用完 printf()和 puts()函数后，必须检测是否发送完毕，即检测 TI 是否为 1，当发送完毕后要把 TI 清 0，否则程序会出错，大家可自行验证。

⑥ 每次调用 printf()和 puts()函数前，必须将串口中断先关闭。若不关闭串口中断，每发送 1 字节，程序就会申请进入串口中断，从而导致程序出错。

⑦ "ad_val=get_ad();"是将 A/D 采集回来的 8 位二进制数赋给 ad_val，"(float)ad_val"的意思是将字符型变量 ad_val 的值强制转换成浮点型，然后经过"(float)ad_val *5.0/256.0"运算，得出以浮点数表示的 A/D 实际采集到的电压标准值。注意：在浮点数运算中，原来是整数的常量后面需要加".0"变成浮点数，原来是整数的变量需要强制转换成浮点数再进行运算。

第7章 通用型 1602/12232/12864 液晶操作方法

7.1 液晶概述

液晶（Liquid Crystal）是一种高分子材料，因为其特殊的物理、化学、光学特性，20 世纪中叶开始广泛应用在轻薄型显示器上。

液晶显示器（Liquid Crystal Display，LCD）的主要原理是以电流刺激液晶分子产生点、线、面并配合背部灯管构成画面。为叙述简便，通常把各种液晶显示器都直接叫做液晶。

液晶通常是按照显示字符的行数或液晶点阵的行、列数来命名的。比如，1602 的意思是每行显示 16 个字符，一共可以显示 2 行；类似的命名还有 0801、0802、1601 等，这类液晶通常都是字符型液晶，即只能显示 ASCII 码字符，如数字、大小写字母、各种符号等。12232 液晶属于图形型液晶，是指液晶由 122 列、32 行组成，即有 122×32 个点来显示各种图形，我们可以通过程序控制这 122×32 个点中的任一个点显示或不显示。类似的命名还有 12864、19264、192128、320240 等。根据客户需要，厂家可以设计出任意数组合的点阵液晶。

液晶体积小、功耗低、显示操作简单，但是它有一个致命的弱点，其使用的温度范围很窄，通用型液晶正常工作温度范围为 0℃～+55℃，存储温度范围为–20℃～+60℃，即使是宽温级液晶，其正常工作温度范围也仅为–20℃～+70℃，存储温度范围为–30℃～+80℃，因此在设计相应产品时，务必要考虑周全，选取合适的液晶。

本章主要介绍 3 种具有代表性的常用液晶，同时详细讲解并行操作方式和串行操作方式。市场上使用的 1602 液晶以并行操作方式居多，但也有并、串口同时具有的，用户可以选择用并口或串口操作。12232 液晶同样有这两种操作方式。只有并行接口的 1602 液晶接口如图 7.1.1 所示，其显示状态如图 7.1.2 所示。

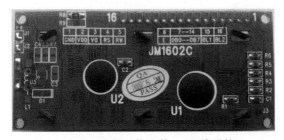

图 7.1.1　只有并行接口的 1602 液晶接口

图 7.1.2　1602 液晶显示状态

并、串口兼有的 12232 液晶接口如图 7.1.3 所示，其显示状态如图 7.1.4 所示。

12864 液晶串行接口与并行接口共用，用户可选择其中一种方式操作，其接口图如图 7.1.5 所示，其显示状态如图 7.1.6 所示。

图 7.1.3　并、串口兼有的 12232 液晶接口

图 7.1.4　12232 液晶显示状态

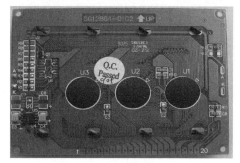

图 7.1.5　12864 液晶接口

图 7.1.6　12864 液晶显示状态

7.2　常用 1602 液晶操作实例

1602 液晶的讲解以并行操作为主，设计两个程序，一个是在液晶的任意位置显示字符，另一个是滚动显示一串字符。

本书实验使用的 1602 液晶为 5 V 电压驱动，带背光，可显示两行，每行 16 个字符，不能显示汉字，内置含 128 个字符的 ASCII 字符集字库，只有并行接口，无串行接口。

（1）接口信号说明

1602 型液晶接口信号说明如表 7.2.1 所示。

（2）主要技术参数（见表 7.2.2）

表 7.2.1　1602 液晶接口信号说明

编号	符号	引脚说明	编号	符号	引脚说明
1	VSS	电源地	9	D2	数据口
2	VDD	电源正极	10	D3	数据口
3	VO	液晶显示对比度调节端	11	D4	数据口
4	RS	数据/命令选择端（H/L）	12	D5	数据口
5	R/$\overline{W}$	读写选择端（H/L）	13	D6	数据口
6	E	使能信号	14	D7	数据口
7	D0	数据口	15	BLA	背光电源正极
8	D1	数据口	16	BLK	背光电源负极

表 7.2.2　主要技术参数表

显示容量	16×2 个字符
芯片工作电压	4.5～5.5 V
工作电流	2.0 mA（5.0 V）
模块最佳工作电压	5.0 V
字符尺寸	2.95×4.35 mm（W×H）

（3）基本操作时序

读状态　输入：RS=L，R/$\overline{W}$=H，E=H　　　　　　　　　　输出：D0～D7=状态字

读数据　输入：RS=H，R/$\overline{W}$=H，E=H　　　　　　　　　　输出：无

写指令　输入：RS=L，R/$\overline{W}$=L，D0～D7=指令码，E=高脉冲　输出：D0～D7=数据

写数据　　输入：RS=H，R/$\overline{\text{W}}$=L，D0～D7=数据，　E=高脉冲　输出：无

（4）RAM 地址映射图

控制器内部带有 80 B 的 RAM 缓冲区，对应关系如图 7.2.1 所示。向图 00～0F、40～4F 地址中的任一处写入显示数据时，液晶都可立即显示出来，当写入到 10～27 或 50～67 地址处时，必须通过移屏指令将它们移入可显示区域方可正常显示。

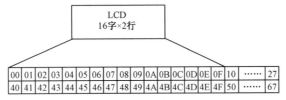

图 7.2.1　1602 内部 RAM 地址映射

（5）状态字说明（见表 7.2.3）

表 7.2.3　状态字说明

STA7 D7	STA6 D6	STA5 D5	STA4 D4	STA3 D3	STA2 D2	STA1 D1	STA0 D0
STA0～STA6		当前地址指针的数值					
STA7		读/写操作使能			1—禁止，0—允许		

注意：原则上每次对控制器进行读/写操作之前，都必须进行读/写检测，确保 STA7 为 0。实际上，由于单片机的操作速度慢于液晶控制器的反应速度，因此可以不进行读/写检测，或只进行简短延时即可。

（6）数据指针设置

控制器内部设有一个数据地址指针，用户可以通过它们访问内部的全部 80 B 的 RAM，如表 7.2.4 所示。

（7）其他设置（见表 7.2.5）

表 7.2.4　数据指针设置

指令码	功　能
80H+地址码 （0～27H，40～67H）	设置数据地址指针

表 7.2.5　其他设置

指令码	功　能
01H	显示清屏：1—数据指针清 0，2—所有显示清 0
02H	显示回车：数据指针清 0

（8）初始化设置

① 显示模式设置，如表 7.2.6 所示。② 显示开/关及光标设置，如表 7.2.7 所示。

（9）写操作时序（见图 7.2.2）

分析时序图可知操作 1602 液晶的流程如下：① 通过 RS 确定是写数据还是写命令。写命令包括使液晶的光标显示/不显示、光标闪烁/不闪烁、需/不需要移屏、在液晶的什么位置显示等。写数据是指要显示什么内容。② 读/写控制端设置为写模式，即低电平。③ 将数据或命令送达数据线上。④ 给 E 一个高脉冲将数据送入液晶控制器，完成写操作。

关于时序图中的各个延时，不同厂家生产的液晶其延时不同，我们无法提供准确数据，大多数基本都为纳秒级，单片机操作最小单位为微秒级，因此我们在写程序时可不做延时。不过为了使液晶运行稳定，最好做简短延时，这需要大家自行测试以选定最佳延时。

TX-1C 实验板上 1602 液晶与单片机接口如图 7.2.3 所示。接口说明如下：

表 7.2.6　显示模式设置

指 令 码								功　能
0	0	1	1	1	0	0	0	设置 16×2 显示，5×7 点阵，8 位数据接口

表 7.2.7　显示开/关及光标设置

指 令 码								功　能
0	0	0	0	1	D	C	B	D=1 开显示；D=0 关显示 C=1 显示光标；C=0 不显示光标 B=1 光标闪烁；B=0 光标不显示
0	0	0	0	0	1	N	S	N=1 当读或写一个字符后地址指针加 1，且光标加 1 N=0 当读或写一个字符后地址指针减 1，且光标减 1 S=1，当写一个字符时，整屏显示左移（N=1）或右移（N=0），以得到光标不移动而屏幕移动的效果 S=0，当写一个字符时，整屏显示不移动
0	0	0	1	0	0	0	0	光标左移
0	0	0	1	0	1	0	0	光标右移
0	0	0	1	1	0	0	0	整屏左移，同时光标跟随移动
0	0	0	1	1	1	0	0	整屏右移，同时光标跟随移动

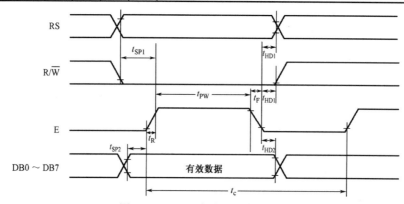

图 7.2.2　1602 液晶写操作时序图

① 液晶 1、2 端为电源；15、16 为背光电源；为防止直接加 5 V 电压烧坏背光灯，在 15 脚串接一个 10 Ω电阻，用于限流。

② 液晶 3 端为液晶对比度调节端，通过一个 10 kΩ电位器接地来调节液晶显示对比度。首次使用时，在液晶上电状态下，调节至液晶上面一行显示出黑色小格为止。

③ 液晶 4 端为向液晶控制器写数据/写命令选择端，接单片机的 P3.5 口。

④ 液晶 5 端为读/写选择端，我们不从液晶读取任何数据，只向其写入命令和显示数据，因此此端始终选择为写状态，即低电平接地。

⑤ 液晶 6 端为使能信号，是操作时必需的信号，接单片机的 P3.4 口。

【例 7.2.1】用 C 语言编程，实现在 1602 液晶的第一行显示 "I LOVE MCU!"，在第二行显示 "WWW.TXMCU.COM"。新建文件 part2.5 1.c，程序代码如下：

```
#include<reg52.h>
#define uchar unsigned char
#define uint unsigned int
uchar code table[]="I LOVE MCU!";
uchar code table1[]="WWW.TXMCU.COM";
sbit lcden=P3^4;                    // 液晶使能端
sbit lcdrs=P3^5;                    // 液晶数据命令选择端
```

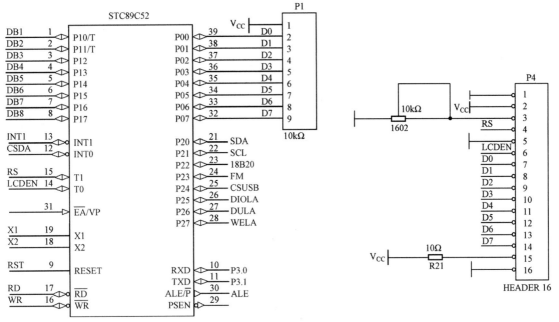

图 7.2.3　TX-1C 实验板上 1602 液晶与单片机接口

```
sbit dula=P2^6;                    // 申明 U1 锁存器的锁存端
sbit wela=P2^7;                    // 申明 U2 锁存器的锁存端
uchar num;
void delay(uint z)
{
    uint x,y;
    for(x=z;x>0;x--)
        for(y=110;y>0;y--);
}
void write_com(uchar com)
{
    lcdrs=0;
    P0=com;
    delay(5);
    lcden=1;
    delay(5);
    lcden=0;
}
void write_data(uchar date)
{
    lcdrs=1;
    P0=date;
    delay(5);
    lcden=1;
    delay(5);
    lcden=0;
}
void init()
{
    dula=0;
    wela=0;
```

```
    lcden=0;
    write_com(0x38);                        // 设置 16×2 显示，5×7 点阵，8 位数据接口
    write_com(0x0c);                        // 设置开显示，不显示光标
    write_com(0x06);                        // 写一个字符后，地址指针加 1
    write_com(0x01);                        // 显示清 0，数据指针清 0
}
void main()
{
    init();
    write_com(0x80);
    for(num=0;num<11;num++)
    {
        write_data(table[num]);
        delay(5);
    }
    write_com(0x80+0x40);
    for(num=0;num<13;num++)
    {
        write_data(table1[num]);
        delay(5);
    }
    while(1);
}
```

分析如下：

① 写命令操作和写数据操作分别用两个独立的函数来完成，函数内部唯一的区别就是液晶数据命令选择端的电平。写命令函数解释如下：

```
void write_com(uchar com)
{
    lcdrs=0;                                // 选择写命令模式
    P0=com;                                 // 将要写的命令字送到数据总线上
    delay(5);                               // 稍做延时以待数据稳定
    lcden=1;                                // 使能端给一高脉冲，因为初始化函数中已经将 lcden 置为 0
    delay(5);                               // 稍做延时
    lcden=0;                                // 将使能端置 0 以完成高脉冲
}
```

② 初始化函数中几个命令的解释请对照前面的指令码及功能说明。

```
write_com(0x38);                            // 设置 16×2 显示、5×7 点阵、8 位数据接口
write_com(0x0c);                            // 设置开显示，不显示光标
write_com(0x06);                            // 写一个字符后，地址指针自动加 1
write_com(0x01);                            // 显示清 0，数据指针清 0
```

③ 进入主函数，执行完初始化函数后，用"write_com(0x80);"命令先将数据指针定位到第一行第一个字处，然后写完第一行要显示的字，在每两个字之间做简短延时，这个时间可自行测试，时间太长会影响写入及显示速度，时间太短会影响控制器接收数据的稳定性，以测试稳定为最佳。

图 7.2.4 例 7.2.1 实际效果

④ 当写第二行时，需要重新定位数据指针"write_com(0x80+0x40);"。

例 7.2.1 实际现象效果图如图 7.2.4 所示。

【例 7.2.2】 用 C 语言编程，实现第一行从右侧移入 "Hello everyone！"，同时第二行从右侧移入 "Welcome to here！"，移入速度自定，然后停留在屏幕上。新建文件 part2.5_2.c，程序代码如下：

```c
#include<reg52.h>
#define uchar unsigned char
#define uint unsigned int
uchar code table[]="Hello everyone!";
uchar code table1[]="Welcome to here!";
sbit lcden=P3^4;
sbit lcdrs=P3^5;
sbit dula=P2^6;
sbit wela=P2^7;
uchar num;
void delay(uint z)
{
    uint  x, y;
    for(x=z; x>0; x--)
       for(y=110; y>0; y--)  ;
}
void write_com(uchar com)
{
    lcdrs=0;
    P0=com;
    delay(5);
    lcden=1;
    delay(5);
    lcden=0;
}
void write_data(uchar date)
{
    lcdrs=1;
    P0=date;
    delay(5);
    lcden=1;
    delay(5);
    lcden=0;
}
void init()
{
    dula=0;
    wela=0;
    lcden=0;
    write_com(0x38);
    write_com(0x0c);
    write_com(0x06);
    write_com(0x01);
}
void main()
{
    init();
    write_com(0x80+0x10);
```

```
        for(num=0; num<15; num++)
        {
            write_data(table[num]);
            delay(5);
        }
        write_com(0x80+0x50);
        for(num=0; num<16; num++)
        {
            write_data(table1[num]);
            delay(5);
        }
        for(num=0; num<16; num++)
        {
            write_com(0x18);
            delay(200);
        }
        while(1);
    }
```

分析如下:

① 在写第一行数据前先定位数据指针"write_com(0x80+0x10);",将数据写在液晶第一行非显示区域地址处,写第二行时同样用"write_com(0x80+0x10);"定位数据指针,这样写的目的是在接下来使用移屏命令将液晶整屏向左移动。

② "write_com(0x18);"为整屏左移指令,每隔 200 ms 移动 1 个地址,共移动 16 个地址,刚好将要显示的数据全部移入液晶可显示区域。

③ 0x07 指令也可完成移屏功能,大家可自行做实验验证。

例 7.2.2 实际现象效果图如图 7.2.5 所示。

图 7.2.5　例 7.2.2 实际效果

7.3　常用 12232 液晶操作实例

12232 液晶的讲解以串行操作为主,设计两个程序,一个是在液晶的任意位置显示数字、符号和汉字,另一个是滚动显示一串字符。

本书实验使用的 12232 液晶为 5 V 电压驱动,带背光,内置含 8192 个汉字的 16×16 点汉字库和含 128 个字符的 16×8 点 ASCII 字符集。该液晶主要由行驱动器、列驱动器及 128×32 全点阵液晶显示器组成,可完成图形显示,也可以显示 7.5×2 个(16×16 点阵)汉字,与外部 CPU 接口采用并行或串行两种控制方式。

(1)接口信号说明

12232 液晶并行接口信号说明如表 7.3.1 所示,串行接口信号说明如表 7.3.2 所示。

(2)主要技术参数(如表 7.3.3 所示)

(3)并行基本操作时序

读状态　输入:RS=L, R/$\overline{\text{W}}$=H, E=H　　　　　　　　输出:D0~D7=状态字

读数据　输入:RS=H, R/$\overline{\text{W}}$=H, E=H　　　　　　　　输出:无

写指令　输入:RS=L, R/$\overline{\text{W}}$=L, D0~D7=指令码, E=高脉冲　输出:D0~D7=数据

表 7.3.1　12232 液晶并行接口信号说明

编号	符　号	引脚说明	编号	符　号	引脚说明
1	VSS	电源地	9	D2	数据口
2	VDD	电源正极	10	D3	数据口
3	VO	液晶显示对比度调节端	11	D4	数据口
4	RS	数据/命令选择端（H/L）	12	D5	数据口
5	R/$\overline{\text{W}}$	读写选择端（H/L）	13	D6	数据口
6	E	使能信号	14	D7	数据口
7	D0	数据口	15	BLA	背光电源正极
8	D1	数据口	16	BLK	背光电源负极

表 7.3.2　12232 液晶串行接口信号说明

编号	符号	引脚说明	编号	符号	引脚说明
1	VSS	电源地	5	SID	串行数据输入端
2	VDD	电源正极	6	CS	片选，高电平有效
3	VO	液晶显示对比度调节端	7	BLA	背光电源正极
4	SCLK	串行同步时钟，上升沿时读取 SID 数据	8	BLK	背光电源负极

表 7.3.3　12232 液晶主要技术参数表

显示容量	最高操作速度	模块最佳工作电压	工作温度	存储温度	芯片工作电压
122×32 个点	2 MHz	5.0 V	0℃~+55℃	−20℃~+60℃	3~5.5 V，电源低于 4 V 时，背光需另供电

写数据　　输入：RS=H，R/$\overline{\text{W}}$ =L，D0~D7=数据，　　E=高脉冲　　输出：无

（4）忙标志（BF）

BF 标志提供内部工作情况。BF=1，表示模块在进行内部操作，此时模块不接受外部指令和数据。BF=0，模块为准备状态，随时可接受外部指令和数据。

利用 STATUS RD 指令，可以将 BF 读到 DB7 总线来检验模块的工作状态。

（5）字型产生 ROM（CGROM）

CGROM 提供 8192 个触发器，用于模块内部屏幕显示开/关控制。DFF=1，为开，显示（DISPLAY ON），将 DDRAM 的内容显示在屏幕上。DFF=0，为关，显示（DISPLAY OFF）。DFF 状态是由指令 DISPLAY ON/OFF 和 RST 信号控制的。

（6）显示数据 RAM（DDRAM）

模块内部显示数据 RAM 提供 64×2 个位元组空间，最多可控制 4 行 16 字（64 个字）的中文字型显示(本模块只用到其中的 7.5×2 个)。当写入显示数据 RAM 时,可分别显示 CGROM 和 CGRAM 字型。此模块可显示 3 种字型：瘦长的英数字型（16×8）、CGRAM 字型、CGROM 中文字型。字型的选择由 DDRAM 中写入的编码选择，在 00~0F 的编码中将选择 CGRAM 的定义，10~7F 的编码中将选择瘦长英数字的字型；A0 以上的编码自动结合下一个位元组，组成两个位元组的编码，形成中文字型编码（A140~D75F）。

（7）字型产生 RAM（CGRAM）

CGRAM 提供图像定义（造字）功能，可以提供 4 组 16×16 点的自定义图像空间。使用者可以将内部字型没有提供的图像字型自行定义到 CGRAM 中，便可与 CGROM 中定义过的字型一样，通过 DDRAM 显示在屏幕上。

（8）地址计数器 AC

地址计数器用来存储 DDRAM/CGRAM 的地址，可由设定指令暂存器来改变，之后只要

读取或写入 DDRAM/CGRAM 的值，地址计数器就会自动加 1。当 RS=0 且 R/$\overline{W}$=1 时，地址计数器的值会被读取到 DB6～DB0 中。

（9）游标/闪烁控制电路

此模块提供硬件游标及闪烁控制电路，由地址计数器的值来指定 DDRAM 中的游标或闪烁位置。

（10）状态字说明（如表 7.3.4 所示）

表 7.3.4　状态字说明

STA7 D7	STA6 D6	STA5 D5	STA4 D4	STA3 D3	STA2 D2	STA1 D1	STA0 D0
STA0～STA6			当前地址指针的数值				
STA7			读/写操作使能			1—禁止，0—允许	

注意：原则上每次对控制器进行读/写操作之前，都必须进行读/写检测，确保 STA7 为 0。实际上，由于单片机的操作速度低于液晶控制器的反应速度，因此可以不进行读/写检测，或只进行简短延时即可。

（11）指令说明（如表 7.3.5 所示）

表 7.3.5　12232 液晶指令表

指令	指令码								功　能
	D7	D6	D5	D4	D3	D2	D1	D0	
清除显示	0	0	0	0	0	0	0	1	将 DDRAM 填满 20H，即空格，并且设定 DDRAM 的地址计数器（AC）为 00H
地址归位	0	0	0	0	0	0	1	×	设定 DDRAM 的地址计数器（AC）为 00H，并且将游标移到开头原点位置
显示状态开/关	0	0	0	0	1	D	C	B	D=1 整体显示开，C=1 游标开，B=1 游标位置反白允许
进入点设定	0	0	0	0	0	1	I/D	S	指定在数据的读取和写入时，设定游标的移动方向及指定显示的移位
游标或显示移位控制	0	0	0	0	S/C	R/L	×	×	设定游标的移动与显示的移位控制位；这个指令不改变 DDRAM 的内容
功能设定	0	0	1	DL	×	RE	×	×	DL=0/1：4/8 位数据，RE=1 扩充指令操作，RE=0 基本指令操作
设定 CGRAM 地址	0	1	AC5	AC4	AC3	AC2	AC1	AC0	设定 CGRAM 地址
设定 DDRAM 地址	1	0	AC5	AC4	AC3	AC2	AC1	AC0	设定 DDRAM 地址（显示位址）：第一行，80H～87H；第二行，90H～97H
读取忙标志和地址	BF	AC6	AC5	AC4	AC3	AC2	AC1	AC0	读取忙标志（BF）可以确认内部动作是否完成，同时可以读取地址计数器（AC）的值

当 RE=1 时，还有一些扩充指令可设定液晶的一些功能，如待机模式、卷动地址开关开/启、反白显示、睡眠、控制功能设定、绘图模式、设定绘图 RAM 地址等。关于这部分扩展功能，请大家查阅相关资料，这里不再赘述。

（12）并行写操作时序（如图 7.3.1 所示）

（13）串行读/写操作时序（如图 7.3.2 所示）

12232 液晶的并行操作方式基本与 1602 液晶相同，所以不再讲述。本节主要讲解 12232 液晶的串行操作方式，这里重点讲解串行时序。

CS —液晶的片选信号线，每次在进行数据操作时都必须将 CS 端拉高。

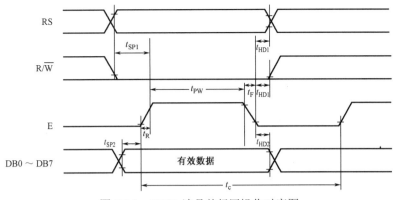

图 7.3.1　12232 液晶并行写操作时序图

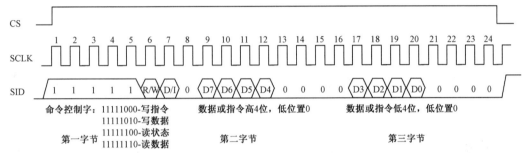

图 7.3.2　12232 液晶串行读/写操作时序图

SCLK —串行同步时钟线，每操作一位数据，都要有一个 SCLK 跳变沿，而且是上升沿有效。每次 SCLK 由低电平变为高电平的瞬间，液晶控制器将 SID 上的数据读入或输出。

SID —串行数据，每一次操作都由 3 字节数据组成，第 1 字节向控制器发送命令控制字，告诉控制器接下来是什么操作，若为写指令则发送 11111000，若为写数据则发送 11111010。第 2 字节的高 4 位发送指令或数据的高 4 位，第 2 字节的低 4 位补 0。第 3 字节的高 4 位发送指令或数据的低 4 位，第 3 字节的低 4 位同样补 0。

12232 液晶的串行接口非常简单，只需要 3 条线与单片机的任意 3 个 I/O 口相连即可操作，图 7.3.3 为 12232 的最简单接线图。这里没有加入背光，3 端的对比度调节端接 10 kΩ电位器的滑动端，电位器另两端分别接 V_{CC} 和 GND。注意，这里与 1602 液晶有所不同，现在市面上也有部分 12232 液晶不需要调节对比度，出厂时已经设定好。SCLK、SID、CS 三条线与单片机的任意 I/O 口相连，TX-1C 实验板上连接方式见源程序。

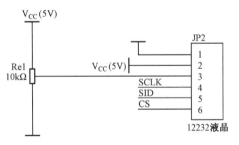

图 7.3.3　12232 液晶与单片机接口

【例 7.3.1】　用 C 语言编程，实现在 12232 液晶的第一行显示 "I LOVE MCU!"，第二行显示 "我爱单片机"。新建文件 part2.5 3.c，程序代码如下：

```
#include <REG52.h>
#define uint unsigned int
#define uchar unsigned char
sbit CS=P1^2;
```

```c
sbit SID=P1^1;
sbit SCLK=P1^0;
uchar code disps[]={"I LOVE MCU!"};
uchar code dispx[]={"我爱单片机!"};
void delay_1ms(uint x)
{
    uint  i, j;
    for(j=0;j<x;j++)
        for(i=0;i<110;i++);
}
void send_command(uchar command_data)
{
    uchar i;
    uchar i_data;
    i_data=0xf8;
    CS=1;
    SCLK=0;
    for(i=0;i<8;i++)
    {
        SID=(bit)(i_data&0x80);
        SCLK=0;
        SCLK=1;
        i_data=i_data<<1;
    }
    i_data=command_data;
    i_data&=0xf0;
    for(i=0;i<8;i++)
    {
        SID=(bit)(i_data&0x80);
        SCLK=0;
        SCLK=1;
        i_data=i_data<<1;
    }
    i_data=command_data;
    i_data<<=4;
    for(i=0;i<8;i++)
    {
        SID=(bit)(i_data&0x80);
        SCLK=0;
        SCLK=1;
        i_data=i_data<<1;
    }
    CS=0;
    delay_1ms(10);
}
void send_data(uchar command_data)
{
    uchar i;
    uchar i_data;
    i_data=0xfa;
    CS=1;
    for(i=0;i<8;i++)
```

```
            {
                SID=(bit)(i_data&0x80);
                SCLK=0;
                SCLK=1;
                i_data=i_data<<1;
            }
            i_data=command_data;
            i_data&=0xf0;
            for(i=0;i<8;i++)
            {
                SID=(bit)(i_data&0x80);
                SCLK=0;
                SCLK=1;
                i_data=i_data<<1;
            }
            i_data=command_data;
            i_data<<=4;
            for(i=0;i<8;i++)
            {
                SID=(bit)(i_data&0x80);
                SCLK=0;
                SCLK=1;
                i_data=i_data<<1;
            }
            CS=0;
            delay_1ms(10);
    }
    void lcd_init()
    {
            delay_1ms(100);
            send_command(0x30);                 // 设置 8 位数据接口，基本指令模式
            send_command(0x02);                 // 清 DDRAM
            send_command(0x06);                 // 游标及显示右移一位
            send_command(0x0c);                 // 整体显示开，游标关，反白关
            send_command(0x01);                 // 写入空格清屏幕
            send_command(0x80);                 // 设定首次显示位置
    }
    void display_s()
    {
            uchar a;
            send_command(0x80);
            for(a=0;a<11;a++)
            {
                send_data(disps[a]);
            }
    }
    void display_x()
    {
            uchar a;
            send_command(0x92);
            for(a=0;a<11;a++)
            {
```

```
            send_data(dispx[a]);
    }
}
main()
{
    lcd_init();
    display_s();
    display_x();
    while(1);
}
```

分析如下：

① 发送命令和发送数据分别用 send_command() 和 send_data() 函数实现。由前面的描述可知，无论是发送一条命令还是发送一条数据，都是由 3 字节组成，若发送指令则第 1 字节为 0xf8，若发送数据则第 1 字节为 0xfa，它们的不同之处也就在这里。

② "SID=(bit)(i_data&0x80);" 中的 "(bit)" 表示将后面括号中的数强制转换成位。当把 1 字节强制转换成一位（bit）时使用，这里只取该字节的最高位。整条语句的意思是，将 i_data 的最高位取出来赋给 SID。然后通过下面的 "i_data=i_data<<1;"，依次将 i_data 的每一位从高到低在 SCLK 的作用下送给 SID，从而发送给液晶。

③ "i_data=command_data;" 和 "i_data&=0xf0;" 这两句的意思是，将所发送字节的高 4 位取出，低 4 位补 0。"i_data=command_data;" 和 "i_data<<=4;" 这两句的意思是，将所发送字节的低 4 位移到高 4 位的位置上，原来的低 4 位自动补 0。

④ "lcd_init()" 是对 12232 液晶的初始化设置，只有对液晶进行了正确的初始化设置，液晶才可正常运行。

其实际效果如图 7.3.4 所示。

图 7.3.4 例 7.3.1 实际效果

【例 7.3.2】 用 C 语言编程，实现第一行从右侧移入 "Hello everyone!"，同时第二行从右侧移入 "欢迎大家来学习!"，移入速度自定，最后停留在屏幕上。新建文件 part2.5 4.c，程序代码如下：

```
#include <REG52.h>
#define uint unsigned int
#define uchar unsigned char
sbit CS=P1^2;
sbit SID=P1^1;
sbit SCLK=P1^0;
uchar code disps[]={"Hello everyone!"};
uchar code dispx[]={"欢迎大家来学习!"};
void delay_1ms(uint x)
{
    uint i, j;
    for(j=0;j<x;j++)
        for(i=0;i<110;i++);
}
void send_command(uchar command_data)
{
    uchar i;
    uchar i_data;
    i_data=0xf8;
```

```c
    CS=1;
    SCLK=0;
    for(i=0; i<8; i++)
    {
        SID=(bit)(i_data&0x80);
        SCLK=0;
        SCLK=1;
        i_data=i_data<<1;
    }
    i_data=command_data;
    i_data&=0xf0;
    for(i=0; i<8; i++)
    {
        SID=(bit)(i_data&0x80);
        SCLK=0;
        SCLK=1;
        i_data=i_data<<1;
    }
    i_data=command_data;
    i_data<<=4;
    for(i=0; i<8; i++)
    {
        SID=(bit)(i_data&0x80);
        SCLK=0;
        SCLK=1;
        i_data=i_data<<1;
    }
    CS=0;
    delay_1ms(1);
}
void send_data(uchar command_data)
{
    uchar  i;
    uchar  i_data;
    i_data=0xfa;
    CS=1;
    for(i=0; i<8; i++)
    {
        SID=(bit)(i_data&0x80);
        SCLK=0;
        SCLK=1;
        i_data=i_data<<1;
    }
    i_data=command_data;
    i_data&=0xf0;
    for(i=0; i<8; i++)
    {
        SID=(bit)(i_data&0x80);
        SCLK=0;
        SCLK=1;
        i_data=i_data<<1;
    }
    i_data=command_data;
```

```
        i_data<<=4;
        for(i=0; i<8; i++)
        {
            SID=(bit)(i_data&0x80);
            SCLK=0;
            SCLK=1;
            i_data=i_data<<1;
        }
        CS=0;
        delay_1ms(1);
}
void lcd_init()
{
    delay_1ms(100);
    send_command(0x30);                     // 设置 8 位数据接口，基本指令模式
    send_command(0x02);                     // 清 DDRAM
    send_command(0x06);                     // 游标及显示右移一位
    send_command(0x0c);                     // 整体显示开，游标关，反白关
    send_command(0x01);                     // 写入空格清屏幕
    send_command(0x80);                     // 设定首次显示位置
}
void display_s(uchar num)
{
    uchar  a;
    send_command(0x88-num);
    for(a=0; a<15; a++)
    {
        send_data(disps[a]);
    }
}
void display_x(uchar num)
{
    uchar  a;
    send_command(0x98-num);
    for(a=0; a<15; a++)
    {
        send_data(dispx[a]);
    }
}
main()
{
    uchar  aa;
    lcd_init();
    for(aa=0; aa<9; aa++)
    {
        display_s(aa);
        display_x(aa);
        delay_1ms(300);
    }
    while(1);
}
```

分析如下：

① 由于 12232 液晶没有专门的移屏指令，因此我们使用 for 循环来实现移屏效果，实际上这种效果是重复向不同的地方写入显示字符而实现的。用这种方法，看上去是从右往左移动，也可以使它从左向右移动。

图 7.3.5　例 7.3.2 实际效果

② 延时函数 delay_1ms(300)决定屏幕移动的速度。大家可做测试，自行调节。

其实际效果如图 7.3.5 所示。

7.4　常用 12864 液晶操作实例

12864 液晶操作方法与 7.3 节 12232 液晶操作方法非常相似，本节讲解其并行操作方法，设计一个程序，在液晶的任意位置显示数字、符号和汉字。

本书实验用 12864 液晶使用 ST7920 控制器，5 V 电压驱动，带背光，内置 8192 个 16×16 点阵、128 个字符（8×16 点阵）及 64×256 点阵显示 RAM（GDRAM），与外部 CPU 接口采用并行或串行两种控制方式。

（1）接口信号说明（如表 7.4.1 所示）

（2）主要技术参数（如表 7.4.2 所示）

表 7.4.1　12864 液晶接口信号说明

编号	符　号	引脚说明	编号	符　号	引脚说明
1	VSS	电源地	11	D4	数据口
2	VDD	电源正极	12	D5	数据口
3	VO	液晶显示对比度调节端	13	D6	数据口
4	RS（CS）	数据/命令选择端（H/L）（串片选）	14	PSB	并/串选择：H 并行，L 串行
5	R/$\overline{W}$（SID）	读写选择端（H/L）（串数据口）	15	NC	空脚
6	E（SCLK）	使能信号（串同步时钟信号）	16	RST	复位，低电平有效
7	D0	数据口	17	NC	空脚
8	D1	数据口	18	BLA	背光电源正极
9	D2	数据口	19	BLK	背光电源负极
10	D3	数据口	20	PSB	并/串选择：H 并行，L 串行

表 7.4.2　12864 液晶主要技术参数表

显示容量	芯片工作电压	模块最佳工作电压	工作温度	存储温度	与 MCU 接口
122×64 个点	3.3～5.5 V	5.0 V	0℃～+55℃	−20℃～+60℃	8 位或 4 位并行/3 位串行

（3）并行基本操作时序

读状态　输入：RS=L，R/$\overline{W}$=H，E=H　　　　　　　　　　输出：D0～D7=状态字

读数据　输入：RS=H，R/$\overline{W}$=H，E=H　　　　　　　　　　输出：无

写指令　输入：RS=L，R/$\overline{W}$=L，D0～D7=指令码，E=高脉冲　输出：D0～D7=数据

写数据　输入：RS=H，R/$\overline{W}$=L，D0～D7=数据，　　E=高脉冲　输出：无

（4）忙标志（BF）

BF 标志提供内部工作情况，BF=1，表示模块在进行内部操作，此时模块不接受外部指令和数据。BF=0，模块为准备状态，随时可接受外部指令和数据。

利用 STATUS RD 指令，可以将 BF 读到 DB7 总线来检验模块的工作状态。

（5）状态字说明（如表 7.4.3 所示）

注意：原则上每次对控制器进行读/写操作之前，都必须进行读/写检测，确保 STA7 为 0。实际上，由于单片机的操作速度低于液晶控制器的反应速度，因此可不必进行读/写检测，或只进行简短延时即可。

表 7.4.3　状态字说明

STA7 D7	STA6 D6	STA5 D5	STA4 D4	STA3 D3	STA2 D2	STA1 D1	STA0 D0
STA0～STA6			当前地址指针的数值				
STA7			读/写操作使能			1—禁止，0—允许	

（6）指令说明（如表 7.4.4 所示）

表 7.4.4　12864 液晶指令表

指　令	指 令 码								功　能
	D7	D6	D5	D4	D3	D2	D1	D0	
清除显示	0	0	0	0	0	0	0	1	将 DDRAM 填满 20H，即空格，并且设定 DDRAM 的地址计数器（AC）为 00H
地址归位	0	0	0	0	0	0	1	×	设定 DDRAM 的地址计数器（AC）为 00H，并且将游标移到开头原点位置
显示状态开/关	0	0	0	0	1	D	C	B	D=1 整体显示开，C=1 游标开，B=1 游标位置反白允许
进入点设定	0	0	0	0	0	1	I/D	S	指定在数据的读取和写入时，设定游标的移动方向及指定显示的移位
游标或 显示移位控制	0	0	0	0	S/C	R/L	×	×	设定游标的移动与显示的移位控制位；这个指令不改变 DDRAM 的内容
功能设定	0	0	1	DL	×	RE	×	×	DL=0/1：4/8 位数据，RE=1 扩充指令操作，RE=0 基本指令操作
设定 CGRAM 地址	0	1	AC5	AC4	AC3	AC2	AC1	AC0	设定 CGRAM 地址
设定 DDRAM 地址	1	0	AC5	AC4	AC3	AC2	AC1	AC0	设定 DDRAM 地址（显示位址）：第一行，80H～87H；第二行，90H～97H
读取忙标志和地址	BF	AC6	AC5	AC4	AC3	AC2	AC1	AC0	读取忙标志（BF）可以确认内部动作是否完成，同时可以读取地址计数器（AC）的值

当 RE=1 时，还有一些扩充指令可设定液晶功能，如待机模式、卷动地址开关开启、反白显示、睡眠、控制功能设定、绘图模式、设定绘图 RAM 地址等，下面详细解释各指令。

（7）指令详解

① 清除显示，功能：清除显示屏幕，把 DDRAM 位址计数器调整为 00H。

CODE:	RW	RS	DB7	DB6	DB5	DB4	DB3	DB2	DB1	DB0
	L	L	L	L	L	L	L	L	L	H

② 位址归位，功能：把 DDRAM 位址计数器调整为 00H，游标回原点，该功能不影响显示 DDRAM。

CODE:	RW	RS	DB7	DB6	DB5	DB4	DB3	DB2	DB1	DB0
	L	L	L	L	L	L	L	L	H	X

③ 进入点设定，功能：把 DDRAM 位址计数器调整为 00H，游标回原点，不影响显示 DDRAM 功能。

执行该命令后，所设置的行将显示在屏幕的第一行。显示起始行是由 Z 地址计数器控制的，该命令自动将 A0～A5 位地址送入 Z 地址计数器，起始地址可以是 0～63 范围内任意一行。Z 地址计数器具有循环计数功能，用于显示行扫描同步，扫描完一行后自动加 1。

CODE:	RW	RS	DB7	DB6	DB5	DB4	DB3	DB2	DB1	DB0
	L	L	L	L	L	L	L	H	I/D	S

④ 显示状态开/关，功能：D=1，整体显示 ON；C=1，游标 ON；B=1，游标位置 ON。

CODE:	RW	RS	DB7	DB6	DB5	DB4	DB3	DB2	DB1	DB0
	L	L	L	L	L	L	H	D	C	B

⑤ 游标或显示移位控制，功能：设定游标的移动与显示的移位控制位，该指令并不改变 DDRAM 的内容。

CODE:	RW	RS	DB7	DB6	DB5	DB4	DB3	DB2	DB1	DB0
	L	L	L	L	L	H	S/C	R/L	X	X

⑥ 功能设定，功能：DL=1（必须设为 1）且 RE=1，扩充指令集动作；RE=0，基本指令集动作。

CODE:	RW	RS	DB7	DB6	DB5	DB4	DB3	DB2	DB1	DB0
	L	L	L	L	H	DL	X	0 RE	X	X

⑦ 设定 CGRAM 位址，功能：设定 CGRAM 位址到位址计数器（AC）。

CODE:	RW	RS	DB7	DB6	DB5	DB4	DB3	DB2	DB1	DB0
	L	L	L	H	AC5	AC4	AC3	AC2	AC1	AC0

⑧ 设定 DDRAM 位址，功能：设定 DDRAM 位址到位址计数器（AC）。

CODE:	RW	RS	DB7	DB6	DB5	DB4	DB3	DB2	DB1	DB0
	L	L	H	AC6	AC5	AC4	AC3	AC2	AC1	AC0

⑨ 读取忙碌状态（BF）和位址，功能：确定内部动作是否完成。

CODE:	RW	RS	DB7	DB6	DB5	DB4	DB3	DB2	DB1	DB0
	H	H	BF	AC6	AC5	AC4	AC3	AC2	AC1	AC0

⑩ 写数据到 RAM，功能：写入数据到内部的 RAM（DDRAM/CGRAM/TRAM/GDRAM）。

CODE:	RW	RS	DB7	DB6	DB5	DB4	DB3	DB2	DB1	DB0
	L	L	D7	D6	D5	D4	D3	D2	D1	D0

⑪ 读出 RAM 的值，功能：从内部 RAM 读取数据（DDRAM/CGRAM/TRAM/GDRAM）。

CODE:	RW	RS	DB7	DB6	DB5	DB4	DB3	DB2	DB1	DB0
	H	H	D7	D6	D5	D4	D3	D2	D1	D0

⑫ 待命模式（12H），功能：进入待命模式，执行其他命令都可终止待命模式。

CODE:	RW	RS	DB7	DB6	DB5	DB4	DB3	DB2	DB1	DB0
	L	L	L	L	L	L	L	L	L	H

⑬ 卷动位址或 IRAM 位址选择（13H），功能：SR=1，允许输入卷动位址；SR=0，允许输入 IRAM 位址。

CODE:	RW	RS	DB7	DB6	DB5	DB4	DB3	DB2	DB1	DB0
	L	L	L	L	L	L	L	L	H	SR

⑭ 反白选择（14H），功能：选择 4 行中的任一行进行反白显示，并可决定反白与否。

CODE:	RW	RS	DB7	DB6	DB5	DB4	DB3	DB2	DB1	DB0
	L	L	L	L	L	L	L	H	R1	R0

⑮ 睡眠模式（015H），功能：SL=1，脱离睡眠模式；SL=0，进入睡眠模式。

CODE:	RW	RS	DB7	DB6	DB5	DB4	DB3	DB2	DB1	DB0
	L	L	L	L	L	L	H	SL	X	X

⑯ 扩充功能设定（016H），功能：RE=1，扩充指令集动作；RE=0，基本指令集动作。G=1，绘图显示 ON；G=0，绘图显示 OFF。

CODE:	RW	RS	DB7	DB6	DB5	DB4	DB3	DB2	DB1	DB0
	L	L	L	L	H	H	X	1 RE	G	L

⑰ 设定 IRAM 位址或卷动位址（017H），功能：SR=1，AC5~AC0 为垂直卷动位址；SR=0，AC3~AC0 写 ICONRAM 位址。

CODE:	RW	RS	DB7	DB6	DB5	DB4	DB3	DB2	DB1	DB0
	L	L	L	H	AC5	AC4	AC3	AC2	AC1	AC0

⑱ 设定绘图 RAM 位址（018H），功能：设定 GDRAM 位址到位址计数器（AC）。

CODE:	RW	RS	DB7	DB6	DB5	DB4	DB3	DB2	DB1	DB0
	L	L	H	AC6	AC5	AC4	AC3	AC2	AC1	AC0

（8）显示坐标关系

① 图形显示坐标。水平方向 X 以字为单位，垂直方向 Y 以位为单位。

绘图显示 RAM 提供 128×8 B 的记忆空间，在更改绘图 RAM 时，先连续写入水平与垂直的坐标值，再写入 2 字节的数据，地址计数器（AC）会自动加 1；在写入绘图 RAM 期间，绘图显示必须关闭。写入绘图 RAM 的步骤如下：❶ 关闭绘图显示功能；❷ 先将水平的位元组坐标（X）写入绘图 RAM 地址；❸ 将垂直的坐标（Y）写入绘图 RAM 地址；❹ 将 D15～D8 写入到 RAM 中；❺ 将 D7～D0 写入到 RAM 中；❻ 打开绘图显示功能，绘图显示缓冲区分布如图 7.4.1 所示。

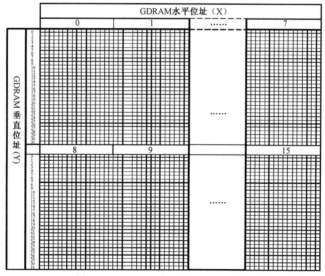

图 7.4.1　12864 液晶绘图显示坐标

② 汉字显示坐标，如表 7.4.5 所示。

表 7.4.5　汉字显示坐标

Y 坐标	X 坐标							
Line1	80H	81H	82H	83H	84H	85H	86H	87H
Line2	90H	91H	92H	93H	94H	95H	96H	97H
Line3	88H	89H	8AH	8BH	8CH	8DH	8EH	8FH
Line4	98H	99H	9AH	9BH	9CH	9DH	9EH	9FH

（9）并行写操作时序（见图 7.4.2）

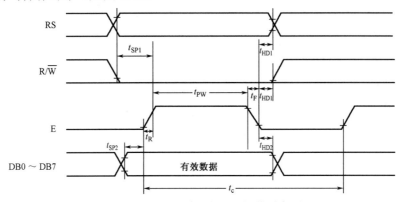

图 7.4.2　12864 液晶并行写操作时序图

（10）串行读/写操作时序（如图 7.4.3 所示）

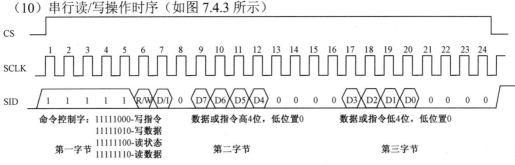

图 7.4.3　12864 液晶串行读/写操作时序图

对比 7.3 节 12232 液晶的时序图可知，无论是并行操作还是串行操作，12864 液晶与 12232 液晶几乎完全一样。12864 液晶的串行接口也非常简单，并行连接到 TX-1C 实验板上，原理图如图 7.4.4 所示。

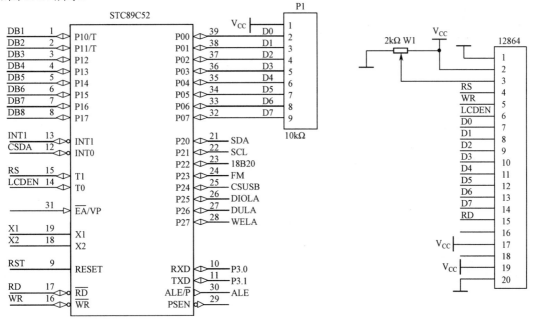

图 7.4.4　12864 液晶与单片机并行连接

【例 7.4.1】 用 C 语言编程，在 12864 液晶上第一行显示"0123456789"，并且让每一位数字随机变化，第二行显示"www.txmcu.com"，第三行显示"天祥电子"，第四行对应第三行显示出下划线。新建文件 part2.5 5.c，程序代码如下：

```c
#include <reg51.h>
#include <intrins.h>
#include <stdlib.h>
#define uchar unsigned char
#define uint  unsigned int
/* 端口定义*/
#define LCD_data  P0                       // 数据口
sbit LCD_RS  = P3^5;                        // 寄存器选择输入
sbit LCD_RW  = P3^6;                        // 液晶读/写控制
sbit LCD_EN  = P3^4;                        // 液晶使能控制
sbit LCD_PSB = P3^7;                        // 串/并方式控制
sbit wela    = P2^6;
sbit dula    = P2^7;
uchar dis1[10];
uchar code dis2[] = {"www.txmcu.com"};
uchar code dis3[] = {"天祥电子"};
uchar code dis4[] = {"--------"};
void delay_1ms(uint x)
{
   uint  i, j;
   for(j=0; j<x; j++)
     for(i=0; i<110; i++)  ;
}
void write_cmd(uchar cmd)                   // 写指令数据到 LCD，RS=L，RW=L，E=高脉冲，D0-D7=指令码
{
   LCD_RS = 0;
   LCD_RW = 0;
   LCD_EN = 0;
   P0 = cmd;
   delay_1ms(5);
   LCD_EN = 1;
   delay_1ms(5);
   LCD_EN = 0;
}
void write_dat(uchar dat)                   // 写显示数据到 LCD，RS=H，RW=L，E=高脉冲，D0-D7=数据
{
   LCD_RS = 1;
   LCD_RW = 0;
   LCD_EN = 0;
   P0 = dat;
   delay_1ms(5);
   LCD_EN = 1;
   delay_1ms(5);
   LCD_EN = 0;
}
void lcd_pos(uchar X,uchar Y)               // 设定显示位置
{
   uchar  pos;
```

```
    if (X == 0)
        X=0x80;
    else if (X == 1)
        X=0x90;
    else if (X == 2)
        X=0x88;
    else if (X == 3)
        X=0x98;
    pos = X+Y ;
    write_cmd(pos);                          // 显示地址
}
void makerand()
{
    uint  ran;
    ran=rand();
    dis1[0]=ran/10000+0x30;
    dis1[1]=ran%10000/1000+0x30;
    dis1[2]=ran%1000/100+0x30;
    dis1[3]=ran%100/10+0x30;
    dis1[4]=ran%10+0x30;
    ran=rand();
    dis1[5]=ran/10000+0x30;
    dis1[6]=ran%10000/1000+0x30;
    dis1[7]=ran%1000/100+0x30;
    dis1[8]=ran%100/10+0x30;
    dis1[9]=ran%10+0x30;
}
void lcd_init()                              // LCD 初始化设定
{
    LCD_PSB = 1;                             // 并口方式
    write_cmd(0x30);                         // 基本指令操作
    delay_1ms(5);
    write_cmd(0x0C);                         // 显示开，关光标
    delay_1ms(5);
    write_cmd(0x01);                         // 清除 LCD 的显示内容
    delay_1ms(5);
}
main()                                       // 主程序
{
    uchar  i;
    wela=0;
    dula=0;
    delay_1ms(10);                           // 延时
    lcd_init();                              // 初始化 LCD
    lcd_pos(1, 0);                           // 设置显示位置为第二行的第 1 个字符
    i = 0;
    while(dis2[i] != '\0')
    {
        write_dat(dis2[i]);                  // 显示字符
        i++;
    }
    lcd_pos(2,0);                            // 设置显示位置为第三行的第 1 个字符
```

```
    i = 0;
    while(dis3[i] != '\0')
    {
        write_dat(dis3[i]);                     // 显示字符
        i++;
    }
    lcd_pos(3,0);                               // 设置显示位置为第四行的第 1 个字符
    i = 0;
    while(dis4[i] != '\0')
    {
        write_dat(dis4[i]);                     // 显示字符
        i++;
    }
    while(1)
    {
        lcd_pos(0,0);                           // 设置显示位置为第一行的第 1 个字符
        makerand();
        for(i=0; i<10; i++)
        {
            write_dat(dis1[i]);
        }
    }
}
```

分析如下：

① 写命令和写数据分别用两个函数"write_cmd()"和"write_dat()"来实现，由于其并行操作时序与 1602 液晶一样，这里不再讲解。

② "lcd_pos()"函数用来设定液晶上显示的位置。12864 液晶一共可以显示 4 行，每行可以显示 8 个汉字或 16 个字符，每一个汉字位置都有固定的地址，设置不同的地址即可在不同的位置上显示字符，关于其显示位置及地址请参照前面的汉字显示坐标。

③ 下面程序段实现的功能是，将数组 dis2[]中的所有字符一个个地显示在液晶屏幕上。程序执行时，依次查询数组 dis2[]中的所有元素，当查到一个"空"时，退出此 while 循环语句，"空"在存储器中的存储形式是'\0'，如果数组中有 8 个元素，那么第 9 个元素即为"空"。

```
i = 0;
while(dis2[i] != '\0')
{
    write_dat(dis2[i]);                         // 显示字符
    i++;
}
```

图 7.4.5 例 7.4.1 实际效果

④ "makerand()"函数生成 10 个随机数，再把这 10 个随机数存在数组 dis1[]中。实际上，在函数中只调用了两次随机数生成函数，产生了两个 5 位的随机数，再将这两个 5 位的随机数分别取出存储在数组中。关于随机数生成函数请看下面的知识点。

图 7.4.5 为例 7.4.1 实际效果图。

【知识点】 单片机中如何生成随机数

打开 Keil\C51\HLP 文件夹的 C51lib.chm 文件，在索引文件夹下输入"rand"，详细内容如下：

```
#include <stdlib.h>
int rand (void);
Description:The rand function generates a pseudo-random number between 0 and 32767.
Return Value:The rand function returns a pseudo-random number.
```

rand()函数生成一个 0～32767 之间的伪随机数，运行后将返回这个伪随机数，还可以看到

```
void srand (int seed);    /* random number generator seed */
Description:The srand function sets the starting value seed used by the pseudo-random number generator
in the rand function. The random number generator produces the same sequence of pseudo-random numbers
for any given value of seed.
Return Value:None.
```

srand(int seed)函数可设置一个初值，再调用 rand()函数生成一个初值与 32767 之间的随机数。

```
int a;
srand (200);
a=rand();
```

这时，a 的值将是 200～32767 之间的一个随机数，大家可自行写程序测试，看如何写一个函数让它生成 0～10 或 0～100 之间的随机数。

第8章　I²C 总线 AT24C02 芯片应用

8.1　I²C 总线概述

1. I²C 总线介绍

I²C 总线（Inter IC Bus）由 PHILIPS 公司推出，是近年来微电子通信控制领域广泛采用的一种新型总线标准，它是同步通信的一种特殊形式，具有接口线少、控制简单、器件封装形式小、通信速率较高等优点。在主从通信中，可以有多个 I²C 总线器件同时接到 I²C 总线上，所有与 I²C 兼容的器件都具有标准的接口，通过地址来识别通信对象，使它们可以经由 I²C 总线互相直接通信。

I²C 总线由数据线 SDA 和时钟线 SCL 两条线构成通信线路，既可发送数据，也可接收数据。在 CPU 与被控 IC 之间、IC 与 IC 之间都可进行双向传送，最高传送速率为 400 kbps，各种被控器件均并联在总线上，但每个器件都有唯一的地址。在信息传输过程中，I²C 总线上并联的每个器件既是被控器（或主控器），又是发送器（或接收器），这取决于它要完成的功能。CPU 发出的控制信号分为地址码和数据码两部分：地址码用来选址，即接通需要控制的电路；数据码是通信的内容，这样各 IC 控制电路虽然挂在同一条总线上，却彼此独立。

2. I²C 总线硬件结构

图 8.1.1 为 I²C 总线系统的硬件结构图，其中 SCL 是时钟线，SDA 是数据线。总线上各器件采用漏极开路结构与总线相连，因此 SCL 和 SDA 均需接上拉电阻。总线在空闲状态下均保持高电平，连到总线上的任一器件输出的低电平，都将使总线的信号变低，即各器件的 SDA 及 SCL 都是线"与"关系。

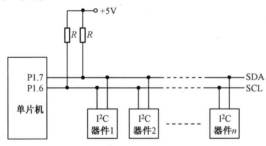

图 8.1.1　I²C 总线系统硬件结构

I²C 总线支持多主和主从两种工作方式，通常为主从工作方式。在主从工作方式中，系统中只有一个主器件（单片机），其他器件都是具有 I²C 总线的外围从器件。在主从工作方式中，主器件启动数据的发送（发出启动信号），产生时钟信号，发出停止信号。

3. I²C 总线通信格式

图 8.1.2 为 I²C 总线上进行一次数据传输的通信格式。

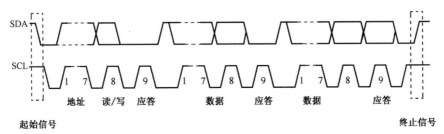

图 8.1.2　I²C 总线上进行一次数据传输的通信格式

4．数据位的有效性规定

I²C 总线进行数据传送时，时钟信号为高电平期间，数据线上的数据必须保持稳定，只有在时钟信号为低电平期间，数据线上的高电平或低电平状态才允许变化，如图 8.1.3 所示。

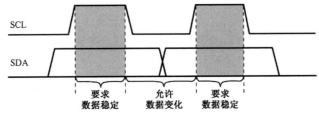

图 8.1.3　I²C 总线数据位的有效性规定

5．发送启动（始）信号

在利用 I²C 总线进行一次数据传输时，先由主机发出启动信号，启动 I²C 总线。在 SCL 为高电平期间，SDA 出现下降沿则为启动信号。此时，具有 I²C 总线接口的从器件会检测到该信号，启动时序如图 8.1.4 所示。

6．发送寻址信号

主机发送启动信号后，再发出寻址信号。器件地址有 7 位和 10 位两种，这里只介绍 7 位地址寻址方式。寻址字节的位定义如图 8.1.5 所示，寻址信号由一个字节构成，高 7 位为地址位，最低位为方向位，用以表明主机与从器件的数据传送方向。方向位为 0，表明主机接下来对从器件进行写操作；方向位为 1，表明主机接下来对从器件进行读操作。

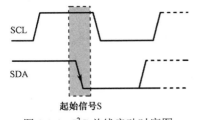

图 8.1.4　I²C 总线启动时序图

图 8.1.5　寻址字节的位定义

主机发送地址时，总线上的每个从机都将这 7 位地址码与自己的地址进行比较，如果相同，则认为自己正被主机寻址，根据 R/$\overline{\text{W}}$ 位将自己确定为发送器或接收器。

从机的地址由固定部分和可编程部分组成。在一个系统中可能希望接入多个相同的从机，从机地址中可编程部分决定了可接入总线该类器件的最大数目。如一个从机的 7 位寻址位有 4 位是固定位，3 位是可编程位，这时仅能寻址 8 个同样的器件，即可以有 8 个同样的器件接入到该 I²C 总线系统中。

7．应答信号

I²C 总线协议规定，每传送 1 字节数据（含地址及命令字）后，都要有一个应答信号，以确定数据传送是否被对方收到。应答信号由接收设备产生，在 SCL 信号为高电平期间，接收设备将 SDA 拉为低电平，表示数据传输正确，产生应答，时序图如图 8.1.6 所示。

8．数据传输

主机发送寻址信号并得到从器件应答后，便可进行数据传输，每次 1 字节，但每次传输都应在得到应答信号后再进行下一字节传送。

9．非应答信号

当主机为接收设备时，主机对最后 1 字节不应答，以向发送设备表示数据传送结束。

10．发送停止信号

在全部数据传送完毕后，主机发送停止信号，即在 SCL 为高电平期间，SDA 上产生一上升沿信号，停止时序图如图 8.1.7 所示。

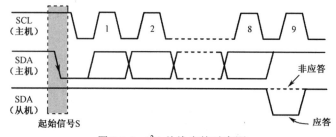

图 8.1.6　I²C 总线应答时序图

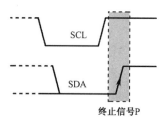

图 8.1.7　I²C 总线停止时序图

8.2　单片机模拟 I²C 总线通信

目前市场上很多单片机都已经具有硬件 I²C 总线控制单元，这类单片机在工作时，总线状态由硬件监测，无须用户介入，操作非常方便。但是还有许多单片机并不具有 I²C 总线接口，如 51 单片机，不过我们可以在单片机应用系统中通过软件模拟 I²C 总线的工作时序，在使用时，只需正确调用各个函数就能方便地扩展 I²C 总线接口器件。

在总线的一次数据传送过程中，可以有以下几种组合方式：

❖ 主机向从机发送数据，数据传送方向在整个传送过程中不变。

❖ 主机在第 1 字节后，立即从从机读数据。

❖ 在传送过程中，当需要改变传送方向时，需将起始信号和从机地址各重复产生一次，而两次读/写方向位正好相反。

为了保证数据传送的可靠性，标准 I²C 总线的数据传送有严格的时序要求。I²C 总线的起始信号、终止信号、应答或发送"0"、非应答或发送"1"的模拟时序如图 8.2.1 所示。

单片机在模拟 I²C 总线通信时，需写出如下关键部分的程序：总线初始化、启动信号、应答信号、停止信号、写 1 字节、读 1 字节。下面分别给出具体函数的写法供大家参考，在阅读代码时请参考前面相关部分的文字描述及时序图。

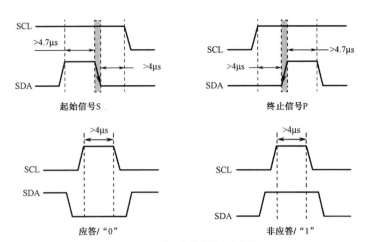

图 8.2.1 I²C 总线模拟时序图

（1）总线初始化

```
void init()
{
    SCL=1;
    delay();
    SDA=1;
    delay();
}
```

将总线都拉高以释放总线。

（2）启动信号

```
void start()
{
    SDA=1;
    delay();
    SCL=1;
    delay();
    SDA=0;
    delay();
}
```

SCL 在高电平期间，SDA 一个下降沿启动信号。

（3）应答信号

```
void respons()
{
    uchar  i=0;
    SCL=1;
    delay();
    while((SDA == 1) && (i < 255))
        i++;
    SCL=0;
    delay();
}
```

SCL 在高电平期间，SDA 被从设备拉为低电平表示应答。上面代码中 "(SDA ==1) && (i<255)" 是相与的关系，表示若在一段时间内没有收到从器件的应答，则主器件默认从器件

已经收到数据而不在等待应答信号。这是作者后加的，大家可不必深究，因为如果不加这个延时退出，一旦从器件没有发送应答信号，程序将永远停止在这里，而真正的程序中是不允许这样的情况发生的。

（4）停止信号

```c
void stop()
{
    SDA=0;
    delay();
    SCL=1;
    delay();
    SDA=1;
    delay();
}
```

SCL 在高电平期间，SDA 一个上升沿停止信号。

（5）写 1 字节

```c
void writebyte(uchar date)
{
    uchar i,temp;
    temp=date;
    for(i=0;i<8;i++)
    {
        temp=temp<<1;
        SCL=0;
        delay();
        SDA=CY;
        delay();
        SCL=1;
        delay();
    }
    SCL=0;
    delay();
    SDA=1;
    delay();
}
```

串行发送1字节时，需要把其中的8位一位一位地发出去，"temp=temp<<1;"表示将 temp 左移一位，最高位将移入 PSW 寄存器的 CY 位中，然后将 CY 赋给 SDA 进而在 SCL 的控制下发送出去。

（6）读 1 字节

```c
uchar readbyte()
{
    uchar i, k;
    SCL=0;
    delay();
    SDA=1;
    for(i=0;i<8;i++)
    {
        SCL=1;
        delay();
```

```
        k=(k<<1)| SDA;
        SCL=0;
        delay();
    }
    delay();
    return k;
}
```

同样，串行接收 1 字节时需将 8 位一位一位地接收，再组合成 1 字节。上面代码中定义了一个临时变量 k，将 k 左移一位后与 SDA 进行"或"运算，依次把 8 个独立的位放入 1 字节中来完成接收。

8.3　E²PROM AT24C02 与单片机的通信实例

具有 I²C 总线接口的 E²PROM 有多个厂家的多种类型产品。在此仅介绍 ATMEL 公司生产的 AT24C 系列 E²PROM，主要型号有 AT24C01/02/04/08/16 等，其对应的存储容量分别为 128×8/256×8/512×8/1024×8/2048×8。采用这类芯片可解决掉电数据保存问题，可对所存数据保存 100 年，并可多次擦写，擦写次数可达 10 万次以上。

在一些应用系统设计中，有时需要对工作数据进行掉电保护，如电子式电能表等智能化产品。若采用普通存储器，在掉电时需要备用电池供电，并需要在硬件上增加掉电检测电路，但存在电池不可靠及扩展存储芯片占用单片机过多口线的缺点。采用具有 I²C 总线接口的串行 E²PROM 器件可很好地解决掉电数据保存问题，且硬件电路简单。下面以 AT24C02 芯片为例，介绍具有 I²C 总线接口的 E²PROM 的具体应用。

1．AT24C02 引脚配置与引脚功能

AT24C02 芯片的常用封装形式有直插（DIP8）式和贴片（SO-8）式两种，分别如图 8.3.1 和图 8.3.2 所示。直插式和贴片式的引脚功能和序号都相同，引脚图如图 8.3.3 所示。

图 8.3.1　直插式 AT24C02

图 8.3.2　贴片式 AT24C02

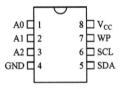

图 8.3.3　AT24C02 引脚

各引脚功能如下：
❖ 1、2、3（A0、A1、A2）—可编程地址输入端。
❖ 4（GND）—电源地。
❖ 5（SDA）—串行数据输入/输出端。
❖ 6（SCL）—串行时钟输入端。
❖ 7（WP）—写保护输入端，用于硬件数据保护。其为低电平时，可以对整个存储器进行正常的读/写操作；为高电平时，存储器具有写保护功能，但读操作不受影响。
❖ 8（V_CC）—电源正端。

2．存储结构与寻址

AT24C02 的存储容量为 2 KB，内部分成 32 页，每页 8 B，共 256 B，操作时有两种寻址方式：芯片寻址和片内子地址寻址。

① 芯片寻址。AT24C02 的芯片地址为 1010，其地址控制字格式为 1010A2A1A0 R/$\overline{W}$。其中 A2、A1、A0 为可编程地址选择位。A2、A1、A0 引脚接高、低电平后得到确定的 3 位编码，与 1010 形成 7 位编码，即该器件的地址码。R/$\overline{W}$ 为芯片读写控制位，该位为 0，表示对芯片进行写操作；该位为 1，表示对芯片进行读操作。

② 片内子地址寻址。芯片寻址可对内部 256 B 中的任一个进行读/写操作，其寻址范围为 00～FF，共 256 个寻址单元。

3．读/写操作时序

串行 E^2PROM 一般有两种写入方式：字节写入方式、页写入方式。页写入方式允许在一个写周期内（10 ms 左右）对 1 字节到 1 页的若干字节进行编程写入，AT24C02 的页面大小为 8 B。采用页写方式可提高写入效率，但容易发生事故。AT24C 系列片内地址在接收到每一个数据字节后自动加 1，故装载一页以内数据字节时，只需输入首地址。如果写到此页的最后 1 字节，主器件继续发送数据，数据将重新从该页的首地址写入，进而造成原来的数据丢失，这就是页地址空间的"上卷"现象。

解决"上卷"的方法是：在第 8 个数据后将地址强制加 1，或是将下一页的首地址重新赋给寄存器。

① 字节写入方式。单片机在一次数据帧中只访问 E^2PROM 一个单元。该方式下，单片机先发送启动信号，然后送 1 字节的控制字，再送 1 字节的存储器单元子地址。上述几字节都得到 E^2PROM 响应后，发送 8 位数据，最后发送 1 位停止信号。发送格式如图 8.3.5 所示。

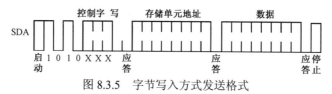

图 8.3.5　字节写入方式发送格式

② 页写入方式。单片机在一个数据写周期内可以连续访问 1 页（8 个）E^2PROM 存储单元，单片机先发送启动信号，接着送 1 字节的控制字，再送 1 字节的存储器起始单元地址。上述几字节都得到 E^2PROM 应答后就可以发送最多 1 页的数据，并顺序存放在以指定起始地址开始的相继单元中，最后以停止信号结束。页写入帧格式如图 8.3.6 所示。

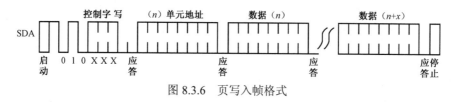

图 8.3.6　页写入帧格式

③ 指定地址读操作。读指定地址单元的数据。单片机在启动信号后先发送含有片选地址的写操作控制字，E^2PROM 应答后发送 1 字节（2 KB 以内的 E^2PROM）的指定单元的地址，再发送一个含有片选地址的读操作控制字。如果 E^2PROM 做出应答，被访问单元的数据就会按 SCL 信号同步出现在串行数据/地址线 SDA 上。这种读操作的数据帧格式如图 8.3.7 所示。

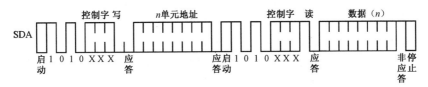

图 8.3.7 指定地址读操作数据帧格式

④ 指定地址连续读。该方式的读地址控制与前面指定地址读相同。单片机接收到每字节数据后应做出应答，只要 E²PROM 检测到应答信号，其内部的地址寄存器就自动加 1，指向下一单元，并顺序将指向的单元的数据送到 SDA 串行数据线上。当需要结束读操作时，单片机接收到数据后在需要应答的时刻发送一个非应答信号，再发送一个停止信号即可。这种读操作的数据帧格式如图 8.3.8 所示。

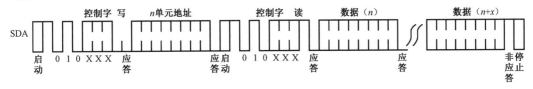

图 8.3.8 指定地址连续读数据帧格式

4. TX-1C 实验板的 AT24C02 连接

TX-1C 实验板的 AT24C02 与单片机连接如图 8.3.9 所示，其中 A0、A1、A2 与 WP 都接地，SDA 接单片机 P2.0 脚，SCL 接单片机 P2.1 脚，SDA 与 SCL 分别与 V_{CC} 之间接 10 kΩ 上拉电阻。因为 AT24C02 总线内部是漏极开路形式，不接上拉电阻无法确定总线空闲时的电平状态。

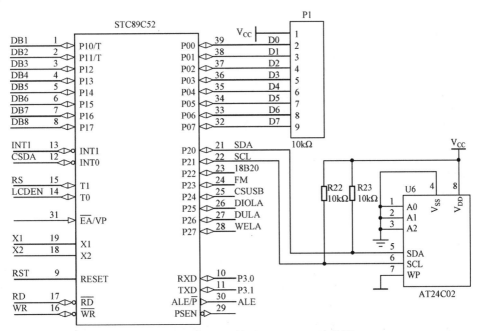

图 8.3.9 TX-1C 实验板的 AT24C02 连接图

【例 8.3.1】 用 C 语言编写程序，在 TX-1C 实验板上实现如下功能：利用定时器产生一个 0～99 秒变化的秒表，并且显示在数码管上，每过 1 秒，将这个变化的数写入板上 AT24C02 内部。当关闭实验板电源，并再次打开实验板电源时，单片机先从 AT24C02 中将原来写入的数读取出来，接着此数继续变化并显示在数码管上。

通过本实验可以看到，若向 AT24C02 中成功写入且成功读取，则数码管上显示的数会接着关闭实验板时的数继续显示，否则可能显示乱码。

新建文件 part2.6 1.c，程序代码如下：

```c
#include<reg52.h>
#define uchar unsigned char
#define uint unsigned int
bit  write=0;                                // 写24C02的标志
sbit sda=P2^0;
sbit scl=P2^1;
sbit dula=P2^6;
sbit wela=P2^7;
uchar sec,tcnt;
uchar code table[]={0x3f, 0x06, 0x5b, 0x4f,
                    0x66, 0x6d, 0x7d, 0x07,
                    0x7f, 0x6f, 0x77, 0x7c,
                    0x39, 0x5e, 0x79, 0x71};
void delay() { ;; }
void delay1ms(uint z)
{
   uint x, y;
   for(x=z; x>0; x--)
      for(y=110; y>0; y--)  ;
}
void start()                                 // 开始信号
{
   sda=1;
   delay();
   scl=1;
   delay();
   sda=0;
   delay();
}
void stop()                                  // 停止
{
   sda=0;
   delay();
   scl=1;
   delay();
   sda=1;
   delay();
}
void respons()                               // 应答
{
   uchar i;
   scl=1;
   delay();
   while((sda == 1) && (i<250))
      i++;
   scl=0;
   delay();
```

```c
}
void init()
{
    sda=1;
    delay();
    scl=1;
    delay();
}
void write_byte(uchar date)
{
    uchar  i, temp;
    temp=date;
    for(i=0; i<8; i++)
    {
        temp=temp<<1;
        scl=0;
        delay();
        sda=CY;
        delay();
        scl=1;
        delay();
    }
    scl=0;
    delay();
    sda=1;
    delay();
}
uchar read_byte()
{
    uchar  i, k;
    scl=0;
    delay();
    sda=1;
    delay();
    for(i=0; i<8; i++)
    {
        scl=1;
        delay();
        k = (k<<1) | sda;
        scl=0;
        delay();
    }
    return k;
}
void write_add(uchar address,uchar date)
{
    start();
    write_byte(0xa0);
    respons();
    write_byte(address);
    respons();
    write_byte(date);
```

```c
        respons();
        stop();
    }
uchar read_add(uchar address)
{
    uchar  date;
    start();
    write_byte(0xa0);
    respons();
    write_byte(address);
    respons();
    start();
    write_byte(0xa1);
    respons();
    date=read_byte();
    stop();
    return date;
}
void display(uchar bai_c,uchar sh_c)        // 显示程序
{
    dula=0;
    P0=table[bai_c];                        // 显示第一位
    dula=1;
    dula=0;
    wela=0;
    P0=0x7e;
    wela=1;
    wela=0;
    delay1ms(5);
    dula=0;
    P0=table[sh_c];                         // 显示第二位
    dula=1;
    dula=0;
    wela=0;
    P0=0x7d;
    wela=1;
    wela=0;
    delay1ms(5);
}
void main()
{
    init();
    sec=read_add(2);                        // 读出保存的数据赋于 sec
    if(sec > 100)                           // 防止首次读取出错误数据
        sec=0;
    TMOD=0x01;                              // 定时器工作在方式 1
    ET0=1;
    EA=1;
    TH0=(65536-50000)/256;                  // 对 TH0、TL0 赋值
    TL0=(65536-50000)%256;                  // 使定时器 0.05 秒中断一次
    TR0=1;                                  // 开始计时
    while(1)
```

```
    {
        display(sec/10, sec%10);
        if(write == 1)                      // 判断计时器是否计时一秒
        {
            write=0;                         // 清 0
            write_add(2, sec);               // 在 24c02 的地址 2 中写入数据 sec
        }
    }
}
void t0() interrupt 1                        // 定时中断服务函数
{
    TH0=(65536-50000)/256;                   // 对 TH0、TL0 赋值
    TL0=(65536-50000)%256;                   // 重装计数初值
    tcnt++;                                  // 每过 50ms, tcnt 加 1
    if(tcnt == 20)                           // 计满 20 次（1 秒）时
    {
        tcnt=0;                              // 重新再计
        sec++;
        write=1;                             // 1 秒写 1 次 24C02
        if(sec == 100)                       // 定时 100 秒, 再从零开始计时
            sec=0;
    }
}
```

分析如下:

① void delay() 是一个微秒级延时函数, 用空语句来实现短时间延时。以前编写的延时函数内部都是用变量递增或是递减来实现延时。在 Keil 软件中设置晶振为 11.0592 MHz 时, 该延时函数延时大概 4～5 μs, 用来操作 I^2C 总线时用。

② void write_add(uchar address,uchar date) 和 uchar read_add(uchar address) 函数分别实现向 AT24C02 的任一地址写 1 字节的数据和从 AT24C02 中任一地址读取 1 字节数据的功能, 函数操作步骤完全遵循前面讲解的操作原理, 请大家参考对照。

③ 在主程序的开始处先读取上次写入 AT24C02 的数据, 下面 2 句是为了防止第一次操作 AT24C02 时出现意外而加的。若是全新的 AT24C02 芯片或是以前已经被别人写过的不知道是什么内容的芯片, 首次上电后读出来的数据我们无法知道, 若是大于 100 的数, 将无法在数码管上显示而造成乱码, 若是 100 以内的数, 还好处理。大家可自行修改程序使错误出现, 再尝试修改程序看能否将错误排除。

```
sec=read_add(2);                            // 读出保存的数据赋给 sec
    if(sec>100)                             // 止首次读取出错误数据
        sec=0;
```

实例演示效果如图 8.3.10 所示。

图 8.3.10　例 8.3.1 效果

第9章 基础运放电路专题

9.1 运放概述及参数介绍

运算放大器（Operation Amplifier，OA），简称"运放"，是运用非常广泛的一种模拟集成电路，其种类繁多，在运用方面可对微弱信号进行放大，还可作为反相器、电压比较器、电压跟随器、积分器、微分器等，并可对电信号做加/减法运算，所以它被称为运算放大器。在学习运放的各种电路之前先来了解与运放有关的参数。

① 放大倍数。运算放大器通常是把较小的电压或电流信号放大成较大的方便后续处理的电压信号，放大倍数就是指输出信号与输入信号的比值，单位是"倍"。如输入电压信号为 10 mv，经过运放放大后其输出电压为 100 mv，那么这里的放大倍数为 10 倍。

② 增益。放大倍数也称为增益，实际是一个概念的两种不同叫法。放大器增益的单位是"分贝"（dB），增益与放大倍数之间的转换关系请看下面知识点的讲解。

放大器级联时，总的放大倍数是各级相乘，用 dB 单位时，总增益就是相加。若某功放前级是 100 倍（20 dB），后级是 20 倍（13 dB），那么总功率放大倍数是 100×20=2000 倍，总增益为 20 dB+13 dB=33 dB。

【知识点】 放大倍数与增益的转换

定义增益时，电压（电流）增益和功率增益的计算公式是不同的，分别如下：

电压　倍数=UO/UI（倍），增益=20lg[UO/UI]（分贝）。

电流　倍数=IO/II（倍），增益=20lg[IO/II]（分贝）。

功率　倍数=PO/PI（倍），增益=10lg[PO/PI]（分贝）。

例如，电压或电流放大倍数为 100 倍，则增益为 20lg[100]=40 dB；功率放大倍数为 1000 倍，则增益为 10lg[1000]=30 dB。

使用 dB 单位有以下几大好处：① 数值变小，读写方便。电子系统的总放大倍数常常是几千、几万甚至几十万倍，一台收音机从天线收到的信号到送入喇叭放音输出要放大 2 万倍左右，用 dB 表示要先取对数，数值就小得多了。② 运算方便。

③ 最大输出电压 U_{OPP}：能使输出和输入保持不失真关系的最大输出电压。

④ 输入失调电压 U_{OS}：在室温及标准电源电压下，为了使静态 U_O=0，而在输入端需要加的补偿电压值称为输入失调电压 U_{OS}，反映了电路中的对称程度和电位配置情况。

⑤ 输入失调电流 I_{OS}：在室温及标准电源电压下，当 U_O=0 时，两输入端静态电流之差。

⑥ 输入偏置电流 I_B：在室温及标准电源电压下，以恒流源驱动两输入端，当 U_O=0 时，两输入端电流的平均值，即 I_B=$(I_{B1}+I_{B2})$/2。

⑦ 开环差模电压增益 A_{uo}：运放没有接反馈电路时的差模电压放大倍数。A_{uo} 愈高，构成的运算电路越稳定，运算精度也越高。

⑧ 单位增益带宽：指闭环增益为 1 时所输出的放大倍数变成 0.707 倍时，输入信号的频率，增益带宽 = 增益×带宽。

⑨ 最大差模输入电压 U_{idm}：指运放两个输入端之间能承受的最大电压差值。超过该值，输入级某一侧将出现 PN 结反向击穿现象。

⑩ 差模输入电阻：开环运放两输入端之间的差模输入信号的动态电阻。

⑪ 最大共模输入电压 U_{icm}：共模输入电压范围，是标准电压下，两输入端在相同电位时的最大输入电压。一旦超过 U_{icm}，其共模抑制比将明显下降。

⑫ 共模抑制比 CMRR：运放开环差模电压放大倍数与其共模电压放大倍数之比。

⑬ 共模输入电阻：每个输入端到地的共模动态电阻。

⑭ 转换速率 SR：表示运放对大信号阶跃输入有多快的反应能力，是在额定大信号输出电压时，运放输出的最大变化速率。

⑮ 全功率带宽 f_{pp}：指在正弦输入且运放接成电压跟随器状态时，在额定输出电流及规定失真条件下的额定输出电压所对应的带宽。

9.2 反相放大器

由于运放涉及的理论知识是相当多的，我们不能在这里一一讲解，如果大家感兴趣，可参考模拟电路等相关书籍。从本节开始，我们讲解运放常用电路的设计方法，如果是一般的单片机外围电路设计，掌握以下运放基本电路知识就够用了。以下使用的原理图都是选取 LM258 双运放中的一路来讲解，其余运放引脚有可能不同，但用法相同。

单电源运放反相放大器电路如图 9.2.1 所示。

反相放大器信号输入与输出之间关系如下：

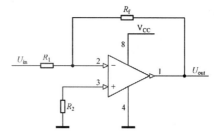

图 9.2.1 单电源运放反相放大器电路

$$U_{out} = -\frac{R_f}{R_1} U_{in}$$

$$R_2 = R_1 /\!/ R_f$$

第一个式子中的负号是指相位取反，当输入信号是关于 0 电位对称的三角波或正弦波时，在运放加入双电源并且能够正常工作的前提下，负号方可起作用。图 9.2.1 中的运放是以单电源形式连接的，其负电源输入端接地。从公式可以看出，当 U_{in} 为正值时，U_{out} 为负值，但是整个系统中并没有负电压，所以 U_{out} 也不可能输出负电压。当 U_{in} 为负电压时，U_{out} 可输出正常放大倍数后的正电压。

R_2 为平衡电阻，用来减小输入偏置电流所带来的失调电压，通常取 R_1 和 R_f 并联后的值（输出失调电压 = 输入失调电压×闭环增益）。

运放输入端的失调电压有两个主要来源：输入偏置电流（Input Bias Current）和输入失调电压（Input offset voltage）。对于给定的运放，输入失调电压就已经确定了，但是由输入失调电流带来的失调电压与所采用的电路结构有关，为了在不使用调整电路的情况下减小偏置电流所带来的失调电压，应该使同相、反相输入端对地的直流电阻相等，使偏置电流在输入电阻上的压降带来的失调电压相互抵消。在低内阻信号源放大器中，运放的输入失调电压将成为失调电压误差的主要来源，而对于高内阻信号源放大器，运放的输入偏置电流在信号源内阻上的压降将成为误差的主要来源。

在高输入阻抗的情况下，失调电压可以采用 R_2 的阻值来调整，利用输入偏置电流在其上的压降来对输入失调电压做出补偿，也就是用这个压降来抵消输入失调电压。

在交流耦合的时候，失调电压显得并不是很重要，这时的主要问题是：失调电压减小了输出电压峰－峰值的线性动态范围。

$$A_u = \frac{U_{out}}{U_{in}} = -\frac{R_f}{R_1}$$

实用中推荐电压放大倍数 A_u 小于 30 dB（约 33 倍），R_1 和 R_f 可在 1 到几百千欧间选取。一般 R_1 取值范围 1～20 kΩ，R_f 取值为 $(1～33)R_1$。这里指出一个误区，使用者在搭建放大电路时，往往加大 R_f/R_1 之值，以获得更大的放大倍数，认为放大倍数越大越好。事实上，当放大倍数大于 33 倍时，已超出运放的线性范围，是不可取的，应予以注意。

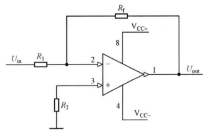

双电源运放反相放大器电路如图 9.2.2 所示，其特点如下：

❖ 输出信号与输入信号反相。

❖ 电压放大倍数由 R_1 和 R_f 的比例确定，易于设计和调试。

❖ 输入电阻较低，是我们不希望的。

❖ 输出电阻较小，这一指标较好。

❖ 共模抑制比 CMRR 较高，抗干扰能力强。

图 9.2.2　双电源运放反相放大器电路

9.3　同相放大器

双电源运放同相放大器电路如图 9.3.1 所示。
同相放大器信号输入与输出之间关系如下：

$$U_{out} = \frac{R_1 + R_f}{R_1} U_{in}$$

图 9.3.1 为高输入阻抗同相放大器电路，其闭环放大倍数为 $(R_1+R_f)/R_1$。与反相放大器相比，其最大的不同在于，其输出信号和输入信号是同相的，输入阻抗也相当高，为运放差模输入阻抗与环路增益的乘积（开环增益=闭环增益×环路增益）。在直流耦合情况下，输入阻抗对于运放电路的影响比起输入电流是次要的，主要相对其在信号源内阻上所带来的压降来说。本电路的应用注意事项除了这一点外，其他与反相放大器相同，即在输入端悬浮的状态下，本电路的输出可能饱和。这在要求运放输出电压范围能够达到电源电压范围的时候很重要。

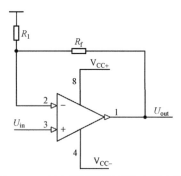

图 9.3.1　双电源运放同相放大器电路

同相放大器的特点如下：

❖ 输出信号与输入信号同相。

❖ 电压放大倍数由 R_1 和 R_f 的比例确定，可以做得比较高。

❖ 由于电路引入深度电压串联负反馈，使输入电阻增大，可高达几兆欧；输出电阻减少，一般可视为 0。输入电阻高是同相放大器的优点。

❖ 同相放大器的共模输入电压不为 0，所以共模抑制比 CMRR 较小，抗干扰能力弱。

9.4 电压跟随器

电压跟随器电路图如图 9.4.1 所示。电压跟随器信号输入与输出之间的关系如下：$U_{out} = U_{in}$。电压跟随器又叫单位增益放大器、缓冲器、射随等。之所以叫电压跟随器，是因为这个电路的输出端电压与输入端电压始终是一样的，在电路中起到缓冲、隔离、提高带载能力的作用，在所有的放大器组态电路中具有最高的输入阻抗（其输入阻抗值为开环增益与差模输入阻抗之积和共模输入阻抗相

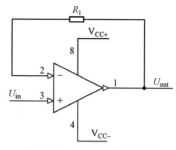

图 9.4.1　电压跟随器电路

并联）。运放有一个特点就是输入高阻抗、输出低阻抗，这就使得它在电路中可以起到阻抗匹配的作用，能够使后一级的放大电路更好地工作，也正因为这个原因使它对前后级电路起到"隔离"作用。

如果有如下极端考虑：当输入阻抗很高时，相当于对前级电路开路；当输出阻抗很低时，相当于给后级电路一个恒压源，即输出电压不受后级电路阻抗的影响。对前级电路相当于开路，输出电压又不受后级阻抗影响的电路也就具备了隔离作用，即使前、后级电路之间互不影响。

9.5 加法器

加法器电路如图 9.5.1 所示。加法器信号输入与输出之间关系如下：

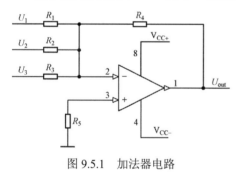

图 9.5.1　加法器电路

$$\begin{cases} U_{out} = -R_4\left(\dfrac{U_1}{R_1} + \dfrac{U_2}{R_2} + \dfrac{U_3}{R_3}\right) \\ R_5 = R_1 // R_2 // R_3 // R_4 \end{cases}$$

求和电路是反相放大器的一种特殊形式，其输出电压为 3 个输入电压加权代数和取反（因为其为反相电路，其每路的增益为负值）。每路输入电压的增益等于其反馈电阻与输入电阻之比。应用时的注意事项与反相放大电路相同，该电路的特点在于，各输入之间互相不影响，求和或取平均的功能容易实现。

9.6 差分放大器

差分放大器电路图如图 9.6.1 所示。差分放大器信号输入与输出之间关系如下：

$$U_{out} = \left(\frac{R_1 + R_2}{R_3 + R_4}\right)\frac{R_4}{R_1}U_2 - \frac{R_2}{R_1}U_1$$

当 $R_1 = R_3$ 且 $R_2 = R_4$ 时，有

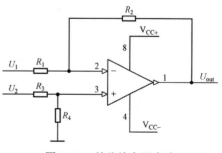

图 9.6.1　差分放大器电路

163

$$\begin{cases} U_{out} = \dfrac{R_2}{R_1}(U_2 - U_1) \\ R_1 // R_2 = R_3 // R_4 \end{cases}$$

差分放大电路是求和电路的发展，可以减小甚至去除两个输入信号中的共模成分。这种电路在运放电路中经常会用到，如差分对单端的转换、抑制共模信号等。

差分电路与反相放大器有内在的联系。两个输入端的输入阻抗没有必要相等，反相放大部分的输入阻抗和反相放大器的计算方法相同，同相放大部分的输入阻抗为 R_3、R_4 之和。在 $R_1=R_3$、$R_2=R_4$、差分输入、单端输出的特殊情况下，两个输入的增益都是 R_2/R_1。在应用中应该注意：两端的输入阻抗是不相等的，要注意输入偏置电流引起的误差。

差分放大电路的特点如下：
- ❖ 多用于将双端输入的差动信号变为单端信号。
- ❖ 共模抑制比 CMRR 较高。
- ❖ 在使用时尽量使电路对称，否则将使共模抑制比大为降低。

9.7 微分器

微分器电路如图 9.7.1 所示。对微分器电路有如下关系：

$$U_{out} = -R_1 C_1 \frac{d}{dt}(U_{in}) , \qquad R_1 = R_2$$

微分器电路用于实现数学上的微分运算，这里给出的电路形式并不是实际的应用形式。由于 6 dB/2 倍频的交流增益特性，其对高频噪声相当敏感。在反馈环路中，R_1C_1 组成了一个等效的低通滤波器，由于其在反馈环中 90°的相移，即使对单位增益采取了补偿措施，在这里也可能出现稳定性问题。对微分器实际应用电路有以下关系：

$$f_C = \frac{1}{2\pi R_2 C_1} , \qquad f_h = \frac{1}{2\pi R_1 C_1} = \frac{1}{2\pi R_2 C_2} , \qquad f_C < f_h < f_{unity\ gain}$$

式中，$f_{unity\ gain}$ 表示单位增益带宽。

图 9.7.2 是微分器的实际应用电路，考虑了稳定性因素和噪声因素，增加了 R_1 和 C_2。R_2C_2 在反馈环路上构成了一个 6dB/2 倍频的高频衰减网络，R_1C_1 在输入上构成了一个 6 dB/2 倍频衰减网络，这样整个频率特性呈现为 12dB/2 倍频的高频衰减，抑制了由于高频信号输入运放所带来的噪声。

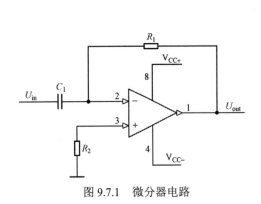

图 9.7.1　微分器电路

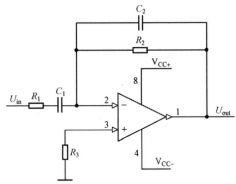

图 9.7.2　微分器实际应用电路

R_1C_1、R_2C_2 一同在反馈环路上构成了一个网络，如果将其频点设置在运放的单位增益带宽内，其将提供 90° 前向相移，以补偿由 R_2C_1 带来的 90° 相位滞后，提高环路的稳定性。

9.8 积分器

积分器电路如图 9.8.1 所示。对积分器电路有以下关系式：

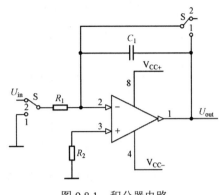

图 9.8.1 积分器电路

$$\begin{cases} U_{out} = \dfrac{1}{R_1C_1} \displaystyle\int_{t_1}^{t_2} U_{in} dt \\[2mm] f_C = \dfrac{1}{2\pi R_1C_1} \\[2mm] R_1 = R_2 \end{cases}$$

积分器用于实现数学上的积分运算。在本质上，积分器可以看成一个呈 6 dB/2 倍频频率特性的 LPF，积分器必须加入初始化电路，以给电路创造积分的初始化条件。图 9.8.1 中 S 的目的就在于此，当 S 在 1 位置时，运放工作在单位增益（电压跟随器）状态，电容 C_1 上的电荷被释放掉，使得积分初始值为 0；当 S 在 2 位置时，运放工作在积分器状态，其输出是输入信号电压幅度对时间的积分与一个常数之积。在使用本电路时要注意两点：运放在单位增益状态下应能稳定；R_1、R_2 的阻值必须相等，以减小输入偏置电压所带来的误差。

【知识点】 积分器使用技巧

实际应用中，受运放的输入偏置电流和输入失调电压的影响很大，所以在设计积分器时应使用高精度的运算放大器，主要考虑的参数有输入偏置电流、输入失调电压和开环增益等。

积分器的另一个误差源是电容的漏电电流。电解电容的漏电电流为 μA 级，不能作为积分电容，因此选用泄漏电阻大的电容器，如薄膜电容、聚苯乙烯电容器，以减少积分误差。

9.9 比较器

如果运算放大器工作于开环或正反馈状态，则运放输出处于非线性区，只有高电平 U_{OH} 或低电平 U_{OL} 两种状态，这是电压比较的基本原理。电压比较器可用于波形变换、整形、检测报警等。

电压比较器有如下两个重要的概念。

① 阈值电压：又称为门槛电压、比较电平，记为 U_{TH}，是使比较器输出电压发生跳变的 U_i 值。

② 传输特性：U_o 与 U_i 在直角坐标系中的关系。

1. 简单电压比较器

反相输入过零比较器电路如图 9.9.1(a) 所示：

$$U_o = \beta(U_+ - U_-)$$

因为 $U_+ = 0$（接地），$U_- = U_i$（输入），$\beta \to \infty$（开环增益），所以 $U_o = -\beta U_- = -\beta U_i$。当 $U_i > 0$ 时，有 $U_o = -\beta U_i = -\infty$。

运放最大输出负电压为V_{CC-}，所以$U_O = U_{OL} = V_{CC-}$。当$U_i < 0$时，$U_O = -\beta U_i = +\infty$。运放最大输出正电压为$V_{CC+}$，所以此时$U_O = U_{OH} = V_{CC+}$。

反相输入过零比较器传输特性如图 9.9.1(b)所示，阈值电压U_{TH}=0 V。

正相输入过零比较器电路及其传输特性如图 9.9.2 所示。

(a) (b)

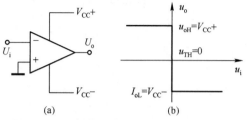

图 9.9.1　反相输入过零比较器及其传输特性

(a) (b)

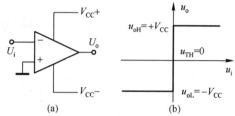

图 9.9.2　正相输入过零比较器及其传输特性

如将上述两类比较器接地端联接比较电压U_r（如图9.9.3所示），则$U_{TH}=U_r$。如果$U_i \neq U_r$，输出高电平或低电平，读者可仿照上例自行推导传输特性。如在比较器输出端接两个稳压二极管，如图 9.9.4(a)所示，则可将输出高低电平稳定在$\pm U_Z$，如图 9.9.4(b)所示。

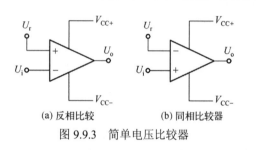

(a) 反相比较　(b) 同相比较器

图 9.9.3　简单电压比较器

(a) (b)

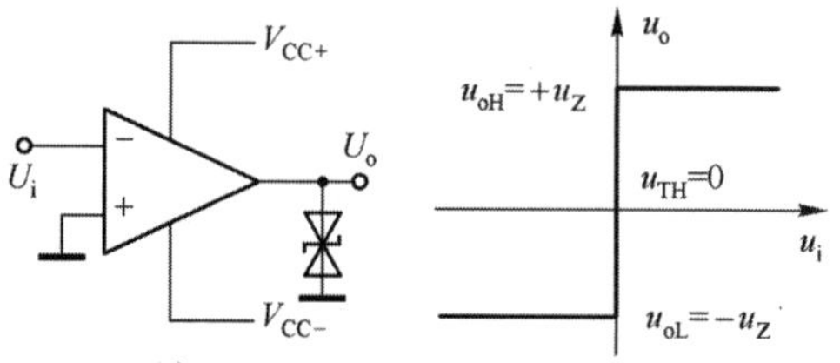

图 9.9.4　双向限幅过零比较器及其传输特性

2．滞回比较器

滞回比较器又称施密特触发器，迟滞比较器。其特点是当输入信号U_i逐渐增大或逐渐减小时，有两个阈值，且不相等，其传输特性具有“滞回”曲线的形状。

滞回比较器也有反相输入和同相输入两种方式，其电路及传输特性如图 9.9.5 所示。

(a) 反相输入　(b) 同相输入

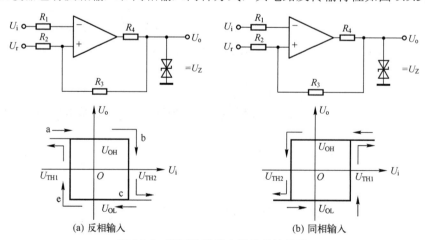

图 9.9.5　滞回比较器电路及传输特性

设 U_r 是某一固定电压，改变 U_r 值能改变阈值及回差大小。U_{oH} 为输出高电平，U_{oL} 为输出低电平，则上门限电平为

$$U_{TH1} = \frac{R_3 U_r + R_2 U_{oH}}{R_2 + R_3} = \frac{R_3 U_r + R_2 U_Z}{R_2 + R_3}$$

下门限电平为

$$U_{TH2} = \frac{R_3 U_r + R_2 U_{oH}}{R_2 + R_3} = \frac{R_3 U_r - R_2 U_Z}{R_2 + R_3}$$

滞回比较器能将连续变化的周期信号变换为矩形波，如图 9.9.6 所示。由于滞回比较器有回差电压存在，大大提高了电路的抗干扰能力，因此回差 ΔU_{TH} 越大，抗干扰能力越强。

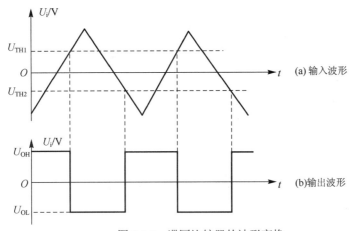

图 9.9.6　滞回比较器的波形变换

第3篇
提 高 篇

第2篇初步涉及51单片机定时器和串行口的简单应用，本篇继续讲解51单片机定时器和串行口的其他应用方式，学习方法还是多练习，多实践，多写程序，多总结。

读者将接触定时器捕获、自动装载和波特率发生器等高级应用，以及利用串口进行单片机双机和多机通信等内容。这些知识点是灵活拓展单片机应用，搭建智能化电子系统的关键。读者可通过观察实验现象和解析程序，循序渐进地克服学习难点。

本篇末将重点讲授C语言"精髓"——指针。指针在C语言中应用极为广泛，可以直接、快速地处理各类数据，使C语言程序简洁、紧凑、高效。通过深入的学习和灵活运用指针，读者可充分体会到C语言编程的魅力和艺术。

▶ 定时器/计数器应用提高
▶ 串行口应用提高
▶ 指针

第10章　定时器/计数器应用提高

10.1　方式 0 应用

第 3 章的 3.4 节和 3.5 节中详细讲解了单片机的中断和定时器 1 的应用，本节通过一个例子讲解单片机定时器方式 0 的应用。在学习本节之前，大家最好先将前面讲解过的定时器 1 的内容看一看，对比学习会更容易掌握。

通过设置 TMOD 寄存器中的 M1M0 位为 00 选择定时器方式 0，方式 0 的计数位数是 13 位，对 T0 来说，由 TL0 寄存器的低 5 位（高 3 位未用）和 TH0 的 8 位组成。TL0 的低 5 位溢出时向 TH0 进位，TH0 溢出时，置位 TCON 中的 TF0 标志，向 CPU 发出中断请求。其逻辑结构如图 10.1.1 所示。

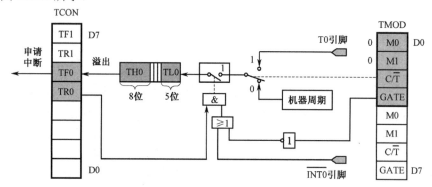

图 10.1.1　定时器方式 0 逻辑结构

由于定时器方式 0 为 13 位计数器，即最多能装载的数为 2^{13}=8192 个，当 TL0 和 TH0 的初始值为 0 时，最多经过 8192 个机器周期该计数器就会溢出一次，向 CPU 申请中断。

总结如下：当用定时器的方式 0 时，设机器周期为 T_{cy}，定时器产生一次中断的时间为 t，那么需要计数的个数 $N=t/T_{cy}$，装入 THX 和 TLX 中的数分别为

$$THX=(8192-N)/32 \qquad\qquad TLX=(8192-N)\%32$$

先计算机器周期 T_{cy}，TX-1C 实验板上时钟频率为 11.0592MHz，那么机器周期为 $12\times(1/11059200)\approx1.0851\ \mu s$，若 t=5 ms，那么 N=5000/1.0851$\approx$4607，这是晶振在 11.0592 MHz 下定时 5 ms 时初值的计算方法。当晶振为 12 MHz 时，计算起来就比较方便了，用同样方法可算得 N=5000。

编写单片机定时器程序的步骤在前面已经讲过，这里再重复一遍：① 对 TMOD 赋值，以确定 T0 和 T1 的工作方式；② 计算初值，并将初值写入 TH0、TL0 或 TH1、TL1；③ 中断方式时，对 IE 赋值，开放中断；④ 使 TR0 或 TR1 置位，启动定时器/计数器定时或计数。

下面通过一个实例来讲解定时器 0 方式 0 的具体用法。

【例 10.1.1】　利用定时器 0 工作方式 0，在 TX-1C 实验板上实现第一个发光管以 1 s 亮

灭闪烁。新建文件 part3.1.1.c，程序代码如下：

```
#include <reg52.h>              // 52 系列单片机头文件
#define uchar unsigned char
#define uint unsigned int
sbit led1=P1^0;
uchar num;
void main()
{
    TMOD=0x00;                  // 设置定时器 0 为工作方式 0(0000 0000)
    TH0=(8192-4607)/32;         // 装初值
    TL0=(8192-4607)%32;
    EA=1;                       // 开总中断
    ET0=1;                      // 开定时器 0 中断
    TR0=1;                      // 启动定时器 0
    while(1)                    // 程序停止在这里等待中断发生
    {
        if(num == 200)          // 如果到了 200 次，说明 1 秒时间到
        {
            num=0;              // 然后把 num 清 0 重新再计 200 次
            led1=~led1;         // 让发光管状态取反
        }
    }
}
void T0_time() interrupt 1
{
    TH0=(8192-4607)/32;         // 重装初值
    TL0=(8192-4607)%32;
    num++;
}
```

分析如下：这里用"TH0=(8192-4607)/32;"对 32 求模是因为定时器方式 0 为 13 位计数器，计数时只使用了 TL0 的低 5 位，这 5 位中最多装载 32 个数，再加 1 便会进位，与 16 位计数器装载 256 个数有所不同，因此在这里是对 32 求模，求余同理。

10.2 方式 2 应用

在定时器的方式 0 和方式 1 中，当计数溢出后，计数器变为 0，因此在循环定时或循环计数时必须要用软件反复设置计数初值，这必然会影响到定时的精度，同时也给程序设计带来很多麻烦，本节讲解的定时器方式 2 可解决软件反复装初值所带来的问题。

通过设置 TMOD 寄存器中的 M1M0 位为 10 选择定时器方式 2，方式 2 被称为 8 位初值自动重装的 8 位定时器/计数器，THX 被作为常数缓冲器，当 TLX 计数溢出时，在溢出标志 TFX 置 1 的同时，自动将 THX 中的常数重新装入 TLX 中，使 TLX 从初值开始重新计数，这样避免了人为软件重装初值所带来的时间误差，从而提高了定时的精度。定时器方式 2 的逻辑结构如图 10.2.1 所示。

方式 2 特别适合用做较精确的脉冲信号发生器，因为其只有 8 位计数器，需要较长时间定时会给编写程序带来麻烦，同时可能影响到精度。如果使用一般的较精确定时，用方式 0

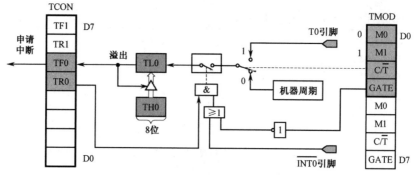

图 10.2.1 定时器方式 2 逻辑结构

或方式 1 足够了，若要做精确的频率较高的信号发生器，可以选用方式 2，但此时的晶振频率务必要选择精准，一定要是 12 的整数倍，因为这样计算机器周期时才不会产生误差。

由于定时器方式 0 为 8 位计数器，即最多能装载的数为 2^8=256 个，当 TL0 和 TH0 的初始值为 0 时，最多经过 256 个机器周期该计数器就会溢出，若使用 12 MHz 晶振，也只有 256 μs 的时间，若使用 11.0592 MHz 晶振，那计算机器周期时，晶振自身产生的误差也已经不少了，再加上累积过程，误差便会更大。

总结如下：当用定时器方式 0 时，设机器周期为 T_{cy}，定时器产生一次中断的时间为 t，那么需要计数的个数 $N=t/T_{cy}$，装入 THX 和 TLX 中的数分别为

$$THX=256-N \qquad TLX=256-N$$

先计算机器周期 T_{cy}，TX-1C 实验板上时钟频率为 11.0592 MHz，那么机器周期为 $12\times(1/11059200)\approx1.0851$ μs，以计时 1 s 为例，当计 250 个数时，需耗时 $1.0851\times250=271.275$ μs。再来计算定时 1s 计数器需要溢出多少次，即 $1000000/271.275\approx3686$，这是晶振在 11.0592 MHz 下定时 1s 时计数器溢出次数的计算方法。当晶振为 12 MHz 时，计算起来就非常方便了，用同样方法可算得计数器溢出次数为 4000 次。

下面通过一个实例来讲解 51 单片机定时器方式 2 的具体使用过程。

【例 10.2.1】 利用定时器 0 工作方式 2，在 TX-1C 实验板上实现第一个发光管以 1s 亮灭闪烁。新建文件 part3.1.2.c，程序代码如下：

```
#include <reg52.h>              // 52 系列单片机头文件
#define uchar unsigned char
#define uint unsigned int
sbit led1=P1^0;
uint num;
void main()
{
    TMOD=0x02;                 // 设置定时器 0 为工作方式 2(0000 0010)
    TH0=6;                     // 装初值
    TL0=6;

    EA=1;                      // 开总中断
    ET0=1;                     // 开定时器 0 中断
    TR0=1;                     // 启动定时器 0
    while(1)                   // 程序停止在这里等待中断发生
    {
        if(num == 3686)        // 如果到了 3686 次，说明 1 秒时间到
        {
            num=0;             // 然后把 num 清 0，重新计 3686 次
```

```
        led1=~led1;                    // 让发光管状态取反
    }
  }
}
void T0_time() interrupt 1
{
    num++;
}
```

分析如下：

① 注意 "uint num;"，原来的语句是 "uchar num;"，因为这里需要计的数是 3686，已经远远超过了 uchar 的范围，所以必须修改变量的类型，这是大多数初学者容易忽视的问题。

② 在中断服务程序中只有一条语句 "num++;"，因为方式 2 为自动重装模式，已经不再需要人为装载初值了。

③ 经过亲自做实验，也许大家已经感觉到，这里的小灯闪烁频率与 1 s 之间还是有一定的误差的，这是正常现象，大家不必怀疑是不是自己的程序出了问题，这是因为 TX-1C 实验板上使用 11.0592 MHz 晶振的缘故。大家弄明白问题产生的原因是关键，如果更换晶振为 12 MHz，并且将计数值改为 4000，将得到非常精确的 1 s 时间。

10.3 方式 3 应用

方式 3 只适用于定时器/计数器 T0，当设定定时器 T1 处于方式 3 时，定时器 T1 不计数。方式 3 将 T0 分成两个独立的 8 位计数器 TL0 和 TH0，定时器方式 3 的逻辑结构如图 10.3.1 所示。

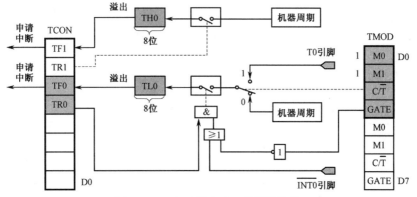

图 10.3.1 定时器方式 3 的逻辑结构

通过设置 TMOD 寄存器中的 M1M0 位为 11 选择定时器方式 3，分析图 10.3.1 可知，方式 3 时定时器 T0 被分成两个独立的计数器。其中 TL0 为正常的 8 位计数器，计数溢出后置位 TF0，并向 CPU 申请中断，之后再重装初值。TH0 也被固定为一个 8 位计数器，不过由于 TL0 已经占用了 TF0 和 TR0，因此这里的 TH0 将占用定时器 T1 的中断请求标志 TF1 和定时器启动控制位 TR1。

因为定时器 T0 在方式 3 时会占用定时器 T1 的中断标志位，为了避免中断冲突，在设计程序时一定注意，当 T0 工作在方式 3 时，T1 一定不要用在有中断的场合。当然，T1 照样可以正常工作在方式 0、方式 1、方式 2 下，但无论哪种工作方式，都不可以使用它的中断，因为定时器 T0 要使用 T1 的中断。通常在这种情况下，T1 都被用来当做串行口的波特率发生器。

下面通过一个实例来讲解 51 单片机定时器方式 3 的具体使用过程。

【例 10.3.1】 利用定时器 0 工作方式 3，在 TX-1C 实验板上实现如下描述：用 TL0 计数器对应的 8 位定时器实现第一个发光管以 1 s 亮灭闪烁，用 TH0 计数器对应的 8 位定时器实现第二个发光管以 0.5 s 亮灭闪烁。新建文件 part3.1.3.c，程序代码如下：

```c
#include <reg52.h>              // 52 系列单片机头文件
#define uchar unsigned char
#define uint unsigned int
sbit led1=P1^0;
sbit led2=P1^1;
uint num1, num2;
void main()
{
  TMOD=0x03;                    // 设置定时器 0 为工作方式 3(0000 0011)
  TH0=6;                        // 装初值
  TL0=6;
  EA=1;                         // 开总中断
  ET0=1;                        // 开定时器 0 中断
  ET1=1;                        // 开定时器 1 中断
  TR0=1;                        // 启动定时器 0
  TR1=1;                        // 启动定时器 0 的高 8 位计数器
  while(1)                      // 程序停止在这里等待中断发生
  {
    if(num1 >= 3686)           // 如果到了 3686 次，说明 1 秒时间到
    {
      num1=0;                  // 然后把 num1 清 0，重新计 3686 次
      led1=~led1;              // 让发光管状态取反
    }
    if(num2 >= 1843)           // 如果到了 1843 次，说明半秒时间到
    {
      num2=0;                  // 然后把 num2 清 0，重新计 1843 次
      led2=~led2;              // 让发光管状态取反
    }
  }
}
void TL0_time() interrupt 1
{
  TL0=6;                        // 重装初值
  num1++;
}void TH0_time() interrupt 3
{
  TH0=6;                        // 重装初值
  num2++;
}
```

分析如下：

① 8 位定时器使用说明请看 1.2 节的内容，这里用到定时器 T0 的两个独立的 8 位定时

器分别定时 1 s 和 0.5 s。TL0 定时 1 s，进入中断次数为 3686 次；TH0 定时 0.5 s，进入中断 1843 次，分别在定时器 0 和定时器 1 的中断服务程序中计数。

② 10.2 节中判断计时次数用的是"if(num==3686);"语句，本程序使用"if(num1>=3686);"语句，更合理和安全的用法应该是按本节中的写法，原因如下：10.2 节中主程序始终停止在判断 num 是否已经增加到了 3686 这个数上，如果一旦到达，程序会立即得出正确的判断，并且执行相应代码；可是本节中除了要判断 num1 是否加到 3686 外，还要判断 num2 是否加到了 1843，如果本节也使用"=="的话，若 num1 刚好加到了 3686，程序进入 if(num1==3686) 中，并且执行相应代码，此时恰好 num2 也到了 1843。程序执行完 if(num1==3686)中的语句后，跳出来判断 if(num2==1843)，这时 num2 可能已经是 1844 或 1845 或更大的数了，那么这次判断将丢失一次 num2==1843 的机会，这样程序必然出现错误，但是使用">="就不会错过任何一次应有的判断，务请大家注意。在以后编写其他程序时也要特别留意这一点。

10.4 52 单片机定时器 2 介绍

与 51 单片机相比，除了其内部程序存储容量增大外，52 单片机还多了一个 T2 定时器/计数器。定时器 2 是一个 16 位定时器/计数器，通过设置特殊功能寄存器 T2CON 中的 C/$\overline{\text{T2}}$ 位，可将其设置为定时器或计数器；通过设置 T2CON 中的工作模式选择位可将定时器 2 设置为三种工作模式，分别为捕获、自动重新装载（递增或递减计数）和波特率发生器。

【知识点】 捕获

捕获就是捕捉某一瞬间的值，通常用来测量外部某个脉冲的宽度或周期。使用捕获功能可以非常准确地测量出脉冲宽度或周期，它的工作原理是：单片机内部有两组寄存器，其中一组的内部数值是按固定机器周期递增或递减，通常这组寄存器就是定时器的计数器寄存器（TLX，THX），当与捕获功能相关的外部某引脚有一个负跳变时，捕获便会立即将此时第一组寄存器中的数值准确地获取，并且存入另一组寄存器中，即"陷阱寄存器"（RCAPXL，RCAPXH），同时向 CPU 申请中断，以方便软件记录。当该引脚的下一次负跳变来临时，便会产生另一个捕获，再次向 CPU 申请中断，软件记录两次捕获之间数据后，便可以准确地计算出该脉冲的周期。

【知识点】 定时器 2 控制寄存器 T2CON

T2CON 寄存器用来设定与定时器 2 有关的一些操作，字节地址为 C8H，该寄存器可进行位寻址，即可对该寄存器的每一位进行单独操作。单片机复位时 T2CON 全部被清 0，其各位定义如表 10.4.1 所示。

表 10.4.1 定时器 2 控制寄存器 T2CON

位序号	D7	D6	D5	D4	D3	D2	D1	D0
位符号	TF2	EXF2	RCLK	TCLK	EXEN2	TR2	C/$\overline{\text{T2}}$	CP/RL2

TF2—定时器 2 溢出标志位。定时器 2 溢出时置位，必须由软件清 0。当 RCLK=1 或 TCLK=1 时，TF2 将不会置位。

EXF2—定时器 2 外部标志。当 EXEN2=1 且 T2EX（单片机的 P1.1 口）的负跳变产生捕获或重装时，EXF2 置位。定时器 2 中断使能时，EXF2=1 将使 CPU 进入定时器 2 的中断服务程序。EXF2 位必须用软件清 0。在递增/递减计数器模式（DCEN=1）中，EXF2 不会引起中断。

RCLK—接收时钟标志。RCLK=1 时，定时器 2 的溢出脉冲作为串行口模式 1 或模式 3 的接收时钟；RCLK=0 时，将定时器 1 的溢出脉冲作为接收时钟。

TCLK—发送时钟标志。TCLK=1 时，定时器 2 的溢出脉冲作为串行口模式 1 和模式 3 的发送时钟；TCLK=0 时，将定时器 1 的溢出脉冲作为发送时钟。

EXEN2—定时器 2 外部使能标志。当 EXEN2=1 且定时器 2 未作为串行口时钟时，允许 T2EX 的负跳变产生捕获或重装；当 EXEN2=0 时，T2EX 的跳变对定时器 2 无效。

TR2—定时器 2 启动/停止控制位。置 1 启动定时器 2，清 0 停止定时器 2。

C/$\overline{\text{T2}}$—T2 的定时器/计数器选择位。C/$\overline{\text{T2}}$=1，外部事件计数器（下降沿触发）；C/$\overline{\text{T2}}$=0，内部定时器。

CP/RL2—捕获/重装标志。CP/RL2=1 且 EXEN2=1 时，T2EX 的负跳变产生捕获。CP/RL2=0 且 EXEN2=0 时，定时器 2 溢出或 T2EX 的负跳变都可使定时器自动重装。当 RCLK=1 或 TCLK=1 时，该位无效且定时器强制为溢出时自动重装。

表 10.4.2 为定时器/计数器 2 的工作模式。

表 10.4.2 定时器/计数器 2 的工作模式

RCLK+TCLK	CP/RL2	TR2	模 式
0	0	1	16 位自动重装
0	1	1	16 位捕获
1	×	1	波特率发生器
×	×	0	关闭

1. 捕获模式

在捕获模式中，通过 T2CON 中的 EXEN2 设置两个选项。

当 EXEN2=0 时，定时器 2 作为一个 16 位定时器或计数器（由 T2CON 中 C/$\overline{\text{T2}}$ 位选择），溢出时置位 TF2（定时器 2 溢出标志位）。该位可用于产生中断（通过使能 IE 寄存器中的定时器 2 中断使能位）。

当 EXEN2=1 时，与以上描述相同，但增加了一个特性，即外部输入 T2EX 由 1 变 0 时，将定时器 2 中 TL2 和 TH2 的当前值各自捕获到 RCAP2L 和 RCAP2H。另外，T2EX 的负跳变使 T2CON 中的 EXF2 置位，EXF2 也像 TF2 一样能够产生中断（其中断向量与定时器 2 溢出中断地址相同，在定时器 2 中断服务程序中可通过查询 TF2 和 EXF2 来确定引起中断的事件），捕获模式逻辑结构如图 10.4.1 所示。在该模式中，TL2 和 TH2 无重新装载值，甚至当 T2EX 引脚产生捕获事件时，计数器仍以 T2 脚的负跳变或振荡频率的 1/12 计数。

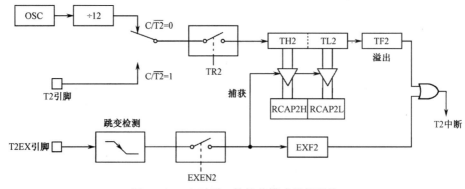

图 10.4.1 定时器 2 的捕获模式逻辑结构

2. 自动重装模式（递增/递减计数器）

16 位自动重装模式中，定时器 2 可通过 C/$\overline{\text{T2}}$ 配置为定时器或计数器，并且可编程控制递增/递减计数。计数的方向由 DCEN（递减计数使能位）确定，它位于 T2MOD 寄存器中，T2MOD 寄存器各位的功能请看下一个知识点。当 DCEN=0 时，定时器 2 默认为向上计数；当 DCEN=1 时，定时器 2 可通过 T2EX 确定递增或递减计数。图 10.4.2 显示了当 DCEN=0 时，定时器 2 自动递增计数的过程。在该模式中，通过设置 EXEN2 位进行选择。

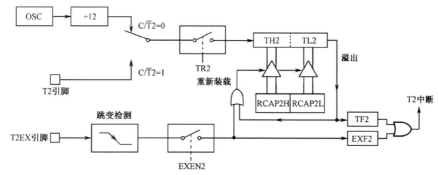

图 10.4.2　定时器 2 自动重装模式（DCEN=0）逻辑结构

当 EXEN2=0 时，定时器 2 递增计数到 0FFFFH，并在溢出后将 TF2 置位，然后将 RCAP2L 和 RCAP2H 中的 16 位值作为重新装载值装入定时器 2。RCAP2L 和 RCAP2H 的值是通过软件预设的，其逻辑结构见图 10.4.2。

当 EXEN2=1 时，16 位重新装载可通过溢出或 T2EX 从 1 到 0 的负跳变实现。此负跳变同时将 EXF2 置位。如果定时器 2 中断被使能，则当 TF2 或 EXF2 置 1 时产生中断。在图 10.4.3 中，DCEN=1 时，定时器 2 可递增或递减计数。此模式允许 T2EX 控制计数的方向。当 T2EX 置 1 时，定时器 2 递增计数，计数到 0FFFFH 后溢出并置位 TF2，还将产生中断（如果中断被使能）。定时器 2 的溢出将使 RCAP2L 和 RCAP2H 中的 16 位值作为重新装载值放入 TL2 和 TH2。当 T2EX 清 0 时，将使定时器 2 递减计数。当 TL2 和 TH2 计数到等于 RCAP2L 和 RCAP2H 时，定时器产生中断，其逻辑结构如图 10.4.3 所示。

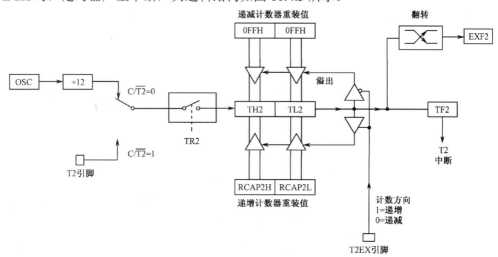

图 10.4.3　定时器 2 自动重装模式（DCEN=1）逻辑结构

【知识点】 定时器 2 模式控制寄存器 T2MOD

定时器 2 模式控制寄存器 T2MOD 用来设定定时器 2 自动重装模式递增或递减模式，字节地址为 C9H，不可位寻址。单片机复位时 T2MOD 全部被清 0，其各位定义如表 10.4.3 所示。--—保留未使用。T2OE—定时器 2 输出使能位。DCEN—向下计数使能位。

表 10.4.3　定时器 2 模式控制寄存器 T2MOD

位序号	D7	D6	D5	D4	D3	D2	D1	D0
位符号	--	--	--	--	--	--	T2OE	DCEN

3. 波特率发生器模式

寄存器 T2CON 的 TCLK 和 RCLK 位允许从定时器 1 或定时器 2 获得串行口发送和接收的波特率。当 TCLK=0 时，定时器 1 作为串行口发送波特率发生器；当 TCLK=1 时，定时器 2 作为串行口发送波特率发生器。RCLK 对串行口接收波特率有同样的作用。通过这两位，串行口能得到不同的接收和发送波特率，一个通过定时器 1 产生，另一个通过定时器 2 产生。

图 10.4.4 为定时器 2 工作在波特率发生器模式时的逻辑结构。与自动重装模式相似，当 TH2 溢出时，波特率发生器模式使定时器 2 寄存器重新装载来自寄存器 RCAP2H 和 RCAP2L 的 16 位的值，寄存器 RCAP2H 和 RCAP2L 的值由软件预置。

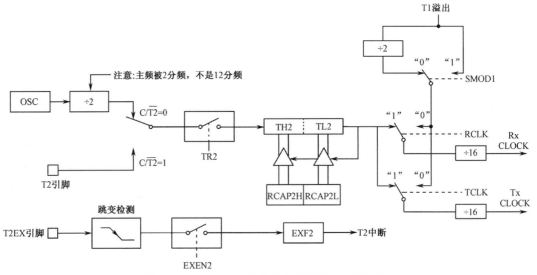

图 10.4.4　定时器 2 波特率发生器模式逻辑结构

当定时器 2 配置为计数方式时，外部时钟信号由 T2 引脚进入，当工作于模式 1 和模式 3 时，波特率由下面给出的公式所决定：

模式 1 和模式 3 的波特率=定时器 2 的溢出率/16

定时器/计数器可配置成"定时"或"计数"方式，在许多应用上，定时器被设置在"定时"方式（C/$\overline{T2}$ =0）。当定时器 2 作为定时器时，它的操作不同于波特率发生器。通常定时器 2 作为定时器时，它会在每个机器周期递增（1/12 振荡频率）；当定时器 2 作为波特率发生器时，它以 1/2 振荡器频率递增，这时计算波特率的公式如下：

模式 1 和模式 3 的波特率=振荡器频率/32×[65536–(RCAP2H, RCAP2L)]

式中，(RCAP2H, RCAP2L)是 RCAP2H 和 RCAP2L 的内容，为 16 位无符号整数。

定时器 2 是作为波特率发生器，仅当寄存器 T2CON 中的 RCLK 或 TCLK=1 时，定时器 2 作为波特率发生器才有效（见图 10.4.4）。注意，TH2 溢出并不置位 TF2，也不产生中断。这样当定时器 2 作为波特率发生器时，定时器 2 中断不必被禁止。如果 EXEN2（T2 外部使能标志）被置位，在 T2EX 中由 1 到 0 的跳变时会置位 EXF2（T2 外部标志位），但并不导致 (TH2, TL2) 重新装载(RCAP2H, RCAP2L)。当定时器 2 用做波特率发生器时，如果需要，T2EX 可用做附加的外部中断。

当定时器工作在波特率发生器模式时，不要对 TH2 和 TL2 进行读或写，每隔一个状态时间（$f_{osc}/2$）或由 T2 进入的异步信号，定时器 2 的计数器都将加 1。在此情况下，对 TH2 和 TH1 进行读或写是不准确的；可对 RCAP2 寄存器进行读，但不要进行写，否则将导致自动重装错误。当对定时器 2 的寄存器 RCAP2 进行访问时，应关闭定时器（TR2 清 0）。

4. 定时器/计数器 2 的设置

除了波特率发生器模式，T2CON 不包括 TR2 位的设置，TR2 位需单独设置来启动定时器。表 10.4.4 和表 10.4.5 分别列出了 T2 为定时器和计数器的具体设置方法。

表 10.4.4　T2 为定时器的设置

模　式	T2CON	
	内部控制	外部控制
16 位重装	00H	08H
16 位捕获	01H	09H
波特率发生器接收和发送相同波特率	34H	36H
只接收	24H	26H
只发送	14H	16H

表 10.4.5　T2 为计数器的设置

模　式	T2CON	
	内部控制	外部控制
16 位	02H	0AH
自动重装	03H	0BH

内部控制：仅当定时器溢出时进行捕获和重装。

外部控制：当定时器/计数器溢出并且 T2EX（P1.1）发生电平负跳变时产生捕获和重装（定时器 2 用于波特率发生器模式时除外）。

5. 可编程时钟输出

对 52 系列单片机，可设定定时器/计数器 2 通过 P1.0 引脚输出时钟。P1.0 引脚除用做通用 I/O 口外，还有两个功能可供选用：用于定时器/计数器 2 的外部计数输入和定时器/计数器 2 时钟信号输出。图 10.4.5 为时钟输出和外部事件计数方式示意。

通过软件对 T2CON.1 位 C/$\overline{\text{T2}}$ 设置为 0，对 T2MOD.1 位 T2OE 设置为 1 就可将定时器/计数器 2 选定为时钟信号发生器，而 T2CON.2 位 TR2 控制时钟信号输出开始或结束（TR2 为启/停控制位），由主振荡器频率和定时器/计数器 2 定时、自动再装入方式的计数初值决定时钟信号的输出频率。其设置公式如下：

时钟信号输出频率=振荡器频率/ 4×[65536–(RCAP2H, RCAP2L)]

在主振荡器频率设定后，时钟信号输出频率就取决于定时计数初值的设定。在时钟输出模式下，计数器回 0 溢出不会产生中断请求。这种功能相当于定时器/计数器 2 用做波特率发生器，又可以作为时钟发生器。但必须注意，无论如何，波特率发生器和时钟发生器不能单独确定各自不同的频率，原因是两者用同一个陷阱寄存器 RCAP2H 和 RCAP2L，不可能出现两个计数初值。

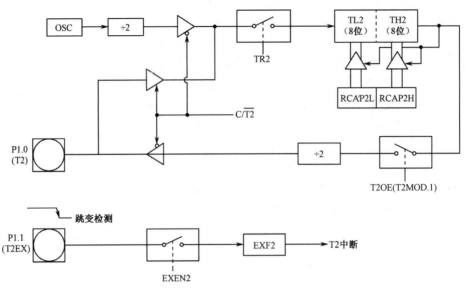

图 10.4.5 时钟输出和外部事件计数方式示意

10.5 计数器应用

计数器功能是对外来脉冲信号计数，52 单片机有 T0（P3.4）、T1（P3.5）和 T2（P1.0）三个输入引脚，分别是这三个计数器的计数脉冲输入端，在设置计数器工作状态时，每当外部输入的脉冲发生负跳变时，计数器加 1，直到加满溢出，向 CPU 申请中断，以此重复。

虽然单片机具有对外来脉冲计数的功能，但并不是说任意频率的脉冲都可直接计数，单片机的晶振频率限制了所测计数脉冲的最高频率。在讲解计数原理之前先来了解两个概念。

机器周期：包含 6 个状态周期，用 S1，S2，…，S6 表示，共 12 个节拍，依次可表示为 S1P1，S1P2，S2P1，S2P2，…，S6P1，S6P2，如图 10.5.1 所示。

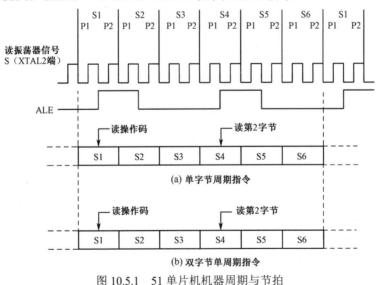

图 10.5.1 51 单片机机器周期与节拍

指令周期：执行一条指令所占用的全部时间，以机器周期为单位。MCS-51 系列单片机除乘法、除法指令是 4 周期指令外，其余都是单周期指令和双周期指令。若用 12 MHz 晶振，则单周期指令和双周期指令的指令周期时间分别为 1 μs 和 2 μs，乘法和除法指令为 4 μs。

当定时器/计数器设定为计数器时，计数脉冲来自相应的外部输入引脚 T0（P3.4）、T1（P3.5）或 T2（P1.0）。当输入信号产生由 1 到 0 的负跳变时，计数器的值加 1。每个机器周期的 S5P2 期间，对外部输入引脚进行采样。如在第一个机器周期中采得的值为 1，而在下一个周期中采得的值为 0，则在紧跟的再下一个机器周期 S3P1 期间，计数器加 1。由于确认一次负跳变需要花两个机器周期，即 24 个振荡周期，因此外部输入计数脉冲的最高频率为振荡器频率的 1/24。例如，选用 6 MHz 频率的晶振，允许输入的外部脉冲的最高频率为 250 kHz，如果选用 12 MHz 频率晶振，则最高可输入 500 kHz 的外部脉冲。对于外部输入脉冲的占空比也有一定的限制，为了确保某一给定的电平在变化之前能被采样一次，则这一电平至少要保持一个机器周期。

【知识点】 占空比

占空比（Duty Cycle）指在一串理想的脉冲序列中（如方波），正脉冲的持续时间与脉冲总周期的比值。例如，脉冲宽度 1 ms，信号总周期 4 ms，此脉冲序列占空比为 25%。

下面通过一个实例讲解 51 单片机计数器 0 在工作方式 1 时的具体使用过程，其他计数器的其他工作方式的操作与此相似。

【例 10.5.1】 利用计数器 0 工作方式 1，在 TX-1C 实验板上实现如下描述：用一根导线一端连接 GND 引脚，另一端去接触 T0（P3.4）引脚，每接触一下，计数器计一次数，将所计的数值实时显示在数码管的前两位，计满 100 时清 0，再从头计起。新建文件 part3.1.4.c，程序代码如下：

```
#include <reg52.h>                    // 52 系列单片机头文件
#define uchar unsigned char
#define uint unsigned int
sbit dula=P2^6;                       // 申明 U1 锁存器的锁存端
sbit wela=P2^7;                       // 申明 U2 锁存器的锁存端
uchar code table[]={ 0x3f, 0x06, 0x5b, 0x4f,
                     0x66, 0x6d, 0x7d, 0x07,
                     0x7f, 0x6f, 0x77, 0x7c,
                     0x39, 0x5e, 0x79, 0x71};
void delayms(uint);
void display(uchar shi, uchar ge)     // 显示子函数
{
    dula=1;
    P0=table[shi];                    // 送十位段选数据
    dula=0;
    P0=0xff;                          // 送位选数据前关闭所有显示，防止打开位选锁存时
    wela=1;                           // 原来段选数据通过位选锁存器造成混乱
    P0=0xfe;                          // 送位选数据
    wela=0;
    delayms(5);                       // 延时
    dula=1;
    P0=table[ge];                     // 送个位段选数据
    dula=0;
    P0=0xff;
    wela=1;
    P0=0xfd;
```

```
      wela=0;
      delayms(5);
   }
   void delayms(uint xms)
   {
      uint  i, j;
      for(i=xms; i>0; i--)                    // i=xms 即延时约 xms 毫秒
         for(j=110; j>0; j--)  ;
   }
   uint read()
   {
      uchar  tl, th1, th2;
      uint  val;
      while(1)
      {
         th1=TH0;
         tl=TL0;
         th2=TH0;
         if(th1 == th2)
            break;
      }
      val=th1*256+tl;
      return val;
   }
   void main()
   {
      uchar  a, b;
      uint  num;
      TMOD=0x05;                     // 设置计数器 0 为工作方式 1(0000 0101)
      TH0=0;                         // 将计数器寄存器初值清 0
      TL0=0;
      TR0=1;
      while(1)
      {
         num=read();
         if(num >= 100)
         {
            num=0;
            TH0=0;                   // 将计数器寄存器值清 0
            TL0=0;
         }
         a = num/10;
         b = num%10;
         display(a, b);
      }
   }
```

分析如下：

① "uint read()" 函数实现读取运行中计数器寄存器中的值，由于该寄存器的值会随时变化，若只读一次，当发生进位时，很有可能会读错数据，因此 TH0 寄存器的值需要读两次，以确保读取的时候没有发生进位。操作时，先读取 TH0 一次，再读取 TL0 一次，然后读取

TH0 一次，如果两次读取 TH0 的值相同，说明 TL0 没有向 TH0 进位。

② 本例程没有使用中断法，而是不停地读取计数器寄存器中的值，当然我们也可以使用中断法来实现同样的功能，此时可先向 TL0 的 TH0 中预装初值，当计满后会申请中断，然后在中断中进行相应处理，此方法大家可自行编写程序练习。

③ 当大家在实验板上测试此程序时会发现，起初数码管显示的数值是 0，当用导线接触 P3.4 引脚后，数码管数值在瞬间变化了很多，而不是我们期待中的增加一个值。造成此现象的原因是导线在接触单片机引脚瞬间会产生抖动，在离开时同样有抖动。若想观察稳定的实验现象，大家可将 P3.4 口连接至单片机的其他某一端口，然后编程让该端口周期性地输出某一频率的方波，再观察数码管数值的变化。

第11章 串行口应用提高

11.1 方式 0 应用

在第 6 章中，已经对 51 单片机的串行口结构做过详细介绍，并且通过实例讲解了串行口的 4 种工作方式中方式 1 的具体用法，本节详细讲述串行口方式 0 的用法。

串行口方式 0 被称为同步移位寄存器的输入/输出方式，主要用于扩展并行输入或输出口。数据由 RXD（P3.0）引脚输入或输出，同步移位脉冲由 TXD（P3.1）引脚输出。发送和接收均为 8 位数据，低位在先，高位在后，波特率固定为 $f_{osc}/12$。在该模式下，串行口的 SBUF 是作为同步移位寄存器使用的。在串行口发送时，SBUF 相当于一个并行进入、串行输出的移位寄存器，由单片机的内部总线并行接收 8 位数据，并从 RXD 信号线串行输出。在接收操作时，它又相当于一个串行输入、并行输出的移位寄存器。该模式下，SM2、RB8、TB8 不起作用。其数据输出时序图如图 11.1.1 所示，数据输入时序图如图 11.1.2 所示。

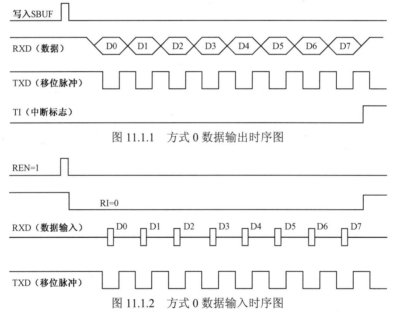

图 11.1.1 方式 0 数据输出时序图

图 11.1.2 方式 0 数据输入时序图

发送操作在 TI=0 时进行，CPU 将数据移入 SBUF 之后，RXD 线上即可发出 8 位数据，TXD 上发送同步脉冲。8 位数据发送完后，TI 由硬件置位，并在中断允许的情况下向 CPU 申请中断。CPU 响应中断后，先用软件使 TI 清 0，再给 SBUF 送下一个需要发送的字符，如此重复上面的过程。

接收过程是在 REN=1 和 RI=0 的条件下启动的。此时，串行数据由 RXD 线输入，TXD 线输出同步脉冲。接收电路接收到 8 位数据后，RI 自动置位并在中断允许的条件下向 CPU 发出中断请求。CPU 查询到 RI 为 1 或者响应中断以后便将 SBUF 中的数据送到累加器。RI

需要由软件复位。串口方式 0 的波特率=f_{osc}/12。注意，串行口工作模式 0 并不是一个同步串口通信方式，其主要用途是与外面的同步移位寄存器相连，达到扩展单片机输入并行口和输出并行口的目的，典型应用如图 11.1.3 所示。

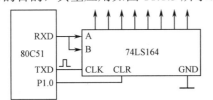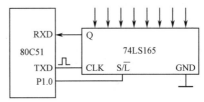

图 11.1.3　串行口方式 0 扩展并行口典型应用

74LS164 是一个 8 位串行输入、并行输出的移位寄存器，CLR 用来清 0，A、B 两个输入端，可使用任一个作为输入端，也可两个同时作为输入端，单片机的 RXD 引脚将数据送至 A、B 端，然后在 CLK 同步时钟脉冲作用下，8 位串行数据全部移至 8 位并行口上。

74LS165 是一个 8 位并行输入、串行输出的移位寄存器，图 11.1.3 中 Q 为串行输出端，S/$\overline{\text{L}}$ 端为启动移位信号端，一个低脉冲可启动移位操作。

下面我们来写一个实例，在 TX-1C 实验板上完成该实验。

【例 11.1.1】 设置单片机串行口工作模式 0，间隔循环发送十六进制数 0xAA，然后用双路示波器观察 P3.0 和 P3.1 口波形。新建文件 part3.2.1.c，程序代码如下：

```
#include<reg52.h>
#define uchar unsigned char
#define uint unsigned int
void delayms(uint xms)
{
  uint  i, j;
  for(i=xms;  i>0; i--)                  // i=xms 即延时约 xms 毫秒
    for(j=110; j>0; j--  );
}
void main()
{
  SCON=0;
  EA=1;
  ES=1;
  TI=0;
  while(1)
  {
    SBUF=0xaa;
    delayms(1);
  }
}
void ser0() interrupt 4
{
  TI=0;
}
```

将上面程序下载到单片机，用示波器的两根探头分别测量 P3.0 和 P3.1 口，其波形如图 11.1.4 所示，上面的波形为同步移位脉冲，下面的波形为发送数据，

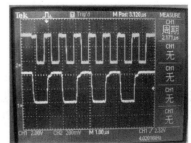

图 11.1.4　例 11.1.1 串行口方式 0 波形

靠左边为数据低位，靠右边为数据高位。

11.2 方式 2 和方式 3 应用

方式 2 和方式 3 都为 11 位数据的异步通信口，它们的唯一区别是传输速率不同。TXD 为数据发送引脚，RXD 为数据接收引脚。用这两种方式传输数据时，起始位 1 位，数据位 9 位（含 1 位附加的第 9 位，发送时为 SCON 中的 TB8，接收时为 RB8），停止位 1 位，一帧数据为 11 位。方式 2 的波特率固定为晶振频率的 1/64 或 1/32，方式 3 的波特率由定时器 T1 的溢出率决定。一帧数据传输格式如图 11.2.1 所示。

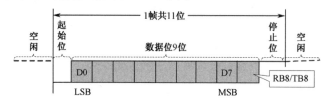

图 11.2.1 串口方式 2 或方式 3 一帧数据传输格式

数据输出和数据输入时序图如图 11.2.2 和图 11.2.3 所示。

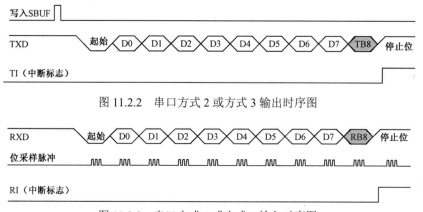

图 11.2.2 串口方式 2 或方式 3 输出时序图

图 11.2.3 串口方式 2 或方式 3 输入时序图

发送开始时，先把起始位 0 输出到 TXD 引脚，然后发送移位寄存器的输出位（D0）到 TXD 引脚。每个移位脉冲都使输出移位寄存器的各位右移一位，并由 TXD 引脚输出。第一次移位时，停止位 1 移入输出移位寄存器的第 9 位，以后每次移位，左边都移入 0。当停止位移至输出位时，左边其余位全为 0，检测电路检测到这一条件时，使控制电路进行最后一次移位，并置 TI=1，向 CPU 请求中断。

接收时，数据从右边移入输入移位寄存器，在起始位 0 移到最左边时，控制电路进行最后一次移位。当 RI=0 且 SM2=0（或接收到的第 9 位数据为 1）时，接收到的数据装入接收缓冲器 SBUF 和 RB8（接收数据的第 9 位），置 RI=1，向 CPU 请求中断。如果条件不满足，则数据丢失，且不置位 RI，继续搜索 RXD 引脚的负跳变。

$$串口方式 2 的波特率 = (2^{SMOD}/64) \times f_{osc}$$
$$串口方式 3 的波特率 = (2^{SMOD}/32) \times T1 溢出率$$

在方式 2 和方式 3 中，要用到 SCON 寄存器中的 TB8 位和 RB8 位，TB8 为数据发送的第 9 位，用于模式 2 和模式 3，由软件更改。RB8 为数据接收的第 9 位，用于模式 2 和模式 3。在模式 1 中，如果 SM2=0，则 RB8 用于存放接收到的停止位，在模式 0 下不使用该位。

下面来写一个实例，在 TX-1C 实验板上可完成实验。

【例 11.2.1】 设置单片机串行口工作模式 2，间隔循环发送十六进制数 0xAA，然后用示波器观察单片机 P3.1 口波形。新建文件 part3.2.2.c，程序代码如下：

```c
#include<reg52.h>
#define uchar unsigned char
#define uint unsigned int
void delayms(uint xms)
{
    uint  i, j;
    for(i=xms; i>0; i--)                    // i=xms 即延时约 xms 毫秒
        for(j=110; j>0; j--)   ;
}
void main()
{
    SM0=1;
    SM1=0;
    TB8=0;
    EA=1;
    ES=1;
    TI=0;
    while(1)
    {
        SBUF=0xaa;
        delayms(1);
    }
}
void ser0() interrupt 4
{
    TI=0;
}
```

分析如下：TB8 是发送数据的第 9 位，本例中设置 TB8=0，通过图 11.2.4 波形可看到，数据位加起始位和停止位共为 11 位。大家可改变 TB8 的值，再观察现象，TB8=1 时，实验波形图如图 11.2.5 所示。

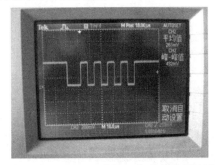

图 11.2.4　TB8=0 时串口方式 2 输出波形

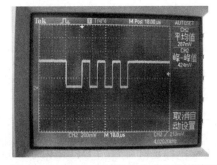

图 11.2.5　TB8=1 时串口方式 2 输出波形

11.3 单片机双机通信

单片机的双机通信有短距离和长距离之分，1 m 之内的通信称为短距离，1000 m 左右的通信称为长距离。若要更长距离通信，如几十或几千千米，就需要借助其他无线设备方可实现。通常单片机通信可以有以下4种实现方式：TTL 电平通信（双机串行口直接互连）、RS-232C 通信、RS-422A 通信、RS-485 通信等，不同的传输方式各有自己的特点。

1. TTL 电平通信

TTL 电平通信时，直接将单片机 A 的 TXD 端接单片机 B 的 RXD 端，单片机 A 的 RXD 端接单片机 B 的 TXD 端，如图 11.3.1 所示。需要强调的是，两个单片机系统必须要共地，即把它们的系统电源地线要连接在一起，这是很多初学者常犯错误的地方。初学者的疑惑是，已经将发送数据线和接收数据线都连接好了，为什么还收不到数据呢？数据在传输时必须有一个回路，进一步，单片机 A 的高电平相对于系统 A 有一个固定电压值，单片机 B 的高电平相对于系统 B 有一个固定电压值，若两个系统不共地，单片机 A 的高电平相对于系统 B 的地来说不知道是什么电压值，同样单片机 B 的高电平相对系统 A 的地来说也不知道是什么电压值，只有共地线的情况下，它们的高低电平才可统一地被系统识别。

单片机的 TTL 电平双机通信通常多用在同一个系统中。当一个系统中使用一个单片机资源不够时，可再加入一个或几个单片机，两两单片机之间可以构成双机通信。当一个单片机连接两个或两个以上的单片机时，可以采用一机对多机通信。通常一个系统中单片机之间的距离都不会太远，设计系统时，尽量使单片机之间的通信距离缩短，距离越短，通信越可靠。若数据线过长，很有可能受外界的干扰而在通信过程中造成数据错误。

2. RS-232C 通信

RS-232C 是 EIA（美国电子工业协会）1969 年制定的通信标准，定义了数据终端设备（DTE）与数据通信设备（DCE）之间的物理接口标准。RS-232C 标准接头如图 11.3.2 所示。

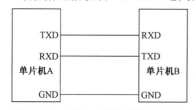

图 11.3.1 TTL 电平通信接口电路

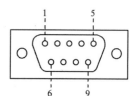

图 11.3.2 RS-232C 标准接头

RS-232C 标准接口主要引脚定义如表 11.3.1 所示。RS-232C 最初用于计算机远程通信时的调制解调器上，即 Modem。使用 Modem 时，表中 9 条信号线都要用到。用 RS-232C 标准进行两个单片机之间通信时只需用到 3 条线：RXD、TXD 和 GND，如图 11.3.3 所示。

RS-232C 电平传输数据时比 TTL 电平距离远，但受电容允许值的约束，使用时传输距离一般不超过 15 m（线路条件好时也不要超过 30 m）。其最高传送速率为 20 kbps。RS-232C 总线标准要求收发双方必须共地。通信距离较大时，由于收发双方的地电位差较大，在信号地上将有比较大的地电流并产生压降，这样会形成电平偏移。RS-232C 在电平转换时采用单端输入、输出，在传输过程中，干扰和噪声会混在正常的信号中。为了提高信噪比，RS-232C 总线标准要采用比较大的电压摆幅。

表 11.3.1　RS-232C 标准接口引脚定义

插针序号	信号名称	功　能	信号方向
1	DCD	载波检测	DCE→DTE
2	RXD	接收数据（串行输入）	DCE→DTE
3	TXD	发送数据（串行输出）	DTE→DCE
4	DTR	DTE 就绪（数据终端准备就绪）	DTE→DCE
5	GND	信号地线	
6	DSR	DCE 就绪（数据建立就绪）	DCE→DTE
7	RTS	请求发送	DTE→DCE
8	CTS	允许发送	DCE→DTE
9	RI	振铃指示	DCE→DTE

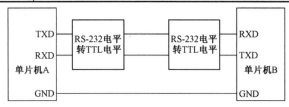

图 11.3.3　RS-232C 双机通信接口电路

3．RS-422A 通信

RS-422A 输出驱动器为双端平衡驱动器。如果其中一条线为逻辑 1，另一条线就为逻辑 0，比采用单端不平衡驱动对电压的放大倍数大 1 倍。差分电路能从地线干扰中拾取有效信号，差分接收器可以分辨 200 mV 以上电位差。若传输过程中混入了干扰和噪声，由于差分放大器可使干扰和噪声相互抵消，因此可以避免或大大减弱地线干扰和电磁干扰的影响。RS-422A 传输速率在 90 kbps 时，传输距离可达 1200 m。RS-422A 双机通信接口电路如图 11.3.4 所示。

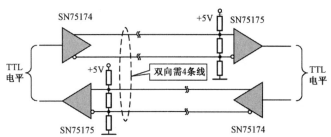

图 11.3.4　RS-422A 双机通信接口电路

4．RS-485 通信

RS-485 是 RS-422A 的变型。RS-422A 用于全双工，而 RS-485 用于半双工。RS-485 是一种多发送器标准，在通信线路上最多可以使用 32 对差分驱动器/接收器。如果在一个网络中连接的设备超过 32 个，还可以使用中继器。

RS-485 的信号传输采用两线间的电压来表示逻辑 1 和逻辑 0。发送方需要两条传输线，所以接收方也需要两条传输线。传输线采用差动信道，所以它的干扰抑制性极好，又因为它的阻抗低，无接地问题，所以传输距离可达 1200 m，传输速率可达 1 Mbps。RS-485 双机通信接口电路如图 11.3.5 所示。

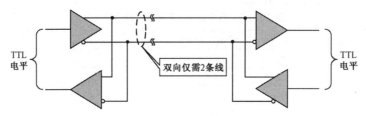

图 11.3.5　RS-485 双机通信接口电路

5.远程无线通信

当通信距离超过数百上千千米时，最好借助无线设备。当然，如果距离较近，布线又不方便时，也可以使用近距离无线设备。近距离无线设备有无线数据传输模块、数据传输电台等，这些设备的传输距离很有限，通常与设备的发射功率有直接的关系，发射功率越大，传输距离就越远，但不会超过几十千米。通常，小功率的无线数据传输模块只能传播数十米到一二百米，稍大功率的能传播几百米到几千米。这类设备价格较低，预留接口通常为 TTL 电平、RS-232C 或 RS-485 接口，与单片机系统连接非常简单，编写程序也容易，只需要一次性投入，便可永久使用，图 11.3.6 和图 11.3.7 为两种数据传输模块。

图 11.3.6　2.4 GHz 无线视频传输模块　　　　图 11.3.7　433 MHz 无线数据传输模块

若要使用先进的远距离无线通信，可以借用当前中国移动和中国联通的 CDMA 或 GPRS 通信网络来完成数据远程通信。以中国移动为例：使用 GPRS 无线 Modem 与单片机系统连接，再办理一张合适的手机卡，到移动营业厅办理相关的数据通信业务，根据 GPRS 无线 Modem 的操作方法编程，实现借用 GPRS 通信网络进行数据远程传输。GPRS 无线 Modem 的价格很低，只是这类通信方式并不是一次性投入，因为只要用户有数据要传输，就要向移动公司交纳通信费用，这类产品适合于技术较高端、利润较高的产品，如现在使用的无线便携式刷卡机、无线便携式手机话费缴费机、联通或移动基站太阳能电站控制机等，当然目前也有很多用于工业控制方面的远程数据通信设备。图 11.3.8 和图 11.3.9 是两种 GPRS 模块。

图 11.3.8　封装好的 GPRS 模块

图 11.3.9　TC35iGPRS 模块

下面通过实例讲解两个单片机之间串行通信的具体操作方法。用两块 TX-1C 实验板实现以下实验。

【例 11.3.1】　用交叉串口线连接两块实验板，或直接用短线交叉连接两个单片机的 P3.0 和 P3.1 口，一定要共地。在一块板上编写矩阵键盘扫描程序，当扫描到有键被按下时，将键值通过串口发送出去，另一块板上单片机收到串口发送来的键值后，将对应键值以 0～F 方式显示在数码管上。

发送方单片机程序代码 part3.2.3.c 如下：

```c
#include <reg52.h>                      // 52 系列单片机头文件
#define uchar unsigned char
#define uint unsigned int
void delayms(uint xms)
{
   uint  i, j;
   for(i=xms; i>0; i--)                 // i=xms 即延时约 xms 毫秒
      for(j=110; j>0; j--)  ;
}
void send(uchar key_num)
{
   SBUF=key_num;
   while(!TI);
   TI=0;
}
void matrixkeyscan()
{
   uchar  temp, key;
   P3=0xfe;
   temp=P3;
   temp=temp&0xf0;
   if(temp != 0xf0)
   {
      delayms(10);
      temp=P3;
      temp=temp&0xf0;
      if(temp != 0xf0)
      {
         temp=P3;
         switch(temp)
         {
            case 0xee:   key=0;
                         break;
            case 0xde:   key=1;
                         break;
            case 0xbe:   key=2;
                         break;
            case 0x7e:   key=3;
                         break;
         }
         while(temp != 0xf0)
         {
            temp=P3;
            temp=temp & 0xf0;
         }
         send(key);
      }
   }
}
```

```
P3=0xfd;
temp=P3;
temp=temp & 0xf0;
if(temp != 0xf0)
{
    delayms(10);
    temp=P3;
    temp=temp & 0xf0;
    if(temp != 0xf0)
    {
        temp=P3;
        switch(temp)
        {
            case 0xed:      key=4;
                            break;
            case 0xdd:      key=5;
                            break;
            case 0xbd:      key=6;
                            break;
            case 0x7d:      key=7;
                            break;
        }
        while(temp != 0xf0)
        {
            temp=P3;
            temp=temp & 0xf0;
        }
        send(key);
    }
}
P3=0xfb;
temp=P3;
temp=temp&0xf0;
if(temp!=0xf0)
{
    delayms(10);
    temp=P3;
    temp=temp & 0xf0;
    if(temp != 0xf0)
    {
        temp=P3;
        switch(temp)
        {
            case 0xeb:      key=8;
                            break;
            case 0xdb:      key=9;
                            break;
            case 0xbb:      key=10;
                            break;
            case 0x7b:      key=11;
                            break;
        }
```

```
            while(temp != 0xf0)
            {
                temp=P3;
                temp=temp & 0xf0;
            }
            send(key);
        }
    }
    P3=0xf7;
    temp=P3;
    temp=temp & 0xf0;
    if(temp != 0xf0)
    {
        delayms(10);
        temp=P3;
        temp=temp & 0xf0;
        if(temp != 0xf0)
        {
            temp=P3;
            switch(temp)
            {
                case 0xe7:      key=12;
                                break;
                case 0xd7:      key=13;
                                break;
                case 0xb7:      key=14;
                                break;
                case 0x77:      key=15;
                                break;
            }
            while(temp != 0xf0)
            {
                temp=P3;
                temp=temp & 0xf0;
            }
            send(key);
        }
    }
}
void main()
{
    TMOD=0x20;
    TH1=0xfd;
    TL1=0xfd;
    TR1=1;
    SM0=0;
    SM1=1;
    EA=1;
    ES=1;
    while(1)
    {
        matrixkeyscan();                    // 不停调用键盘扫描程序
```

```
        }
    }
```

接收方单片机程序代码 part3.2.4.c 如下：

```
#include <reg52.h>                      // 52 系列单片机头文件
#define uchar unsigned char
#define uint unsigned int
sbit dula=P2^6;                         // 申明 U1 锁存器的锁存端
sbit wela=P2^7;                         // 申明 U2 锁存器的锁存端
uchar code table[]={0x3f, 0x06, 0x5b, 0x4f,
                    0x66, 0x6d, 0x7d, 0x07,
                    0x7f, 0x6f, 0x77, 0x7c,
                    0x39, 0x5e, 0x79, 0x71};
void display(uchar num)
{
    P0=table[num];                      // 显示函数只送段选数据
    dula=1;
    dula=0;
}
void main()
{
    TMOD=0x20;
    TH1=0xfd;
    TL1=0xfd;
    TR1=1;
    REN=1;
    SM0=0;
    SM1=1;
    EA=1;
    ES=1;
    P0=0xc0;                            // 位选中所有数码管
    wela=1;
    wela=0;
    while(1);                           // 等待串口中断产生，然后更新显示
}
void ser() interrupt 4
{
    uchar a;
    RI=0;
    a=SBUF;
    display(a);
}
```

分析如下：

① 两个单片机通信时都使用串口方式 1，必须保证两单片机系统的通信波特率完全一致，否则必定收不到正确的数据。

② 这里只进行单向数据传输，所以发送方不需写接收程序，接收方不需写发送程序。当然，大家可以自己编写双向数据传输程序，既可发送数据，也可接收数据。编写双向数据传输程序时，需要注意，在发送数据时一定要先把串口中断关闭，否则会进入串口中断服务程序，进而影响程序正常运行。大家可亲自动手做实验，观察现象。

11.4 单片机多机通信

单片机构成的多机系统常采用总线型主从式结构。所谓主从式，即在数个单片机中有一个是主机，其余都是从机，从机要服从主机的调度、支配。51 单片机的串行口方式 2 和方式 3 适用于这种主从式通信结构。当然，采用不同的通信标准时，还需进行相应的电平转换，有时还要对信号进行光电隔离。实际的多机应用系统中常采用 RS-485 串行标准总线进行数据传输。多机通信连接如图 11.4.1 所示。

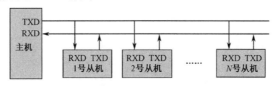

图 11.4.1 多机通信连接

多机通信时，通信协议要遵守以下原则：

① 所有从机的 SM2 位置 1，处于接收地址帧状态。

② 主机发送一地址帧，其中前 8 位是地址，第 9 位（TB8）为地址/数据的区分标志，该位为 1 表示该帧为地址帧。所有从机收到地址帧后，都将接收的地址与本机的地址比较。地址相符的从机使自己的 SM2 位置 0（以接收主机随后发来的数据帧），并把本机地址发回主机作为应答；地址不符的从机仍保持 SM2=1，对主机随后发来的数据帧不予理睬。

③ 从机发送数据结束后，要发送一帧校验和，并置第 9 位（TB8）为 1，作为从机数据传送结束的标志。

④ 主机接收数据时先判断数据接收标志（RB8），RB8=1，表示数据传送结束，并比较此帧校验和，若正确，则回送正确信号 00H，命令该从机复位（即重新等待地址帧）；若校验和出错，则发送信号 0FFH，命令该从机重发数据。若接收帧的 RB8=0，则将数据存到缓冲区，并准备接收下一帧信息。

⑤ 主机收到从机应答地址后，确认地址是否相符，如果地址不符，则发复位信号（数据帧中 TB8=1）；如果地址相符，则 TB8 清 0，开始发送数据。

从机收到复位命令后，回到监听地址状态（SM2=1），否则开始接收数据和命令。

编写程序时可以按以下方式操作：

① 主机发送的地址联络信号为 00H，01H，02H，…（即从机设备地址）；地址 FFH 为命令各从机复位，即恢复 SM2=1。

② 主机命令编码如下：01H—主机命令从机接收数据；02H—主机命令从机发送数据；若有其他数据，则都按 02H 对待。

③ 从机状态字格式如表 11.4.1 所示。若 ERR=1，从机接收到非法命令。若 TRDY=1，从机发送准备就绪。若 RRDY=1，从机接收准备就绪。

表 11.4.1 从机状态字格式

D7	D6	D5	D4	D3	D2	D1	D0
ERR	0	0	0	0	0	TRDY	RRDY

通常，从机以中断方式控制和主机的通信。下面给出多机通信时主机和从机的参考程序。

【例 11.4.1】 程序可分成主机程序和从机程序，约定一次传送的数据为 16 B，以 02H 地址的从机为例。图 11.4.2 为多机通信主机程序流程图。

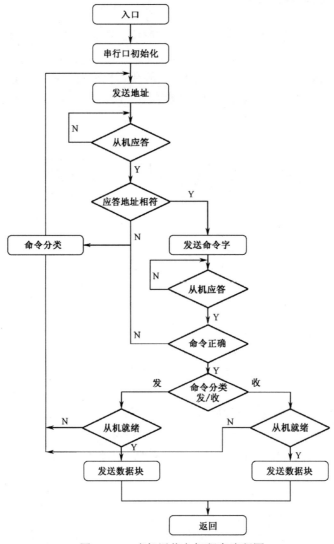

图 11.4.2　多机通信主机程序流程图

主机程序代码 part3.2.5.c 如下。

```
#include <reg52.h>                    // 52 系列单片机头文件
#define uchar unsigned char
#define uint unsigned int
#define SLAVE 0x02                    // 从机地址
#define BN 16
uchar rbuf[16];
uchar code tbuf[16]={"master transmit"};

void err(void)
{
    SBUF=0xff;
    while(TI != 1);
    TI=0;
}
```

```c
uchar master(uchar addr, uchar command)
{
    uchar  aa, i, p;
    while(1)
    {
        SBUF=SLAVE;                             // 发呼叫地址
        while(TI != 1);
        TI=0;
        while(RI != 1);
        RI=0;                                   // 等待从机回答
        if(SBUF!=addr)
            err();                              // 若地址错，发复位信号
        else                                    // 地址相符
        {
            TB8=0;                              // 清地址标志
            SBUF=command;                       // 发命令
            while(TI != 1);
            TI=0;
            while(RI != 1);
            RI=0;
            aa=SBUF;                            // 接收状态
            if((aa & 0x08) == 0x08)             // 若命令未被接收，发复位信号
            {
                TB8=1;
                err();
            }
            else
            {
                if(command == 0x01)             // 是发送命令
                {
                    if((aa & 0x01) == 0x01)     // 从机准备好接收
                    {
                        do
                        {
                            p=0;                // 清校验和
                            for(i=0; i<BN; i++)
                            {
                                SBUF=tbuf[i];   // 发送一数据
                                p+=tbuf[i];
                                while(TI != 1);
                                TI=0;
                            }
                            SBUF=p;             // 发送校验和
                            while(TI != 1);
                            TI=0;
                            while(RI != 1);
                            RI=0;
                        } while(SBUF != 0);     // 接收不正确，重新发送
                        TB8=1;                  // 置地址标志
                        return(0);
                    }
                    else
```

```
                    {
                        if((aa & 0x02) == 0x02)                // 是接收命令，从机准备好发送
                        {
                            while(1)
                            {
                                p=0;                           // 清校验和
                                for(i=0; i<BN; i++)
                                {
                                    while(RI != 1);
                                    RI=0;
                                    rbuf[i]=SBUF;              // 接收一数据
                                    p+=rbuf[i];
                                }
                                while(RI != 1);
                                RI=0;
                                if(SBUF == p)
                                {
                                    SBUF=0X00;                 // 校验和相同发"00"
                                      while(TI != 1);
                                    TI=0;
                                    break;
                                }
                                else
                                {
                                    SBUF=0xff;                 // 校验和不同发 0FF 重新接收
                                    while(TI != 1);
                                    TI=0;
                                }
                            }
                            TB8=1;                             // 置地址标志
                            return(0);
                        }
                    }
                }
            }
        }
    }
}
void main()
{
    TMOD=0x20;                                                 // T/C1 定义为方式 2
    TL1=0xfd;
    TH1=0xfd;                                                  // 置初值
    PCON=0x00;
    TR1=1;
    SCON=0xf8;                                                 // 串行口为方式 3
    master(SLAVE, 0x01);
    master(SLAVE, 0x02);
    while(1);
}
```

图 11.4.3 为多机通信从机程序流程图。

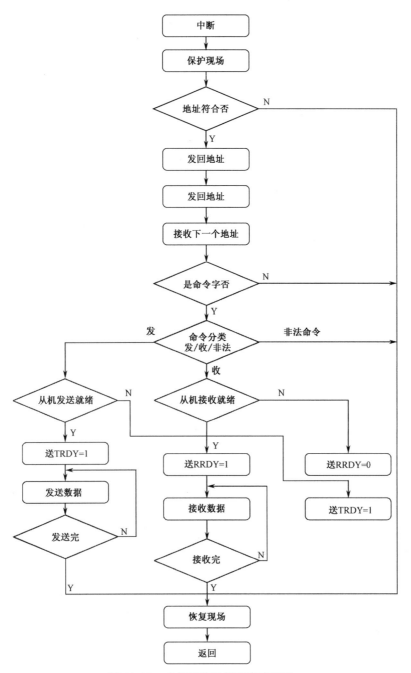

图 11.4.3　多机通信从机程序流程图

从机程序代码 part3.2.6.c 如下：

```
#include <reg52.h>
#define uchar unsigned char
#define SLAVE  0x02
#define BN  16
uchar trbuf[16];
uchar rebuf[16];
bit tready;
bit rready;
```

```
void str(void);
void sre(void);
void main(void)
{
    TMOD=0x20;                          // T/C1 定义为方式 2
    TL1=0xfd;                           // 置初值
    TH1=0xfd;
    PCON=0x00;
    TR1=1;
    SCON=0xf0;                          // 串行口为方式 3
    ES=1;
    EA=1;                               // 开串行口中断
    while(1)
    {
        tready=1;
        rready=1;
    }                                   // 假定准备好发送和接收
}
void ssio(void) interrupt 4
{
    uchar  a;
    RI=0;
    ES=0;                               // 关串行口中断
    if(SBUF != SLAVE)
    {
        ES=1;
        goto reti;
    }                                   // 非本机地址,继续监听
    SM2=0;                              //  取消监听状态
    SBUF=SLAVE;                         //  从本地址发回
    while(TI != 1);
    TI=0;
    while(RI != 1);
    RI =0;
    if(RB8 == 1)
    {
        SM2=1;
        ES=1;
        goto reti;
    }                                   // 是复位信号，恢复监听
    a=SBUF;                             // 接收命令
    if(a==0x01)                         // 从主机接收的数据
    {
        if(rready == 1)
            SBUF=0x01;                  // 接收准备好发状态
        else
            SBUF=0x00;
        while(TI != 1);
        TI=0;
        while(RI != 1);
        RI=0;
        if(RB8 == 1)
```

```
          {
             SM2=1;
             ES=1;
             goto reti;
          }
          sre();                          // 接收数据
       }
       else
       {
          if(a == 0x02)                   // 从机向主机发送数据
          {
             if(tready == 1)
                SBUF=0x02;                // 发送准备好发状态
             else
                SBUF=0x00;
             while(TI != 1);
             TI=0;
             while(RI != 1);
             RI=0;
             if(RB8 == 1)
             {
                SM2=1;
                ES=1;
                goto reti;
             }
             str();                       // 发送数据
          }
          else
          {
             SBUF=0x80;                    // 命令非法，发状态
             while(TI != 1);
             TI=0;
             SM2=1;
             ES=1;                         // 恢复监听
          }
       }
   reti:;
}
void str(void)                            // 发数据块
{
   uchar p,i;
   tready=0 ;
   do
   {
      p=0;                                // 清校验和
       for(i=0; i<BN; i++)
       {
          SBUF=trbuf[i];                  // 发送一数据
          p+=trbuf[i];
          while(TI != 1);
          TI=0;
       }
```

```
         SBUF=p;                              // 发送校验和
         while(TI != 1);
         TI=0;
         while(RI != 1);
         RI=0;
      }while(SBUF != 0);                      // 主机接收不正确，重新发送
      SM2=1;
      ES=1;
}
void sre(void)                               // 接收数据块
{
   Uchar  p, i;
   rready=0;
   while(1)
   {
      p=0;                                    // 清校验和
      for(i=0; i<BN; i++)
      {
         while(RI != 1);
         RI=0;
         rebuf[i]=SBUF;                        // 接收数据
         p+=rebuf[i];
      }
      while(RI != 1);
      RI=0;
      if(SBU F== p)
      {
         SBUF=0x00;
         break;
      }                                        // 校验和相同发"00"
      else
      {
         SBUF=0xff;                            // 校验和不同发"0FF"，重新接收
         while(TI == 0);
         TI=0;
      }
   }
   SM2=1;
   ES=1;
}
```

第12章 指　针

指针是 C 语言中的一个重要的概念，也是 C 语言的一个重要特色。指针在 C 语言中应用极为广泛，利用指针可以直接且快速地处理内存中各种数据结构的数据，特别是数组、字符串、内存的动态分配等，为函数间各类数据的传递提供了简捷的方法。指针使 C 程序简洁、紧凑、高效。每个学习和使用 C 语言的人都应当深入地学习和掌握指针。可以说，不掌握指针就没有掌握 C 语言的精华。

指针的概念比较复杂，使用也比较灵活，但使用上的灵活性容易导致指针滥用而使程序失控。因此，必须全面正确地掌握 C 指针的概念和使用特点。

12.1　指针和指针变量

12.1.1　内存单元、地址和指针

1．内存单元和地址

在计算机中，运行的程序和数据都是存放在计算机的内存中。内存的基本单元是字节，一般把存储器中的 1 字节称为一个内存单元，不同的数据类型所占用的内存单元数不等，如整型量占 2 个单元，字符量占 1 个单元等。为了正确地访问内存单元，必须给每个内存单元一个编号，该编号称为该内存单元的地址。

2．变量与地址

程序中每个变量在内存中都有固定的位置，有具体的地址。由于变量的数据类型不同，它所占的内存单元数也不相同。有定义

```
int   a=2, b=3;
float  x=4.5, y=5.8;
double  m=3.141;
char  ch1='a', ch2='b';
```

先看编译系统是怎样为变量分配内存的。变量 a、b 是整型变量，各占 2 字节；x、y 是单精度实型，各占 4 字节；m 是双精度实型，占 8 字节；ch1、ch2 是字符型，各占 1 字节。由于计算机内存是按字节编址的，设变量的存放从内存 2A00H 单元开始存放，则编译系统对变量在内存的单元分配情况如图 12.1.1 所示。

变量在内存中按照数据类型的不同，占内存的大小也不同，都有具体的内存单元地址。例如，变量 a 在内存的地址是 2A00H，占 2 字节后，变量 b 的内存地址为 2A02H，变量 m 的内存地址为 2A12H 等。

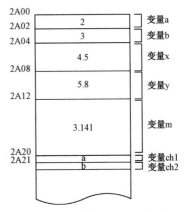

图 12.1.1　变量占用的内存单元与地址

3．指针

对内存中变量的访问，过去用"scanf("%d%d%f", &a, &b, &x)"表示将数据输入到变量的地址所指示的内存单元。这种按变量地址存取变量值的方式称为"直接访问"方式。那么，访问变量时，首先应找到其在内存中的地址，或者说，一个地址唯一指向一个内存变量，这个地址被称为变量的指针。如果将变量的地址保存在内存的特定区域，用变量存放这些地址，这样的变量就是指针变量。通过指针对指向变量的访问方式称为"间接访问"方式。变量的地址就是指针，存放指针的变量就是指针变量。

严格地说，一个指针是一个地址，是一个常量。一个指针变量可以被赋予不同的指针值，是变量。但通常把指针变量简称为指针。指针是特殊类型的变量，其内容是变量的地址。指针变量的值不仅可以是变量的地址，也可以是其他数据结构的地址。比如，在一个指针变量中可存放一个数组或一个函数的首地址。

在一个指针变量中存入一个数组或一个函数的首地址有何意义呢？因为数组或函数都是连续存放的，通过访问指针变量取得了数组或函数的首地址，也就找到了该数组或函数。这样，凡是出现数组、函数的地方都可以用一个指针变量来表示，只要该指针变量中被赋予数组或函数的首地址即可。这样做将会使程序的概念十分清楚，程序本身也精练、高效。在C语言中，一种数据类型或数据结构往往占有一片连续的内存单元。用"地址"的概念并不能很好地描述一种数据类型或数据结构，"指针"虽然是一个地址，但它可以是某个数据结构的首地址，"指向"一个数据结构，因而概念更清楚，表示更明确。这也是引入"指针"概念的一个重要原因。

设一组指针变量 pa、pb、px、py、pm、pch1、pch2，分别指向上述的变量 a、b、x、y、m、ch1、ch2，指针变量同样被存放在内存中，二者的关系如图 12.1.2 所示。左边内存存放了指针变量的值，该值给出的是所指变量的地址，通过该地址，就可以对右部描述的变量进行访问。如指针变量 pa 的值为 2A00H，是变量 a 所在内存的地址。因此，pa 就指向变量 a。

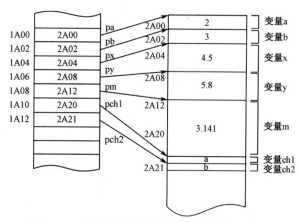

图 12.1.2　指针变量与变量在内存中的对应关系

12.1.2　指针变量的定义、赋值与引用

1．指针变量的定义

与 C 语言中其他变量一样，指针变量在使用前必须先定义，定义的一般形式为

　　　　　类型说明符　*变量名;

其中，*表示一个指针变量；变量名即为定义的指针变量名；类型说明符表示本指针变量所指对象（变量、数组或函数等）的数据类型。例如：

```
int  *ptr1;              /* ptr1(不是*ptr1)是一个指向整型变量的指针变量，它的值是某个整型变量的地
                            址。ptr1 究竟指向哪一个整型数据是由 ptr1 所赋予的地址所决定的 */
float  *ptr2;            /* ptr2 是指向单精度变量的指针变量 */
char  *ptr3;            /* ptr3 是指向字符型变量的指针变量 */
```

注意，指针变量只能指向同类型的变量，如 ptr2 只能指向单精度变量，不能时而指向一个单精度变量，时而指向一个整型变量。

2. 指针变量的赋值

给指针变量赋值的方式有两种。

① 对指针变量初始化。例如：

```
int  a, *p = &a;
```

② 用赋值语句。例如：

```
int  a, *p;
p = &a;
```

用这种方法，被赋值的指针变量前不能再加"*"说明符，如写为"*p = &a"是错误的。

　　指针变量存放另一同类型的变量的地址，因而不允许将任何非地址类型的数据赋给它。如"p = 2000;"不合法，这也是一种不能转换的错误，因为 2000 是整型常量（int），而 p 是指针变量（int *）。

　　在 C 语言中，由于变量的地址是由编译系统自动分配的，对用户完全不透明，因此必须使用地址运算符"&"来取得变量的地址。

3. 指针变量的引用

指针变量的引用形式为

　　　　　*指针变量

其中，"*"是取内容运算符，是单目运算符，其结合性为右结合，用来表示指针变量所指向的数据对象。在"*"运算符之后所跟的变量必须是指针变量。注意，指针运算符"*"与指针变量说明符"*"不是一回事。在指针变量说明中，"*"是类型说明符，表示其后的变量是指针类型；表达式中出现的"*"则是一个运算符，用来表示指针变量所指向的数据对象。

　　事实上，若定义了变量以及指向该变量的指针为

```
int  a, *p;
```

若有"p=&a;"，则称 p 指向变量 a，或者说，p 具有了变量 a 的地址。

　　在以后的程序处理中，凡是可以写"&a"的地方，就可以替换成指针的表示 p，a 也可以替换成"*p"。

12.2　指针变量的运算

　　指针变量的运算种类是有限的，只能进行赋值运算、加/减运算和关系运算，还可以赋空（NULL）值。

1．赋值运算

前面已经介绍过指针变量的两种赋值方式，除此之外，还可以有以下赋值运算。

① 把一个指针变量的值赋予指向相同数据类型的另一个指针变量。例如：

```
int a, *pa, *pb;
pa = &a;
pb = pa;                    // 将指针变量 pa 的值赋给相同类型的指针变量 pb
```

② 把数组的首地址赋给指向数组的指针变量。例如：

```
int  a[5], *pa;
pa = a;                     // 将数组名（是一个数组的首地址）直接赋给一个相同类型的指针变量 pa
```

③ 把字符串的首地址赋给指向字符类型的指针变量。例如：

```
char *str;
str = "C Language";        /* 将字符串的首地址赋给一个字符型的指针变量 str。需要强调，并不是把
                              整个字符串装入指针变量 */
```

④ 把函数的入口地址赋给指向函数的指针变量。例如：

```
int (*pf)();               // f 为函数名，此函数的值的类型为整型
pf=f;
```

2．加/减运算

指针变量的加/减运算只能对指向数组的指针变量进行，对指向其他类型的指针变量进行加/减运算是无意义的。假设 pa 为指向数组 a 的指针变量，则 pa+n、pa−n、pa++、++pa、pa--、--pa 运算都是合法的。指针变量加或减一个整数 n 的意义是把指针指向的当前位置（指向某数组元素）向前或向后移动 n 个位置。注意，数组指针变量向前或向后移动一个位置，与地址加 1 或减 1 在概念上是不同的。因为数组可以是不同类型的，各种类型的数组元素所占的字节长度是不同的。例如：

```
int  a[5], *pa=a;
pa += 2;                   // pa=a+2×2 字节=a+4, 而不是=a+2
```

只有指向同一数组的两个指针变量相减才有意义。两指针变量相减之差是两个指针所指数组元素之间相差的元素个数，实际上是两个指针值（地址）相减之差再除以该数组元素的长度（占字节数）。显然，两个指针变量相加无实际意义。

3．关系运算

指向同一数组的两指针变量进行关系运算可表示它们所代表的地址之间的关系。例如：

```
p1 = = p2                  // 若成立，则表示 p1 和 p2 指向同一数组元素
p2 > p1                    // 若成立，则表示 p2 处于高地址位置
p2 < p1                    // 若成立，则表示 p2 处于低地址位置
```

4．空运算

对指针变量赋空值和不赋值是不同的。指针变量未赋值时，可以是任意值，如果使用将造成意外错误。指针变量赋空值后，则可以使用，只是它不指向具体的变量而已。例如：

```
#define NULL 0
int *p=NULL;
```

【例 12.2.1】 从键盘输入两个整数，按由小到大的顺序输出。

```
main( )
{
  int num1, num2;
  int *num1_p=&num1, *num2_p=&num2, *pointer;        // 定义指针变量并赋值
```

```
        printf("Input the first number:");
        scanf("%d", num1_p);
        printf("Input the second number:");
        scanf("%d", num2_p);
        printf("num1=%d, num2=%d\n", num1, num2);
        if(*num1_p > *num2_p)                                // 如果 num1>num2, 则交换指针
        {
            pointer= num1_p, num1_p= num2_p, num2_p=pointer;
        }
        printf("min=%d, max=%d\n", *num1_p, *num2_p);
    }
```

12.3 指针与数组

12.3.1 指针与一维数组

假设定义了一个一维数组，该数组在内存中会有系统分配的一个存储空间，其数组名就是该数组在内存的首地址。再定义一个指针变量，并将数组的首地址传给指针变量，则该指针就指向了这个一维数组。我们说，数组名是数组的首地址，也就是数组的指针，而定义的指针变量就是指向该数组的指针变量。对一维数组的引用既可以用传统的数组元素下标法，也可使用指针表示法。例如：

```
    int  a[10], *ptr;              // 定义数组与指针变量
    ptr=a;                         // 或  ptr=&a[0];
```

则 ptr 就得到了数组的首地址。其中，a 是数组的首地址，&a[0] 是数组元素 a[0] 的地址，a[0] 的地址就是数组的首地址，所以两条赋值语句效果完全相同。指针变量 ptr 是指向数组 a 的指针变量。指针变量与数组的关系如图 12.3.1 所示。

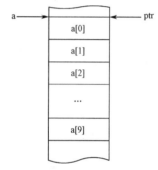

图 12.3.1 指针变量与数组的关系

若 ptr 指向一维数组，现在来看 C 语言用指针对数组操作的方法。

<1> ptr+n 与 a+n 表示数组元素 a[n] 的地址，即&a[n]。对整个 a 数组来说，共有 10 个元素，n 的取值为 0～9，则数组元素的地址可以表示为 ptr+0～ptr+9 或 a+0～a+9，与&a[0]～&a[9] 保持一致。

<2> 知道了数组元素的地址表示法，*(ptr+n) 和 *(a+n) 表示数组的各元素，即等效于 a[n]。

<3> 指向数组的指针变量也可用数组的下标形式表示为 ptr[n]，相当于 *(ptr+ n)。

根据以上叙述，可以用 4 种方法来访问数组元素：① 下标法，用 a[i] 形式访问数组元素；② 指针法，用 *(ptr+i) 形式间接访问的方法来访问数组元素；③ 数组名法，用 *(a+i) 形式访问数组元素；④ 指针下标法，用 ptr[i] 形式访问数组元素。

【例 12.3.1】 输入/输出一维数组各元素。

方法 1：下标法。

```
#include <stdio.h>
main()
{
    int  i, a[10], *ptr=a;
```

```
   for(i=0; i<=9; i++)
      scanf("%d", &a[i]);
   for(i=0; i<=9; i++)
      printf("%4d", a[i]);
   printf("\n");
}
```

方法 2：指针法。

```
#include <stdio.h>
main()
{
   int  i, a[10], *ptr=a;
   for(i=0; i<=9; i++)
      scanf("%d", ptr+i);
   for(i=0; i<=9; i++)
      printf("%4d", *(ptr+i));
   printf("\n");
}
```

或

```
#include <stdio.h>
main()
{
   Int  i, a[10], *ptr=a;
   for(i=0; i<=9; i++)
      scanf("%d", ptr++);
   ptr=a;                         //  指针变量重新指向数组首址
   for(i=0; i<=9; i++)
      printf("%4d", *ptr++);
   printf("\n");
}
```

在程序中要注意*ptr++表示的含义。*ptr 表示指针所指向的变量，ptr++表示指针所指向的变量地址加 1 个变量所占的字节数。具体地说，若指向整型变量，则指针值加 2；若指向实型变量，则加 4，以此类推。在"printf("%4d", *ptr++)"中，*ptr++所起的作用为先输出指针指向的变量的值，然后指针变量加 1。指针变量的值在循环结束后，指向数组尾部的后面。假设元素 a[9]的地址为 2000，整型占 2 字节，则 ptr 的值就为 2002。请思考：如果将以上程序中的 "ptr=a;"语句去掉，再运行该程序会出现什么结果？

方法 3：数组名法。

```
#include <stdio.h>
main()
{
   int  i, a[10], *ptr=a;
   for(i=0; i<=9; i++)
      scanf("%d", a+i);
   for(i=0; i<=9; i++)
      printf("%4d", *(a+i));
   printf("\n");
}
```

方法 4：指针下标法。

```
#include <stdio.h>
main()
{
  int  i, a[10], *ptr=a;
  for(i=0; i<=9; i++)
    scanf("%d", &ptr[i]);
  for(i=0; i<=9; i++)
    printf("%4d", ptr[i]);
  printf("\n");
}
```

12.3.2 指针与多维数组

用指针变量还可以指向二维数组或多维数组。这里以二维数组为例，介绍指向多维数组的指针变量。

1. 二维数组的地址

定义一个二维数组

```
static int a[3][4] ={ {2,4,6,8}, {10,12,14,16}, {18,20,22,24} };
```

该二维数组有 3 行 4 列共 12 个元素，在内存中按行存放，存放地址如图 12.3.2 所示。其中，a 是二维数组的首地址，&a[0][0]是数组 0 行 0 列的地址，其值与 a 相同。怎样理解 a[0]呢？在二维数组中不存在元素 a[0]，因此 a[0]应该理解成是第 0 行的首地址，当然它的值与 a 相同。同理，a[n]就是第 n 行的首址；&a[n][m]是数组元素 a[n][m]的地址。

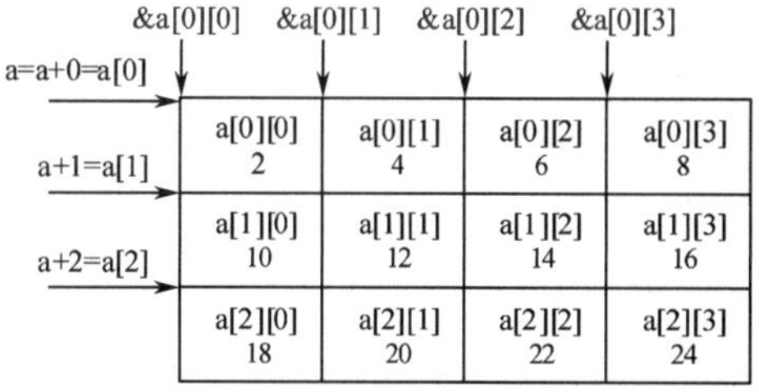

图 12.3.2 二维数组的地址

既然二维数组每行的首地址都可以用 a[n]来表示，就可以把二维数组看成由 n 行一维数组构成，将每行的首地址传递给指针变量，行中的其余元素均可以由指针来表示。从图 12.3.2 可以这样理解数组 a。a 为一个数组，它有 3 个元素，分别为 a[0]、a[1]、a[2]，各元素又是一个由 4 个元素组成的一维数组。

a[0]是第一个一维数组的数组名和首地址。"*(a+0)"或"*a"或"&a[0]"与"a[0]"等效，表示一维数组 a[0]元素的首地址。&a[0][0]是二维数组 a 的 0 行 0 列元素首地址。因此，a、a[0]、&a[0]、*(a+0)、*a、&a[0][0]是等效的。

同理，a+1 是二维数组 1 行的首地址。a[1]是第二个一维数组的数组名和首地址。&a[1][0]是二维数组 a 的 1 行 0 列元素地址。因此，a+1、a[1]、&a[1]、*(a+1)、&a[1][0]是等效的。由此可推出：a+i、a[i]、&a[i]、*(a+ i)、&a[i][0]是等效的。

a[0]也可以看成 a[0]+0，是一维数组 a[0]的 0 号元素的首地址，a[0]+1 则是 a[0]的 1 号元素首地址。对于 i 行 j 列数组元素的地址，由此可得出 a[i]+j 是一维数组 a[i]的 j 号元素首地址，等效于&a[i][j]。由 a[i]=*(a+ i)得出 a[i]+j=*(a+ i)+j，*(a+ i)+j 是二维数组 a 的 i 行 j 列元素的首地址。该元素的值等效于*(*(a+i)+j)。

2. 指向二维数组的指针变量

（1）指向数组元素的指针变量

【例 12.3.2】 用指针变量输入/输出二维数组元素的值。

```
#include <stdio.h>
main()
{
    int  a[3][4], *ptr;
    int  i, j;
    ptr=a[0];
    for(i=0; i<3; i++)
        for(j=0; j<4; j++)
            scanf("%d", ptr++);                // 指针的表示方法
    ptr=a[0];
    for(i=0; i<3; i++)
    {
        for(j=0; j<4; j++)
            printf("%4d", *ptr++);
        printf("\n");
    }
}
```

（2）指向二维数组的指针变量

指向二维数组的指针变量的说明形式为

类型说明符　(*指针变量名)[长度];

其中，"类型说明符"为所指数组的数据类型，"*"表示其后的变量是指针类型，"长度"表示二维数组分解为多个一维数组时一维数组的长度，即二维数组的列数。注意，"(*指针变量名)"两边的括号不可少，否则表示的是指针数组（后面将介绍），意义就完全不同了。

【例 12.3.3】 输出二维数组元素的值。

```
#include <stdio.h>
main()
{
    static int  a[3][4] ={{2,4,6,8}, {10,12,14,16}, {18,20,22,24}};
    int  (*ptr)[4];                            // 定义指向二维数组的指针变量 ptr
    int  i, j;
    ptr=a;                                     // 把二维数组的首地址赋给指针变量 ptr
    for(i=0; i<3; i++)                         // 用指针法输出各数组元素的值
    {
        for(j=0; j<4; j++)
            printf("%4d", *(*(ptr+i)+j));
        printf("\n");
    }
}
```

12.4 指针与函数

12.4.1 指针作为函数的参数

函数的参数可以是我们在前面学过的简单数据类型，也可以是指针类型。使用指针类型

作为函数的参数，向函数实际传递的是变量的地址。变量的地址在调用函数时作为实参，被调函数使用指针变量作为形参接收传递的地址。实参的数据类型要与形参的指针所指向的对象数据类型一致。由于子程序中获得了所传递变量的地址，在该地址空间的数据当子程序调用结束后被物理地保留下来。

注意，C 语言中实参与形参之间的数据传递是单向的"值传递"方式，指针变量作为函数参数也要遵循这一规则。因此不能企图通过改变指针形参的值来改变指针实参的值，但可以改变实参指针变量所指变量的值。函数的调用可以且只能得到一个返回值，而运用指针变量作为参数，可以得到多个变化的值，这是运用指针变量的好处。

若以数组名作为函数参数，数组名就是数组的首地址，实参向形参传送数组名实际上就是传送数组的地址，形参得到该地址后也指向同一数组。实参数组与形参数组各元素之间并不存在"值传递"，在函数调用前形参数组并不占用内存单元，在函数调用时，形参数组并不另外分配新的存储单元，而是以实参数组的首地址作为形参数组的首地址，这样实参数组与形参数组共占同一段内存。如果在函数调用过程中使形参数组的元素值发生变化，实际上也使实参数组的元素值发生了变化。函数调用结束后，实参数组各元素所在单元的内容已改变，当然在主调函数中可以利用这些已改变的值。

【例 12.4.1】 用选择法对 10 个整数排序（从大到小排序）。

```c
#include <stdio.h>
sort(int * x,int n)
{
   int  i, j, k, t;
   for(i=0; i<n-1; i++)
   {
     k=i;
     for(j=i+1; j<n; j++)
       if(*(x+j) > *(x+k))
         k=j;
       if(k != i)
       {
         t=*(x+i);    *(x+i)=*(x+k);    *(x+k)=t;
       }
   }
}
main()
{
   int  *p, i, array[10];
   p=array;
   for(i=0; i<10; i++)
     scanf("%d", p++);
   p=array;
   sort(p,10);
   for(p=array,i=0; i<10; i++)
   {
     printf("%4d", *p);
     p++;
   }
}
```

12.4.2　指向函数的指针

　　C 语言程序是由若干函数组成的，每个函数在编译链接后总是占用一段连续的内存区，函数名就是该函数所占内存区的入口地址，每个入口地址就是函数的指针。在程序中可以定义一个指针变量用于指向函数，然后通过该指针变量来调用它所指的函数。这种方法能大大提高程序的通用性和可适应性，因为一个指向函数的指针变量可以指向程序中任何一个函数。函数指针变量定义的一般形式为

　　　　　　　类型说明符　(*指针变量名)();

其中，"类型说明符"表示被指函数的返回值的类型；"(*指针变量名)"表示"*"后面的变量是定义的指针变量；最后的空括号表示指针变量所指的是一个函数。例如：

　　　　　　int　(*pf)();

表示 pf 是一个指向函数入口的指针变量，该函数的返回值（函数值）是整型。

　　下面通过例子来说明用指针形式实现对函数调用的方法。

【例 12.4.2】　对两个整数进行加、减、乘、除运算。

```
#include <stdio.h>
int add(int a,int b);
int sub(int a,int b);
int mul(int a,int b);
int div(int a,int b);
void result(int (*pf)(), int a, int b);
main()
{
   int  i, j;
   int  (*pf)();                    // 定义一个函数的指针 pf
   printf("input two integer i,j:");
   scanf("%d, %d", &i, &j);
   pf=add;                          // 将加法函数的函数名 add 赋给函数指针 pf
   result(pf,i,j);                  // 将函数指针 pf 作为函数的实参传递给 result 函数的第一个参数
   pf=sub;
   result(pf,i,j);
   pf=mul;
   result(pf,i,j);
   pf=div;
   result(pf,i,j);
   printf("\n");
}
int add(int a, int b)
{
   return a+b;
}
int sub(int a, int b)
{
   return a-b;
}
int mul(int a, int b)
{
   return a*b;
}
int div(int a, int b)
```

```
{
    return a/b;
}
void result(int(*p)(), int a, int b)        // 使用函数的指针 p 作为 result 函数的形参
{
    int  value;
    value=(* p)(a, b);                       // 使用函数指针变量形式灵活地调用加、减、乘、除 4 个函数
    printf("%d\t", value);
}
```

从上述程序可以看出，用函数指针形式调用函数的步骤如下：

<1> 先定义函数指针变量，如 "int (*pf)();" 定义 pf 为函数指针变量。

<2> 把被调函数的入口地址(函数名)赋予该函数指针变量，如 "pf=add"。

<3> 用函数指针变量形式调用函数，如 "value=(*p)(a,b)"。

调用函数的一般形式为

  (*指针变量名) (实参表);

使用函数指针变量还应注意以下两点：① 函数指针变量不能进行算术运算，这与数组指针变量不同。数组指针变量加减一个整数可使指针移动指向后面或前面的数组元素，而函数指针的移动毫无意义。② 函数调用中 "(*指针变量名)" 两边的括号不可少，其中的 "*" 不应该理解为求值运算，在此它只是一种表示符号。

12.4.3 指针型函数

函数可以通过 return 语句返回一个单值的整型数、实型数或字符值，也可以返回含有多值的指针型数据，即指向多值的一个指针（即地址），这种返回指针值的函数称为指针型函数。定义指针型函数的一般形式为

  类型说明符 *函数名(形参表)

   {

    ……   // 函数体

   }

其中，函数名之前加了 "*"，表明这是一个指针型函数，即返回值是一个指针。"类型说明符" 表示返回的指针值所指向的数据类型。例如：

  int *pfun(int x,int y)

   {

    ……   // 函数体

   }

表示 pfun 是一个返回指针值的指针型函数，它返回的指针指向一个整型变量。

【例 12.4.3】 利用指针型函数编写一个求子字符串的函数。

```
#include <stdio.h>
#include <string.h>
#include <alloc.h>
char *substr(char *dest, char *src, int begin, int len)      // 定义一个指针型函数 substr
{
    int  srclen=strlen(src);                                 // 取源字符串长度
    if(begin>srclen || !srclen || begin<0 || len<0)
        dest[0]='\0';                        /* 当取子串的开始位置超过源串长度，或源串长度为 0，或开始
                                                位置和子串长度为非法（小于 0）时，目标串置为空串 */

    else
```

```
    {
        if(!len || (begin+len) > srclen)
            len=srclen-begin+1;                    /* 当子串长度为 0 或开始位置加子串长度大于源串长度时，调整子串
                                                       的长度为从开始位置到源串结束的所有字符 */

        memmove(dest, src+begin-1, len);           // 调用库函数 memmove 将子串从源串中移到目标串中
        dest[len]='\0';
    }
    return dest;                                    // 返回一个指向字符串的指针变量
}
void main()
{
    char   *dest;
    char   src[]="C Programming Language";
    if((dest=(char *)malloc(80)) == NULL)
    {
        printf("no memory\n");
        exit(1);                                    // 表示发生错误后退出程序
    }
    printf("%s\n", substr(dest,src,15,4));
    printf("%s\n", substr(dest,src,15,0));
    free(dest);
}
```

对于指针型函数定义，"int *pf()"只是函数头部分，一般还应该有函数体部分。

12.5 指针与字符串

12.5.1 字符串的表达形式

C 语言对字符串常量是按字符数组处理的，实际上是在内存中开辟了一个字符数组，用来存放字符串常量。字符数组的每个元素存放一个字符且以字符串结束符（'\0'）结尾，因此可以通过字符数组名输入、输出一个字符串。例如：

```
        char  s[10];
        s="Hello you!"                              // 假设字符串常量的首地址为 1000
```

该字符串在内存中的存放格式如表 12.5.1 所示。

表 12.5.1 字符串在内存中的存放格式

地址	1000	1001	1002	1003	1004	1005	1006	1007	1008	1009	1010
字符	H	e	l	l	o		y	o	u	!	\0

现在可以定义一个字符指针。用字符指针指向字符数组或字符串常量，通过指针引用字符数组或字符串中的各字符。

字符串指针变量的定义说明与指向字符变量的指针变量说明相同，只能按对指针变量的赋值不同来区别。字符指针应赋予字符变量的地址、字符数组或字符串的首地址。例如：

```
        char  ch, *p=&ch;                           // p 是一个指向字符变量 ch 的指针变量
        char  *str="C Language";                    // str 是指向字符串的指针变量,将字符串的首地址赋给 str
        char  a[20], *str=a;                        // str 是指向字符串的指针变量,将字符数组 a 的首地址赋给 str
```

【例 12.5.1】 逆序输出字符串。

```
#include <stdio.h>
#include <string.h>
void main()
{
    char  *p, *str="How do you do!";
    printf("%s\n", str);
    p=str+strlen(str);
    while(--p >= str)
        printf("%c", *p);
    printf("\n");
}
```

本例中，strlen(str)表示返回字符串 str 的长度，因而 p=str+strlen(str)表示将字符串结束符处的地址赋给字符指针变量 p，然后对字符指针 p 自减，循环实现字符串逆序输出。

12.5.2　字符指针作为函数参数

将指向字符串的指针变量作为实参，或将指针传递给形参，以上两种方法都可以改变主调函数中字符串的内容。

【例 12.5.2】　用申请分配内存的方法实现两个字符串的连接，且不能使用 strcat()函数。

```
#include <stdio.h>
#include <alloc.h>
void catstr(char *dest,char *src);
void main()
{
    char  *dest, *src="help you?";
    if((dest=(char *)malloc(80)) == NULL)
    {
        printf("no memory\n");
        exit(1);                          // 表示发生错误后退出程序
    }
    dest="Can I";
    catstr(dest, src);
    puts(dest);
}
void catstr(char *dest, char *src)
{
    while(*dest)
        dest++;
    while(*dest ++= *src++);
}
```

如果将 catstr()函数改为下列形式，请思考会产生什么结果？

```
    void catstr(char *dest,char *src)
    {
        while(*dest++);
        while(*dest ++= *src++);
    }
```

从本例可以看到，由于使用了指针，使得 C 程序变得紧凑、精练、简洁，呈现出多样化。这样的程序不容易看懂，关键是对指针概念的正确理解以及如何应用于实际编程中。

12.5.3　字符指针与字符数组的区别

　　用字符数组和字符指针变量都可实现字符串的存储和运算。但两者是有区别的，必须加以注意，切不可混淆，在使用时务必注意以下 3 个问题。

　　① 字符指针本身是一个变量，它的值是可以改变的，而字符数组的数组名虽然代表该数组的首地址，但它是常量，它的值是不能改变的。

　　② 赋初值所代表的意义不同。对于字符指针，"char　*ptr="Hello World";"等价于

```
char *ptr;
ptr="Hello World";
```

对字符数组进行初始化时，"char　str[]="Hello World";"不能写为

```
char str[80];
str="Hello World";
```

　　实际赋值时，只能对字符数组的各元素逐个赋值。

　　定义数组时，编译系统为数组分配内存空间，有确定的地址值，而定义一个字符指针时，其所指地址是不确定的。

　　对于字符数组，可以这样使用：

```
char str[80];
scanf("%s", str);
```

　　对于字符指针，应申请分配内存，取得确定地址。例如：

```
char *str;
str=(char *)malloc(80);
scanf("%s", str);
```

　　而下面的做法是很危险的，会使程序不稳定，随时出现死机现象。

```
char *str;
scanf("%s", str);
```

12.6　指针数组与命令行参数

12.6.1　指针数组的定义和使用

　　前面介绍了指向不同类型变量的指针的定义和使用，可以让指针指向某类变量，并替代该变量在程序中使用；也可以让指针指向一维、二维数组或字符数组，来替代这些数组在程序中使用，这给编程带来了许多方便。

　　下面定义一种特殊的数组，这类数组存放的全部是指针，分别用于指向某种类型的变量，以替代这些变量在程序中使用，增加灵活性。指针数组定义形式为

　　　　类型说明符　*数组名[数组长度];　　　　　　　　　// 类型说明符为指针值所指向的变量的类型

　　例如：

```
char *str[4];
```

"[ ]"比"*"的运算优先权高，所以首先是数组形式 str[4]，然后才与"*"结合。这样指针数组包含 4 个指针 str[0]、str[1]、str[2]、str[3]，各自指向字符型变量。

　　再如：

```
int *ptr[5];
```

该指针数组包含 5 个指针 ptr[0]、ptr[1]、ptr[2]、ptr[3]、ptr[4]，各自指向整型变量。

在使用中要注意 int *ptr[5] 与 int (*ptr)[5] 之间的区别，前者表示一个数组元素都是指针的数组，后者表示一个指向数组的指针变量。

通常可用一个指针数组来指向一个二维数组，指针数组中的每个元素被赋予二维数组每一行的首地址。使用指针数组，对于处理不定长字符串更为方便、直观。

【例 12.6.1】 使用指针数组指向字符串、指向一维数组和二维数组。

```
#include<stdio.h>
void main()
{
    char  *ptr1[4]={"Cat","Mouse","Dog","Sugar"};      // 指针数组 ptr1 的 4 个指针分别依此指向 4 个字符串
    int  i, *ptr2[3], a[3]={1,2,3}, b[3][2]={1,2,3,4,5,6};
    for(i=0; i<4; i++)
        printf("\n%s", ptr1[i]);                       // 依此输出 ptr1 数组 4 个指针指向的 4 个字符串
    printf("\n");
    for(i=0; i<3; i++)
        ptr2[i]=&a[i];                                 // 将整型一维数组 a 的 3 个元素的地址传递给指针数组 ptr2
    for(i=0; i<3; i++)                                 // 依此输出 ptr2 所指向的 3 个整型变量的值
        printf("%4d", *ptr2[i]);
    printf("\n");
    for(i=0; i<3; i++)
        ptr2[i]=b[i];                                  // 传递二维数组 b 的每行首地址给指针数组的 4 个指针
    for(i=0; i<3; i++)                                 // 按行输出
        printf("%4d%4d\n", *ptr2[i], *ptr2[i]+1);
}
```

【例 12.6.2】 定义一个含有 4 个数组元素的字符指针数组，再定义一个二维字符数组，其数组大小为 4×20，即 4 行 20 列，可存放 4 个字符串。若将各字符串的首地址传递给指针数组各元素，那么指针数组就成为名副其实的字符串数组。

要求使用冒泡法对字符串进行字典排序。

```
#include <stdio.h>
#include <string.h>
void sort(char *ptr1[],int n);
void main()
{
    char  *ptr[4], str[4][20];                 // 定义指针数组、二维字符数组
    int  i;
    clrscr();
    for(i=0; i<4; i++)
        gets(str[i]);                          // 输入 4 个字符串
    printf("\n");
    for(i=0; i<4; i++)
        ptr[i]=str[i];                         // 将二维字符数组各行的首地址传递给指针数组的各指针
    printf("original string:\n");
    for(i=0; i<4; i++)                         // 按行输出原始各字符串
        printf("%s\n", ptr[i]);
    sort(ptr, 4);
    printf("sorted string:\n");
    for(i=0; i<4; i++)                         // 输出排序后的字符串
        puts(str[i]);
}
void sort(char *ptr1[], int n)
```

```
{
    char  *temp;
    int  i, j;
    for(i=0; i<n−1; i++)                          // 冒泡法排序
    {
        for(j=0; j<n−i−1; j++)
        {
            if(strcmp(ptr1[j], ptr1[j+1])>0)
            {
                strcpy(temp, ptr1[j]);
                strcpy(ptr1[j], ptr1[j+1]);
                strcpy(ptr1[j+1], temp);
            }
            printf("sorted string:\n");
            for(i=0; i<4; i++)                    // 按行输出原始各字符串
                printf("%s\n", ptr1[i]);
        }
    }
}
```

12.6.2　指向指针的指针

指针变量可以指向整型变量、实型变量、字符类型变量，或指向指针类型变量。如果指针变量存放的是另一个指针变量的地址，则称这个指针变量为指向指针的指针。这句话可能有些绕口，考虑到一个指针变量的地址就是指向该变量的指针，这种双重指针的含义就容易理解了。下面用图 12.6.1 来描述这种双重指针。

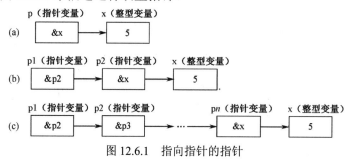

图 12.6.1　指向指针的指针

在图 12.6.1(a)中，整型变量 x 的地址是&x，将其传递给指针变量 p，则 p 指向 x；在图 12.6.1(b)中，整型变量 x 的地址是&x，将其传递给指针变量 p2，则 p2 指向 x，p2 是指针变量，同时将 p2 的地址&p2 传递给 p1，则 p1 指向 p2。这里的 p1 就是指向指针变量的指针变量，即指针的指针。同理，在图 12.6.1(c)中形成了多级指针。前面已介绍，通过指针访问变量称为间接访问。指针变量直接指向变量，所以称为单级间访。如果通过指向指针的指针变量来访问变量，则构成了二级或多级间访。C 语言中对间接访问的级数并未明确限制，但是间接访问级数太多时不易理解，也容易出错，因此一般很少超过二级间访。

指向指针的指针变量定义如下：

　　　　类型说明符　**指针变量名;

例如，"float　**ptr;"的含义是定义一个指针变量 ptr，它指向另一个指针变量（该指针变量又指向一个实型变量）。指针运算符"*"是自右至左结合，所以上述定义相当于"float *(*ptr);"。

下面通过实例说明指向指针变量的指针变量怎样正确引用。

【例 12.6.3】 使用指向指针的指针改写例 12.6.2 的程序。

```c
#include <stdio.h>
#include <string.h>
void sort(char **ptr1,int n);
void main()
{
    char  **ptr, str[4][20];              // 定义指针数组、二维字符数组
    int  i;
    clrscr();
    for(i=0; i<4; i++)
        gets(str[i]);                     // 输入 4 个字符串
    printf("\n");
    for(i=0; i<4; i++)
        *(ptr+i)=str[i];                  // 将二维字符数组各行的首地址传递给指针数组的各指针
    printf("original string:\n");
    for(i=0; i<4; i++)                     // 按行输出原始各字符串
        printf("%s\n", *(ptr+i));
    sort(ptr,4);
    printf("sorted string:\n");
    for(i=0; i<4; i++)                     // 输出排序后的字符串
        puts(*(ptr+i));
}
void sort(char **ptr1, int n)
{
    char  *temp;
    int  i, j;
    for(i=0; i<n-1; i++)                   // 冒泡排序
    {
        for(j=0; j<n-i-1; j++)
            if(strcmp(*(ptr1+j),*(ptr1+j+1)) > 0)
            {
                strcpy(temp, *(ptr1+j));
                strcpy(*(ptr1+j), *(ptr1+j+1));
                strcpy(*(ptr1+j+1), temp);
            }
    }
    printf("sorted string:\n");
    for(i=0; i<4; i++)                     // 按行输出原始各字符串
        printf("%s\n", *(ptr1+i));
}
```

12.6.3 指针数组作为 main()函数的命令行参数

指针数组的一个重要应用是作为 main()函数的形参，使用户编写的程序可以在执行文件时附带参数执行。如 DOS 命令 "FORMAT   A:/S/V" 表示 FORMAT 命令可以带 "A:"、"/S" 和 "/V" 三个参数。带参数的用处表现在应用该文件时更灵活、方便。

事实上，main()函数可以是无参函数或有参函数。对于有参形式来说，需要向其传递参数,但是其他任何函数均不能调用 main()函数。先看 main()函数的带参形式：

```c
main(int argc, char * argv[])
```

```
        {
            ......
        }
```

从函数参数的形式上看，它包含一个整型变量参数和一个指针数组参数。C 语言源程序经过编译、链接后，会生成 EXE 可执行文件，这是可在操作系统下直接运行的文件，就是由系统来启动运行的。main()函数既然不能由其他函数调用和传递参数，就只能由系统在启动运行时传递参数了。

在操作系统环境下，一条完整的运行命令应包括两部分：命令与相应的参数。其格式为

命令　参数1　参数2　…　参数 n↙

此格式也称为命令行。命令行中的命令就是可执行文件的文件名，其后所跟参数需用空格分隔，是对命令的进一步补充，也就是传递给 main()函数的参数。

命令行与 main()函数的参数存在如下关系：设命令行为

file str1 str2 str3↙

其中，file 为文件名，也就是一个由 file.c 经编译、链接后生成的可执行文件 file.exe，其后跟 3 个参数。对 main()函数来说，其参数 argc 记录了命令行中命令与参数的个数，共 4 个，指针数组的大小由参数 argc 的值决定，即 char *argv[4]，指针数组的取值情况如图 12.6.2 所示。

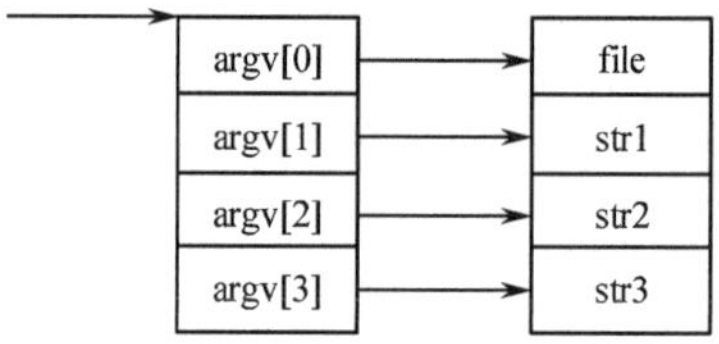

argv[0]	→	file
argv[1]	→	str1
argv[2]	→	str2
argv[3]	→	str3

图 12.6.2　指针数组作 main()的命令行参数

数组的各指针分别指向一个字符串。注意，接收到的指针数组的各指针是从命令行的开始接收的，首先接收到的是命令，其后才是参数。

下面用实例说明带参数的 main()函数的正确用法。

【例 12.6.4】　显示命令行参数的值。

```
#include <stdio.h>
void main(int argc,char *argv[])
{
    int  i;
    printf("argc 值: %d\n", argc);
    printf("命令行参数内容分别是: \n");
    for(i=0; i<argc; ++i)
        printf("argv[%d]:%s\n", i, argv[i]);
}
```

将源程序命名为 test.c，经编译、链接生成可执行文件 test.exe，在 DOS 操作系统提示符下，输入以下命令行来运行：

C:\>test VFP ACCESS "SQL SERVER"↙

注意：以上命令是假设 test.exe 文件在 C 盘根目录下；参数中有空格时需用""括起来。

12.7　指针小结

12.7.1　指针概念综述

① 变量的地址就是变量的指针，用于存储地址的变量称为指针变量。当将一个变量的地址赋给某一指针变量时，称这个指针变量指向该变量。此时，既可用变量名直接存取变量

的值，也可用指针变量间接存取变量的值。

② C 语言中的数组变量、字符串数组变量、字符串、结构体变量、共用体变量、枚举型变量，甚至函数名、函数的参数以及文件等都有指针，可以定义相应的指针变量存放这些指针。同样有两种方法存取变量的值：用变量名直接存取，或用指针变量间接存取。也有两种方法调用函数：用函数名来调用，或用指向函数的指针变量来调用。

③ 指针运算符"*"作用在变量的地址上，即表达式"*变量的地址"相当于间接存取该变量的值。

④ 一维数组名是该数组的首地址（第一个元素的地址）。当指针变量 p 指向数组的某一个元素时，p+1 指向下一个元素，p−1 指向上一个元素。

⑤ 字符串可以存放在字符数组中，也能以字符串常量的形式出现在程序中。程序中把一个字符串常量赋值给一个指针变量，实际上是把存放该字符串常量的内存单元首地址赋值给指针变量。

⑥ 可以把 C 语言的二维数组 a 视为一个一维数组（a[0]，a[1]，a[2]，…），这个一维数组中的每个元素 a[i] 又是一个一维数组（a[i][0]，a[i][1]，a[i][2]，…）。因此，&a[i][j]、a[i]+j 与 *(a+i)+j 三者相互等价，都是元素 a[i][j] 的地址。行指针变量 pi 指向的数据类型是一个有 N 个元素的一维数组，当 pi 指向二维数组的一行（设每行也有 N 个元素）时，pi+1 指向下一行，pi−1 指向上一行。

⑦ 指针数组的每个元素都是一个指针变量，指针数组的元素可用来指向变量、数组元素、字符串等。

⑧ 指向指针的指针要进行二次"间接存取"（二级间址）才能存取变量的值。

⑨ 通过指针变量存取结构体变量成员数据有两种方法：一种是通过指针运算符"*"，另一种是通过指向运算符"->"。指针变量存取共用体变量的数据也与之类似。

⑩ 在 C 程序中使用指针编程，可以写出灵活、简练、高效的好程序，实现许多用其他高级语言难以实现的功能。

初学者利用指针编程较易出错，而且这种错误往往是隐蔽的、难以发现的。比如，由于未对指针变量 p 赋值就对*p 赋值，新值就代替了内存中某单元的内容，可能出现不可预料的错误。因此，使用指针编程时概念要清晰，并注意积累经验。

12.7.2 指针运算小结

1. 指针变量赋值

下面通过如下程序段来说明指针变量的赋值过程：

```
int  i, j, a[10], b[5][9], *p, *q, (*pi)[9], *pa[5];
char  *ps;
char  *pas[]={"abc", "defghij", "kn"};    /* 将 3 个字符串常量"abc"、"defghij"、"kn"的首地址
                                             分别赋值给指针数组 pas 的 3 个元素 pas[0]、pas[1]、pas[2] */
p=&i;                               // 将一个变量地址赋给指针变量 p
q=p;                                // p 和 q 都是指针变量，将 p 的值赋给 q
q=NULL;                             // 将 NULL 空指针赋值给指针变量 q
p=(int*)malloc(5*sizeof(int));      /* 在内存中分配 10 个字节的连续存储单元块，并把这
                                       块连续存储单元的首地址赋值给指针变量 p */
p=a;                                // 将一维数组 a 首地址赋给指针变量 p *
p=&a[i];                            // 将一维数组 a 的第 i 个元素地址赋给指针变量 p *
```

```
    p=&b[i][j];                    /*  此赋值语句等价于 p=b[i]+j;  或  p=*(b+i)+j;  这三条语句都是
                                       将二维数组元素 b[i][j]地址赋给指针变量 p */
    pi=b+i;                   /*  此赋值语句等价于  pi=&b[i];  表示行指针 pi 指向二维数组 b 的第 i 行 */
    for(i=0; i<5; i++)            /*  指针数组 pa 的元素 pa[i](i=0, 1, …, 4), 分别指
      pa[i]=b[i];                    向二维数组 b 的第 i 行的第 0 列元素 */
    ps="Hello!";                 /*  将字符串常量"Hello!"的首地址赋值给指针变量 ps */
```

2．指针变量加/减一个整数

若有下述程序段：

```
    类型名  *p, *q;
    p = p+n;
    q = q-m;
```

此处"类型名"是指针变量 p，q 所指向变量的数据类型，并假定 m、n 为正整数，则系统将自动计算出：

```
    p 指针向高地址方向位移的字节数=sizeof(类型名)*n;
    q 指针向低地址方向位移的字节数=sizeof(类型名)*m;
```

指针变量每增 1、减 1，一次位移的字节数等于其所指的数据类型的大小，而不是简单地把指针变量的值加 1 或减 1。另外，上述指向二维数组 b 的行指针 pi++，pi 则指向二维数组 b 的下一行。

3．两个指针变量相比较

指向同一块连续存储单元（通常是数组）的两个指针变量可以进行关系运算。假设指针变量 p、q 指向同一数组，则可用关系运算符<, >, >=, <=, ==, !=进行关系运算。若 p==q 为真，则表示 p、q 指向数组的同一元素；若 p 指向地址较大元素，q 指向地址较小元素，则 p>q 的值为 1（真）。如果 p 和 q 不指向同一数组，则比较无意义。

任何指针变量或地址都可以与 NULL 进行相等或不相等的比较。

4．两指针变量相减

指向同一块连续存储单元（通常是数组）的两个指针变量可以进行相减运算。假设指针变量 p、q 指向同一数组，则 p-q 的值等于 p 所指对象与 q 所指对象之间的元素个数，若 p>q，则取正值，p<q，则取负值。

12.7.3 等价表达式

用指针变量指向某一数据类型的变量时，可以通过指针来存取该变量的值。表 12.7.1 列出了通过指针存取变量值的相互等价表达式，表中 N、M 为整型常量，并假设表中所有构造型数据类型均已正确定义完成。

表 12.7.1 通过指针存取变量值的相互等价表达式

定　义	等价条件	等价表达式	说　明
int a;		a, *&a	"*"与"&"相互抵消
int *p;		p, &*p	"&"与"*"相互抵消
int a, *p;	p=&a;	a, *p	指针与变量
int a[N];		a[I], *(a+i)	一维数组名与其元素
int a[N], *p;	p=a;	a[I], *(p+i), p[i]	指针与一维数组

定　　义	等价条件	等价表达式	说　　明
int　b[N][M];		b[i][j]，*(b[i]+j)，(*(b+i)+j)，(*(b+i))[j]， *(&b[0][0]+ M*i+j)	二维数组名与其元素
int　b[N][M], *p;	p=&b[0][0];	b[i][j]，*(p+M*i+j)，p[M*i+j]	指针与二维数组
int　b[N][M], (*pi)[M];	pi=b;	b[i][j]，*(pi[i]+j)，(*(pi+i)+j)，(*(pi+i))[j]，pi[i][j]	行指针与二维数组
int　b[N][M], *pa[N];	pa[i]=b[i]; i=1, 2, …, N	b[i][j]，*(pa[i]+j)，(*(pa+i)+j)，(*(pa+i))[j]，pa[i][j]	指针数组与二维数组
int　a, *p, **pp;	p=&a;　pp=&p;	A，*p，**pp	指向指针的指针
struct book_tp book, *p;	p=&book;	book.成员名，p->成员名，(*p).成员名	指针与结构体
union reg_tp　r, *p;	p=&r;	r.成员名，p->成员名，(*p).成员名	指针与共用体
enum furit_type　f, *p;	p=&f;	f，*p	指针与枚举型

12.8　C51 中指针的使用

12.8.1　指针变量的定义

指针变量定义与一般变量的定义类似，其形式如下：

数据类型 [存储器类型 1] * [存储器类型 2] 标识符;

[存储器类型 1] —表示被定义为基于存储器的指针，无此选项时，被定义为一般指针。这两种指针的区别在于它们的存储字节不同。一般指针在内存中占用 3 字节，第 1 字节存放该指针存储器类型的编码（在编译时由编译模式的默认值确定），第 2 字节和第 3 字节分别存放该指针的高位和低位地址偏移量。存储器类型的编码值如表 12.8.1 所示。

[存储类型 2] —指定指针本身的存储器空间，举例如下。

（1）

```
        char *c_ptr;   int *i_ptr;   long *l_ptr;
```

上述定义的是一般指针，c_ptr 指向的是一个 char 型变量，那么这个 char 型变量位于哪里呢？这与编译时编译模式的默认值有关。

表 12.8.1　存储器类型的编码值

存储类型 1	编码值
idata/data/bdata	0x00
xdata	0x01
pdata	0xFE
code	0xFF

如果有 Memory Model-Variable-Large:XDATA，那么这个 char 型变量位于 xdata 区。

如果有 Memory Model-Variable-Compact:PDATA，那么这个 char 型变量位于 pdata 区。

如果有 Memory Model-Variable-Small:DATA，那么这个 char 型变量位于 data 区。

而指针 c_ptr、i_ptr、l_ptr 变量本身位于片内数据存储区中。

（2）

```
        char *data c_ptr;   int *idata i_ptr;   long *xdata l_ptr;
```

上述定义中，c_ptr、i_ptr、l_ptr 变量本身分别位于 data、idata、xdata 区。

（3）

```
        char data *c_ptr;          // 表示指向 data 区中的 char 型变量，c_ptr 在片内存储区中
        int xdata *i_ptr;          // 表示指向 xdata 区中的 int 型变量，i_ptr 在片内存储区中
        long code *l_ptr;          // 表示指向 code 区中的 long 型变量，l_ptr 在片内存储区中
```

（4）

```
        char data *data c_ptr;     // 表示指向 data 区中的 char 型变量，c_ptr 在片内存储区 data 中
        int xdata *xdata i_ptr;    // 表示指向 xdata 区中的 int 型变量，i_ptr 在片外存储区 xdata 中
```

```
long   code *xdata l_ptr;          // 表示指向 code 区中的 long 型变量，l_ptr 在片外存储区 xdata 中
```

12.8.2 指针应用

（1）
```
int   x, j;
int   *px, *py;
px=&x;     py=&y;
```

（2）
```
*px=0;     py=px;
```

（3）
```
*px++ = *(px++);
```

（4）
```
(*px)++ = px++;
```

（5）
```
unsigned char  xdata *x;
unsinged char  xdata *y;
x=0x0456;
*x=0x34;                           // 等价于 mov  dptr, #456h; mov  a, #34h; movx  @dptr, a
```

（6）
```
unsigned char  pdata *x;
x=0x045;
*x=0x34;                           // 等价于 mov  r0, #45h ; mov  a, #34h; movx  @r0, a
```

（7）
```
unsigned char  data *x;
x=0x30;
*x=0x34;                           // 等价于 mov  a, #34h;  mov  30h, a
```

（8）
```
int  *px;
px=(int xdata *)0x4000;            /* 将 xdata 型指针 0x4000 赋给 px，也就是将 0x4000 强制转换为
                                      指向 xdata 区中的 int 型变量的指针，将其赋给 px*/
```

（9）
```
int  x;
/* 将 0x4000 强制转换为指向 xdata 区中的 int 型变量的指针，从这个地址中取出值赋给变量 x */
x=*((char xdata *)0x4000);
```

（10）
```
px=*((int xdata * xdata *)0x4000);
```

（11）
```
/* 将阴影部分遮盖，意思是将 0x4000 强制转换为指向 xdata 区中的 X 型变量的指针，这个 X 型变量就是阴影
   "int xdata *"，也就是 0x4000 指向的变量类型是一个指向 xdata 区中的 int 型变量的指针，即 0x4000 中
   放的是另外一个指针，这个指针指向 xdata 区中的 int 型变量。px 值放的是 0x4000 中放的那个指针。
     如【0x4000】-【0x2000】-0x34, px=0x2000  */
px=*((int xdata * xdata *)0x4000);
```

（12）
```
/* x 中放着 0x4000 中放的那个指针所指向的值，如【0x4000】-【0x2000】-0x34 */
x=**((int xdata * xdata *)0x4000);
```

【例 12.8.1】 指针使用例程。

```
#include <reg52.h>
void main(void)
{
    // 定义一些随机数据，数据存放在片内 code 区中
    unsigned char code date[]={0xFF,0xFE,0xFD,0xFB,0xF7,0xEF,0xDF,0xBF,
                               0x7F,0x7F,0xBF,0xDF,0xEF,0xF7,0xFB,0xFD,
                               0xFE,0xFF,0xFF,0xFE,0xFC,0xF8,0xF0,0xE0,
                               0xC0,0x80,0x0,0xE7,0xDB,0xBD,0x7E,0xFF};
    unsigned int  a;                     // 定义循环用的变量
    unsigned char  b;
    unsigned char  code *finger;         // 定义基于 code 区的指针
    do
    {
        finger = &date[0];               // 取得数组第一个单元的地址
        for (b=0;b<32;b++)
        {
            for(a=0; a<30000; a++);      // 延时一段时间
            P1 = *finger;                // 从指针指向的地址取数据到 P1 口
            finger++;                    // 指针加 1
        }
    }
    while(1);
}
```

为了清楚地了解指针的工作原理，我们使用 Keil 软件仿真器查看各变量和存储器的值。编译以上程序并执行，然后打开变量窗口和存储器窗口。用单步执行，就能查看到指针变量。图 12.8.1 是程序循环执行到第 4 次，左下角显示这时指针 finger 指向 0x0006 这个地址，该地址的值是 0xFB，即*finger=0xFB。在存储器窗口则能查看各地址单元的值。这种方法不但在学习时能帮助大家更好地了解语法或程序的工作过程，更能在实际使用中让你更快、更准确地编写程序或解决程序中的问题。

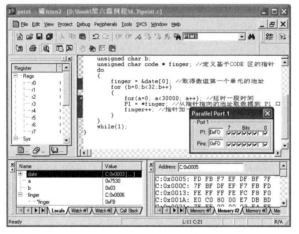

图 12.8.1　指针使用过程

第 4 篇
实 战 篇

　　本篇主要以讲解实际项目为主，这些项目都是作者在教学或实际承接的工程中所完成的真实项目。

　　例程按照先易后难的顺序讲解，第 13 章利用单片机定时器及数码管显示功能设计一个简易时钟，第 14 章利用美芯公司时钟芯片设计具有闹钟功能的高精度时钟。第 15 章讲解数字温度传感器芯片 DS18B20 的具体使用方法，该芯片在工业产品中被大量采用，其特有的单总线数据传输特性使用户在设计电路与程序操作方面都非常方便，并且温度转换速度与采样精度都非常高。第 16 章讲解一款太阳能充/放电控制器的原理，利用该原理大家还可用同样的方法设计出其他电池充电器。第 17 章讲解用 VC/VB 的 MSCOMM 控件设计上位机软件界面的完整过程。第 18 章讲解应用单片机 ADC 制作电容感应触摸按键的过程。

- ▶ 利用 51 单片机的定时器设计一个时钟
- ▶ 使用 DS12C887 时钟芯片设计高精度时钟
- ▶ 使用 DS18B20 温度传感器设计温控系统
- ▶ 太阳能充/放电控制器
- ▶ VC、VB（MSCOMM 控件）与单片机通信实现温度显示
- ▶ 应用单片机 ADC 制作电容感应触摸按键

第13章　利用51单片机的定时器设计一个时钟

项目实现功能： 使用 TX-1C 实验板自带的配件及板上资源设计一个时钟，要求如下：

❖ 时间显示在 1602 液晶上，并且按秒实时更新。

❖ 能够使用实验板的按键随时调节时钟的时、分、秒。按键可设计 3 个有效键，分别为功能选择键、数值增大键和数值减小键。

❖ 每次有键按下时，蜂鸣器都以短"滴"声报警。

❖ 利用板上 AT24C02 设计实现断电自动保护显示数据的功能，当下次上电时，会接着上次断电前的时间数据继续运行。

❖ 自行扩展显示年、月、日、星期功能。

读者可先根据项目实现功能自行尝试编写程序，遇到困难时再参考本例中的源代码，认真反省为何自己没有找到合适的解决办法。同时，读者可自行在本例基础上扩展在液晶上显示年、月、日、星期等功能，并根据实际运行情况刷新数据。本程序会在液晶第一行上显示固定的年、月、日和星期，其动态变化由读者扩展完成。

13.1　如何从矩阵键盘中分解出独立按键

TX-1C 实验板的矩阵键盘和独立按键如图 13.1.1 所示。

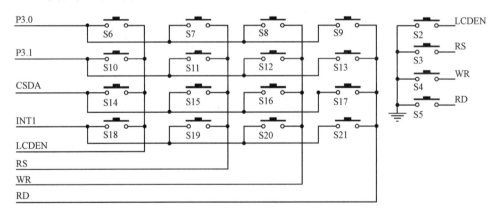

图 13.1.1　TX-1C 实验板的矩阵键盘和独立按键

图 13.1.1 中左边 16 个按键为 4×4 矩阵键盘，右边 4 个为独立按键，无论是独立按键还是矩阵键盘，其检测原理都是一样的，即检测到低电平时认为被按下。独立按键左边 4 个引脚连接到一起并且由硬件直接接地，矩阵键盘全部连接单片机的 I/O 口，检测时由软件强制拉低。若要将矩阵按键的最右边一列设置为独立按键，只需在程序最开始处，用软件将"RD"端置低，然后依次检测 P3.0、P3.1、CSDA 和 INT1 口即可。但这时不需要再做矩阵按键的检测，如果程序处理不当，会出现错误。

本例要用单片机操作 1602 液晶来显示数据，TX-1C 实验板独立按键 S2 和 S3 的检测端同时连接 1602 液晶的 LCDEN 和 RS 端，所以此时检测按键时将与操作液晶产生冲突，因此在一定选择与 1602 液晶没有关联的键，S4 和 S5 两个独立按键可以使用，但数量只有 2 个，而实现的功能需要 3 个键，所以利用矩阵按键来分解出独立按键。

13.2　原理图分析

本例用到的原理图主要由以下 4 部分组成。

❖ 按键部分，如图 13.1.1 所示，只使用矩阵键盘中的 S9、S13、S17 和 S21。

❖ 单片机和蜂鸣器部分，如图 13.2.1 和图 13.3.2 所示。为了方便看图，图 13.2.1 中将单片机电源 V$_{CC}$ 和 GND 隐藏，在连接实物时务必正确连接。

❖ 晶振和复位电路部分，如图 13.2.3 和图 13.2.4 所示。

❖ 电源和 1602 液晶部分，如图 13.2.5 和 13.2.6 所示。

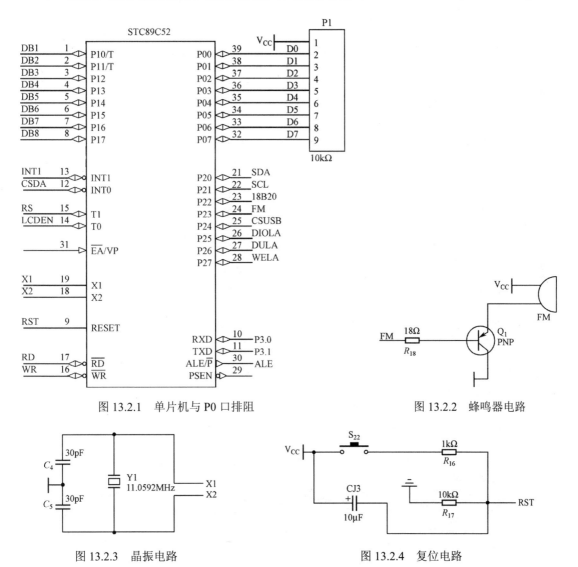

图 13.2.1　单片机与 P0 口排阻

图 13.2.2　蜂鸣器电路

图 13.2.3　晶振电路

图 13.2.4　复位电路

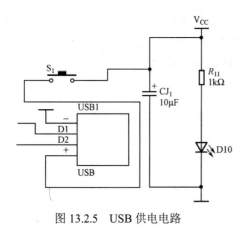

图 13.2.5　USB 供电电路　　　　　　　　　　　图 13.2.6　1602 液晶电路

13.3　实例讲解

【例 13.3.1】　新建文件 part4.1.1.c，源代码如下：

```c
/*  晶振：TX-1C 实验板上实际晶振为 11.0592 MHz，为了方便计算时间，假设晶振为 12 MHz  */
#include<reg52.h>                        // 包含 52 单片机头文件
#define uchar unsigned char
#define uint unsigned int
#include"24c02.h"
sbit dula=P2^6;                          // 定义锁存器锁存端
sbit wela=P2^7;
sbit rs=P3^5;                            // 定义 1602 液晶 RS 端
sbit lcden=P3^4;                         // 定义 1602 液晶 LCDEN 端
sbit s1=P3^0;                            // 定义功能键
sbit s2=P3^1;                            // 定义增大键
sbit s3=P3^2;                            // 定义减小键
sbit rd=P3^7;
sbit beep=P2^3;                          // 定义蜂鸣器端
uchar count,s1num;
char miao,shi,fen;
uchar code table[]="  2008-9-30 MON";   // 定义初始上电时液晶默认显示状态
void delay(uint z)                       // 延时函数
{
   uint  x, y;
   for(x=z; x>0; x--)
     for(y=110; y>0; y--)  ;
}
void di()                                // 蜂鸣器发声函数
{
   beep=0;
   delay(100);
   beep=1;
}
void write_com(uchar com)                // 液晶写命令函数
{
   rs=0;
```

```c
    lcden=0;
    P0=com;
    delay(5);
    lcden=1;
    delay(5);
    lcden=0;
}
void write_date(uchar date)                // 液晶写数据函数
{
    rs=1;
    lcden=0;
    P0=date;
    delay(5);
    lcden=1;
    delay(5);
    lcden=0;
}

void write_sfm(uchar add, uchar date)      // 写时分秒函数
{
    uchar  shi, ge;
    shi=date/10;                           // 分解一个两位数的十位和个位
    ge=date%10;
    write_com(0x80+0x40+add);              // 设置显示位置
    write_date(0x30+shi);                  // 送液晶显示十位
    write_date(0x30+ge);                   // 送液晶显示个位
}
void init()                                // 初始化函数
{
    uchar  num;
    rd=0;                                  // 软件将矩阵按键第4列一端置低，以分解出独立按键
    dula=0;                                // 关闭两锁存器锁存端，防止操作液晶时数码管出现乱码
    wela=0;
    lcden=0;
    fen=0;                                 // 初始化分钟变量值
    miao=0;
    shi=0;
    count=0;
    s1num=0;
    init_24c02();
    write_com(0x38);                       // 初始化1602液晶
    write_com(0x0c);
    write_com(0x06);
    write_com(0x01);
    write_com(0x80);                       // 设置显示初始坐标
    for(num=0; num<15; num++)              //     显示年月日星期
    {
        write_date(table[num]);
        delay(5);
    }
    write_com(0x80+0x40+6);                // 写出时间显示部分的两个“:”
    write_date(':');
    delay(5);
```

```c
    write_com(0x80+0x40+9);
    write_date(':');
    delay(5);
    miao=read_add(1);                       // 首次上电从 AT24C02 中读取出存储的数据
    fen=read_add(2);
    shi=read_add(3);
    write_sfm(10, miao);                    // 分别送去液晶显示
    write_sfm(7, fen);
    write_sfm(4, shi);
    TMOD=0x01;                              // 设置定时器 0 工作模式 1
    TH0=(65536-50000)/256;                  // 定时器装初值
    TL0=(65536-50000)%256;
    EA=1;                                   // 开总中断
    ET0=1;                                  // 开定时器 0 中断
    TR0=1;                                  // 启动定时器 0
}
void keyscan()                              // 按键扫描函数
{
    if(s1 == 0)
    {
        delay(5);
        if(s1 == 0)                         // 确认功能键被按下
        {
            s1num++;                        // 功能键按下次数记录
            while(!s1);                     // 释放确认
            di();                           // 每当有按键释放蜂鸣器发出滴声
            if(s1num == 1)                  // 第 1 次被按下时
            {
                TR0=0;                      // 关闭定时器
                write_com(0x80+0x40+10);    // 光标定位到秒位置
                write_com(0x0f);            // 光标开始闪烁
            }
            if(s1num == 2)                  // 第 2 次被按下，光标定位到分钟位置
            {
                write_com(0x80+0x40+7);
            }
            if(s1num == 3)                  // 第 3 次被按下，光标定位到小时位置
            {
                write_com(0x80+0x40+4);
            }
            if(s1num == 4)                  // 第 4 次被按下
            {
                s1num=0;                    // 记录按键数清 0
                write_com(0x0c);            // 取消光标闪烁
                TR0=1;                      // 启动定时器使时钟开始走
            }
        }
    }
    if(s1num != 0)                          // 只有功能键被按下后，增大和减小键才有效
    {
        if(s2 == 0)
        {
```

```
        delay(5);
        if(s2 == 0)                        // 增加键确认被按下
        {
            while(!s2);                    // 按键释放
            di();                          // 每当有按键释放蜂鸣器发出滴声
            if(s1num == 1)                 // 若功能键第一次被按下
            {
                miao++;                    // 则调整秒加 1
                if(miao == 60)             // 若满 60，将清 0
                    miao=0;
                write_sfm(10, miao);       // 每调节一次，送液晶显示一下
                write_com(0x80+0x40+10);   // 显示位置重新回到调节处
                write_add(1, miao);        // 数据改变立即存入 24C02
            }
            if(s1num == 2)                 // 若功能键第 2 次被按下
            {
                fen++;                     // 则调整分钟加 1
                if(fen == 60)              // 若满 60，将清 0
                    fen=0;
                write_sfm(7, fen);         // 每调节一次，送液晶显示一下
                write_com(0x80+0x40+7);    // 显示位置重新回到调节处
                write_add(2, fen);         // 数据改变立即存入 24C02
            }
            if(s1num == 3)                 // 若功能键第 3 次按下
            {
                shi++;                     // 则调整小时加 1
                if(shi == 24)              // 若满 24，将清 0
                    shi=0;
                write_sfm(4, shi);;        // 每调节一次，送液晶显示一下
                write_com(0x80+0x40+4);    // 显示位置重新回到调节处
                write_add(3, shi);         // 数据改变立即存入 24C02
            }
        }
    }
    if(s3==0)
    {
        delay(5);
        if(s3 == 0)                        // 确认减小键被按下
        {
            while(!s3);                    // 按键释放
            di();                          // 每当有按键释放蜂鸣器发出滴声
            if(s1num == 1)                 // 若功能键第 1 次按下
            {
                miao--;                    // 则调整秒减 1
                if(miao == -1)             // 若减到负数，则将其重新设置为 59
                    miao=59;
                write_sfm(10, miao);       // 每调节一次，送液晶显示一下
                write_com(0x80+0x40+10);   // 显示位置重新回到调节处
                write_add(1, miao);        // 数据改变，立即存入 24C02
            }
            if(s1num == 2)                 // 若功能键第 2 次被按下
            {
```

233

```c
            fen--;                              // 则调整分钟减1
            if(fen == -1)                       // 若减到负数，则将其重新设置为59
                fen=59;
            write_sfm(7, fen);                  // 每调节一次，送液晶显示一次
            write_com(0x80+0x40+7);             // 显示位置重新回到调节处
            write_add(2, fen);                  // 数据改变，立即存入24C02
        }
        if(s1num == 3)                          // 若功能键第2次被按下
        {
            shi--;                              // 则调整小时减1
            if(shi == -1)                       // 若减到负数，则将其重新设置为23
                shi=23;
            write_sfm(4, shi);                  // 每调节一次，送液晶显示一次
            write_com(0x80+0x40+4);             // 显示位置重新回到调节处
            write_add(3, shi);                  // 数据改变，立即存入24C02
        }
      }
    }
  }
}
void main()                                     // 主函数
{
    init();                                     // 首先初始化各数据
    while(1)                                    // 进入主程序大循环
    {
        keyscan();                              // 不停地检测按键是否被按下
    }
}
void timer0() interrupt 1                       // 定时器0中断服务程序
{
    TH0=(65536-50000)/256;                      // 再次装定时器初值
    TL0=(65536-50000)%256;
    count++;                                    // 中断次数累加
    if(count==20)                               // 20次50毫秒为1秒
    {
        count=0;
        miao++;
        if(miao == 60)                          // 秒加到60，则进位分钟
        {
            miao=0;                             // 同时，秒数清0
            fen++;
            if(fen == 60)                       // 分钟加到60，则进位小时
            {
                fen=0;                          // 同时，分钟数清0
                shi++;
                if(shi == 24)                   // 小时加到24，则小时清0
                {
                    shi=0;
                }
                write_sfm(4, shi);              // 小时若变化，则重新写入
                write_add(3, shi);              // 数据改变，立即存入24C02
            }
```

```
        write_sfm(7, fen);                     // 分钟若变化，则重新写入
        write_add(2, fen);                     // 数据改变，立即存入 24C02
    }
    write_sfm(10, miao);                       // 秒若变化，则重新写入
    write_add(1, miao);                        // 数据改变，立即存入 24C02
  }
}
```

24C02.h 是 TX-1C 板上 E^2PROM 的操作函数，其源代码如下：

```
bit  write=0;                                  // 写 24C02 的标志
sbit  sda=P2^0;
sbit  scl=P2^1;
void  delay0(){ ;; }
void  start()                                  // 开始信号
{
    sda=1;
    delay0();
    scl=1;
    delay0();
    sda=0;
    delay0();
}
void stop()                                    // 停止
{
    sda=0;
    delay0();
    scl=1;
    delay0();
    sda=1;
    delay0();
}
void respons()                                 // 应答
{
    uchar  i;
    scl=1;
    delay0();
    while((sda == 1) && (i < 250))
       i++;
    scl=0;
    delay0();
}
void init_24c02()                              // I²C 初始化函数
{
    sda=1;
    delay0();
    scl=1;
    delay0();
}
void write_byte(uchar date)                    // 写 1 字节函数
{
    uchar  i, temp;
    temp=date;
```

```
    for(i=0; i<8; i++)
    {
      temp = temp<<1;
      scl=0;
       delay0();
      sda=CY;
      delay0();
      scl=1;
      delay0();
    }
    scl=0;
    delay0();
    sda=1;
    delay0();
}
uchar read_byte()                            // 读1字节函数
{
    uchar  i, k;
    scl=0;
    delay0();
    sda=1;
    delay0();
    for(i=0; i<8; i++)
    {
      scl=1;
      delay0();
      k = (k<<1) | sda;
      scl=0;
      delay0();
    }
    return k;
}
void write_add(uchar address,uchar date)     // 指定地址写1字节
{
    start();
    write_byte(0xa0);
    respons();
    write_byte(address);
    respons();
    write_byte(date);
    respons();
    stop();
}
char read_add(uchar address)                 // 指定地址读1字节
{
    uchar  date;
    start();
    write_byte(0xa0);
    respons();
    write_byte(address);
    respons();
    start();
```

```
        write_byte(0xa1);
        respons();
        date=read_byte();
        stop();
        return date;
    }
```

　　程序中已经为代码做了仔细的注释，这里不再分析，24C02代码解释请查看本书讲解 I²C 总线部分。在调试程序时需要注意，若 24C02 为全新的，首次上电读出的数据送液晶显示有可能是乱码，如显示"I5"。因为程序中首次上电要先从 24C02 中读取数据，如果读取地址处原来未写入数据，那么读出的数据必定为未知数据。通过按键调节过一次时间后，再关闭电源，重新上电后数据便会正常。即使重新下载单片机的程序，数据也会保持原来状态。

　　图 13.3.1 为正常显示时间的状态，图 13.3.2 为调节时间时有光标闪烁的状态。

图 13.3.1　时钟正常时显示状态　　　　　　　图 13.3.2　时钟调节时显示状态

第14章 用DS12C887芯片设计高精度时钟

项目实现功能： 使用 TX-1C 实验板扩展时钟芯片 DS12C887 设计一个时钟，要求如下：

❖ 在 1602 液晶上显示年、月、日、星期、时、分、秒，并且按秒实时更新显示。

❖ 具有闹铃设定及到时报警功能，报警响起时按任何键可取消报警。

❖ 能够使用板上的按键随时调节各参数。按键可设计 4 个有效键，分别为功能选择键、数值增大键、数值减小键和闹钟查看键。

❖ 每次有键按下时，蜂鸣器都以短"滴"声报警。

❖ 利用 DS12C887 自身掉电可继续走时的特性，设计实现断电时间不停、再次上电时时间仍然准确显示在液晶上的功能。

读者可先根据项目实现功能自行尝试编写程序，遇到困难时再参考本例中的源代码，认真思考为何自己没有找到合适的解决办法。如果可能，建议读者详细阅读 DS12C887 的数据手册，进一步挖掘它的其他特性，设计出更有意义的功能。

14.1 时钟芯片概述

许多电子设备中通常会进行与时间有关的控制，如果用系统的定时器来设计时钟，偶然的掉电或晶振的误差都会造成时间的错乱。更糟糕的是，如果完全用程序设计时钟，还会占用大量的系统资源，从而严重影响系统的其他功能。为此，很多芯片制造公司设计了各种各样的实时时钟芯片。

常见的时钟芯片有两种。一种是体积非常小的表贴式元件，通常用于高端小型手持式仪器或设备中，如手机、PDA、GPS 导航仪等。这种芯片在使用时需要外接备份电池和外部晶振。电池用来保持主系统在意外掉电时为时钟芯片供电，外部晶振用来提供时钟芯片所必须的振荡来源，标准频率为 32.768 kHz。这种芯片体积小，所以引脚很少，操作方便，如 DALLAS 公司生产的串行实时时钟芯片 DS1302、DS1337、DS1338、DS1390 和并行的 DS1558 等。在美芯官方网站中可以查看更多型号，其中常用的是 DS1302。

另一种体积相对较大，一般为直插式，其内部集成可充电锂电池和 32.768 kHz 标准晶振，一旦设定好时间，即使系统的主电源掉电，该时钟芯片仍然可以靠内部集成的锂电池走数年。系统重新上电时，又可为锂电池重新充电，这样可以有效地保持时间的连续性，使用时非常方便，如 DALLAS 公司生产 DS12887、DS12887A、DS12B887、DS12C887 等。本章讲解的芯片是具有代表性且综合性能较高的 DS12C887 时钟芯片。

14.2 DS12C887 时钟芯片介绍

DS12C887 时钟芯片能够自动产生世纪、年、月、日、时、分、秒等时间信息，其内部有世纪寄存器，从而利用硬件电路解决"千年"问题。DS12C887 中自带锂电池，外部掉电时，其内部时间信息还能够保持 10 年之久。对于一天内的时间记录，有 12 小时制和 24 小时制两种模式。在 12 小时制模式中，用 AM 和 PM 区分上午和下午；芯片内部时间的存储方式也有两种，一种用二进制数表示，另一种是用 BCD 码表示。DS12C887 时钟芯片中带有 128 B RAM，其中 11 B RAM 用来存储时间信息，4 B RAM 用来存储 DS12C887 的控制信息，称为控制寄存器，113 B 通用 RAM 供用户使用。此外，用户可对 DS12C887 进行编程，以实现多种方波输出，并可对其内部的三路中断通过软件进行屏蔽。该芯片内部有一个精密的温度补偿电路，用来监视 V_{CC} 的状态，如果检测到主电源故障，可以自动切换到备用电源供电。VBACKUP 引脚用于支持可充电电池或超级电容，内部包括一个始终有效的涓流充电器。

DS12C887 可以通过一个多路复用的单字节接口访问，支持 Intel 和 Motorola 模式，将它自己与石英晶体和电池集成在一起。DS12C887 的特性描述如下：

❖ 为充电电池或超级电容提供涓流充电。

❖ RTC 计算秒、分、时、星期、日、月、年信息，具有润年补偿，有效期至 2099 年。

❖ 用二进制数或 BCD 码表示时间。

❖ 具有 AM、PM 表示的 12 小时或 24 小时模式。

❖ 夏时制选择。

❖ 可选择 Intel 或 Motorola 总线时序。

❖ 三路中断可分别通过软件屏蔽和检测。

❖ 闹钟可设置为每秒一次至每星期一次。

❖ 周期可设置为 122 μs～500 ms。

❖ 时钟终止刷新周期标志。

❖ 可编程的方波输出信号。

❖ 自动电源失效检测和切换电路。

❖ 可选的工业级温度范围。

DS12C887 时钟芯片的引脚排列如图 14.2.1 所示，与单片机典型接口如图 14.2.2 所示。各引脚功能说明如下：

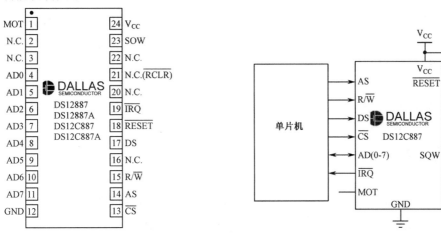

图 14.2.1 DS12C887 时钟芯片引脚　　　　图 14.2.2 DS12C887 时钟芯片与单片机典型接口

1（MOT）—总线操作时序选择端，有两种总线工作模式，即 Motorola 和 Intel 模式。当 MOT 接 V_{CC} 时，选用 Motorola 模式；接 GND 或悬空时，选用 Intel 模式。本章主要讨论 Intel 模式。

2、3、16、20～22（NC）—空引脚。

4～11（AD0～AD7）—复用地址数据总线，采用时分复用技术，在总线周期的前半部分，出现在 AD0～AD7 上的是地址信息，用来选通 DS12C887 内的 RAM；在总线周期的后半部分，出现在 AD0～AD7 上的是数据信息。

12、24（GND、V_{CC}）—系统电源接入端。其中 V_{CC} 接+5 V 输入，GND 接地，V_{CC} 的输入为+5 V 时，用户可以访问 DS12C887 内 RAM 中的数据，并可对其进行读/写操作；V_{CC}<+4.25 V 时，用户禁止被对内部 RAM 的读/写操作，不能正确获取芯片内的时间信息；V_{CC}<+3 V 时，DS12C887 会自动将电源切换到内部自带的锂电池上，以保证内部的电路能够正常工作。

13（$\overline{CS}$）—芯片片选端。低电平有效。

14（AS）—地址选通输入端。在进行读/写操作时，AS 的上升沿将 AD0～AD7 上出现的地址信息锁存到 DS12C887 上，而一个下降沿清除 AD0～AD7 上的地址信息。不论 CS 是否有效，DS12C887 都将执行该操作。

15（R/$\overline{W}$）—读/写输入端。该引脚也有两种工作模式，当 MOT 接 V_{CC} 时，R/$\overline{W}$ 工作在 Motorola 模式。此时，该引脚的作用是区分读操作还是写操作，R/$\overline{W}$ 高电平时为读操作，R/$\overline{W}$ 低电平时为写操作；当 MOT 接 GND 时，该引脚工作在 Intel 模式，此时该引脚作为写允许输入，即 Write Enable，此信号的上升沿锁存数据。

17（DS）—数据选择或读输入脚。该引脚有两种工作模式，当 MOT 接 V_{CC} 时，选用 Motorola 工作模式，此时，每个总线周期的后一部分的 DS 为高电平，称为数据选通。在读操作中，DS 的上升沿使 DS12C887 将内部数据送往总线 AD0～AD7，以供外部读取。在写操作中，DS 的下降沿使总线 AD0～AD7 的数据锁存在 DS12C887 中。当 MOT 接 GND 时，选用 Intel 工作模式，此时该引脚是读允许输入引脚，即 Read Enable。

18（$\overline{RESET}$）—芯片复位引脚，低电平有效，通常接 V_{CC} 即可。

19（$\overline{IRQ}$）—中断请求输出。低电平有效，用于处理器的中断申请输入。只要引起中断的状态位置位，并且相应中断使能位也置位，$\overline{IRQ}$ 将一直保持低电平，处理器程序通常读取 C 寄存器来清除 $\overline{IRQ}$ 引脚输出，RESET 引脚也会清除未处理的中断。没有中断发生时，$\overline{IRQ}$ 为高阻状态，可将多个中断器件接到一条 $\overline{IRQ}$ 总线上，只要它们均为漏极开路输出即可。$\overline{IRQ}$ 引脚为漏极开路输出，需要使用一个外接上拉电阻与 V_{CC} 相连。

23（SQW）—方波输出引脚。供电电压 V_{CC}>4.25 V 时，SQW 引脚可输出方波，此时用户可以通过对控制寄存器编程来得到 13 种方波信号的输出。

DS12C887 时钟芯片各寄存器定义如表 14.2.1 所示。

1．控制寄存器 A

UIP—更新（UIP）位，标志芯片是否将进行更新。UIP=1 时，更新即将开始；UIP=0 时，表示至少在 244 μs 内芯片不会更新，此时时钟、日历和闹钟信息可以通过读/写相应的字节获得并设置。UIP 位为只读位且不受复位信号（RESET）的影响。通过把寄存器 B 中的 SET 位设置为 1，可以禁止更新并将 UIP 位清 0。

DV2、DV1、DV0—用于开/关晶体振荡器和复位分频器。[DV0　DV1　DV2]=[010]时，晶体振荡器开启且保持时钟运行；[DV0　DV1　DV2]=[11×]时，晶体振荡器开启，但分频保持复位状态。

表 14.2.1　DS12C887 时钟芯片各寄存器定义——二进制数模式(DM=1)

地　址	D7	D6	D5	D4	D3	D2	D1	D0	功　　能	范　围
00H	0	0	秒						秒	00～3B
01H	0	0	秒						秒闹铃	00～3B
02H	0	0	分钟						分钟	00～3B
03H	0	0	分钟						分钟闹铃	00～3B
04H	AM/PM	0	0	0	小时				小时	01～0C+AM/PM
	0			小时						00～17
05H	AM/PM	0	0	0	小时				小时闹铃	01～0C+AM/PM
	0			小时						00～17
06H	0	0	0	0	0	0	星期		星期	01～07
07H	0	0	0	日					日	01～1F
08H	0	0	0	0	月				月	01～0C
09H	0	年							年	00～63
0AH	UIP	DV2	DV1	DV0	RS3	RS2	RS1	RS0	控制寄存器 A	--
0BH	SET	PIE	AIE	UIE	SQWE	DM	24/12	DSE	控制寄存器 B	--
0CH	IRQF	PF	AF	UF	0	0	0	0	控制寄存器 C	--
0DH	VRT	0	0	0	0	0	0	0	控制寄存器 D	--
0EH～31H	×	×	×	×	×	×	×	×	RAM	--
32H	N/A				N/A				世纪	
33H～7FH	×	×	×	×	×	×	×	×	RAM	--

RS3、RS2、RS1、RS0—速率选择位，用来选择 15 级分频器的 13 种分频之一，或禁止分频器输出。按照所选择的频率产生方波输出（SWQ 引脚）和/或一个周期性中断。用户可进行如下操作：① 设置周期中断允许位（PIE）；② 设置方波输出允许位（SQWE）；③ 两位同时设置为有效，并且设置频率；④ 两者都禁止。

表 14.2.2 为周期性中断率和方波中断频率表，该表列出了可通过 RS 寄存器选择的周期中断的频率和方波的频率。这 4 个可读/写位不受复位信号的影响。

表 14.2.2　周期性中断率和方波中断频率表

寄存器 A 中的控制位				周期中断周期	SQW 输出频率
RS3	RS2	RS1	RS0		
0	0	0	0	无	无
0	0	0	1	3.90625 ms	256 Hz
0	0	1	0	7.8125 ms	128 Hz
0	0	1	1	122.07 μs	8.192 kHz
0	1	0	0	244.141 μs	4.096 kHz
0	1	0	1	488.281 μs	2.048 kHz
0	1	1	0	976.5625 μs	1.024 kHz
0	1	1	1	1.953125 ms	512 Hz
1	0	0	0	3.90625 ms	256 Hz
1	0	0	1	7.8125 ms	128 Hz
1	0	1	0	15.625 ms	64 Hz
1	0	1	1	31.25 ms	32 Hz
1	1	0	0	62.5 ms	16 Hz
1	1	0	1	125 ms	8 Hz
1	1	1	0	250 ms	4 Hz
1	1	1	1	500ms	2 Hz

2．控制寄存器 B

SET—为 0，芯片更新正常进行；为 1，芯片更新被禁止。SET 位可读/写，并不受复位信号的影响。

PIE—为 0，禁止周期中断输出到 $\overline{IRQ}$；为 1，允许周期中断输出到 $\overline{IRQ}$。

AIE—为 0，禁止闹钟中断输出到 $\overline{IRQ}$；为 1，允许闹钟中断输出到 $\overline{IRQ}$。

UIE—为 0，禁止更新结束中断输出到 $\overline{IRQ}$；为 1，允许更新结束中断输出到 $\overline{IRQ}$。此位在复位或设置 SET 位为高时，清 0。

SQWE—为 0，SQW 引脚为低电平；为 1，SQW 输出设定频率的方波。

DM—为 0，设置寄存器存储数据格式为 BCD 码格式；为 1，设置寄存器存储数据格式为二进制数格式，此位不受复位信号影响。

24/12—为 1，是 24 小时制；为 0，是 12 小时制。

DSE—夏令时允许标志。在四月的第一个星期日的 1：59：59AM，时钟调到 3：00：00AM；在十月的最后一个星期日的 1：59：59AM，时钟调到 1：00：00AM。

3．控制寄存器 C

IRQF—中断请求标志。当以下 4 种情况中有一种或几种发生时，IRQF 置高：① PF=PIE=1；② AF=AIE=1；③ UF=UIE=1；④ IRQF=PF•PIE+AF•AIE+UF•UIE。IRQF 一旦为高，$\overline{IRQ}$ 脚输出低电平。所有标志位在读寄存器 C 或复位后清 0。

PF—周期中断标志。

AF—闹钟中断标志。

UF—更新中断标志。

4．控制寄存器 D

VRT—为 0，表示内置电池能量耗尽，此时 RAM 中数据的正确性就不能保证了。

5．时序图分析

Mototola 和 Intel 模式总线读/写时序图如图 14.2.3～图 14.2.5 所示。

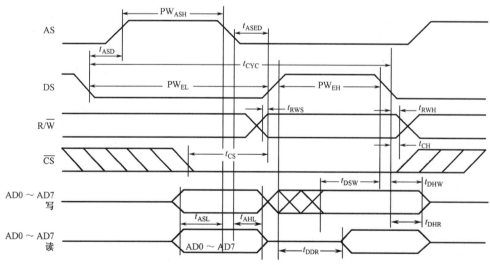

图 14.2.3　Mototola 模式总线读/写时序图

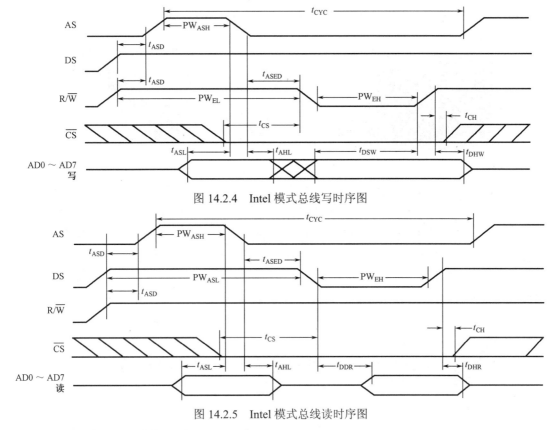

图 14.2.4 Intel 模式总线写时序图

图 14.2.5 Intel 模式总线读时序图

6. 操作时需要注意的 5 个问题

① 本章仅介绍了 DS12C887 时钟芯片的主要内容，具体操作时，读者务必到其官方网站下载完整资料，并仔细阅读。

② 连接电路时，首先要确认连接好的电路是绝对正确的，否则无论如何修改程序，也难以得出预期的结果。

③ 按键可按如下方式设置：功能键为 S2、数值增大键为 S13、数值减小键为 S17、闹钟查看键为 S4。

④ 存储器数据格式有两种模式：BCD 码和二进制数。为了方便操作，我们设置为二进制数模式，通过设置寄存器 B 中的 DM=1 来选择二进制数模式。

⑤ DS12C887 时钟芯片在出厂时内部振荡器均为关闭状态，这是为了避免在开始使用前消耗锂电池能量。寄存器 A 的第 4~6 位为 010 时，打开振荡器并使计时链可用；为 11x（DV2=1，DV1=1，DV0=x）组合时，打开振荡器，但振荡器的计时链保持为复位状态。这 3 位的其他组合方式均使振荡器关闭。因此，首次操作 DS12C887 芯片时，必须先设置这 3 位的状态。

14.3　如何用 TX-1C 实验板扩展本实验

DS12C887 是一款纯数字式的芯片，只要与单片机的 I/O 口直接相连，就可以操作了。连接 TX-1C 实验板时需要准备一小块面包电路板、一些杜邦线。

DS12C887 实物图如图 14.3.1 所示，杜邦线如图 14.3.2 所示。

图 14.3.1　DS12C887 时钟芯片实物

图 14.3.2　杜邦线

操作 DS12C887 时钟芯片共需要 13 条信号线，分别是并行数据地址复用线 AD0～AD7、$\overline{\text{CS}}$、AS、R/$\overline{\text{W}}$、DS 和 $\overline{\text{IRQ}}$。然后将 $\overline{\text{RESET}}$ 引脚固定接高电平，再将 DS12C887 芯片的 V_{CC} 和 GND 引脚与实验板相连即可。连接信号线时需要考虑，不要与原来实验板上的其他资源造成操作冲突，DS12C887 芯片的数据地址复用线可以和单片机的 P0 口相连。注意，P0 口同时连接着液晶数据口，但这样复用不会发生冲突，因为单片机在操作液晶时不会操作 DS12C887 的，它们各自有片选信号，选中时操作对应的芯片，就不会造成冲突。DS、AS、R/$\overline{\text{W}}$ 和 $\overline{\text{CS}}$ 分别连接单片机的 P1.4～P1.7 口，连接其他口也可以，只要可以正常操作。$\overline{\text{IRQ}}$ 是 DS12C887 的中断申请端，不能随便连接，必须与单片机的外部中断引脚相连，这样当 DS12C887 芯片向单片机申请中断时，单片机不会遗漏地检测出所有的中断。这里将其与单片机的 P3.3 口相连。用杜邦线将 DS12C887 芯片与 TX-1C 实验板连接的实物图如图 14.3.3 所示。

图 14.3.3　DS12C887 芯片与 TX-1C 实验板连接实物

14.4　原理图分析

关于单片机的电源电路、复位电路、晶振电路等基本电路请参考第 13 章的原理图内容，这里仅给出 DS12C887 与单片机的连接部分电路图，如图 14.4.1 所示。

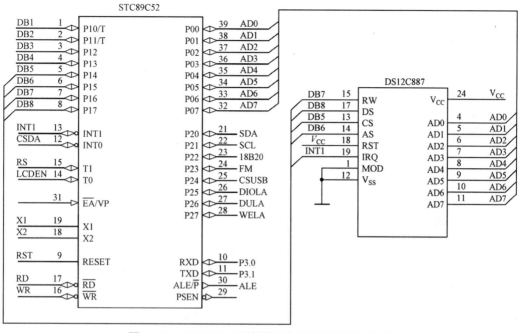

图 14.4.1　DS12C887 时钟芯片与单片机连接电路图

14.5　实例讲解

【例 14.5.1】　实例 C 语言源程序。

以下是 shizhong.c 源代码：

```
#include<reg52.h>
#include<define.h>
void delay(uint z)                    // 延时函数
{
    uint  x, y;
    for(x=z; x>0; x--)
        for(y=110; y>0; y--)  ;
}
void di()                             // 蜂鸣器报警声音
{
    beep=0;
    delay(100);
    beep=1;
}
void write_com(uchar com)             // 写液晶命令函数
{
    rs=0;
    lcden=0;
    P0=com;
    delay(3);
    lcden=1;
    delay(3);
    lcden=0;
```

```c
}
void write_date(uchar date)              // 写液晶数据函数
{
    rs-1;
    lcden=0;
    P0=date;
    delay(3);
    lcden=1;
    delay(3);
    lcden=0;
}
void init()                              // 初始化函数
{
    uchar   num;
    EA=1;                                //打开总中断
    EX1=1;                               //开外部中断 1
    IT1=1;                               //设置负跳变沿触发中断
    flag1=0;                             //变量初始化
    t0_num=0;
    s1num=0;
    week=1;
    dula=0;                              // 关闭数码管显示
    wela=0;
    lcden=0;
    rd=0;
    // 以下几行在首次设置 DS12C887 时使用，以后不必再写入
    write_ds(0x0A,0x20);                 // 打开振荡器
    write_ds(0x0B,0x26);                 // 设置 24 小时模式，数据二进制格式，开启闹铃中断
    set_time();                          // 设置上电默认时间
//-------------------------------------------------*/
    write_com(0x38);                     // 1602 液晶初始化
    write_com(0x0c);
    write_com(0x06);
    write_com(0x01);
    write_com(0x80);
    for(num=0; num<15; num++)            // 写入液晶固定部分显示
    {
        write_date(table[num]);
        delay(1);
    }
    write_com(0x80+0x40);
    for(num=0; num<11; num++)
    {
        write_date(table1[num]);
        delay(1);
    }
}
void write_sfm(uchar add, char date)     // 1602 液晶刷新时分秒函数 4 为时，7 为分，10 为秒
{
    char   shi, ge;
    shi=date/10;
    ge=date%10;
```

```
    write_com(0x80+0x40+add);
    write_date(0x30+shi);
    write_date(0x30+ge);
}
void write_nyr(uchar add, char date)            // 1602液晶刷新年月日函数3为年，6为分，9为秒
{
    char  shi, ge;
    shi=date/10;
    ge=date%10;
    write_com(0x80+add);
    write_date(0x30+shi);
    write_date(0x30+ge);
}
void write_week(char we)                        // 写液晶星期显示函数
{
    write_com(0x80+12);
    switch(we)
    {
      case 1:   write_date('M');    delay(5);
                write_date('O');    delay(5);
                write_date('N');
                break;
      case 2:   write_date('T');    delay(5);
                write_date('U');    delay(5);
                write_date('E');
                break;
      case 3:   write_date('W');    delay(5);
                write_date('E');    delay(5);
                write_date('D');
                break;
      case 4:   write_date('T');    delay(5);
                write_date('H');    delay(5);
                write_date('U');
                break;
      case 5:   write_date('F');    delay(5);
                write_date('R');    delay(5);
                write_date('I');
                break;
      case 6:   write_date('S');    delay(5);
                write_date('A');    delay(5);
                write_date('T');
                break;
      case 7:   write_date('S');    delay(5);
                write_date('U');    delay(5);
                write_date('N');
                break;
    }
}
void keyscan()
{
    if(flag_ri == 1)                            // 取消闹钟报警，按任意键取消报警
    {
```

```c
    if((s1==0) || (s2==0) || (s3==0) || (s4==0))
    {
        delay(5);
        if((s1==0) || (s2==0) || (s3==0)|| (s4==0))
        {
            while(!(s1 && s2 && s3 && s4));
            di();
            flag_ri=0;                          // 清除报警标志
        }
    }
}
if(s1==0)                                        // 检测 S1
{
    delay(5);
    if(s1==0)
    {
        s1num++;                                 // 记录按下次数
        if(flag1 == 1)
            if(s1num == 4)
                s1num=1;
        flag=1;
        while(!s1);
        di();
        switch(s1num)                            // 光标闪烁点定位
        {
            case 1:  write_com(0x80+0x40+10);
                     write_com(0x0f);
                     break;
            case 2:  write_com(0x80+0x40+7);
                     break;
            case 3:  write_com(0x80+0x40+4);
                     break;
            case 4:  write_com(0x80+12);
                     break;
            case 5:  write_com(0x80+9);
                     break;
            case 6:  write_com(0x80+6);
                     break;
            case 7:  write_com(0x80+3);
                     break;
            case 8:  s1num=0;
                     write_com(0x0c);
                     flag=0;
                     write_ds(0,miao);
                     write_ds(2,fen);
                     write_ds(4,shi);
                     write_ds(6,week);
                     write_ds(7,day);
                     write_ds(8,month);
                     write_ds(9,year);
                     break;
        }
```

```
           }
    }
    if(s1num != 0)                            // 只有当 S1 被按下后，才检测 S2 和 S3
    {
        if(s2 == 0)
        {
            delay(1);
            if(s2 == 0)
            {
                while(!s2);
                di();
                switch(s1num)                  // 根据功能键次数调节相应数值
                {
                    case 1:    miao++;
                               if(miao == 60)
                                   miao=0;
                               write_sfm(10, miao);
                               write_com(0x80+0x40+10);
                               break;
                    case 2:    fen++;
                               if(fen == 60)
                                   fen=0;
                               write_sfm(7, fen);
                               write_com(0x80+0x40+7);
                               break;
                    case 3:    shi++;
                               if(shi == 24)
                                   shi=0;
                               write_sfm(4, shi);
                               write_com(0x80+0x40+4);
                               break;
                    case 4:    week++;
                               if(week == 8)
                                   week=1;
                               write_week(week);
                               write_com(0x80+12);
                               break;
                    case 5:    day++;
                               if(day == 32)
                                   day=1;
                               write_nyr(9, day);
                               write_com(0x80+9);
                               break;
                    case 6:    month++;
                               if(month == 13)
                                   month=1;
                               write_nyr(6, month);
                               write_com(0x80+6);
                               break;
                    case 7:    year++;
                               if(year == 100)
                                   year=0;
```

```c
                    write_nyr(3, year);
                    write_com(0x80+3);
                    break;
            }
        }
    }
    if(s3==0)
    {
        delay(1);
        if(s3 == 0)
        {
            while(!s3);
            di();
            switch(s1num)                   // 根据功能键次数调节相应数值
            {
                case 1:    miao--;
                           if(miao == -1)
                               miao=59;
                           write_sfm(10,miao);   write_com(0x80+0x40+10);
                           break;
                case 2:    fen--;
                           if(fen == -1)
                               fen=59;
                           write_sfm(7,fen);   write_com(0x80+0x40+7);
                           break;
                case 3:    shi--;
                           if(shi == -1)
                               shi=23;
                           write_sfm(4,shi);   write_com(0x80+0x40+4);
                           break;
                case 4:    week--;
                           if(week == 0)
                               week=7;
                           write_week(week);   write_com(0x80+12);
                           break;
                case 5:    day--;
                           if(day == 0)
                               day=31;
                           write_nyr(9,day);   write_com(0x80+9);
                           break;
                case 6:    month--;
                           if(month == 0)
                               month=12;
                           write_nyr(6,month);   write_com(0x80+6);
                           break;
                case 7:    year--;
                           if(year == -1)
                               year=99;
                           write_nyr(3,year);   write_com(0x80+3);
                           break;
            }
        }
```

```c
            }
        }
        if(s4==0)                              // 检测 S4
        {
            delay(5);
            if(s4 == 0)
            {
                flag1=~flag1;
                while(!s4);
                di();
                if(flag1 == 0)                 // 退出闹钟设置时保存数值
                {
                    flag=0;
                    write_com(0x80+0x40);
                    write_date(' ');
                    write_date(' ');
                    write_com(0x0c);
                    write_ds(1,miao);
                    write_ds(3,fen);
                    write_ds(5,shi);
                }
                else                           // 进入闹钟设置
                {
                    read_alarm();              // 读取原始数据
                    miao=amiao;                // 重新赋值用以按键调节
                    fen=afen;
                    shi=ashi;
                    write_com(0x80+0x40);
                    write_date('R');           // 显示标志
                    write_date('i');
                    write_com(0x80+0x40+3);
                    write_sfm(4,ashi);         // 送液晶显示闹钟时间
                    write_sfm(7,afen);
                    write_sfm(10,amiao);
                }
            }
        }
    }
}
void write_ds(uchar add, uchar date)          // 写 12C887 函数
{
    dscs=0;
    dsas=1;
    dsds=1;
    dsrw=1;
    P0=add;                                    // 先写地址
    dsas=0;
    dsrw=0;
    P0=date;                                   // 再写数据
    dsrw=1;
    dsas=1;
    dscs=1;
}
```

```c
uchar read_ds(uchar add)                              // 读 12C887 函数
{
    uchar  ds_date;
    dsas=1;
    dsds=1;
    dsrw=1;
    dscs=0;
    P0=add;                                           // 先写地址
    dsas=0;
    dsds=0;
    P0=0xff;
    ds_date=P0;                                       // 再读数据
    dsds=1;
    dsas=1;
    dscs=1;
    return ds_date;
}
/* ---首次操作 12C887 时给予寄存器初始化---
void set_time()                                       // 首次上电初始化时间函数
{
    write_ds(0,0);
    write_ds(1,0);
    write_ds(2,0);
    write_ds(3,0);
    write_ds(4,0);
    write_ds(5,0);
    write_ds(6,0);
    write_ds(7,0);
    write_ds(8,0);
    write_ds(9,0);
}
----------------------------------------*/
void read_alarm()                                     // 读取 12C887 闹钟值
{
    amiao=read_ds(1);
    afen=read_ds(3);
    ashi=read_ds(5);
}
void main()                                           // 主函数
{
    init();                                           // 调用初始化函数
    while(1)
    {
        keyscan();                                    // 按键扫描
        if(flag_ri == 1)                              // 当闹钟中断时进入这里
        {
            di();
            delay(100);
            di();
            delay(500);
        }
        if(fla g== 0 && flag1 == 0)                            // 正常工作时进入这里
```

```
        {
            keyscan();                                  // 按键扫描
            year=read_ds(9);                            // 读取 12C887 数据
            month=read_ds(8);
            day=read_ds(7);
            week=read_ds(6);
            shi=read_ds(4);
            fen=read_ds(2);
            miao=read_ds(0);
            write_sfm(10, miao);                        // 送液晶显示
            write_sfm(7, fen);
            write_sfm(4, shi);
            write_week(week);
            write_nyr(3, year);
            write_nyr(6, month);
            write_nyr(9, day);
        }
    }
}
void exter() interrupt 2                                // 外部中断 1 服务程序
{
    uchar  c;                                           // 进入中断表示闹钟时间到,
    flag_ri=1;                                          // 设置标志位, 用以大程序中报警提示
    c=read_ds(0x0c);                                    // 读取 12C887 的 C 寄存器表示响应了中断
}
```

define.h 源代码如下：

```
#define uchar unsigned char
#define uint unsigned int
sbit dula=P2^6;
sbit wela=P2^7;
sbit rs=P3^5;
sbit lcden=P3^4;
sbit s1=P3^0;                                           // 功能键
sbit s2=P3^1;                                           // 增大键
sbit s3=P3^2;                                           // 减小键
sbit s4=P3^6;                                           // 闹钟查看键
sbit rd=P3^7;
sbit beep=P2^3;                                         // 蜂鸣器
sbit dscs=P1^4;
sbit dsas=P1^5;
sbit dsrw=P1^6;
sbit dsds=P1^7;
sbit dsirq=P3^3;
bit  flag1, flag_ri;                                    // 定义两个位变量
uchar  count, s1num, flag, t0_num;                      // 其他变量定义
char  miao, shi, fen, year, month, day, week, amiao, afen, ashi;
uchar  code table[]=" 20 - -      ";                    // 液晶固定显示内容
uchar  code table1[]="     :  :  ";
void write_ds(uchar, uchar);                            // 函数申明
void set_alarm(uchar, uchar, uchar);
void read_alarm();
```

```
uchar read_ds(uchar);
void set_time();
```

实际设计过程中各阶段图片如图 14.5.1～图 14.5.8 所示。

图 14.5.1　焊接好的 DS12C887 扩展板正面

图 14.5.2　焊接好的 DS12C887 扩展板背面

图 14.5.3　安装 DS12C887 芯片后

图 14.5.4　当数据读取错误时液晶显示

图 14.5.5　正常显示状态

图 14.5.6　调节时间状态

图 14.5.7　显示闹钟状态

图 14.5.8　调节闹钟状态

第 15 章　用 DS18B20 温度传感器设计温控系统

项目实现功能： 使用 TX-1C 实验板上的 DS18B20 温度传感器设计温控系统，要求如下：

① 在前 3 个数码管上显示当前采集到的环境温度（0～99.9℃）。

② 当环境温度低于 27℃时，蜂鸣器开始以慢"滴"声报警，并且伴随 P1.0 口发光二极管闪烁（模拟开启制热设备）；当环境温度继续降低并低于 25℃时，蜂鸣器以快"滴"声报警，并且伴随 P1.0 和 P1.1 口发光二极管一起闪烁（模拟加大制热设备功率）。

③ 当环境温度高于 30℃时，蜂鸣器开始以慢"滴"声报警，并且伴随 P1.2 口发光二极管闪烁（模拟开启制冷设备）；当环境温度继续升高并超过 32℃时，蜂鸣器以快"滴"声报警，并且伴随 P1.2 和 P1.3 口发光二极管一起闪烁（模拟加大制冷设备功率）。

④ 用串口将采集到的温度数据实时发送至上位机，在上位机软件上显示当前温度值（关于上位机软件的编写请参考第 17 章（VC、VB 内容）。

关于温度变化的实现，大家可参考以下方法：室温通常在 28℃左右，用手捏住温度传感器可使其温度上升，用温度低的物体接触温度传感器可使其温度降低，或在温度传感器上淋点水，然后对着温度传感器吹气可以使温度迅速下降，使温度传感器周围温度在 25℃～32℃变化。

15.1　温度传感器概述

温度传感器是各种传感器中最常用的一种，早期使用的是模拟温度传感器，如热敏电阻，随着环境温度的变化，它的阻值也发生线性变化，用处理器采集电阻两端的电压，然后根据某个公式就可计算出当前环境温度。随着科技的进步，现代的温度传感器已经走向数字化，外形小，接口简单，广泛应用在生产实践的各领域，为我们的生活提供便利。随着现代仪器的发展，微型化、集成化、数字化正成为传感器发展的一个重要方向。美国 DALLAS 半导体公司推出的数字化温度传感器 DS18B20 采用单总线协议，即与单片机接口仅需占用一个 I/O 端口，不需任何外部元件，直接将环境温度转化成数字信号，以数字码方式串行输出，从而大大简化了传感器与微处理器的接口。图 15.1.1～图 15.1.7 为一些温度传感器实物。

图 15.1.1　热电偶温度传感器

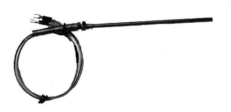

图 15.1.2　铂电阻温度传感器

图 15.1.3　不锈钢温度传感器　　　　　　　图 15.1.4　空调专用温度传感器

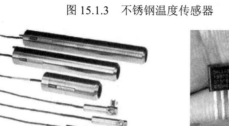

图 15.1.5　红外温度传感器　　　图 15.1.6　数字温度传感器　　　图 15.1.7　封闭式数字温度传感器

15.2　DS18B20 温度传感器介绍

DS18B20 是美国 DALLAS 半导体公司推出的第一片支持"一线总线"接口的温度传感器，具有微型化、低功耗、高性能、抗干扰能力强、易配微处理器等优点，可直接将温度转化成串行数字信号供处理器处理。

1．DS18B20 温度传感器特性

① 适应电压范围宽，电压范围为 3.0～5.5 V，在寄生电源方式下可由数据线供电。

② 独特的单线接口方式，与微处理器连接时，仅需要一条口线即可实现微处理器与 DS18B20 的双向通信。

③ 支持多点组网功能。多个 DS18B20 可以并联在唯一的三线上，实现组网多点测温。

④ 使用中不需任何外围元件，全部传感元件及转换电路集成在形如一只三极管的集成电路内。

⑤ 测温范围为–55℃～+125℃，在–10℃～+85℃时的精度为±0.5℃。

⑥ 可编程分辨率为 9～12 位，对应的可分辨温度分别为 0.5℃、0.25℃、0.125℃和 0.0625℃，可实现高精度测温。

⑦ 在9位分辨率时，最多在93.75 ms 内把温度转换为数字；12 位分辨率时，最多在 750 ms 内把温度值转换为数字。显然，速度更快。

⑧ 测量结果直接输出数字温度信号，以"一线总线"串行传送给 CPU，同时可传送 CRC 校验码，具有极强的抗干扰纠错能力。

⑨ 负压特性。电源极性接反时，芯片不会因发热而烧毁，但不能正常工作。

2．应用范围

① 冷冻库、粮仓、储罐、电信机房、电力机房、电缆线槽等测温和控制领域。

② 轴瓦、缸体、纺机、空调等狭小空间工业设备测温和控制。

③ 汽车空调、冰箱、冷柜以及中低温干燥箱等。

④ 供热、制冷管道热量计量、中央空调分户热能计量等。

3．引脚介绍

DS18B20 实物如图 15.2.1 所示，TX-1C 实验板上的实物如图 15.2.2 所示。

图 15.2.1　DS18B20 实物

图 15.2.2　TX-1C 实验板上 DS18B20

DS18B20 有两种封装：三脚 TO-92 直插式（用的最多、最普遍的封装）和八脚 SOIC 贴片式，封装引脚如图 15.2.3 所示。表 15.2.1 列出了 DS18B20 的引脚定义。

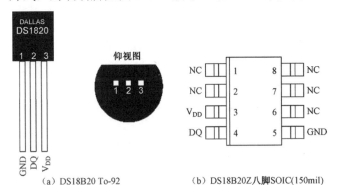

（a）DS18B20 To-92　　　（b）DS18B20Z八脚SOIC(150mil)

图 15.2.3　DS18B20 引脚封装

表 15.2.1　DS18B20 引脚定义

引　脚	定　义
GND	电源负极
DQ	信号输入输出
V_{DD}	电源正极
NC	空

4．硬件连接

我们首先来了解"单总线"的概念。目前，常用的单片机与外设之间进行数据传输的串行总线主要有 I^2C、SPI 和 SCI 总线。其中 I^2C 总线以同步串行二线方式进行通信（一条时钟线、一条数据线），SPI 总线则以同步串行三线方式进行通信（一条时钟线、一条数据输入线、一条数据输出线），SCI 总线以异步方式进行通信（一条数据输入线、一条数据输出线）。这些总线至少需要两条信号线，而 DS18B20 使用的单总线技术与上述总线不同，它采用单条信号线，既可传输时钟，又可传输数据，而且数据传输是双向的，因而这种单总线技术具有线路简单、硬件开销少、成本低廉、便于扩展和维护等优点。单总线适用于单主机系统，能够控制一个或多个从机设备。

主机可以是微控制器，从机可以是单总线器件，它们之间的数据交换只通过一条信号线。当只有一个从机设备时，系统可按单节点系统操作；当有多个从机设备时，系统则按多节点系统操作。设备（主机或从机）通过一个漏极开路或三态端口连至该数据线，以允许设备在不发送数据时能够释放总线，而让其他设备使用总线。单总线通常要求外接一个约为 5 kΩ 的上拉电阻。芯片手册上的典型连接如图 15.2.4 所示。DS18B20 和 TX-1C 实验板的连接如图 15.2.5 所示。

从图 15.2.5 可以看出，DS18B20 与单片机的连接非常简单，单片机只需要一个 I/O 口就可以控制 DS18B20，是单片机与一个 DS18B20 通信。如果要控制多个 DS18B20 进行温度采

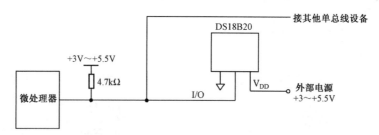

图 15.2.4 DS18B20 典型电路

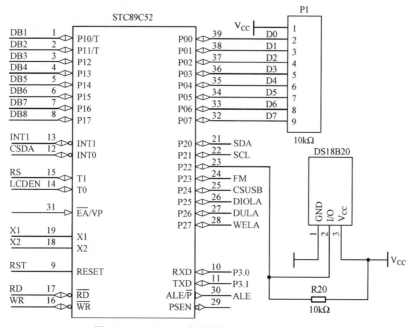

图 15.2.5 TX-1C 实验板与 DS18B20 连接图

集,只要将所有 DS18B20 的 I/O 口全部连接到一起。在具体操作时,通过读取每个 DS18B20 内部芯片的序列号来识别。本章仅操作一个 DS18B20 进行温度采集。掌握了本章的知识,就能轻松扩展,设计出多点温度采集系统。

5. 工作原理

硬件电路连接好以后,单片机需要怎样工作才能将 DS18B20 中的温度数据读取出来呢?下面将给出详细分析。

首先来看控制 DS18B20 的指令:

① 33H—读 ROM。读 DS18B20 温度传感器 ROM 中的编码(即 64 位地址)。

② 55H—匹配 ROM。发出此命令之后,接着发出 64 位 ROM 编码,访问单总线上与该编码相对应的 DS18B20 并使之做出响应,为下一步对该 DS18B20 的读/写做准备。

③ F0H—搜索 ROM。用于确定挂接在同一总线上 DS18B20 的个数,识别 64 位 ROM 地址,为操作各器件做好准备。

④ CCH—跳过 ROM。忽略 64 位 ROM 地址,直接向 18B20 发温度变换命令,适用于一个从机工作。

⑤ ECH—告警搜索命令。执行后只有温度超过设定值上限或下限的芯片才做出响应。

以上指令涉及的存储器是 64 位光刻 ROM,表 15.2.2 列出了它的各位定义。

表 15.2.2　64 位光刻 ROM 各位定义

8 位 CRC 码	48 位序列号	8 位产品类型标号

64 位光刻 ROM 中的序列号是出厂前被光刻好的，可以看做该 DS18B20 的地址序列码。其各位排列顺序是：开始 8 位为产品类型标号，接下来 48 位是该 DS18B20 自身的序列号，最后 8 位是前面 56 位的 CRC 循环冗余校验码（CRC=X8+X5+X4+1）。光刻 ROM 的作用是使每个 DS18B20 都不相同，这样可以实现一条总线上挂接多个 DS18B20 的目的。

下面介绍以上几条指令的用法。当主机需要对众多在线 DS18B20 中的某一个进行操作时，首先应将主机逐个与 DS18B20 挂接，读出其序列号；再将所有的 DS18B20 挂接到总线上，单片机发出匹配 ROM 命令（55H），然后由主机提供的 64 位序列（包括该 DS18B20 的 48 位序列号）之后的操作就是针对该 DS18B20 的。

如果主机只对一个 DS18B20 进行操作，就不需要读取 ROM 编码和匹配 ROM 编码，只要用跳过 ROM（CCH）命令，就可进行如下温度转换和读取操作。

① 44H—温度转换。启动 DS18B20 进行温度转换，12 位转换时最长为 750 ms（9 位为 93.75 ms）。结果存入内部 9 字节的 RAM 中。

② BEH—读暂存器。读内部 RAM 中 9 字节的温度数据。

③ 4EH—写暂存器。发出向内部 RAM 的第 2、3 字节写上、下限温度数据命令，紧跟该命令之后，是传送 2 字节的数据。

④ 48H—复制暂存器。将 RAM 中第 2、3 字节的内容复制到 E^2PROM 中。

⑤ B8H—重调 E^2PROM。将 E^2PROM 中内容恢复到 RAM 中的第 3、4 字节。

⑥ B4H—读供电方式。读 DS18B20 的供电模式。寄生供电时，DS18B20 发送 0；外接电源供电时，DS18B20 发送 1。

以上指令涉及的存储器为高速暂存器 RAM 和可电擦除 E^2PROM，如表 15.2.3 所示。

高速暂存器 RAM 由 9 字节的存储器组成。第 0～1 字节是温度的显示位；第 2、3 字节是复制的 TH 和 TL，同时第 2、3 字节的数字可以更新；第 4 字节是配置寄存器，同时第 4 个字节的数字可以更新；第 5，6，7 三字节是保留的。可电擦除 E2PROM 又包括温度触发器 TH 和 TL，以及一个配置寄存器。这些大家了解就可以了。

表 15.2.3　高速暂存器 RAM

寄存器内容	字节地址
温度值低位（LSB）	0
温度值高位（MSB）	1
高温限值（TH）	2
低温限值（TL）	3
配置寄存器	4
保留	5
保留	6
保留	7
CRC 校验值	8

表 15.2.4 列出了温度数据在高速暂存器 RAM 的第 0、1 字节中的存储格式。

表 15.2.4　温度数据存储格式

位 7	位 6	位 5	位 4	位 3	位 2	位 1	位 0
2^3	2^2	2^1	2^0	2^{-1}	2^{-2}	2^{-3}	2^{-4}
位 15	位 14	位 13	位 12	位 11	位 10	位 9	位 8
S	S	S	S	S	2^6	2^5	2^4

DS18B20 在出厂时默认配置为 12 位，其中最高位为符号位，即温度值共 11 位，单片机在读取数据时，一次会读 2 字节共 16 位，读完后将低 11 位的二进制数转化为十进制数后再乘以 0.0625，便为所测的实际温度值。另外，需要判断温度的正负。前 5 个数字为符号位，

这 5 位同时变化，只需判断 11 位就可以了。前 5 位为 1 时，读取的温度为负值，且测到的数值需要取反加 1 再乘以 0.0625，才可得到实际温度值。前 5 位为 0 时，读取的温度为正值，且温度为正值时，将测得的数值乘以 0.0625，即可得到实际温度值。

6．工作时序图

图 15.2.6 为时序图中各总线状态。

图 15.2.6　时序图中各总线状态

（1）初始化（时序图见图 15.2.7）

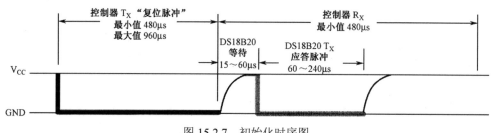

图 15.2.7　初始化时序图

<1> 先将数据线置高电平 1。

<2> 延时（该时间要求不是很严格，但是要尽可能短一点）。

<3> 数据线拉到低电平 0。

<4> 延时 750 μs（该时间范围可以在 480～960 μs）。

<5> 数据线拉到高电平 1。

<6> 延时等待。如果初始化成功则在 15～60 ms 内产生一个由 DS18B20 返回的低电平 0，据该状态可以确定它的存在。但是应注意，不能无限地等待，不然会使程序进入死循环，所以要进行超时判断。

<7> 若 CPU 读到数据线上的低电平 0 后，还要进行延时，其延时的时间从发出高电平算起（第<5>步的时间算起）最少要 480 μs。

<8> 将数据线再次拉到高电平 1 后结束。

（2）DS18B20 写数据（时序图见图 15.2.8）

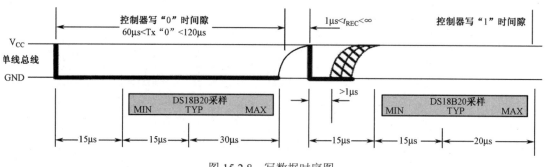

图 15.2.8　写数据时序图

<1> 数据线先置低电平 0。

<2> 延时确定的时间为 15 μs。

<3> 按从低位到高位的顺序发送数据（一次只发送一位）。

<4> 延时时间为 45 μs。

<5> 将数据线拉到高电平 1。

<6> 重复<1>～<5>步骤，直到发送完整个字节。

<7> 最后将数据线拉高到 1。

（3）DS18B20 读数据（时序图见图 15.2.9）

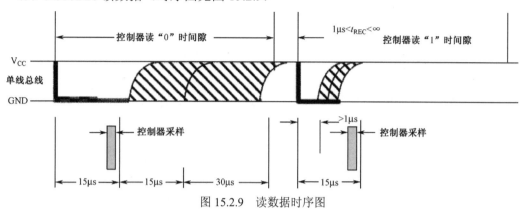

图 15.2.9 读数据时序图

<1> 将数据线拉高到 1。

<2> 延时 2 μs。

<3> 将数据线拉低到 0。

<4> 延时 6 μs。

<5> 将数据线拉高到 1。

<6> 延时 4 μs。

<7> 读数据线的状态得到一个状态位，并进行数据处理。

<8> 延时 30 μs。

<9> 重复步骤<1>～<7>，直到读取完 1 字节。

15.3 实例讲解

【例 15.3.1】 使用 TX-1C 实验板的 DS18B20 温度传感器设计温控系统 C 语言源代码。

```c
#include <reg52.h>
#include <stdio.h>
#define  uchar unsigned char
#define  uint  unsigned int
sbit ds=P2^2;                      // 温度传感器信号线
sbit dula=P2^6;                    // 数码管段选线
sbit wela=P2^7;                    // 数码管位选线
sbit beep=P2^3;                    // 蜂鸣器
uint temp;                         // 定义整型的温度数据
float f_temp;                      // 定义浮点型的温度数据
uint warn_l1=270;                  // 定义温度下限值，是温度值乘以 10 后的结果
uint warn_l2=250;                  // 定义温度下限值
uint warn_h1=300;                  // 定义温度上限值
```

```c
uint warn_h2=320;                        // 定义温度上限值
sbit led0=P1^0;                          // 控制发光二极管
sbit led1=P1^1;                          // 控制发光二极管
sbit led2=P1^2;                          // 控制发光二极管
sbit led3=P1^3;                          // 控制发光二极管
unsigned char code table[]={0x3f,0x06,0x5b,0x4f,0x66,0x6d,0x7d,
                           0x07,0x7f,0x6f,                       // 带小数点的 0~9 编码
                           0xbf,0x86,0xdb,0xcf,0xe6,0xed,0xfd,
                           0x87,0xff,0xef};                      // 不带小数点的 0~9 编码
void delay(uint z)                       // 延时函数
{
   uint  x, y;
   for(x=z; x>0; x--)
      for(y=110; y>0; y--)  ;
}
void dsreset(void)                       // DS18B20 复位，初始化函数
{
   uint  i;
   ds=0;
   i=103;
   while(i>0)
      i--;
   ds=1;
   i=4;
   while(i>0)
      i--;
}
bit tempreadbit(void)                    // 读 1 位数据函数
{
   uint  i;
   bit   dat;
   ds=0;
   i++;                                  // i++起延时作用
   ds=1;
   i++;
   i++;
   dat=ds;
   i=8;
   while(i>0)
      i--;
   return (dat);
}
uchar tempread(void)                     // 读 1 字节数据函数
{
   Uchar  i, j, dat;
   dat=0;
   for(i=1; i<=8; i++)
   {
      j = tempreadbit();
      dat = (j<<7) | (dat>>1);           // 读出的数据最低位在最前面，这样刚好 1 字节在 dat 里
   }
   return(dat);
```

```
}
void tempwritebyte(uchar dat)                    // 向 DS18B20 写 1 字节数据函数
{
    uint  i;
    uchar  j;
    bit  testb;
    for(j=1; j<=8; j++)
    {
        testb=dat & 0x01;
        dat=dat>>1;
        if(testb)                                // 写 1
        {
            ds=0;
            i++;
            ds=1;
            i=8;
            while(i > 0)
                i--;
        }
        else
        {
            ds=0;                                // 写 0
            i=8;
            while(i > 0)
                i--;
            ds=1;
            i++;
            i++;
        }
    }
}
void tempchange(void)                            // DS18B20 开始获取温度并转换
{
    dsreset();
    delay(1);
    tempwritebyte(0xcc);                         // 写跳过读 ROM 指令
    tempwritebyte(0x44);                         // 写温度转换指令
}
uint get_temp()                                  // 读取寄存器中存储的温度数据
{
    uchar  a, b;
    dsreset();
    delay(1);
    tempwritebyte(0xcc);
    tempwritebyte(0xbe);
    a=tempread();                                // 读低 8 位
    b=tempread();                                // 读高 8 位
    temp=b;
    temp<<=8;                                    // 2 字节组合为 1 个字
    temp=temp | a;
    f_temp=temp * 0.0625;                        // 温度在寄存器中为 12 位，分辨率为 0.0625°
    temp=f_temp * 10 + 0.5;                      // 乘以 10 表示小数点后面只取 1 位，加 0.5 是四舍五入
```

```c
        f_temp=f_temp + 0.05;
        return temp;                            // temp 是整型
    }
    void display(uchar num, uchar dat)          // 数据显示程序, num 是第几个数码管, dat 是要显示的数字
    {
        uchar  i;
        dula=0;
        P0=table[dat];                          // 编码赋给 P0 口
        dula=1;
        dula=0;
        wela=0;
        i=0XFF;
        i=i&(~((0X01) << (num)));                // 用 i 存储位选数据, 只有一位为 0
        P0=i;
        wela=1;
        wela=0;
        delay(1);
    }
    void dis_temp(uint t)                        // 显示温度数值函数, t 传递的是整形的温度值
    {
        uchar  i;
        i=t/100;                                 // 除以 100 得到商, 为温度的十位
        display(0, i);                           // 在第 1 个数码管上显示
        i=t%100/10;                              // 100 取余, 再除以 10 得到商, 为温度的个位
        display(1, i+10);                        // 在第 2 个数码管上显示
        i=t%100%10;                              // 100 取余, 再用 10 取余, 为温度的小数位
        display(2, i);                           // 在第 3 个数码管上显示
    }
    void warn(uint s, uchar led)                 // 蜂鸣器报警, 灯闪烁, s 控制音调, led 控制灯
    {
        uchar  i;
        i=s;
        beep=0;                                  // 蜂鸣器响
        P1=~(led);                               // 控制相应的灯亮
        while(i--)
        {
            dis_temp(get_temp());                // 用温度显示函数起到延时作用
        }
        beep=1;                                  // 蜂鸣器不响
        P1=0XFF;                                 // 控制相应的灯灭
        i=s;
        while(i--)
        {
            dis_temp(get_temp());                // 用温度显示函数起到延时作用
        }
    }
    void deal(uint t)                            // 温度处理函数
    {
        uchar  i;
        if((t > warn_l2) && (t <= warn_l1))      // 大于 25 度小于 27 度
        {
            warn(40,0x01);                       // 第一个灯亮, 蜂鸣器发出"滴"声
```

```
        }
        else if(t <= warn_l2)                    // 小于 25 度
        {
            warn(10, 0x03);                      // 第一个和第二个灯亮，蜂鸣器发出“滴”声
        }
        else if((t < warn_h2) && (t >= warn_h1)) // 小于 32 度大于 30 度
        {
            warn(40,0x04);                       // 第三个灯亮，蜂鸣器发出“滴”声
        }
        else if(t>=warn_h2)                      // 大于 32 度
        {
            warn(10,0x0c);                       // 第 3、4 个灯亮，蜂鸣器发出“滴”声
        }
        else                                     // 在 27 度和 30 度之间时，只是调用显示函数延时
        {
            i=40;
            while(i--)
            {
                dis_temp(get_temp());
            }
        }
    }
}
void init_com(void)                              // 串口初始化函数
{
    TMOD = 0x20;
    PCON = 0x00;
    SCON = 0x50;
    TH1 = 0xFd;                                  // 波特率 9600
    TL1 = 0xFd;
    TR1 = 1;
}
void comm(char *parr)                            // 串口数据发送函数
{
    do
    {
        SBUF=*parr++;                            // 发送数据
        while(!TI);                              // 等待发送完成标志为 1
        TI=0;                                    // 标志清 0
    }while(*parr);                               // 保持循环直到字符为'\0'
}
void main()                                      // 主函数
{
    uchar  buff[4], i;
    dula=0;
    wela=0;
    init_com();
    while(1)
    {
        tempchange();                            // 温度转换函数
        for(i=10; i>0; i--)
        {
            dis_temp(get_temp());                // 获取温度并显示
```

```
        }
        deal(temp);                              // 进行温度处理
        sprintf(buff, "%f", f_temp);             // 将浮点型温度格式化为字符型
        for(i=10; i>0; i--)
        {
            dis_temp(get_temp());                // 温度显示
        }
        comm(buff);                              // 串口发送数据
        for(i=10; i>0; i--)
        {
            dis_temp(get_temp());                // 温度显示
        }
    }
}
```

第16章 太阳能充/放电控制器

项目背景: 笔者于2007年10月到某太阳能设备公司做硕士研究生毕业课题,题目是"基于 ARM7 的 10 kV 太阳能电站充电逆变一体控制机的研究"。在做硕士课题之余,笔者为公司设计了一系列太阳能充/放电控制器和太阳能路灯控制器。

太阳能充/放电控制器的作用是有效地控制太阳能电池板给蓄电池充电,同时控制蓄电池为负载放电。以 12 V 蓄电池为例,与其配套的太阳能电池板在有一定光照强度下的开路电压为 21 V,接入控制器后的电压为 17 V,蓄电池的电压为 10~14 V。不同的蓄电池其的充/放电特性是不同的,若为小容量蓄电池,当接通太阳能电池板与蓄电池后,蓄电池的电压会在很短时间内被电池板充到 14 V,若不加控制,蓄电池电压甚至会更高,我们判断蓄电池是否已充满的标准就是检测蓄电池的电压值。实际上,这种方式下检测出的结果是不准确的,因为此时检测到的蓄电池电压是虚电压,而等电池稳定后,再测量电压,会发现电压下降了许多。加入控制器的目的是当检测到蓄电池电压达到一定值时,使用控制器控制连接太阳能电池板与蓄电池之间的 MOS 管的开关,以脉宽调制的方式降低充电电流,以进一步为蓄电池充电,直到最后用很微小的电流将蓄电池电压维持在某一固定值。控制负载时需要注意,当蓄电池电压放电到一定电压值以下时,要关断负载,以保护蓄电池不能太过放电。若控制器控制充电部分电路出现问题,蓄电池电压将有可能一直被充到 16 V 以上,这样的电压连接负载时,极有可能烧毁负载,因此,保证当蓄电池电压高于一定电压值时同样要关断负载。

简单地讲,控制器的主要作用如上所述,但作为一款产品,还有很多人性化的功能需要加入其中,在满足其基本性能稳定、可靠的条件下,我们的设计要尽可能做到使用户满意,还要考虑由陌生的用户对该电子产品误操作带来的损坏进行可靠的保护。作为产品,控制器必须符合相关行业国家标准。笔者设计的系列太阳能充/放电控制器以 GB/T19064—2003(家用太阳能光伏电源系统技术条件和试验方法)为准,另外加入了一些独特的功能。以充/放电最大电流 10 A、额定电压 12 V 控制器系统为例,其实现的主要功能如下。

项目实现功能:

① 要能自动检测太阳能电池板电压是否高于蓄电池电压,若高于蓄电池电压,则可开启充电;若低于蓄电池电压,则不能开启充电,否则蓄电池电流会反向流向太阳能电池板而造成电量损耗。

② 负载放电电流达到 12 A 时控制器通过蜂鸣器报警,提示用户负载已经过载请降低负载功率运行;当放电电流达到 15 A 时,控制器会自动切断负载输出,以保护控制器不被烧坏。切断负载输出后,控制器要能够自动检测负载功率,当负载功率降低到额定功率以下时,控制器又可自动开启负载。

③ 当蓄电池电压低于 10.8 V 时,自动关断负载(欠压关断),同时有报警提示;当从低于 10.8 V 回升到 13.2 V 时,自动接通负载(欠压恢复)。

④ 当蓄电池电压高于 14.8 V 时,自动关断负载(过压关断),同时有报警提示;当从高于 14.8 V 回落到 14.7 V 时,自动接通负载(过压恢复)。

⑤ 当蓄电池处于浮充状态时电压值控制在 13.7 V。

⑥ 当用户将太阳能电池板接反至控制器时，要有报警功能，并且具有保护控制器不被毁坏的功能。

⑦ 用户将蓄电池接反至控制器时，要有报警功能，并具有保护控制器不被毁坏的功能。

⑧ 当负载发生短路时，控制器要具有自我保护能力，同时能检测出短路状态并给予报警提示；当短路解除时，能够自动恢复正常功能。

⑨ 不同的温度对蓄电池的浮充电压点是不同的，要有自动检测温度功能，并且能够自动调节蓄电池的各个电压点。

⑩ 以上设计中的所有参考点都可手动调节，同时可手动微调，以校准单片机的 A/D 参考电压，使所有控制器的参考点统一。

以上为笔者设计的太阳能充/放电控制器的全部功能，考虑到公司产品技术的安全和保密，本章仅讲解部分功能的实现，有些技术关键部分将不做详细讲解。在掌握了基本功能的实现方法和工作原理后，读者可自行尝试其扩展功能，只要有刻苦钻研、不怕失败的精神，一定会设计出完美的产品。

16.1　控制器原理图分析

主控芯片 U1 采用 STC12C5412AD 单片机，如图 16.1.1 所示，带有 4 路 PWM 输出，使用其中一路 PWM 控制充电 MOS 管的开关；自带 8 路 10 位 A/D，用来采集系统中所有需要处理的模拟信号。R_1 和 R_2 采用精密电阻，主要用来分压蓄电池电压后，让单片机采集，通过 R_1 和 R_2 大小关系计算出蓄电池实际电压，然后根据项目实现功能进行相应的控制。

串口通信部分采用 MAX232 芯片进行 TTL 电平和 RS-232 电平之间的转换，如图 16.1.2 所示。加入串口的目的主要有三个：一是给单片机下载程序；二是使控制器具有远程通信或远程监控的功能；三是将控制器每天采集到的数据的极限值和发生异常状态时的数据记录在其内部的 E^2PROM 中，当工作人员需要查看数据时，可直接通过串口读取数据。同时，串口通信部分需要与上位机软件配合使用。

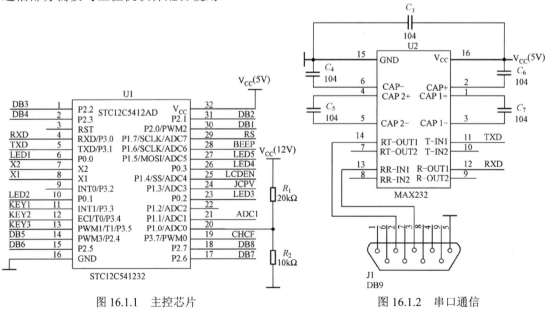

图 16.1.1　主控芯片　　　　　　　　　图 16.1.2　串口通信

控制器板上预留 1602 液晶接口，如图 16.1.3 所示，可根据用户需要选择安装 1602 液晶。图 16.1.4 为控制器发光二极管指示灯，有 6 个状态指示：① 蓄电池接入系统指示灯；② 系统正常工作状态指示灯；③ 蓄电池欠压指示灯；④ 蓄电池过压指示灯；⑤ 充电状态指示灯；⑥ 负载工作状态指示灯。

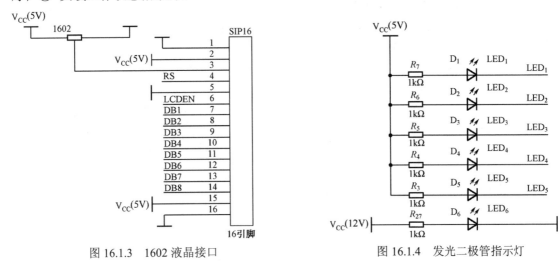

图 16.1.3　1602 液晶接口　　　　　　　　图 16.1.4　发光二极管指示灯

蜂鸣器用于系统出现异常时报警，如图 16.1.5 所示，其中使用了 4 个二极管，作用是当用户不小心将蓄电池反接至控制器时，蜂鸣器以长响报警，提示用户接入有异常，同时保证在蓄电池正确接入系统的条件下，当 BEEP 端由单片机输出高电平时，蜂鸣器也可发声报警。

图 16.1.6 中的按键用来调节系统的各参数及状态。

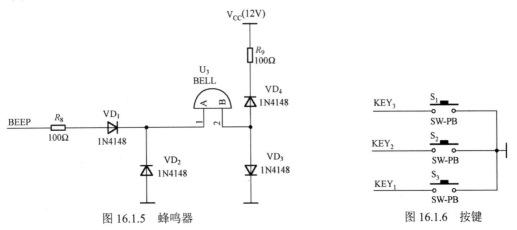

图 16.1.5　蜂鸣器　　　　　　　　　　　图 16.1.6　按键

图 16.1.7 为电源接口，控制器采用太阳能电池板、蓄电池和负载共用正极的方式接入，通过蓄电池负极与太阳能电池板负极之间的 MOS 管控制充电的开/关，通过蓄电池负极与负载负极之间的 MOS 管控制负载放电的开/关。图 16.1.7 中各电气符号的意义如下：

PV+——太阳能电池板正极。　　　　　　PV-——太阳能电池板负极。

V_{CC}（12 V）——蓄电池正极。　　　　　　BAT-——蓄电池负极。

FU+——负载正极。　　　　　　　　　　FU-——负载负极。

其中，PV+、V_{CC}（12 V）与 FU-连接在一起。

图 16.1.8 为单片机晶振电路，晶振频率采用 12 MHz。图 16.1.9 为电源转换及控制部分

电路。

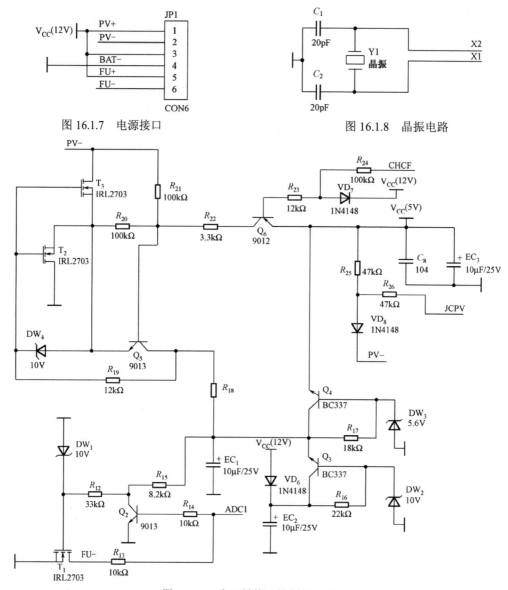

图 16.1.7 电源接口

图 16.1.8 晶振电路

图 16.1.9 电源转换及控制部分电路

蓄电池正极从二极管 DD$_6$ 的阳极接入，DD$_6$ 为防电源反接构成反向回路设计。Q$_3$、R$_{16}$、DW$_2$ 为一级降压电路，将蓄电池电压钳位在 9.4 V 左右。DW$_2$ 为 10 V 稳压管，当蓄电池电压高于 10 V 时，通过三极管 Q$_3$ 和稳压管 DW$_2$ 后降压到 9.4 V。降到 9.4 V 的原因是，三极管的基极电压被稳压

管稳定在 10 V，通过 be 极之间的 PN 结后电压下降 0.6 V，所以为 9.4 V。然后，通过二级降压电路 R$_{17}$、Q$_4$ 和 DW$_3$ 将输出电压钳位到 5 V，用来给单片机系统提供电源。两级降压电路中使用三极管的作用是为了扩流，单纯用稳压管同样可以稳压到期望的电压值，可是输出的电流会非常小，以至根本无法带负载。

电阻 R$_{25}$、R$_{26}$ 和二极管 DD$_8$ 用来检测太阳能电池板电压值，标号 "PV-" 为太阳能电池板负极，"JCPV" 接单片机 A/D 输入口。当 "PV-" 电压等于或大于 "BAT-" 电压时，说明

270

太阳能电池板电压等于或小于蓄电池电压，这时不能开启充电控制。

R_{12}、R_{13}、R_{14}、R_{15}、DW_1、Q_2、T_1 为控制负载开关电路。DW_1 用来保证 MOS 管与 GS 之间的电压最大不得超过 10 V，否则会损坏 MOS 管。三极管 Q_2 导通时，MOS 管 T_1 关闭；Q_2 不导通时，MOS 管 T_1 开启。标号"ADC1"有三个作用：一是用于单片机控制负载通断；二是采集 MOS 管在开启状态下的 DS 压降，从而检测负载消耗电流大小；三是当负载过载或短路时，ADC1 由硬件自动使 MOS 关闭，从而保护 MOS 管及负载的进一步损坏。

R_{21}、R_{20} 用来启动硬件自动关闭充电，当太阳能电池板电压低于蓄电池电压时，可由"PV-"直接控制 Q_5 三极管，Q_6 的控制将失效。

T_2、T_3 两个 MOS 管对接才可有效控制充电回路，因为 MOS 管内部自身会有一个二极管，N 沟道为 S 指向 D，P 沟道为 D 指向 S。DW_4 为 T_2 和 T_3 MOS 管稳压。T_2 和 T_3 MOS 管的开/关由 Q_5 和 Q_6 两个三极管的状态共同决定。

16.2　控制器板上元件介绍

1. 电阻

R_1、R_2 一定要使用精密电阻，其他电阻可选用普通电阻。所谓精密电阻，是指误差小于 1% 的电阻。普通电阻的精度为 5%～0%。

2. 三极管

9012 —PNP 型，低频放大，50 V，0.5 A，0.625 W，150 MHz。

9013 —NPN 型，低频放大，50 V，0.5 A，0.625 W，150 MHz。

BC337 —NPN 型，低频放大，45 V，0.5 A，0.625 W，100 MHz。

3. 二极管

1N4148 —电流 150 mA，反向最大电压 75 V，截止频率 100 MHz。

4. MOS 管

IRL2703 —N 沟道功率 MOS 管，V_{DSS}=30 V，RDS(ON)=0.04 Ω，ID=24 A，最高运行温度 175℃。

5. 液晶

1602 液晶 —可显示两行，每行 16 个字符，工作电压 4.5～5.5 V，带背光，并口操作方式。

6. 串口转换

MAX232CSE —TTL 电平与 RS-232 电平转换芯片，4 路转换，外围接 5 个 104 电容。

7. 单片机

主控芯片采用 STC12C5412AD 单片机，该单片机具有以下特性：

❖ 8051 内核。

❖ 1 个时钟/机器周期高速运行。

❖ SOP-28 超小封装。

❖ 4 路 PWM/PCA/CCU/捕获/比较单元。

- ❖ 8 路 10 位高速 A/D 转换。
- ❖ 12 KB Flash 程序存储器。
- ❖ 512 B SRAM。
- ❖ 内置 E2PROM 数据存储器。
- ❖ 两个外部中断。
- ❖ 内置硬件看门狗。
- ❖ 两个定时器。
- ❖ 全双工异步串行口（UART）。
- ❖ 高速硬件 SPI 通信端口。
- ❖ 片内 R/C 振荡器。
- ❖ 宽电压范围 3.8～5.5 V。
- ❖ 低功耗设计，包含空闲模式和掉电模式。
- ❖ 工作频率为 0～35 MHz。
- ❖ 加密性强，无法解密。
- ❖ 超强抗干扰。

8. 各种器件实物图

各种器件实物图如图 16.3.1～图 16.3.5 所示。

 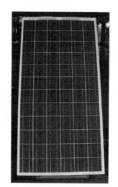 

图 16.3.1　单晶硅太阳能电池板图　图 16.3.2　多晶硅太阳能电池板　　图 16.3.3　12 V 200 Ah 铅酸蓄电池

图 16.3.4　控制器空电路板　　　　　　图 16.3.5　焊接好的控制器

16.3 实例讲解

【例 16.3.1】 本章实例 C 语言源代码。

以下代码为主程序代码 controller.c：

```c
#include <STC12C5410AD.H>
#include <intrins.h>
#include "define.h"
#include <STC_EEPROM.H>
#include "ad.h"
#include "writeyejing.h"
#include "pvgz.h"
#include "init.h"

void int_t1() interrupt 3
{
    TH1=(65536-50000)/256;                  // 定时器初始化
    TL1=(65536-50000)%256;
    t1_num++;
    t1_numgz++;
    if(t1_num == jcjg)                      // 检测电池板周期
    {
        t1_num=0;
        flag_t1=1;
    }
    if(t1_numgz == jcgzjg)                  // 检测过载恢复周期
    {
        t1_numgz=0;
        flag_t1gz=1;
    }
}
void main()
{
    init();
    while(1)
    {
        if(flag_pv == 1)                    // 当有太阳能电池板时进入这里
        {
            v_temp=Ad_Av(1);
            if(v_temp < qy)                 // 进入欠压
            {
                qyd=0;                      // 欠压指示
                delay(1000);
                diqynum=3;
                P1M0=0x87;                  // 00000111
                P1M1=0xc9;                  // 00000111
                fz_off;                     // 将负载关闭
                fzd=1;
                flag_fz=0;
                while(!(Ad_Av(1) >= qyhf))  // 一直等待欠压恢复
                {
```

```c
    checkpv();                              // 检测电池板
    if(flag_pv == 1)
    {
        pwm_1();                            // 打开充电
        cdd=0;                              // 打开充电指示
    }
    fcd_z();                                // 按键检测
    fcd_j();
    func();
    diqynum--;
    if(diqynum > 0)                         // 报警指示
    {
        didi(3);
        delay(1000);
    }
    else
        diqynum=1;
    }
    didi(1);                                // 欠压恢复时开启负载
    fz_on;
    delay(1);
    fzd=0;
    P1M0=0x8f;                              // 00000111
    P1M1=0xc1;                              // 00000111
    flag_fz=1;
    delay(1000);
    qyd=1;
    pwm_a=20;
}
if(v_temp >= qy && v_temp <= gygd)         // 正常工作电压区间
{
    qyd=1;                                  // 欠压指示关闭
    if(v_temp < fcdy)
    {
        cdd=0;                              // 开充电指示灯
        ……                                 // 这里省去 PWM 控制程序
    }
    if(v_temp > fcdy && v_temp < gddy)
    {
        cdd=0;                              // 开充电指示灯
        ……                                 // 这里省去 PWM 控制程序
    }
    if(v_temp > gddy)
    {
        cdd=0;                              // 开充电指示灯
        ……                                 // 这里省去 PWM 控制程序
    }
}
if(v_temp > gygd)                           // 判断是否过压
{
    pwm_0();                                // 过压后关闭充电
    cdd=1;
```

```c
        }
    }
    else                                    // 没有太阳能电池板是进入这里
    {
        v_temp=Ad_Av(1);
        if(v_temp < qy)
        {
            qyd=0;                          // 欠压指示
            delay(1000);
            diqynum=3;
            P1M0=0x87;                      // 00000111
            P1M1=0xc9;                      // 00000111
            fz_off;                         // 欠压后关闭负载
            fzd=1;
            flag_fz=0;
            while(!(Ad_Av(1) >= qyhf))      // 等待欠压恢复
            {
                checkpv();                  // 检测电池板
                if(flag_pv == 1)
                {
                    pwm_1();                 // 打开充电
                    cdd=0;                   // 打开充电指示
                }
                fcd_z();                     // 检测按键
                fcd_j();
                func();
                diqynum--;
                if(diqynum > 0)             // 报警指示
                {
                    didi(3);
                    delay(1000);
                }
                else
                    diqynum=1;
            }
            didi(1);
            fz_on;                          // 欠压恢复时重新开启负载
            delay(1);
            fzd=0;
            P1M0=0x8f;                      // 00000111
            P1M1=0xc1;                      // 00000111
            flag_fz=1;
            delay(1000);
            qyd=1;
        }
        if(v_temp > gygd)                   // 判断是否过压
        {
            digynum=3;
            gyd=0;
            P1M0=0x87;                      // 00000111
            P1M1=0xc9;                      // 00000111
            fz_off;                         // 过压后关闭负载
```

```
                fzd=1;
                flag_fz=0;
                while(!(Ad_Av(1) <= gyhf))        // 等待过压恢复
                {
                    fcd_z();                        // 按键检测
                    fcd_j();
                    func();
                    digynum--;
                    if(digynum > 0)                 // 报警指示
                    {
                        didi(3);
                        delay(1000);
                    }
                    else
                        digynum=1;
                }
                didi(1);
                fz_on;                              // 过压恢复时开启负载
                delay(1);
                fzd=0;
                P1M0=0x8f;                          // 00000111
                P1M1=0xc1;                          // 00000111
                flag_fz=1;
                delay(1000);
                gyd=1;
            }
        }
        checkpv();                                  // 检测电池板电压
        checkgz();                                  // 检测过载状态
        fcd_z();                                    // 按键检测
        fcd_j();
        func();
    }
}
```

pvgz.h 的源代码如下：

```
void pwm_zk(uchar gao)                   // 脉宽调制，gao 为高电平持续时间最大 255，最小 1
{
    PCA_PWM0=0;
    CCAP0H=(256-gao);
    CR=1;
}
void pwm_1()                             // PWM 端固定高电平
{
    PCA_PWM0=0;
    CCAP0H=0;
}
void pwm_0()                             // PWM 端固定低电平
{
    PCA_PWM0=0x03;
    CCAP0H=0xff;
}
```

```c
void checkpv()                              // 检测电池板电压
{
    …                                       // 省略检测电池板程序
}
void checkgz()
{
    float  temp_gz;
    if(flag_fz == 1)
    {
        temp_gz=Ad_fu(4);
        /* 判断是否过载。注意：只有在前面过程负载打开的情况下方可判断负载是否过载，否则不做判断 */
        if(temp_gz > gzdy)
        {
            P1M0=0x87;                       // 00000111
            P1M1=0x49;
            fz_off;
            didi(1);
            flag_fz=0;
            fzd=1;
            flag_gz=1;
            flag_t1gz=0;
        }
        if(temp_gz > (gzdy-0.02))            // 快过载前的报警提示
        {
            didi(1);
        }
    }
    ……                                      // 这里省略过载恢复检测程序
}
```

writeyejing.h 的源代码如下。

```c
void fcd_z()
{
    if(key1 == 0)
    {
        delay(20);
        if(key1 == 0)
        {
            while(!key1);
            switch(flag_fun)
            {
                case 0:  fcd+=0.01;
                         cwfc+=0.01;
                         sectorerase(0x2e00);        // 擦除 ROM 的最后一个扇区
                         write_eep(cwfc,0x2e00);     // 存储改变后的数据
                         byte_write(0x2e06,1);
                         break;
                case 1:  gzdy=gzdy+0.01;
                         sectorerase(0x2c00);        // 擦除 ROM 的倒数第二个扇区
                         byte_write(0x2c00,gzdy*100); // 存储改变后的数据
                         byte_write(0x2c06,1);
                         break;
```

```
            case 2:    break;
            case 3:    gzdy=0.13;                              // 按下这里，所有设计还原出厂默认
                       fcd=13.7;
                       cwfc=13.7;
                       sectorerase(0x2e00);
                       sectorerase(0x2c00);
                       break;
         }
         didi(1);
      }
   }
}
void fcd_j()
{
   if(key2 == 0)
   {
      delay(20);
      if(key2 == 0)
      {
         while(!key2);
         switch(flag_fun)
         {
            case 0:    fcd-=0.01;
                       cwfc-=0.01;
                       sectorerase(0x2e00);                    // 擦除 ROM 的最后一个扇区
                       write_eep(cwfc,0x2e00);                 // 存储改变后的数据
                       byte_write(0x2e06,1);
                       break;
            case 1:    gzdy=gzdy-0.01;
                       sectorerase(0x2c00);                    // 擦除 ROM 的倒数第二个扇区
                       byte_write(0x2c00,gzdy*100);            // 存储改变后的数据
                       byte_write(0x2c06,1);
                       break;
            case 2:    break;
            case 3:    break;
         }
         didi(1);
      }
   }
}
void func()
{
   uchar  key_flag=0;
   if(key3 == 0)
   {
      delay(20);
      if(key3 == 0)
      {
         while(!key3);
         flag_fun++;
         if(flag_fun == 2)                                     // 直到调节完毕，方可退出这里
         {
```

```
        didi(3);
      while(key_flag == 0)
      {
         if(key1 == 0)
         {
            delay(20);
            if(key1 == 0)
            {
               while(!key1);
               fcd+=0.01;
               cwfc+=0.01;
            }
            didi(1);
         }
         if(key2 == 0)
         {
            delay(20);
            if(key2 == 0)
            {
               while(!key2);
               fcd-=0.01;
               cwfc-=0.01;
            }
            didi(1);
         }
         if(key3 == 0)
         {
            delay(20);
            if(key3 == 0)
            {
               while(!key3);
               flag_fun++;
               sectorerase(0x2e00);                 // 擦除 ROM 的最后一个扇区
               write_eep(cwfc, 0x2e00);             // 存储改变后的数据
               byte_write(0x2e06, 1);
               key_flag=1;
            }
         }
         if((Ad_Av(1) > (fcd-0.01)) && (Ad_Av(1) < (fcd+0.01)))
            didi(1);                                 // 电源校准后报警提示
      }
}
if(flag_fun == 4)
   flag_fun=0;
switch(flag_fun)
{
   case 0:  didi(1);
            break;
   case 1:  didi(2);
            break;
   case 2:  didi(3);
            break;
```

```
             case 3:   beep=1;
                       delay(2000);
                       beep=0;
                       break;
             }
         }
     }
}
```

---

init.h 的源代码如下：

```
void didi(uchar di_num)                          // 蜂鸣器响几次由 di_num 决定
{
    uchar  a;
    for(a=di_num; a>0; a--)
    {
        beep=1;
        delay(400);
        beep=0;
        delay(400);
    }
}
void init()
{
    qyd=1;                                       // 指示灯初始化
    gyd=1;
    cdd=1;
    fzd=1;
    zcd=1;
    beep=0;
    czfz=1;                                      // 负载关闭
    czcf=0;                                      // 关闭充电
    diqynum=0;
    digynum=0;
    flag_pv=0;
    flag_fun=0;
    flag_t1=0;
    flag_gz=0;
    flag_t1gz=0;
    pwm_num=2;
    pwm_a=30;
    fcd=13.7;
    cwfc=13.7;
    dwfc=14.1;
    gwfc=13.3;
    gzdy=0.45;                                   // 设定负载过载电压为 0.45 V
    cd_off;
    t1_num=0;
    t1_numgz=0;
    P1M0=0x87;
    P1M1=0x49;
    fz_off;
    delay(1);
```

```c
      P1M0=0x8f;
      P1M1=0x41;
      didi(1);
      delay(6000);
      if(byte_read(0x2e06) == 1)                // 当改变过浮充电压点后重新读取
      {
          cwfc=read_eep(0x2e00);
          fcd=cwfc;
      }
      if(byte_read(0x2c06) == 1)                // 当改变过浮充电压点后重新读取
      {
          gzdy=byte_read(0x2c00)/100.0;
      }
      TMOD=0x12;
      IP=0x08;
      TH0=(256-115);                            // 定时器初始化周期为 115 μs，PWM 频率为 34 Hz
      TL0=(256-115);
      TH1=(65536-50000)/256;                    // 定时器初始化
      TL1=(65536-50000)%256;
      ET0=1;
      ET1=1;
      TR1=1;
      TR0=1;
      EA=1;
      CMOD=0x04;                                // 设置为 PWM 输出方式
      CCAPM0=0x42;
      CL=0;                                     // PWM 计数器初值清 0
      CH=0;
      ADC_CONTR |= 0xe0;                        // 打开 AD 电源
      P1M0=0x87;
      P1M1=0x49;
      fz_on;
      delayus(5);
      flag_fz=1;
      fzd=0;
      P1M0=0x8f;                                // 设置为 A/D 采样模式
      P1M1=0x41;
      didi(1);
      checkgz();
      checkpv();
}
void delay(uint x)                              // 延时为 1 ms 的整数倍，由 x 决定
{
   uint  y, z;
   for(y=x; y>0; y--)
      for(z=110; z>0; z--)  ;
}
void delayus(uchar x)                           // 延时为 1 μs 的整数倍，由 x 决定
{
   Uchar  y;
   for(y=x; y>0; y--)  ;
}
```

ad.h 的源代码如下：

```c
float GetAD(uchar channel)                   // 用户函数
{
    unsigned char  AD_finished=0;
    float  tad_val;
    tad_val=0;
    ADC_CONTR |= (channel-1);                // 选择 A/D 端口号
    ADC_DATA=0;
    ADC_LOW2=0;
    ADC_CONTR |= 0x08;                       // 启动 A/D 转换
    while(AD_finished == 0){
        AD_finished=(ADC_CONTR&0x10);
    }
    tad_val=(ADC_DATA*4+ADC_LOW2);
    ADC_CONTR&=0xe0;
    return (tad_val);
}
float Ad_Av(uchar chan)                      // 求蓄电池电压平均值
{
    float  Val_Av;
    uchar  num;
    Val_Av=0;
    for(num=120; num>0; num--)
    {
        Val_Av+=GetAD(chan);
    }
    Val_Av/=120.0;
    Val_Av=Val_Av*15.0/1024;
    return (Val_Av);
}
float Ad_fu(uchar chan)                      // 求其他电压平均值
{
    float  Val_Av;
    uchar  num;
    Val_Av=0;
    for(num=5; num>0; num--)
    {
        Val_Av+=GetAD(chan);
    }
    Val_Av/=5.0;
    Val_Av=Val_Av*5.0/1024;
    return (Val_Av);
}
```

define.h 的源代码如下：

```c
#define uint unsigned int
#define uchar unsigned char
#define qy     fcd-2.9//10.8              // 欠压
#define qyhf   fcd-0.5//13.2              // 欠压恢复
#define fcdy   fcd-0.128//13.2            // 浮充电压
#define gddy   fcd+0.128//13.456          // 关断电压
#define gyhf   fcd+0.9//14.6              // 过压恢复
```

```
#define gygd      fcd+1.1//14.8                      // 过压关断
#define pvbt      0.5                                 // 当 PV 板电压大于电池 1 V 左右时才可允许充电
#define jcjg      1200                                // 此数*50 ms 的总和为检测电池板与过载恢复检测间隔时间单位(s)
#define jcgzjg    100                                 // 过载后检测负载恢复间隔
#define fz_on     czfz=0                              // 打开负载
#define fz_off    czfz=1                              // 关闭负载
#define cd_on     czcf=1                              // 开始充电
#define cd_off    czcf=0                              // 关闭充电
sbit czfz=P1^3;                                       // 控制负载
sbit czcf=P3^7;                                       // 控制充电
sbit beep=P1^6;                                       // 蜂鸣器
sbit rs=P1^7;                                         // 液晶数据命令
sbit lcden=P1^4;                                      // 液晶使能
sbit qyd=P2^2;                                        // 欠压灯
sbit gyd=P2^3;                                        // 过压灯
sbit fzd=P2^4;                                        // 负载灯
sbit cdd=P2^5;                                        // 充电灯
sbit zcd=P1^5;                                        // 系统正常灯
sbit key1=P3^2;                                       // 按键定义
sbit key2=P3^3;
sbit key3=P3^4;
void delay(uint);
void delayus(uchar);
void didi(uchar);
void init();                                          // 以下为变量定义
uchar  a, fz, diqynum, digynum, flag_t1gz, flag_gz;
uchar  flag_t1, flag_pv, flag_fz, pwm_num, t1_numgz;
uchar  pwm_a, flag_fun;
uint   t1_num;
float xdata fcd, ad_val, v_temp, cwfc, dwfc, gwfc, gzdy;
```

以下源代码为 stc_eeprom.h：

```
extern void SectorErase(uint sector_addr);                        // 扇区擦除
extern uchar byte_read(uint byte_addr);                           // byte 读
extern void byte_write(uint byte_addr, uchar original_data);      // byte 写
extern uchar byte_write_verify(uint byte_addr, uchar original_data);  // byte 写并校验
extern uchar ArrayWrite(uint begin_addr, uint len, uchar code *array); // byte 数组写并校验
extern void ArrayRead(uint begin_addr, uchar len);                // 读出，保存在 Ttotal[]中
#define RdCommand        0x01
#define PrgCommand       0x02
#define EraseCommand     0x03
#define Error            1
#define Ok               0
#define WaitTime         0x01
#define PerSector        512
/* =============== 打开 ISP、IAP 功能 =============== */
void ISP_IAP_enable(void)
{
    EA = 0;                                   // 关中断
    ISP_CONTR = ISP_CONTR & 0x18;             // 0001, 1000
```

```c
    ISP_CONTR = ISP_CONTR | WaitTime;              // 写入硬件延时
    ISP_CONTR = ISP_CONTR | 0x80;                  // ISPEN=1
}
/* =============== 关闭 ISP、IAP 功能 ================== */
void ISP_IAP_disable(void)
{
    ISP_CONTR = ISP_CONTR & 0x7f;                  // ISPEN = 0
    ISP_TRIG = 0x00;
    EA = 1;                                        // 开中断
}
/* =============== 公用的触发代码 ==================== */
void ISPgoon(void)
{
    ISP_IAP_enable();                              // 打开 ISP、IAP 功能
    ISP_TRIG = 0x46;                               // 触发 ISP_IAP 命令字节 1
    ISP_TRIG = 0xb9;                               // 触发 ISP_IAP 命令字节 2
    _nop_();
}
/* ================== 字节读 ====================== */
unsigned char byte_read(unsigned int byte_addr)
{
    ISP_ADDRH = (unsigned char)(byte_addr >> 8);   // 地址赋值
    ISP_ADDRL = (unsigned char)(byte_addr & 0x00ff);
    ISP_CMD  = ISP_CMD & 0xf8;                     // 清除低 3 位
    ISP_CMD  = ISP_CMD | RdCommand;                // 写入读命令
    ISPgoon();                                     // 触发执行
    ISP_IAP_disable();                             // 关闭 ISP、IAP 功能
    return (ISP_DATA);                             // 返回读到的数据
}
/* ================== 扇区擦除 ====================== */
void sectorerase(unsigned int sector_addr)
{
    unsigned int  iSectorAddr;
    iSectorAddr = (sector_addr & 0xfe00);          // 取扇区地址
    ISP_ADDRH = (unsigned char)(iSectorAddr >> 8);
    ISP_ADDRL = 0x00;
    ISP_CMD = ISP_CMD & 0xf8;                      // 清空低 3 位
    ISP_CMD = ISP_CMD | EraseCommand;              // 擦除命令 3
    ISPgoon();                                     // 触发执行
    ISP_IAP_disable();                             // 关闭 ISP、IAP 功能
}
/* ================== 字节写 ====================== */
void byte_write(unsigned int byte_addr, unsigned char original_data)
{
    ISP_ADDRH = (unsigned char)(byte_addr >> 8);   // 取地址
    ISP_ADDRL = (unsigned char)(byte_addr & 0x00ff);
    ISP_CMD = ISP_CMD & 0xf8;                      // 清低 3 位
    ISP_CMD = ISP_CMD | PrgCommand;                // 写命令 2
    ISP_DATA = original_data;                      // 写入数据准备
    ISPgoon();                                     // 触发执行
    ISP_IAP_disable();                             // 关闭 IAP 功能
}
```

```
void write_eep(float eep_data,uint add)
{
    uchar  fcdh, fcdl;
    fcdh = (uint)(eep_data*100)/256;
    fcdl = (uint)(eep_data*100)%256;
    byte_write(add,fcdh);                       // 写入浮充电电压高8位
    byte_write(add+1,fcdl);                      // 写入浮充电电压低8位
}
float read_eep(uint add)
{
    float  date_re;
    uchar  dateh, datel;
    dateh=byte_read(add);
    datel=byte_read(add+1);
    date_re=(dateh*256+datel)/100.0;
    return date_re;
}
```

stc12c5410ad.h 的源代码如下：

```
/* After is STC additional SFR or change */
/* sfr  AUXR  = 0x8e; */
/* sfr  IPH   = 0xb7; */
/* Watchdog Timer Register */
sfr  WDT_CONTR = 0xe1;
/* ISP_IAP_EEPROM Register */
sfr ISP_DATA  = 0xe2;
sfr ISP_ADDRH = 0xe3;
sfr ISP_ADDRL = 0xe4;
sfr ISP_CMD   = 0xe5;
sfr ISP_TRIG  = 0xe6;
sfr ISP_CONTR = 0xe7;
/* System Clock Divider */
sfr CLK_DIV = 0xc7;
/* I_O Port Mode Set Register */
sfr P0M0  = 0x93;
sfr P0M1  = 0x94;
sfr P1M0  = 0x91;
sfr P1M1  = 0x92;
sfr P2M0  = 0x95;
sfr P2M1  = 0x96;
sfr P3M0  = 0xb1;
sfr P3M1  = 0xb2;
/* SPI Register */
sfr SPSTAT  = 0x84;
sfr SPCTL   = 0x85;
sfr SPDAT   = 0x86;
/* ADC Register */
sfr ADC_CONTR  = 0xc5;
sfr ADC_DATA   = 0xc6;
sfr ADC_LOW2   = 0xbe;
/* PCA SFR */
sfr CCON   = 0xD8;
```

```
sfr CMOD   = 0xD9;
sfr CCAPM0 = 0xDA;
sfr CCAPM1 = 0xDB;
sfr CCAPM2 = 0xDC;
sfr CCAPM3 = 0xDD;
sfr CCAPM4 = 0xDE;
sfr CCAPM5 = 0xDF;
sfr CL     = 0xE9;
sfr CCAP0L = 0xEA;
sfr CCAP1L = 0xEB;
sfr CCAP2L = 0xEC;
sfr CCAP3L = 0xED;
sfr CCAP4L = 0xEE;
sfr CCAP5L = 0xEF;
sfr CH     = 0xF9;
sfr CCAP0H = 0xFA;
sfr CCAP1H = 0xFB;
sfr CCAP2H = 0xFC;
sfr CCAP3H = 0xFD;
sfr CCAP4H = 0xFE;
sfr CCAP5H = 0xFF;
sfr PCA_PWM0 = 0xF2;
sfr PCA_PWM1 = 0xF3;
sfr PCA_PWM2 = 0xF4;
sfr PCA_PWM3 = 0xF5;
sfr PCA_PWM4 = 0xF6;
sfr PCA_PWM5 = 0xF7;
/*  CCON  */
sbit CF    = CCON^7;
sbit CR    = CCON^6;
sbit CCF5  = CCON^5;
sbit CCF4  = CCON^4;
sbit CCF3  = CCON^3;
sbit CCF2  = CCON^2;
sbit CCF1  = CCON^1;
sbit CCF0  = CCON^0;
/* Above is STC additional SFR or change */
/*-------------------------------------------------------------------------
REG51F.H

Header file for 8xC31/51, 80C51Fx, 80C51Rx+
Copyright (c) 1988-1999 Keil Elektronik GmbH and Keil Software, Inc.
All rights reserved.

Modification according to DataSheet from April 1999
 - SFR's AUXR and AUXR1 added for 80C51Rx+ derivatives
-------------------------------------------------------------------------*/
/* BYTE Registers  */
sfr P0   = 0x80;
sfr P1   = 0x90;
sfr P2   = 0xA0;
sfr P3   = 0xB0;
```

```
sfr PSW  = 0xD0;
sfr ACC  = 0xE0;
sfr B    = 0xF0;
sfr SP   = 0x81;
sfr DPL  = 0x82;
sfr DPH  = 0x83;
sfr PCON = 0x87;
sfr TCON = 0x88;
sfr TMOD = 0x89;
sfr TL0  = 0x8A;
sfr TL1  = 0x8B;
sfr TH0  = 0x8C;
sfr TH1  = 0x8D;
sfr IE   = 0xA8;
sfr IP   = 0xB8;
sfr SCON = 0x98;
sfr SBUF = 0x99;
/*  80C51Fx/Rx Extensions  */
sfr AUXR   = 0x8E;
/* sfr AUXR1  = 0xA2; */
sfr SADDR  = 0xA9;
sfr IPH    = 0xB7;
sfr SADEN  = 0xB9;
sfr T2CON  = 0xC8;
sfr T2MOD  = 0xC9;
sfr RCAP2L = 0xCA;
sfr RCAP2H = 0xCB;
sfr TL2    = 0xCC;
sfr TH2    = 0xCD;
/*  BIT Registers  */
/*  PSW   */
sbit CY   = PSW^7;
sbit AC   = PSW^6;
sbit F0   = PSW^5;
sbit RS1  = PSW^4;
sbit RS0  = PSW^3;
sbit OV   = PSW^2;
sbit P    = PSW^0;
/*  TCON  */
sbit TF1 = TCON^7;
sbit TR1 = TCON^6;
sbit TF0 = TCON^5;
sbit TR0 = TCON^4;
sbit IE1 = TCON^3;
sbit IT1 = TCON^2;
sbit IE0 = TCON^1;
sbit IT0 = TCON^0;
/*  P3  */
sbit RD   = P3^7;
sbit WR   = P3^6;
sbit T1   = P3^5;
sbit T0   = P3^4;
```

```
sbit INT1 = P3^3;
sbit INT0 = P3^2;
sbit TXD  = P3^1;
sbit RXD  = P3^0;
/*  SCON  */
sbit SM0  = SCON^7; // alternatively "FE"
sbit FE   = SCON^7;
sbit SM1  = SCON^6;
sbit SM2  = SCON^5;
sbit REN  = SCON^4;
sbit TB8  = SCON^3;
sbit RB8  = SCON^2;
sbit TI   = SCON^1;
sbit RI   = SCON^0;
sbit T2EX = P1^1;
sbit T2   = P1^0;
/*  T2CON  */
sbit TF2   = T2CON^7;
sbit EXF2  = T2CON^6;
sbit RCLK  = T2CON^5;
sbit TCLK  = T2CON^4;
sbit EXEN2 = T2CON^3;
sbit TR2   = T2CON^2;
sbit C_T2  = T2CON^1;
sbit CP_RL2= T2CON^0;
/* PCA Pin */
sbit CEX3 = P2^4;
sbit CEX2 = P2^0;
sbit CEX1 = P3^5;
sbit CEX0 = P3^7;
sbit ECI  = P3^4;
/*  IE   */
sbit EA   = IE^7;
sbit EPCA_LVD  = IE^6;
sbit EADC_SPI  = IE^5;
sbit ES   = IE^4;
sbit ET1  = IE^3;
sbit EX1  = IE^2;
sbit ET0  = IE^1;
sbit EX0  = IE^0;
/*  IP   */
sbit PPCA_LVD  = IP^6;
sbit PADC_SPI  = IP^5;
sbit PS   = IP^4;
sbit PT1  = IP^3;
sbit PX1  = IP^2;
sbit PT0  = IP^1;
sbit PX0  = IP^0;
```

第 17 章　VC、VB（MSCOMM 控件）与单片机通信实现温度显示

17.1　VC MSCOMM 控件与单片机通信实现温度显示

本章是对本篇第 15 章上位机显示部分的 VC 和 VB 语言扩展。在第 15 章的单片机程序中，单片机将采集到的温度数据处理后，通过串行口发送出去，本节专门讲解如何用 VC 6.0 调用 MSCOMM 控件接收数据、处理数据和显示数据。

<1> 打开 VC 软件，新建文件，选择〖MFC AppWizard exe〗项，工程命名为〖tem_con〗，如图 17.1.1 所示，然后单击〖OK〗按钮。

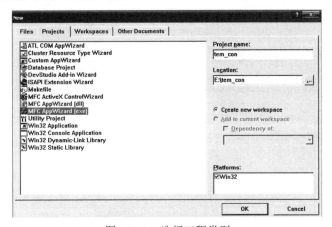

图 17.1.1　选择工程类型

<2> 选择〖Dialog based〗项，如图 17.1.2 所示，单击〖Finish〗按钮。

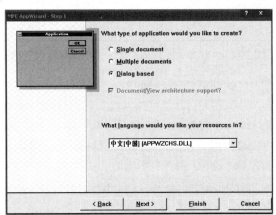

图 17.1.2　选择对话框类型

<3> 单击〖Project->Add To Project->Components and Controls...〗命令，如图 17.1.3 所示。

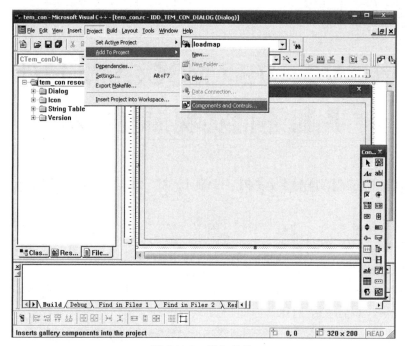

图 17.1.3　添加控件

<4> 打开文件夹后，双击〖Registered ActiveX Controls〗文件夹，如图 17.1.4 所示。

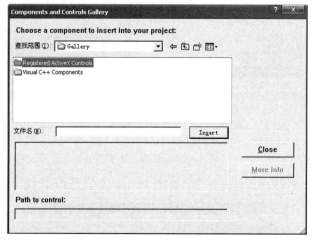

图 17.1.4　选择 Registered ActiveX Controls 文件夹

<5> 选择〖Microsoft Communications Control，version 6.0〗列表项，，如图 17.1.5 所示单击〖Insert〗按钮。

<6> 弹出〖Confirm Classes〗对话框，如图 17.1.6 所示，默认不修改，单击〖OK〗按钮。

<7> 将控件工具条中的串行口控件拖动到对话框中，选择 ▦ 并用左键一直拖到对话框中，然后在任意位置释放左键，如图 17.1.7 所示。

<8> 单击〖View->ClassWizard〗命令，打开〖MFC ClassWizard〗对话框，选中〖IDC_MSCOMM1〗和〖OnComm〗列表项，如图 17.1.8 所示，单击〖Add Function...〗按钮。

<9> 一直单击〖OK〗按钮，出现新增的〖OnOnCommMscomm1()〗函数，如图 17.1.9 所示。

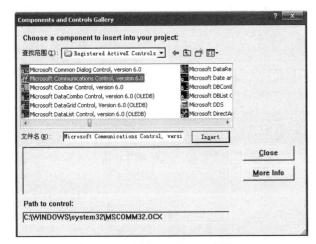

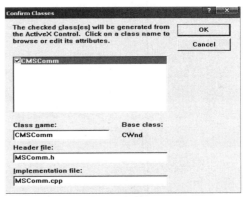

图 17.1.5　选择 MSCOMM 控件　　　　　　　　　　图 17.1.6　为新类添加名称

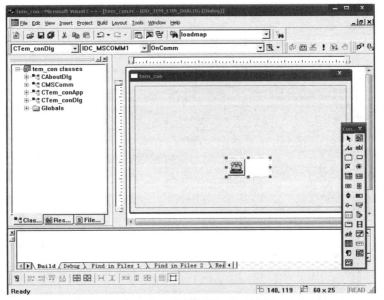

图 17.1.7　将控件加入对话框中

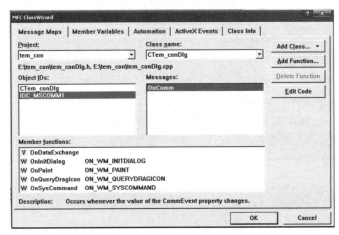

图 17.1.8　为控件添加函数

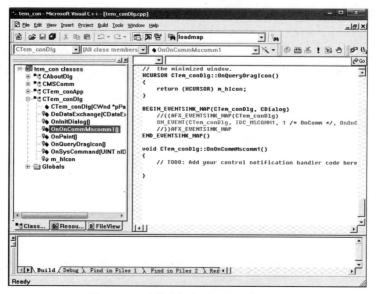

图 17.1.9　为控制添加完函数后的界面

<10> 选择控件工具条中的编辑框控件 ab|，添加编辑框控件，如图 17.1.10 所示。

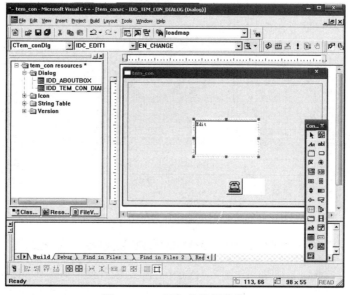

图 17.1.10　添加编辑框控件

<11> 在〖MFC ClassWizard〗对话框中选择〖Member Variables〗选项卡，为编辑框和串行口选择关联变量 m_strRXData 和 m_ctrlComm，如图 17.1.11 所示，单击〖OK〗按钮。

<12> 在〖OnOnCommMscomm1()〗函数中添加代码，具体内容请查看后面所附程序。添加完代码后的界面如图 17.1.12 所示。

<13> 在〖OnInitDialog()〗函数中添加代码，具体内容请查看后面所附程序。添加完代码后的界面如图 17.1.13 所示。

<14> 单击窗口上方工具栏上的！按钮，编译并运行，弹出对话框，用串行口线连接 TX-1C 实验板和计算机，关闭其他的串行口软件，即可在编辑框中显示出温度，最终界面如图 17.1.14 所示。

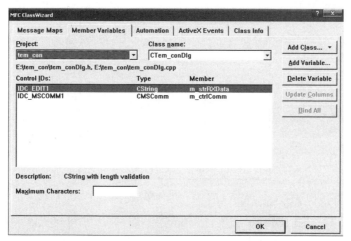

图 17.1.11　为编辑框和串行口设置关联变量

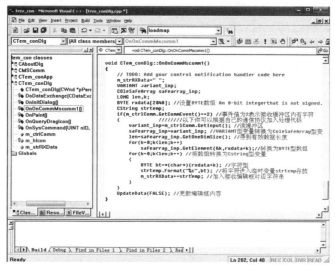

图 17.1.12　为 MSCOMM 控件添加代码

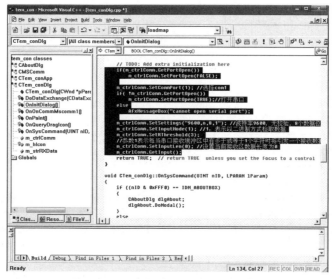

图 17.1.13　在初始化函数中添加代码

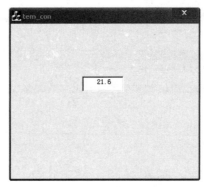

图 17.1.14 最终显示界面

经过以上 14 步，我们就编写了串行口上位机软件。大家可自己添加其他内容到上位机软件。

在 CTem_conDlg.cpp 中的 OnOnCommMscomm1()和 OnInitDialog()函数中添加的代码如下，大家在以后编写自己的串行口软件时可以参照。

（1）OnInitDialog()函数代码

```
BOOL CTem_conDlg::OnInitDialog()
{
    CDialog::OnInitDialog();
    // Add "About..." menu item to system menu.
    // IDM_ABOUTBOX must be in the system command range.
    ASSERT((IDM_ABOUTBOX & 0xFFF0) == IDM_ABOUTBOX);
    ASSERT(IDM_ABOUTBOX < 0xF000);
    CMenu* pSysMenu = GetSystemMenu(FALSE);
    if (pSysMenu != NULL)
    {
        CString strAboutMenu;
        strAboutMenu.LoadString(IDS_ABOUTBOX);
        if (!strAboutMenu.IsEmpty())
        {
            pSysMenu->AppendMenu(MF_SEPARATOR);
            pSysMenu->AppendMenu(MF_STRING, IDM_ABOUTBOX, strAboutMenu);
        }
    }
    // Set the icon for this dialog.  The framework does this automatically
    //  when the application's main window is not a dialog
    SetIcon(m_hIcon, TRUE);                  // Set big icon
    SetIcon(m_hIcon, FALSE);                 // Set small icon
    // TODO: Add extra initialization here
    // 下面是需要自己添加的
    if(m_ctrlComm.GetPortOpen())
        m_ctrlComm.SetPortOpen(FALSE);
    m_ctrlComm.SetCommPort(1);               // 选择 com1，用户根据自己的计算机串口号选择 COM 口
    if( !m_ctrlComm.GetPortOpen())
        m_ctrlComm.SetPortOpen(TRUE);        // 打开串口
    else
        AfxMessageBox("cannot open serial port");
    m_ctrlComm.SetSettings("9600,n,8,1");    // 波特率 9600，无校验，8 个数据位，1 个停止位
    m_ctrlComm.SetInputMode(1);              // 1：表示以二进制方式检取数据
```

```
    m_ctrlComm.SetRThreshold(1);                // 参数1表示每当串口接收缓冲区中有多于或等于1个字符时
                                                // 将引发一个收数据的 OnComm 事件
    m_ctrlComm.SetInputLen(0);                  // 设置当前接收区数据长度为 0
    m_ctrlComm.GetInput();
    return TRUE;  // return TRUE  unless you set the focus to a control
}
```

（2）OnOnCommMscomm1()函数代码

```
void CTem_conDlg::OnOnCommMscomm1()
{
    // TODO: Add your control notification handler code here
    m_strRXData=" ";                            // 每次进入，则将编辑框内容清空等待显示新的数据
    VARIANT  variant_inp;
    COleSafeArray  safearray_inp;
    LONG  len, k;
    BYTE  rxdata[2048];                         // 设置 BYTE 数组
    CString  strtemp;
    if(m_ctrlComm.GetCommEvent() == 2)          // 事件值为2，表示接收缓冲区内有字符
    {                                           // 以下可以根据自己的通信协议加入处理代码
       variant_inp=m_ctrlComm.GetInput(); // 读缓冲区
       safearray_inp=variant_inp;               // VARIANT 型变量转换为//ColeSafeArray 型变量
       len=safearray_inp.GetOneDimSize(); // 得到有效数据长度
       for(k=0; k<len; k++)
          safearray_inp.GetElement(&k,rxdata+k);                // 转换为 BYTE 型数组
       for(k=0; k<len; k++)                     // 将数组转换为 Cstring 型变量
       {
          BYTE bt=*(char*)(rxdata+k);           // 字符型
          strtemp.Format("%c", bt);             // 将字符送入临时变量 strtemp 存放
          m_strRXData+=strtemp;                 // 加入接收编辑框对应字符串
       }
    }
    UpdateData(FALSE);                          // 更新编辑框内容
}
```

17.2 VB MSCOMM 控件与单片机通信实现温度显示

在第 16 章单片机程序中，单片机将采集到的温度数据处理后，通过串行口发送出去，本节专门讲解如何用 VB 6.0（企业版）调用 MSComm 控件接收数据、处理数据和显示数据。

<1> 打开 VB 软件，在新建工程对话框中选择〖标准 EXE〗项，单击〖打开〗按钮，如图 17.2.1 所示，接着出现如图 17.2.2 所示的界面。

<2> 选择〖工程 → 部件〗命令，打开〖部件〗对话框，如图 17.2.3 所示。选择〖Microsotf Comm Control 6.0〗列表项，如图 17.2.4 所示，然后单击〖确定〗按钮。工具箱中增加了一个像电话的图标，如图 17.2.5 箭头所指处，即 VB 串行口通信所用的标准控件（MSComm）。

<3> 单击〖MSComm〗控件，并在窗体 Form1 上拖出一个矩形，如图 17.2.6 所示，这时 MSComm 控件就被添加到工程中了。

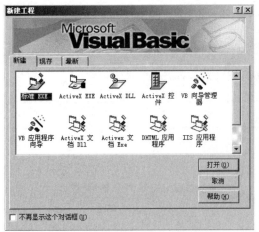

图 17.2.1 新建工程

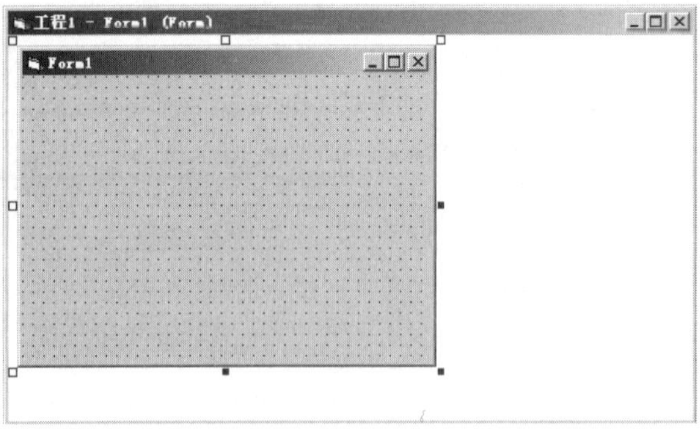

图 17.2.2 弹出对话框

图 17.2.3 打开部件

图 17.2.4 添加控件

图 17.2.5 添加完控件后的工具箱

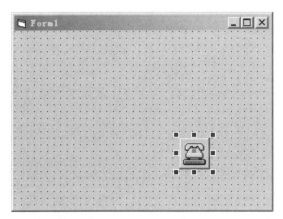

图 17.2.6 将控制添加到工程中

<4> 单击〖TextBox〗控件，如图 17.2.7 箭头所指处，同上步骤在窗体 Form1 上拖出一个矩形框，如图 17.2.8 所示。

<5> 双击〖TextBox〗控件或窗体无控件的空白处，打开代码编辑框，如图17.2.9所示。

图17.2.7 选择TextBox控件

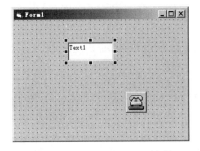

图17.2.8 添加TextBox控件

图17.2.9 打开编辑代码框

<6> 在Private Sub Form load()函数中增加如下代码：

```
MSComm1.Settings ="9600,N,8,1"        '波特率9600bit/s，无校验，8位数据，1位停止位
MSComm1.CommPort = 1                  '设定串口，1为com1，这里大家请选择自己对应的COM序号
MSComm1.InBufferSize = 8              '设置返回接收缓冲区的大小，以字符为单位
MSComm1.OutBufferSize = 2
If MSComm1.PortOpen = True Then MSComm1.PortOpen = False ' 关串口
MSComm1.RThreshold = 4               '设置并返回产生oncomm事件的字符数，以字符为单位. Rthreshold
                                     '为 1，接收缓冲区收到每一个字符都会使 MSComm 控件产生 OnComm 事件
MSComm1.SThreshold = 1 '
MSComm1.InputLen = 0                 '设置从接收缓冲区读取的字数，为0读取整个缓冲区
MSComm1.InputMode = comInputModeText                     '以文本方度接收
If MSComm1.PortOpen = False Then MSComm1.PortOpen = True
MSComm1.InBufferCount = 0            '清空接收缓冲区
Me.Caption = "温度"
```

添加完的编辑框如图17.2.10中上半部分所示。

图17.2.10 添加完代码的编辑框

<7> 双击窗体内的〖MSComm〗控件，向〖Private Sub MSComm1_OnComm()〗函数中添加接收数据代码，添加完成后的编辑框如图 17.2.10 的下半部分所示。

```
Dim rec As String
Select Case MSComm1.CommEvent
Case comEvReceive
rec = MSComm1.Input
Text1.Text = rec
MSComm1.InBufferCount = 0 '清空接收缓冲区
End Select
```

<8> 单击 ▶ 按钮或直接按〖F5〗键，运行程序。用串行口线连接 TX-1C 实验板和计算机，即可在文本框中显示出当前环境温度值，如图 17.2.11 所示。

图 17.2.11　最终显示结果

第18章 单片机内部ADC做电容感应触摸按键

18.1 应用单片机内部ADC做电容感应触摸按键原理

按键是电路最常用的零件之一，是人机界面重要的输入方式，机械式按键最常见，但是机械按键的缺点（特别是便宜的按键）是触点有寿命，很容易出现接触不良而失效。

非接触的按键则没有机械触点，寿命长，使用方便。非接触按键有多种设计方案，电容感应按键则是低成本的方案，以前一般是使用专门的1C来实现，随着MCU功能的加强以及广大用户的实践积累，直接使用MCU来做电容感应按键的技术已经成熟，其中典型、可靠的是ADC解决方案。本节摘录自宏晶科技STC15系列单片机器件手册，采用STC带ADC的系列MCU设计方案，可以使用任何带ADC功能的MCU来实现。图18.1.1和图18.1.2是使用最多的方式，原理相同，本文使用图18.1.2。

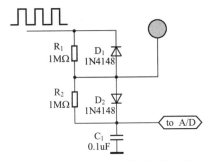

图 18.1.1　电容感应按键取样电路

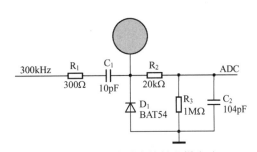

图 18.1.2　电容感应按键取样电路

实际应用时使用图18.1.3所示的感应弹簧来加大手指按下的面积。感应弹簧等效一块对地的金属板，对地有一个电容 C_P，再并联一个对地的电容 C_F。图18.1.4为电路图说明，CP为金属板和分布电容，C_F 为手指电容，并联在一起与 C_1 对输入的300 kHz方波进行分压，经过 D_1 整流，R_2、C_2 滤波后送ADC。手指压上后，去ADC的电压降低，程序就可以检测出按键动作。

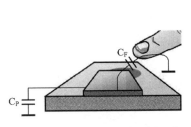

图 18.1.3　电容感应按键取样示意

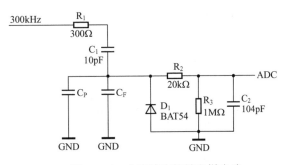

图 18.1.4　电容感应按键取样电路

18.2 实例参考程序

具体的处理请参考如下 C 语言处理程序:

```c
/************** 功能说明 **************
          本程序摘录自宏晶科技资料及程序测试使用 STC15W408AS 的 ADC 做的电容感应触摸键
          假定测试芯片的工作频率为 24 MHz
************** 功能说明 **************/
#include <reg51.h>
#include <intrins.h>
#define MAIN_Fosc    24000000UL                            // 定义主时钟
typedef unsigned char   u8;
typedef unsigned int    u16;
typedef unsigned long   u32;
#define Timer0_Reload   (65536UL-(MAIN_Fosc / 600000))     // Timer 0 重装值, 对应 300 kHz
sfr  P1ASF = 0x9D;                                         // 只写, 模拟输入选择
sfr  ADC_CONTR = 0xBC;                                     // 带 AD 系列
sfr  ADC_RES = 0xBD;                                       // 带 AD 系列
sfr  ADC_RESL = 0xBE;                                      // 带 AD 系列
sfr  AUXR = 0x8E;
sfr  AUXR2 = 0x8F;
/************** 本地常量声明 **************/
#define TOUCH_CHANNEL     8                                // ADC 通道数
#define ADC_90T           (3<<5)                           // ADC 时间, 90T
#define ADC_180T          (2<<5)                           // ADC 时间, 180T
#define ADC_360T          (1<<5)                           // ADC 时间, 360T
#define ADC_540T          0                                // ADC 时间, 540T
#define ADC_FLAG          (1<<4)                           // 软件清 0
#define ADC_START         (1<<3)                           // 自动清 0
/************** 本地变量声明 **************/
sbit  P_LED7 = P2A7;
sbit  P_LED6 = P2A6;
sbit  P_LED5 = P2A5;
sbit  P_LED4 = P2A4;
sbit  P_LED3 = P2A3;
sbit  P_LED2 = P2A2;
sbit  P_LED1 = P2A1;
sbit  P_LED0 = P2A○;
u16  idata adc[TOUCH_CHANNEL];                             // 当前 ADC 值
u16  idata adc_prev[TOUCH_CHANNEL];                        // 上一个 ADC 值
u16  idata TouchZero[TOUCH_CHANNEL];                       // 0 点 ADC 值
u8   idata TouchZeroCnt[TOUCH_CHANNEL];                    // 0 点自动跟踪计数
u8   cnt_250ms;
/************** 本地函数声明 **************/
void delay_ms(u8 ms);
void ADC_init(void);
u16 Get_ADC10bitResult(u8 channel);
void AutoZero(void);
u8 check_adc(u8 index);
void ShowLED(void);
```

```
/****************** 主函数 ************************/
void main(void)
{
    u8  i;
    delay_ms(50);
    ET0 = 0;                              // 初始化 Timer0 输出一个 300KHZ 时钟
    TR0 = 0;
    AUXR |= 0x80;                         // Timer0 set as 1T mode
    AUXR2 |= 0x01;                        // 允许输出时钟
    TMOD = 0;                            // Timer0 set as Timer, 16 bits Auto Reload.
    TH0 = (u8)(Timer0_Reload >> 8);
    TL0 = (u8)Timer0_Reload;
    TR0 = 1;

    ADC_init();                          // ADC 初始化
    delay _ms(50);                       // 延时 50 ms

    for(i=0; i<TOUCH_CHANNEL; i++)       // 初始化 0 点、上一个值、0 点自动跟踪计数
    {
        adc_prev[i] = 1023;
        TouchZero[i] = 1023;
        TouchZeroCnt[i] = 1023;
    }
    cnt_250ms = 0;

    while (1)
    {
        delay _ms(50);                   // 每隔 50 ms 处理一次按键
        ShowLED();
        if(++cnt_250ms >= 5)
        {
            cnt_250ms = 0;
            AutoZero();                  // 每隔 250 ms 处理一次 0 点自动跟踪
        }
    }
}
/* ================================================================
   函数: void delay_ms(unsigned char ms)
   描述: 延时函数。
   参数: ms，要延时的毫秒数，只支持1~255 ms，自动适应主时钟
   返回: none.
   版本: 1.0
================================================================*/
void delay_ms(u8 ms)
{
    unsigned int  i;
    do{
        i = MAIN_Fosc / 13000;
        while(--i) ;
    } while(--ms);
}
```

```
/************* ADC 初始化函数 *************************/
void ADC_init(void)
{
    P1ASF = 0xff;                                        // 8 路 ADC
    ADC_CONTR = 0x80;                                    // 允许 ADC
}
/*================================================================
    函数: u16 Get_ADC10bitResult(u8 channel)
    描述: 查询法读一次 ADC 结果
    参数: channel:选择要转换的 ADC
    返回: 10 位 ADC 结果
    版本: 1.0
================================================================*/
u16 Get_ADC10bitResult(u8 channel) // channel =0~7
{
    ADC_RES = 0;
    ADC_RESL = 0;
    ADC_CONTR = 0x80 | ADC_90T | ADC_START | channel;    // 触发 ADC
    _nop_();
    _nop_();
    _nop_();
    _nop_();
    while((ADC_CONTR & ADC_FLAG) == 0) ;                 // 等待 ADC 转换结束
    ADC_CONTR = 0x80;                                    // 清除标志
    retum(((u16)ADC_RES << 2) | ((u16)ADC_RESL & 3));    // 返回 ADC 结果
}
/******************** 自动 0 点跟随函数 ************************/
void AutoZero(void)                          // 250 ms 调用一次, 使用相邻 2 个采样的差的绝对值之和来检测
{
    u8  i;
    u16  j, k;
    for(i=0; i<TOUCH_CHANNEL; i++)                       // 处理 8 个通道
    {
        j = adc[i];
        k = j - adc_prev[i];                             // 减前一个读数
        F0 = 0;                                          // 按下
        if(k & 0x8000)                                   // 释放求出两次采样的差值 if(k >= 20), 变化比较大
        {
            TouchZeroCnt[i] = 0;                         // 如果变化比较大, 则清 0 计数器
            if(F0)
                TouchZero[i] = j;                        // 如果是释放, 并且变化比较大, 则直接替代
        }
        else                                             // 变化比较小, 自动 0 点跟踪
        {
            if(++TouchZeroCnt[i] >= 20)                  // 连续检测到小变化 20 次/4=5 秒
            {
                TouchZeroCnt[i] = 0;
                TouchZero[i] = adc_prev[i];              // 变化缓慢的值作为 0 点
            }
        }
        adc_prev[i] = j;                                 // 保存这次的采样值
    }
```

```
}
/********************* 获取触摸信息函数 50 调用 1 次 ************************/
u8 check_adc(u8 index)                              // 判断键按下或释放，有回差控制
{
   u16  delta;
   adc[index] = 1023 - Get_ADC10bitResult(index);  // 获取 ADC 值，转成按下键，ADC 值增加
   if(adc[index] < TouchZero[index])
      return 0;                                     // 比 0 点还小的值，则认为是键释放
   delta = adc[index] - TouchZero[index];
   if(delta >= 40)
      return 1;                                     // 键按下
   if(delta <= 20)
      return 0;                                     // 键释放
   return 2;                                        // 保持原状态
}
/********************* 键处理 50 ms 调用 1 次 ************************/
void ShowLED(void)
{
   u8   i;

   i = check_adc(0);
   if(i == 0)
      P_LED0 = 1;                                   // 指示灯灭
   if(i == 1)
      P_LED0 = 0;                                   // 指示灯亮

   i = check_adc(1);
   if(i == 0)
      P_LED1 = 1;                                   // 指示灯灭
   if(i == 1)
      P_LED1 = 0;                                   // 指示灯亮

   i = check_adc(2);
   if(i == 0)
      P_LED2 = 1;                                   // 指示灯灭
   if(i == 1)
      P_LED2 = 0;                                   // 指示灯亮

   i = check_adc(3);
   if(i == 0)
      P_LED3 = 1;                                   // 指示灯灭
   if(i == 1)
      P_LED3 = 0;                                   // 指示灯亮

   i = check_adc(4);
   if(i == 0)
      P_LED4 = 1;                                   // 指示灯灭
   if(i == 1)
      P_LED4 = 0;                                   // 指示灯亮

   i = check_adc(5);
   if(i == 0)
```

```
        P_LED5 = 1;                                 // 指示灯灭
    if(i == 1)
        P_LED5 = 0;                                 // 指示灯亮


    i = check_adc(6);
    if(i == 0)
        P_LED6 = 1;                                 // 指示灯灭
    if(i == 1)
        P_LED6 = 0;                                 // 指示灯亮


    i = check_adc(7);
    if(i == 0)
        P_LED7 = 1;                                 // 指示灯灭
    if(i == 1)
        P_LED7 = 0;                                 // 指示灯亮
}
```

第5篇
拓 展 篇

　　前 4 篇详细讲解了 51 单片机的使用，介绍了以 51 单片机为核心的系统设计范例。但电子设计知识浩如烟海，仅靠本书无法以偏概全。因此，本篇对相关知识进行归纳和总结，力求拓展读者思路，分专题讲解需要重点掌握的电子电路知识。

　　绘制电路板是电子设计者最基本技能，第 19 章讲解最常用的电路板绘制软件 Altium Designer 14。第 20 章介绍常用电子元器件，引导读者认知和选用恰当的元器件。第 21 章讲解直流稳压电源专题。第 22 章讲解运放高级用法。第 23 章介绍最新 STC8 系列单片机，方便读者选型和应用。第 24 章针对自动控制专业需求，讲解电机专题。第 25 章展望未来技术发展趋势，引入物联网应用。

- ▶ 使用 Altium Designer 14 绘制电路图
- ▶ 常用电子元器件
- ▶ 直流稳压电源专题
- ▶ 运放扩展专题
- ▶ STC8 系列单片机
- ▶ 电机专题
- ▶ 基于 Wi-Fi 的物联网应用

第19章　用 Altium Designer 14 绘制电路图

19.1　绘制电路板概述

要成为一个真正的电子设计高手，一定要经历绘制各种各样、功能各异的电路板的过程，如果设计的产品不涉及高频方面的知识，电路板设计会容易一些，不用过多考虑走线对信号的影响，但要遵守一些基本规律，如走线最短原则、过孔最少原则等。设计电路板上要过大电流的产品时，需要注意走线的宽度与走线上通过电流大小的匹配，这些知识通过网络或相关书籍可以查询到。

绘制电路板常用的软件有 Protel 99、Protel DXP、Altium Designer、Power PCB 等。国内高校用得较多的是 Protel 99，相关电类专业通常将 Protel 99 作为一门课程来讲。Protel DXP 和 Altium Designer 是 Protel 99 的升级版。Altium Designer 是当今世界顶级的电路设计软件，不仅能够绘制原理图和 PCB 板，还具有编译汇编语言、C 语言、VHDL、FPGA 在线仿真、在线调试等功能，不过我们仅掌握它与 PCB 相关的这部分知识就足够了。某些企业或公司使用 Power PCB 来设计电路。笔者经过多年的电路设计，体会到用 Altium Designer 绘制原理图、生成 PCB，完成布线、绘制元件库、绘制 PCB 封装后，对以后的电路设计就够用了。即使不能完全满足需要，再学习其他知识也会非常容易。Protel 99 是比较早期的软件，但它的应用很广。Altium Designer 完全兼容 Protel 99，其操作界面及操作方法比 Protel 99 更人性化，用户操作非常舒服。天祥电子网站的视频教程全面讲解了 Altium Designer 的详细使用方法。

绘制电路图一般有以下 11 个关键步骤：

<1> 新建一个工程。这一步包括新建一个空的原理图和一个空的 PCB 图，在原理图库和 PCB 库中添加相关的库文件。

<2> 绘制原理图。在绘制原理图前，必须首先明确要绘制的原理图是什么样子，也就是要在自己的大脑中形成一幅完整或基本成形的原理图，而我们需要将这幅完整或基本成形的图在软件中呈现出来。在绘制原理图时，每新加入一个元件，就将起始编号与元件封装修改正确，这样绘制完原理图后便可直接生成 PCB，再不用为找元件封装而麻烦。如果 PCB 库中没有合适的元件封装，我们必须手动绘制 PCB 封装。

<3> 绘制元件库。这一步是为绘制原理图做补充。在绘制原理图时，有些元件我们在当前的库文件里可能找不到，这时就需要自己手动绘制一个能表示实际元件的图形，并将其添加到原理图中。但是如果当前元件库中已经有了足够多的元件，那这一步就可省去。在做这一步时，建议大家从一开始就建立一个属于自己的元件库，以后每设计一次电路，当遇到没有的元件时，就往库里添加一个元件，日积月累，自己的元件库就会充实起来，以后绘制原理图时就会非常方便。

<4> 绘制 PCB 封装，也是为绘制原理图做补充。原理图上的元件仅仅是一个元件代号，我们可以随意改变其模样，但是 PCB 封装绝对不能随意改动。一块电路板从工厂做好后，板子上的焊盘大小及间距已经按照设计的 PCB 图固定了，元件需要焊接在这个 PCB 板上。所

谓封装，就是这些元件在 PCB 上的实际焊接点，如果焊接点与元件对应不上，那么这块板子就没用了。因此，在绘制 PCB 封装时最好先将元件实物摆放在面前，用游标卡尺仔细测量元件引脚之间的距离，再与元件官方手册上注明的尺寸一一对比确认，最终在 PCB 库中绘制出正确的封装，添加到原理图中。

<5> 错误检查及生成 PCB。绘制好原理图，元件的封装也添加完毕后，接下来使用软件自带的错误检查功能核查，是否有哪个元件没有添加封装，或者元件的编号有重复，如果元件编号有重复，那么生成的 PCB 必定会有错误。在由原理图生成 PCB 时，原理图中的元件编号和元件引脚与 PCB 中的元件编号和元件引脚要一一对应，如果编号出现错误，那么肯定对应不上。确认检查没有错误后，便可直接生成 PCB 了。

<6> 摆放元件位置。就是将各元件在 PCB 板中摆放好，即确定以后成品板子中各元件的摆放位置，需要考虑：摆放元件后布线是否方便；如果有接插件，成品后接插是否方便；如果有过大电流线路，元件位置要方便走粗线；如果有发热元件，要考虑元件散热问题等。

<7> 设置布线规则。无论是手动布线还是计算机自动布线，都需要设置布线规则，包括 PCB 板上不同网络走线的不同宽度，焊盘的大小及过孔的大小。如果板子面积较小，元件又较多，则线宽要细，过孔也要小，还要考虑走线过电流大小的因素，较大电流走线要加粗，小电流则可用细走线。板子面积较大时，线宽可适当放宽。同时，要考虑送去制作 PCB 的厂家的工艺条件因素。如果设计的 PCB 板线宽太细，过孔太小，厂家设备工艺达不到制作要求，就要考虑更换厂家或是重绘 PCB 板，更换厂家又要考虑设计成本因素。因此这些因素都要综合考虑，最终选择适合自己的组合。

<8> 布线，手动或用计算机自动布线。

<9> 检查结果，使用软件自带的检查功能核查是否还有未布的线。

<10> 敷铜，可自行决定。敷铜通常选择一面布线空余位置全部走地线或电源线，可降低系统电源变化时对板上元件的干扰，板子的外表比较美观。若是首次设计样板，建议不要敷铜，因为如果板子有问题需飞线，敷铜后不方便飞线。还需要考虑是否有走线，如果是大电流走线，则需要厂家喷锡，自己再镀锡在上面。这一步需要在软件中不同的层面敷铜。

<11> 加工。选择合适的工厂送去加工。

绘制一个完整的 PCB 图的过程很复杂，只靠以上描述无法将所有涉及的知识讲全面。这里仅讲解一个简单的例子，其实现过程涉及最常用的基本功能。如果大家想熟练掌握，一定要亲自动手多绘图，只有在不断实践的过程中才会积累更多的经验，才能扎实地掌握这些技术。建议大家在学习过程中参考相关的专业书籍，也可到天祥电子网站搜索相关的专业视频讲解。

本章主要讲解使用 Altium Designer 14 绘制一个简单原理图，最后生成 PCB。原理图内容包括：STC89C52 单片机基本外围电路、电源接口（用两个插针）、复位电路、晶振电路、用单片机的某一引脚驱动一个蜂鸣器的电路。板上元件全部采用直插式封装。

19.2 建立工程

安装完 Altium Designer 14 后，打开软件的主界面如图 19.2.1 所示，上方是软件的菜单栏，左侧是软件的快捷菜单。

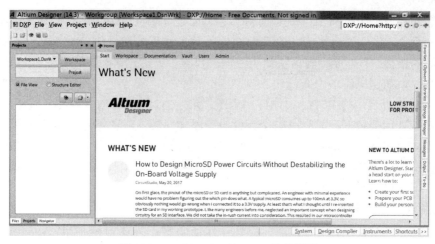

图 19.2.1　Altium Designer 14 软件界面

单击〖DXP〗→〖Preferences〗菜单命令，弹出如图 19.2.2 所示的对话框，在〖System〗→〖General〗→〖Localization〗中勾选〖Use localized resources〗选项，然后单击〖OK〗按钮。下次打开软件时，即可更改软件语言为中文。

图 19.2.2　更改软件语言

选择〖文件〗→〖New〗→〖Project…〗，弹出如图 19.2.3 所示的对话框，在〖Name〗中输入工程名称，在〖Location〗中输入保存工程的文件夹位置，其他选项保持默认，单击〖OK〗按钮，即可创建新的工程。

如图 19.2.4 所示，在左侧的工程快捷菜单中右击新建的工程，在弹出的快捷菜单中选择〖给工程添加新的〗→〖Schematic〗，可以新建一个空的原理图文档。用同样方法依次建立 PCB、PCB Library、Schematic Library 文档。选择〖文件〗→〖保存〗，修改为想要的文件名。

注意，不要改变文件的后缀和保存位置。

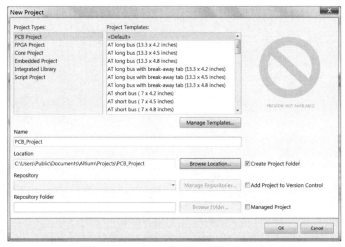

图 19.2.3　新建工程

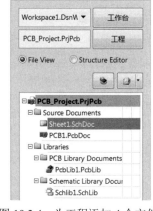

图 19.2.4　为工程添加 4 个文件

图 19.2.4 中的 Sheet1 为原理图文件，后缀名为 SchDoc；PCB1 为 PCB 图文件，后缀名为 PcbDoc；PcbLib1 为元件封装库文件，后缀名为 PcbLib；Schlib1 为元件库文件，后缀名也是 SchLib。在 PCB 工程中，其中两个库文件不是必须的，如果用户自己的元件库和封装库中已经包含了所需要的元件和封装，则这两个库文件不必再新建。我们新建它的目的是在绘图中遇到没有的元件和封装时，自己可以重新绘制。

双击原理图文件 Sheet1.SchDoc，打开窗口主界面，如图 19.2.5 所示，默认在左侧的〖库〗中已经加入了两个元件库：〖Micellaneous Devices〗和〖Micellaneous Connecters〗，包含常用元件。如果默认库中没有，则单击图 19.2.6 中的〖Libraries…〗按钮，在弹出的〖工程〗选项卡中选择〖添加库〗，定位到用户根目录下的库文件夹后进行选择添加，如图 19.2.7 所示。

<1> 添加第一个元件。

先放置电源接口，从元件库〖Micellaneous Connecters〗（见图 19.2.6）中查找〖Header 2〗元件，然后双击该元件，将鼠标移动至窗口中间，可看到元件已经附着在鼠标上，如图 19.2.8 所示。按 PageUp 和 PageDown 键可以放大和缩小窗口，按空格键可以旋转元件，在任意处单击鼠标，可以放置元件，不过先不放置。

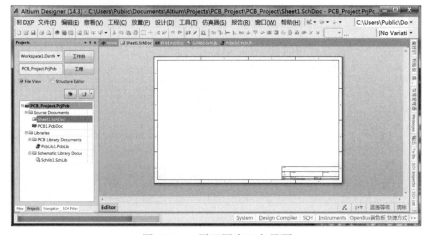

图 19.2.5　原理图窗口主界面

图 19.2.6　已经添加过的元件库　　　　　　　图 19.2.7　重新添加元件库

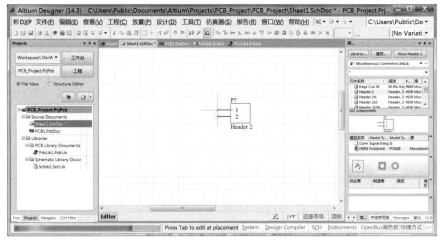

图 19.2.8　添加元件

元件附着在鼠标上时按 Tab 键,可打开元件属性对话框,如图 19.2.9 所示,将〖Designator〗的值改为 P1,单击〖OK〗按钮。名称可以随意改动,只要方便用户查看原理图就可以。

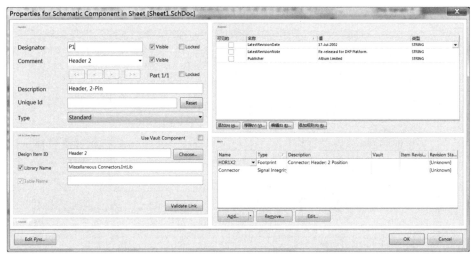

图 19.2.9　打开元件属性

放置好元件后，可用鼠标左键选中元件不要松手，然后按空格键，旋转元件，按 X 键，左右倒置，按 Y 键，上下倒置。经调节方向后，最后放置好元件。

<2> 添加单片机。经过查找左侧库文件，没有发现单片机元件，那么可以自己绘制一个单片机元件库。当然，如果用户的计算机中已经有单片机库文件，也可以手动添加，下面以绘制单片机元件库为例讲解元件库的绘制方法。

19.3 制作元件库

在左侧的快捷菜单中，双击元件库文件 Schlib1.Schlib，打开该元件库，初始窗口界面如图 19.3.1 所示。

图 19.3.1 元件库窗口界面

<1> 单击〖工具〗→〖重新命名器件〗菜单命令，给新元件改名为 STC89C52-DIP40。单击〖放置〗→〖矩形〗菜单命令，在窗口中间绘制一个适中的矩形框，如图 19.3.2 所示。

<2> 单击〖放置〗→〖引脚〗菜单命令，为元件添加引脚。按 Tab 键，可更改引脚属性，〖显示名字〗为元件引脚上要显示的标注，为了方便用户了解引脚的功能和作用而设定的。〖标识〗是元件引脚的序号，不能随便写，一定要与封装中的一一对应。本例中将〖显示名字〗值改为 P1.0，将〖标识〗值改为 1，其他选项不变。图 19.3.3 是修改后的参数属性设置。

图 19.3.2 绘制矩形框

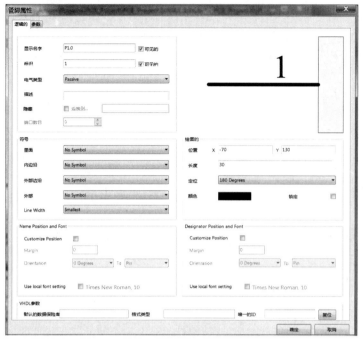

图 19.3.3　修改管脚属性后

<3> 单击〖确定〗按钮,将引脚移到前面绘制的矩形框的左上角。注意,这时如果调节引脚的方向,一定要将引脚序号放置在矩形框外面,把引脚名字放在矩形框内,如图 19.3.4 所示。否则,绘制完元件库并生成 PCB 时,无法与封装库中的封装对应上。

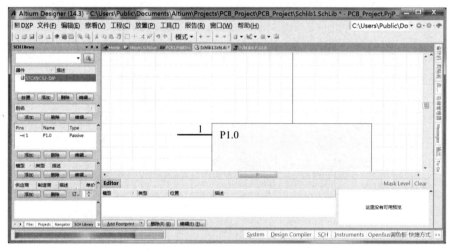

图 19.3.4　添加引脚

<4> 添加其他引脚时,序号会自动递增,只需修改名称,用同样的方法添加完单片机的所有引脚。添加引脚时,如果前面绘制的矩形框过大或过小,可单击矩形框右下角来调节大小,直到调节到大小合适为止,绘制好的元件库如图 19.3.5 所示。

<5> 单击菜单栏的〖保存〗按钮,从右侧快捷菜单中回到原理图窗口,在右侧〖库〗的下拉菜单中选择〖Schlib1〗,在它的列表中可以看到刚才绘制的单片机元件 STC89C52-DIP40,如图 19.3.6 所示。

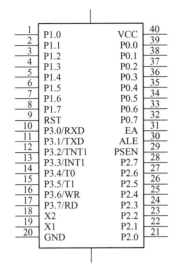

图 19.3.5　绘制好的单片机元件库

图 19.3.6　已添加的元件库

前面讲过，绘制 PCB 图时，最好是每添加一个元件就加入它的封装。由于这次绘制的电路图元件数量很少，为了方便读者掌握课程讲解顺序，这次我们先将所有元件全部添加完，连接好线路后，最后添加元件封装。用上述讲解的添加元件方法从库文件中找到所有本原理图中需要的元件，添加到文件中，设置好序号，修改好名称，调节好位置，尽量让人看着舒服，读图容易，然后使用连接工具按钮 ≈ 连接电路，连接好的电路如图 19.3.7 所示。

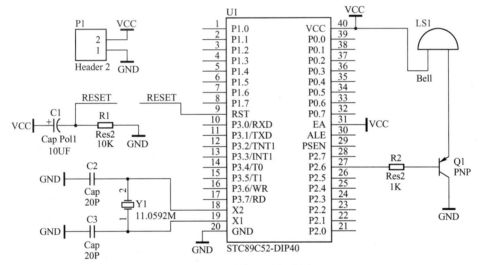

图 19.3.7　连接好的电路图

连接原理图时有两点需要注意：

① 可以用网络标号替代导线连接电路。当原理图较复杂时，如果全部用导线连接，最终结果有些乱七八糟。这时可以用网络标号来代替导线，使用工具按钮 Net! 为某个导线添加网络标号。图 19.3.7 中的两个 RESET，虽然没有用导线连接起来，但是两端的网络标号相同，所以当生成 PCB 时，软件会自动将标号相同的网络连接起来；图中的 VCC 和 GND 也用网络标号标注。

② 原理图中的电源网络全部使用同一个工具按钮来添加，需要在属性框中设置其实际意义。单击工具按钮 ⊥，按 Tab 键，打开属性对话框，如图 19.3.8 所示。〖属性〗中的〖网

313

络〗为网络标号，可随意填写，如果是系统的电源正极，建议写 VCC，如果是电源负极，建议写 GND;〖类型〗为电源接口类型，为 VCC 时通常选择 Bar，为 GND 时选择 Power Ground，还有其他选项，如图 19.3.9 所示。读者可自行选择查看，不同的接口类型对应不同的图形。

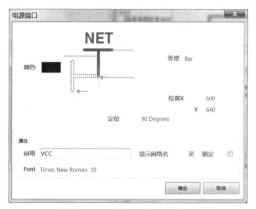 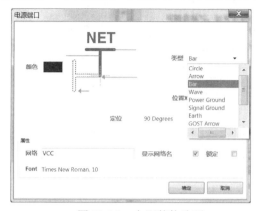

图 19.3.8　电源端口属性　　　　　　　　　　　图 19.3.9　电源其他选项

19.4　添加封装及制作 PCB 封装库

绘制好原理图，接下来为元件添加封装。如果用户对库中封装名称对应的具体尺寸不是非常清楚，请务必在 PCB 窗口中调出封装，然后测量其具体尺寸。在左侧快捷菜单中双击〖PcbLib1.PcbLib〗，打开 PCB 封装库窗口，初始窗口如图 19.4.1 所示。

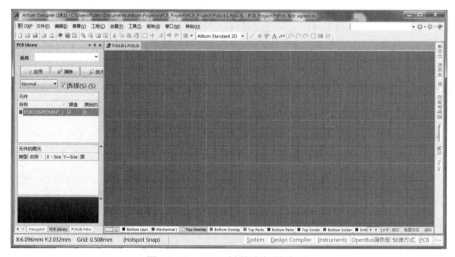

图 19.4.1　PCB 封装库初始窗口

<1> 为元件添加封装。在不熟悉封装具体尺寸的情况下，务必确认其大小。在本工程中，元件 LS1 是一个蜂鸣器，如图 19.4.2 所示，有两个引脚，其中较长的是蜂鸣器的正极，短的是负极。将实物拿到手后，用游标卡尺精确测量蜂鸣器两引脚间的距离，同时测量蜂鸣器黑色塑料圆盘的外径，这里测量的结果分别为 7.62 mm 和 12.7 mm，正好是 300 mil 和 500 mil。另外，需要测量金属引脚的直径，这样才能知道应该在板上开多大的焊盘孔，方可将蜂鸣器的引脚插进去，测量的结果是 0.8 mm。在图 19.4.1 中，左边〖PCB

图 19.4.2　蜂鸣器

Library〗栏有〖PCBCOMPONENT_1〗元件，右击它，然后在弹出的快捷菜单中选择〖元件属性〗，更改名称为 FMQ（表示蜂鸣器）。

<2> 添加焊盘。添加焊盘之前设置最小移动间距，按 Q 键，将测量单位调节到 mm，按 Ctrl+G 组合键调出最小移动间距设置框，将其设置为 2.54 mm，这表示鼠标在界面上每移动一次都是以 2.54 mm 为最小单位。

单击放置焊盘工具按钮 ◉ 选取焊盘，再按 Tab 键，打开如图 19.4.3 所示的对话框，将焊盘序号改为 1、焊盘外径改为 2 mm、焊盘过孔改为 1 mm。蜂鸣器引脚直径为 0.8 mm 左右，因此焊盘中心孔的直径一定要比 0.8 mm 大，这里将孔直径设置为 1 mm，焊盘的总直径再大一些，设置为 2 mm，如图 19.4.4 所示。这两步比较灵活，读者可自行设置希望达到的尺寸。

图 19.4.3 设置焊盘属性

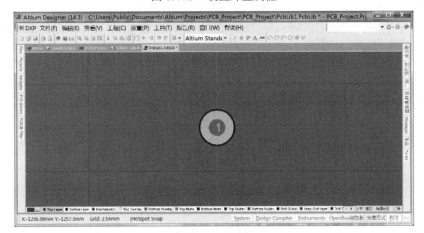

图 19.4.4 放置焊盘效果

将窗口大小调节适当，在黑色区域任意位置先放置一个焊盘，然后向右移动三格，再放置另一焊盘，两焊盘之间的距离正好为 7.62 mm。这样，蜂鸣器封装的焊盘绘制完成。

<3> 画外框。外框在实际 PCB 中是做在丝印层的。一块做好的 PCB 板上有白色的字符和元件的大概形状，这就是丝印层。在 Altium Designer 14 中，Overlay 为丝印层，TopOverlay 为顶层丝印，BottomLayer 为底层丝印。

绘制外框前先定位层面，在图 19.4.4 的最下面有一排层面选项卡，画焊盘的时候定位在 MultiLayer 层，这是综合层，因为焊盘要穿过所有的层面。绘制外框时，单击〖Top Overlay〗按钮，选中顶层丝印层，然后按 Ctrl+G 键调出最小移动间距设置框，设置为 1.27 mm。单击绘制圆圈工具按钮⊘，选中绘圆工具，将鼠标移动到两焊盘正中间时单击，以确定圆心，如图 19.4.5 所示，然后向周围移动 5 格，绘出一个直径为 12.7 mm 的圆，如图 19.4.6 所示。

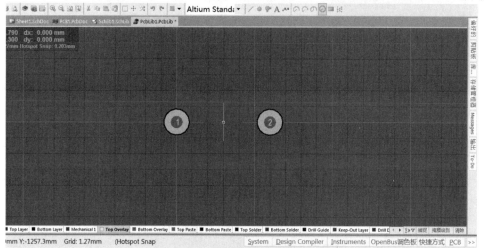

图 19.4.5　确定圆心

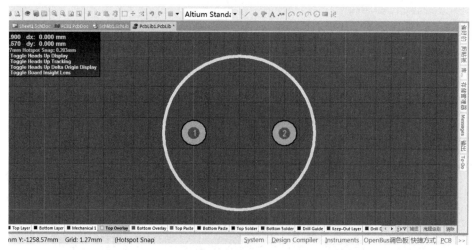

图 19.4.6　绘制圆圈

<4> 蜂鸣器有正、负极性，接下来添加正极标注。单击直线工具按钮≈，选中直线工具，在焊盘 1 号的旁边绘制"+"标志，表示这是蜂鸣器的正极，如图 19.4.7 所示。

<5> 设置参考点。这一步至关重要。选择〖编辑〗→〖设置参考〗→〖1 脚〗菜单命令，设置该封装的参考点。如果不执行这一步，由原理图生成 PCB 图后，该元件在面板中的坐标

将不确定，我们只能看见封装名称。当单击名称去移动元件时，元件会乱飞。最后单击〖保存〗按钮，完成封装绘制。设置好的封装如图 19.4.8 所示，焊盘 1 放在背景十字中心点上。

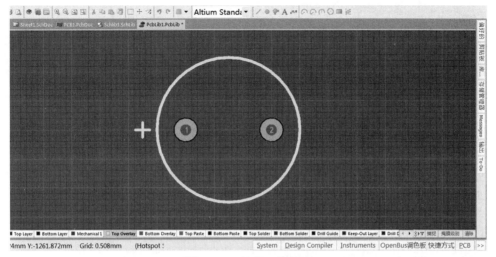

图 19.4.7　添加正极标志

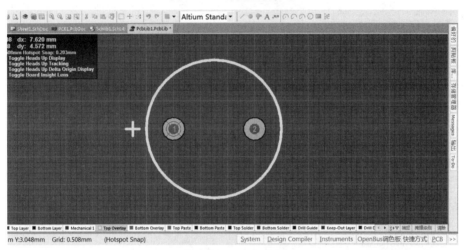

图 19.4.8　确定参考点

绘制完元件封装后，即可回到原理图中，将 LS1 元件的封装添加到属性中。这时再检查一遍是否所有的元件编号都正确，关键看是否有元件编号重复；如果是用网络标号连接元件，检查需要连接的标号是否相同。

19.5　项目编译及生成 PCB

绘制好原理图，添加所有元件封装，并且核对过封装尺寸都正确后，接下来由软件自动检查是否有没有注意到的某些细节错误。选择〖工程〗→〖Compile PCB Design〗菜单命令，编译的结果会显示在〖Messages〗面板中。双击信息，可以跳到相应的错误或警告。Messages 面板只会在有错误的时候自动打开，如果没有显示，可以单击工作区的〖System〗按钮，打开该面板。

<1> 项目能被编译之前必须先配置项目选项。选择〖工程〗→〖工程参数〗菜单命令，弹出如图 19.5.1 所示的对话框。〖Error Reporting〗选项卡是错误报告选项，从中可以更改错

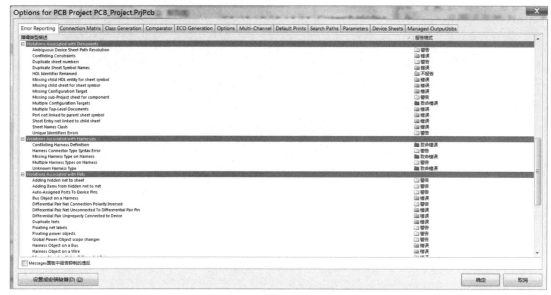

图 19.5.1　电气规则检查对话框

误报告显示等级。〖Connection Matrix〗选项卡是连接矩阵选项，提供元件引脚和网络标识之间建立规则连通性的机制，定义报告警告或错误的逻辑和电气条件。这里直接使用默认值即可。如果必要，读者可自己选择或去除某些项后查看错误检查结果。

选择〖工程〗→〖Compile PCB Design〗菜单命令，Messages 面板中显示编译结果，内容如下：

```
Class      Document      Source          Message
[Info]        PCB_Project.PrjPcb   Compiler   Compile successful, no errors found.
```

以上内容说明没有错误。可在原理图中故意改错一处，如 C3 改为 C1，这时原理图中就会有两个 C1 元件，再编译一次工程，结果如下：

```
Class      Document      Source       MessageS
[Error]  Sheet1.SchDoc   Compiler   Duplicate Component Designators C1 at 535,560 and 565,460
[Error]  Sheet1.SchDoc   Compiler   Duplicate Component Designators C1 at 565,460 and 535,560
```

从上面的错误内容可看出，原理图中有两个名为 C1 的元件，并且给出了它们的坐标。软件确实能检测出原理图中的错误所在，我们也可制造其他的错误看软件是否可以检测出来。

<2> 生成 PCB。选择〖设计〗→〖Update PCB…〗菜单命令，弹出如图 19.5.2 所示的对话框。单击〖生效更改〗按钮，如果有错误，便会在图 19.5.3 右侧的〖检测〗栏中显示。可以看出，本例在由原理图生成 PCB 的过程中没有产生错误，单击图 19.5.3 中的〖执行更改〗按钮，将生成 PCB 图。再回到 PCB 窗口，可看到所有的元件都被导入了，如图 19.5.4 所示。

<3> 元件首次导入进来后，所有的元件都被包含在掩盖层中，单击图 19.5.4 中的阴影部分，选中掩盖层，按 Delete 键删除掩盖层，这时元件就会恢复。接下来用鼠标选中元件，然后移动它们的位置，按照想要的位置摆放好所有元件，如图 19.5.5 所示。

<4> 摆放好元件位置后，需要为这块电路板设置一个边框，即这块 PCB 板应该做多大。在 PCB 窗口的选项卡中选中〖KeepOutLayer〗层，这是禁止布线层，也就是要确定板子大小

及形状的层。如果在板上某处开孔凿眼，可用禁止布线层来绘制。选择〖放置〗→〖走线〗菜单命令，选中画线工具，为 PCB 绘制一个边框，如图 19.5.6 所示。

图 19.5.2　工程更新顺序

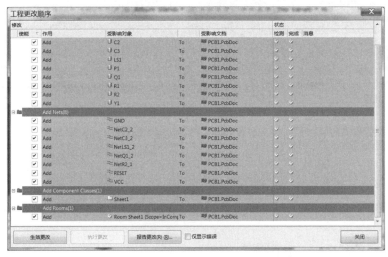

图 19.5.3　查看错误

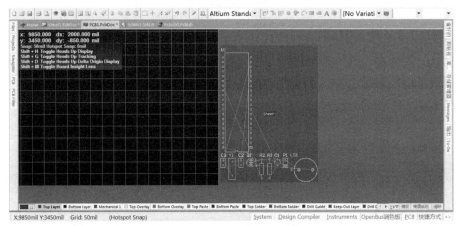

图 19.5.4　导入元件后的 PCB 窗口

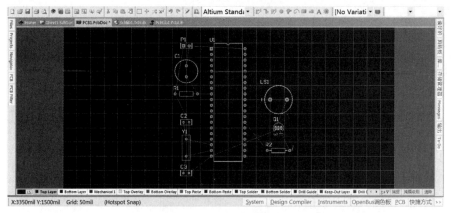

图 19.5.5　摆放好元件

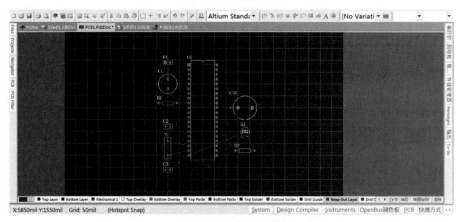

图 19.5.6　绘制边框

有了这层禁止布线层后，启用软件的自动布线功能时，走线会被限制在方框范围内。如果是手动布线，当走线靠近或接触到禁止布线层时，会出现绿色错误警告颜色，而且会限制走线方向。

19.6　布线电气特性设置

布线电气特性包括各网络走线的宽度、线与线最小间距、过孔的内径和外径大小、元件与元件之间最小间距等。这些特性与设计的 PCB 板的元件的密度、封装大小、是否有大电流导线、是否抗高频干扰及 PCB 板加工厂的工艺有直接的关系。这些经验要靠读者在设计 PCB 的过程中不断积累，下面仅就本章电路做特性设置，主要讲解软件的使用方法。

在 PCB 窗口状态栏中选择〖设计〗→〖规则…〗，弹出如图 19.6.1 所示的对话框。左侧窗格中从上到下依次为〖Electrical〗、〖Routing〗、〖SMT〗、〖Mask〗、〖Plane〗、〖Testpoint〗、〖Manufacturing〗、〖High Speed〗、〖Placement〗、〖Signal Integrity〗。这里仅设置〖Electrical〗（电气规则）和〖Routing〗（布线规则）。

<1> 在〖Electrical〗中选中〖Clearance〗→〖Clearance〗项，它是布线时导线间的最小间距，布线时，如果导线间距小于这个设定值，就会显示为绿色警告。将〖最小间隔〗改为 20 mil，如图 19.6.2 所示，设置导线间最小距离为 20 mil。

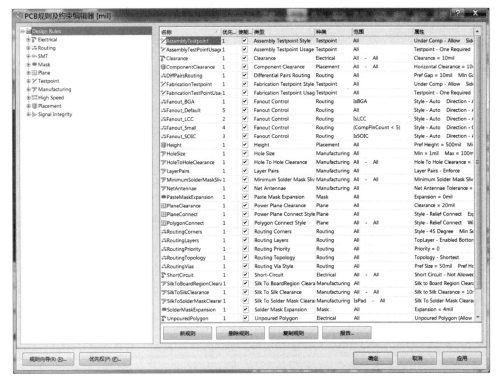

图 19.6.1 设计规则

图 19.6.2 设置最小线间距规则

<2> 设置〖Routing〗的〖Routing Via Style〗列表框中的〖RoutingVias〗属性，将过孔外径设置为 50 mil，内径设置为 25 mil，如图 19.6.3 所示。

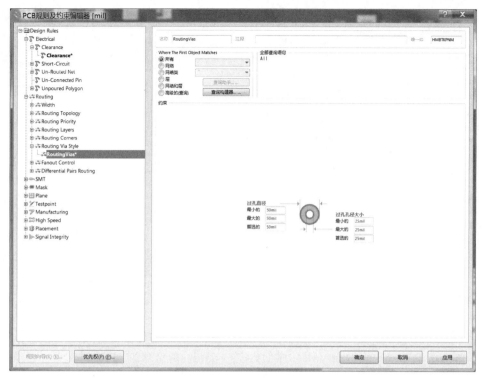

图 19.6.3　设计过孔电气规则

<3> 在图 19.6.1 的〖Width〗列表框中选择〖Width〗项，即线宽设置。选中〖Where The First Object Matches〗中的〖Net〗选项，在下拉菜单中选择 VCC，即可更改 VCC 网络线宽规则。这里将 VCC 和 GND 线宽设置为 40 mil，其他设置为 20 mil，如图 19.6.4 所示。

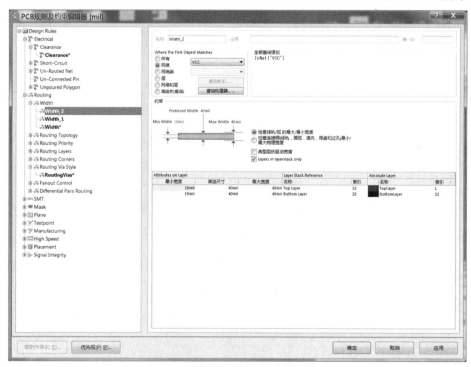

图 19.6.4　新建线规则

这样就设置了 VCC 网络的线宽为 40 mil，用同样方法将 GND 网络也设置为 40 mil。

<4> 将板上其他网络全部设置为 20 mil，如图 19.6.5 所示。注意，设计其他网络时不需要单个设置，直接选择电气网络中的〖All〗项，即可统一设置。

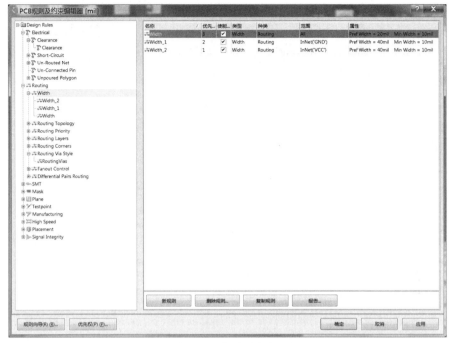

图 19.6.5　修改后的规则

<5> 转到〖Placement〗选项卡，选中〖Component Clearance〗中的〖ComponentClearance〗，打开其属性，将元件最小间距设置为 20 mil，如图 19.6.6 所示。

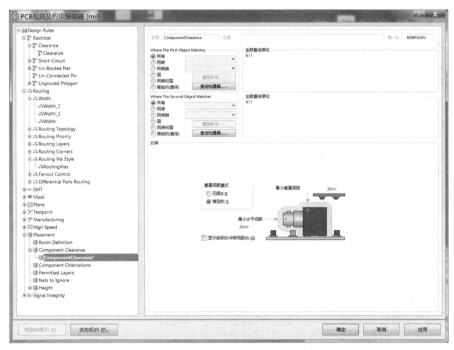

图 19.6.6　设置元件最小间距

19.7　自动布线和手动布线

设置完电气特性后，就可以布线了。先来看自动布线。选择〖自动布线〗→〖全部…〗菜单命令，弹出如图 19.7.1 所示的对话框，不修改任何内容，单击〖Route All〗按钮，开始自动布线。布线完成后弹出〖Messages〗窗口，如图 19.7.2 所示，显示了布线结果信息。

图 19.7.1　选择自动布线

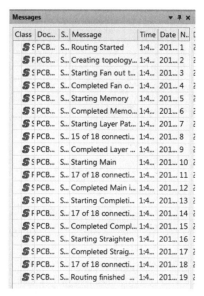

图 19.7.2　布线结果

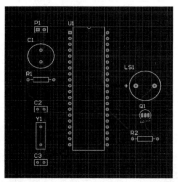

图 19.7.3　自动布线后的 PCB 图

布完线后的 PCB 图如图 19.7.3 所示，网络 VCC 和 GND 线宽较宽，为 40 mil，其他网络为 20 mil。注意，这里有绿色警告信息，Q1 元件的走线是绿色的，因为设置了最小走线间距为 20 mil，而 Q1 元件自身焊盘间距已经小于 20 mil，必然会有错误警告出现。解决办法如下：① 重新设置最小走线间距；② 不去理会它，这个警告不会影响制板。

通常，如果电气规则设置适当，就可以选用自动布线，因为它布线速度快，只要原理图绘制正确，绝对不会出错，但走线会比较乱。如果元件较多，在软件自动布线后，有些地方还需要人工修改。选择〖工具〗→〖取消布线〗→〖全部〗菜单命令，可取消所有布线。

接下来学习手动布线。手动布线时，对于双面板，通常在两层走互相垂直的线。比如，如果在顶层走横向线，那么在底层走纵向线；如果在顶层走纵向线，那么在底层走横向线；需要换层时，使用过孔换层。

选择〖Top Layer〗或〖Bottom Layer〗选项卡，先确定层面。然后单击布线快捷按钮 ，选择布线工具。按照 PCB 图中软件指引的淡蓝色电气连接线连接所有网络，在连接不同网络时，软件会自动根据在电气规则中设置好的规则选取规定的线宽。这里在顶层走横向线，底层走纵向线，最后手动布好线的 PCB 图如图 19.7.4 所示。

绘制完成后，初步检查是否所有的网络都已经连接完毕。确认连接完毕后，再使用软件自带的检测工具检测，选择〖工具〗→〖设计规则检测〗菜单命令，弹出如图 19.7.5 所示的对话框，保持默认设置，单击〖运行 DRC〗按钮，检测结果如图 19.7.6 所示。

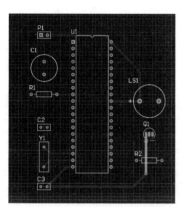

图 19.7.4 手动布线后的 PCB 图 　　　　　　图 19.7.5 软件自动检查 PCB 布线错误

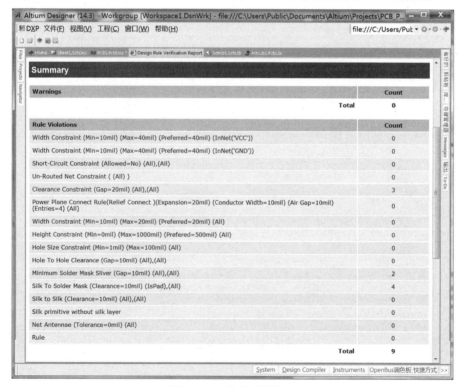

图 19.7.6 检查结果信息

从结果可看出，存在不合格之处，就是前面提到的 Q1 元件引脚间距小于设置的最小走线间距。这个问题可以忽略，再没有其他问题，则整个 PCB 绘制完成。

最后将 PCB 图从工程中导出。在 PCB 界面下，选择〖文件〗→〖Export〗菜单命令，将 PCB 文件另存到某个位置。将这个 PCB 文件发送至加工厂家即可。

本章通过一个完整的例子讲解了从绘制原理图、设计元件库、绘制元件封装、生成 PCB、自动和手动布线的全过程。

读者在设计时必然还会遇到本章中没有出现的诸多问题，由于篇幅所限，这里无法一一举出，读者需要在设计电路的过程中不断积累和总结经验。

第 20 章   常用电子元器件

20.1   二极管

几乎在所有的电子电路中都要用到二极管，二极管在许多电路中起着重要作用，如图 20.1.1～图 20.1.8 所示，它是最早诞生的半导体器件之一，应用非常广泛。

图 20.1.1   贴片二极管 4148

图 20.1.2   直插二极管 4148

图 20.1.3   直插式二极管 1N4007

图 20.1.4   高压二极管

图 20.1.5   贴片式稳压二极管

图 20.1.6   直插式稳压二极管

图 20.1.7   普通大功率二极管

图 20.1.8   发光二极管

2. 二极管的工作原理

二极管是一个由 P 型半导体和 N 型半导体形成的 PN 结，在其交界面两侧形成空间电荷层，并建有自建电场。当不存在外加电压时，由于 PN 结两边载流子浓度差产生扩散电流和自建电场所引起的漂移电流相等而处于电平衡状态。

当外界有正向电压偏置时，外界电场和自建电场的互相抑制作用使载流子的扩散电流增大引起正向电流。当外界有反向电压偏置时，外界电场和自建电场进一步加强，形成在一定反向电压范围内与反向偏置电压值无关的反向饱和电流。当外加的反向电压高到一定程度时，PN 结空间电荷层中的电场强度达到临界值而产生载流子的倍增过程，进而产生大量电子空穴对，由此产生了数值很大的反向击穿电流，这称为二极管的击穿现象。

3．二极管的类型

二极管种类很多，按所用半导体材料划分，可分为锗二极管（Ge 管）和硅二极管（Si 管）。

根据不同用途，二极管可分为检波二极管、整流二极管、稳压二极管、开关二极管、隔离二极管、肖特基二极管、发光二极管等。

按照管芯结构，二极管可分为点接触型二极管、面接触型二极管及平面型二极管。点接触型二极管是用一根很细的金属丝压在光洁的半导体晶片表面，通以脉冲电流，使触丝一端与晶片牢固地烧结在一起，形成一个"PN 结"。由于是点接触，只允许通过较小的电流（不超过几十毫安），适用于高频小电流电路，如收音机的检波等。面接触型二极管的"PN 结"面积较大，允许通过较大的电流（几安到几十安），主要用于把交流电变换成直流电的"整流"电路中。平面型二极管是一种特制的硅二极管，不但能通过较大的电流，而且性能稳定可靠，多用于开关、脉冲及高频电路中。

4．二极管的导电特性和伏安特性

二极管最重要的特性就是单向导电性。在电路中，电流只能从二极管的正极流入，负极流出。下面通过简单的实验说明二极管的正向特性和反向特性。

① 正向特性。在电子电路中，将二极管的正极接在高电位端，负极接在低电位端，二极管就会导通，这种连接方式称为正向偏置。必须说明，当加在二极管两端的正向电压很小时，二极管仍然不能导通，流过二极管的正向电流十分微弱。只有当正向电压达到某一数值（即"门槛电压"，锗管约为 0.2 V，硅管约为 0.6 V）以后，二极管才能真正导通。导通后二极管两端的电压基本上保持不变（锗管约为 0.3 V，硅管约为 0.7 V），称为二极管的"正向压降"。

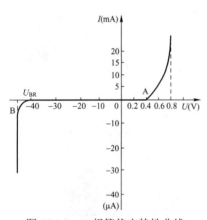

图 20.1.9　二极管伏安特性曲线

② 反向特性。在电子电路中，二极管的正极接在低电位端，负极接在高电位端，此时二极管中几乎没有电流流过，此时二极管处于截止状态，这种连接方式，称为反向偏置。二极管处于反向偏置时，仍然会有微弱的反向电流流过二极管，称为漏电流。当二极管两端的反向电压增大到某一数值，反向电流会急剧增大，二极管将失去单向导电特性，这种状态称为二极管击穿。

二极管的伏安特性曲线如图 20.1.9 所示。

5．二极管的主要参数

表示二极管的性能好坏和适用范围的技术指标，称为二极管的参数。不同类型的二极管有不同的特性参数。对初学者而言，必须了解以下几个主要参数。

① 最大整流电流：指二极管长期连续工作时允许通过的最大正向电流值，其值与 PN 结面积及外部散热条件等有关。因为电流通过管子时会使管芯发热，温度上升，温度超过容许限度（硅管为 140℃左右，锗管为 90℃左右）时，就会使管芯过热而损坏。所以在规定散热条件下，二极管使用中不要超过二极管最大整流电流值。例如，常用的 1N4001-4007 型二极管的额定正向工作电流为 1 A。

② 最高反向工作电压：加在二极管两端的反向电压高到一定值时，会将管子击穿，失去单向导电能力。为了保证使用安全，规定了最高反向工作电压值。例如，1N4001 二极管反向耐压为 50 V，1N4007 反向耐压为 1000 V。

③ 反向电流：指二极管在规定的温度和最高反向电压作用下，流过二极管的反向电流。反向电流越小，管子的单向导电性能越好。值得注意的是，反向电流与温度有密切的关系，温度大约每升高 10℃，反向电流增大一倍。例如，若 2AP1 型锗二极管在 25℃时反向电流为 250 μA，温度升高到 35℃时，反向电流将上升到 500 μA，以此类推，在 75℃时，它的反向电流达到 8 mA，不仅失去了单向导电特性，还会使管子过热而损坏。又如，2CP10 型硅二极管在 25℃时反向电流仅为 5 μA，温度升高到 75℃时，反向电流也不过 160 μA。所以，硅二极管比锗二极管在高温下具有更好的稳定性。

④ 最高工作频率：二极管工作的上限频率。超过此值时，由于结电容的作用，二极管将不能很好地体现单向导电性。

6．二极管的识别

小功率二极管的 N 极（负极）在二极管外表大多用一种色圈标示出来；有些二极管也用二极管专用符号来表示 P 极（正极）或 N 极（负极），如用符号 P、N 来标志二极管极性。发光二极管的正负极可从引脚长、短来识别，长脚为正，短脚为负。用数字式万用表去测二极管时，红表笔接二极管的正极，黑表笔接二极管的负极，此时测得的阻值才是二极管的正向导通阻值，这与指针式万用表的表笔接法刚好相反。

半导体是一种具有特殊性质的物质，不像导体一样能够完全导电，又不像绝缘体那样不能导电，介于两者之间，所以称为半导体。半导体中最重要的两种元素是硅和锗。美国硅谷就是因为最初那里聚集了很多半导体厂商而得名。

二极管应该算是半导体器件家族中的元老了。很久以前，人们热衷于装配一种矿石收音机来收听无线电广播，这种矿石后来就被做成了晶体二极管。

7．二极管应用电路

图 20.1.10 是某太阳能电站控制器设计中电源降压部分电路图，图中 JP5 处 VCC（48V）网络连接电站蓄电池组，该电压变化范围为 48～65 V，通过本电路后，在最右端标注 47V 处可以输出稳定的 46.3 V 左右的电压，该电压直接接 DC-DC 模块输入端，模块的输出端就可得到我们需要的+15 V 或其他电压。别看这个电路仅有 7 个元件，但它们中的每个元件都发挥重要作用，这 7 个元件中有三个属于二极管，可见二极管在电路中的重要性。下面对该电路图所有元件进行详细介绍。

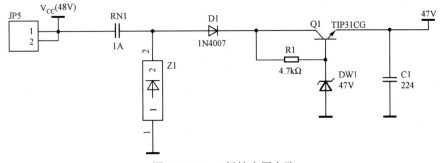

图 20.1.10　二极管应用电路

① RN1。RN1 不是电容，只是在原理图中像电容而已。作为一个 1 A 的自恢复保险，当流过 RN1 的电流超过 1 A 时，该元件就会自动切断电路。加入该元件的主要目的是防止电路板上发生短路或过流时损坏电路板上元件，当电路中发生短路现象时，电流会在瞬间达到很大值，通过 RN1 的电流只要超过 1 A 就会自动切断电流，从而有效地保护电路。当短路现象解除，电流降下来时，RN1 又会重新接通，这就是所谓的"自恢复保险"。

② Z1。Z1 是一个 1.5 KE 100 V 瞬态抑制二极管（瞬态抑制器），主要作用是防止电路板遭遇雷击。Z1 可以承受最大 1.5 kV 的瞬间电压，但只能允许低于 100 V 的电压通向 D1，高于 100 V 的电压会被它全部吸收。由此可知，瞬态抑制二极管的作用是防止过压进而保护电路。注意，高于 100 V 的电压不可长时间加在它的两端。

③ D1，即普通二极管 1N4007，起单向导电作用。如果用户不小心将蓄电池极性接反，因为有 1N4007 的存在，电路不会形成回路，从而保护电路板上元件不被损坏。

④ Q1，NPN 型三极管，主要起扩流的作用，前端来的电压经过 4.7 kΩ电阻和 47 V 稳压管稳压后，电流会变得非常弱小，必须使用该三极管放大电流后才可供给后级使用。

⑤ DW1，47V 稳压二极管。稳压二极管必须反向接才能正常工作，见图 20.1.10，本电路将前端高于 47 V 的电压稳定在 47 V，R1 用来消耗损失掉的这部分电压。由此可见，稳压二极管必须和电阻配合使用才能起到稳压的作用。比如，前端电压为 55 V，稳压到 47 V 后，必须有一电阻来承受这 8 V 的压降，电阻的阻值也要合理选择，需要计算通过它的电流，还要计算下一级三极管的电流放大倍数，再结合负载最大功率最终选取合适电阻。如果稳压二极管用在一般仅提供稳定电压的电路上，那么这个扩流三极管可以省去，稳压二极管的阴极直接输出电压就可以。

⑥ C1，滤波电容，滤除尖峰脉冲，保持三极管 Q1 输出端电压的稳定。

8. 稳压二极管型号

DZ 是稳压管的电器编号，表 20.1.1 中列出了常用的 1N47 系列 1 W 稳压管上的编号对应的稳压值，有些小的稳压管也会在管体上直接标出稳压电压，如 5V6 就是 5.6 V 的稳压管。

表 20.1.1　1N47 系列稳压管对应稳压值

稳压管型号	稳压值	稳压管型号	稳压值	稳压管型号	稳压值	稳压管型号	稳压值
1N4727	3.0 V	1N4733	5.1 V	1N4739	9.1 V	1N4745	16 V
1N4728	3.3 V	1N4734	5.6 V	1N4740	10 V	1N4746	18 V
1N4729	3.6 V	1N4735	6.2 V	1N4741	11 V	1N4747	20 V
1N4730	3.9 V	1N4736	6.8 V	1N4742	12 V	1N4748	22 V
1N4731	4.3 V	1N4737	7.5 V	1N4743	13 V	1N4749	24 V
1N4732	4.7 V	1N4738	8.2 V	1N4744	15 V	1N4750	27 V
1N4751	30 V	1N4754	39 V	1N4757	51 V	1N4760	68 V
1N4752	33 V	1N4755	43 V	1N4758	56 V	1N4761	75 V
1N4753	36 V	1N4756	47 V	1N4759	62 V	—	—

20.2　电容

电容实物如图 20.2.1～图 20.2.8 所示。

图 20.2.1　普通瓷片电容

图 20.2.2　普通独石电容

图 20.2.3　无极性贴片电容

图 20.2.4　贴片式电解电容

图 20.2.5　直插式电解电容

图 20.2.6　X 电容

图 20.2.7　Y 电容

图 20.2.8　CBB 电容

1．电容的作用

作为无源元件之一的电容，其作用不外乎以下几种。

（1）应用于电源电路，实现旁路、去耦、滤波和储能作用

① 旁路。旁路电容是为本地器件提供能量的储能器件，能使稳压器的输出均匀化，降低负载需求。就像小型可充电电池一样，旁路电容能够被充电，并向器件放电。为尽量减少阻抗，旁路电容要尽量靠近负载器件的供电电源引脚和地引脚，这能够很好地防止输入值过大而导致的地电位抬高和噪声。

② 去耦，又称为解耦。从电路来说，总是可以区分为驱动的源和被驱动的负载。如果负载电容比较大，驱动电路要对电容充电、放电，才能完成信号的跳变，在上升沿比较陡峭的时候，电流比较大，这样驱动的电流就会吸收很大的电源电流，由于电路中的电感，电阻（特别是芯片引脚上的电感）会产生反弹，这种电流相对于正常情况来说实际上就是一种噪声，会影响前级的正常工作，这就是耦合。

去耦电容就是起到一个电池的作用，满足驱动电路电流的变化，避免相互间的耦合干扰。

将旁路电容和去耦电容结合起来将更容易理解。旁路电容实际也是去耦合的，只是旁路电容一般是指高频旁路，也就是给高频的开关噪声提供一条低阻抗泄防途径。高频旁路电容

一般比较小，根据谐振频率一般是 0.1 μF 或 0.01 μF 等，而去耦电容一般比较大，10 μF 或者更大，需依据电路中分布参数，以及驱动电流的变化大小来确定。

旁路是把输入信号中的干扰作为滤除对象，而去耦是把输出信号的干扰作为滤除对象，防止干扰信号返回电源。这就是它们的本质区别。

③ 滤波。从理论上说，电容越大，阻抗越小，通过的频率越高。但实际上超过 1 μF 的电容大多为电解电容，有很大的电感成分，所以频率高了后反而阻抗会增大。有时会看到电容量较大的电解电容并联了一个小电容，这时大电容通低频，小电容通高频。电容的作用就是通高频阻低频。电容越大，低频越容易通过，电容越小，高频越容易通过。具体用在滤波电路中时，大电容（1000 μF）滤低频，小电容（20 pF）滤高频。也有人将滤波电容比做"水塘"。由于电容的两端电压不会突变，因此信号频率越高，衰减越大，可很形象地说电容像个水塘，不会因几滴水的加入或蒸发而引起水量的变化。电容把电压的变动转化为电流的变化，频率越高，峰值电流就越大，从而缓冲了电压。滤波实际上就是充电、放电的过程。

④ 储能。储能型电容器通过整流器收集电荷，并将存储的能量通过变换器引线传送至电源的输出端。电压额定值为 40～450 V DC，电容值为 220～150000 μF 的铝电解电容器（如 EPCOS 公司的 B43504 或 B43505）是较为常用的。根据不同的电源要求，器件有时会采用串联、并联或其组合的形式，对于功率级超过 10 kW 的电源，通常采用体积较大的罐形螺旋端子电容器。

（2）应用于信号电路，主要完成耦合、振荡/同步及时间常数的作用

① 耦合。例如，晶体管放大器发射极有一个自给偏压电阻，同时使信号产生压降反馈到输入端形成了输入/输出信号耦合，这个电阻就是产生耦合的元件，如果在这个电阻两端并联一个电容，由于适当容量的电容器对交流信号较小的阻抗，这样就减小了电阻产生的耦合效应，故称此电容为去耦电容。

② 振荡/同步，包括 RC、LC 振荡器及晶体的负载电容都属于这一范畴。

③ 时间常数，就是常见的 R，C 串联构成的积分电路。当输入信号电压加在输入端时，电容（C）上的电压逐渐上升，而其充电电流随着电压的上升而减小。

2. 电容的选择

通常，我们在选择合适的电容时应基于以下考虑：① 静电容量；② 额定耐压；③ 容值误差；④ 直流偏压下的电容变化量；⑤ 噪声等级；⑥ 电容的类型；⑦ 电容的规格。

其实，电容作为器件的外围元件，几乎每个器件的 Datasheet 都比较明确地指明了外围元件的选择参数，也就是说，据此可以获得基本的器件选择要求，再进一步完善细化它。其实，选用电容时不仅看容量和封装，还要看产品所使用的环境，特殊的电路必须用特殊的电容。

下面是贴片电容根据电介质的介电常数分类，介电常数直接影响电路的稳定性。

NP0 or CH（$K<150$）—电气性能最稳定，基本上不随温度、电压与时间的改变而改变，适用于对稳定性要求高的高频电路。鉴于 K 值较小，所以在 0402、0603、0805 封装下很难有大容量的电容，如 0603 一般最大为 10 nF 以下。

X7R or YB（$2000<K<4000$）—电气性能较稳定，在温度、电压与时间改变时性能的变化并不显著（$\Delta C<\pm10\%$），适用于隔直、耦合、旁路与对容量稳定性要求不太高的电路。

Y5V or YF（$K>15000$）—容量稳定性较 X7R 差（$\Delta C<+20\%\sim-80\%$），容量、损耗对温度、电压等测试条件较敏感，因为其 K 值较大，所以适用于一些容值要求较高的场合。

3．电容的分类

基于电容的材料特性，其可分为以下几大类。

① 铝电解电容。电容容量范围为 0.1～22000 μF，高脉动电流、长寿命、大容量的不二之选，广泛应用于电源滤波、去耦等场合。

② 薄膜电容。电容容量范围为 0.1 pF～10 μF，具有较小公差、较高容量稳定性及极低的压电效应，因此是 X、Y 安全电容、EMI/EMC 的首选。

③ 钽电容。电容容量范围为 2.2～560 μF，低等效串联电阻（ESR）、低等效串联电感（ESL），其脉动吸收、瞬态响应及噪声抑制都优于铝电解电容，是高稳定电源的理想选择。

④ 陶瓷电容。电容容量范围为 0.5 pF～100 μF，独特的材料和薄膜技术的结晶，迎合了当今"更轻、更薄、更节能"的设计理念。

⑤ 超级电容。电容容量范围为 0.022～70 F，极高的容值，因此又称为"金电容"或"法拉电容"，主要特点是：超高容值、良好的充/放电特性，适合于电能存储和电源备份。缺点是：耐压较低，工作温度范围较窄。

4．旁路电容的应用问题

嵌入式设计中，要求微处理器从耗电量很大的处理密集型工作模式进入耗电量很少的空闲/休眠模式。这些转换容易引起线路损耗的急剧增加，增加的速率很高，达到 20 A/ms，甚至更快。

通常采用旁路电容来解决稳压器无法适应系统中高速器件引起的负载变化，以确保电源输出的稳定性及良好的瞬态响应。

大容量和小容量的旁路电容都可能是必需的，有的甚至是多个陶瓷电容和钽电容。这样的组合能够解决上述负载电流为阶梯变化所带来的问题，还能提供足够的去耦以抑制电压和电流毛刺。在负载变化非常剧烈的情况下，则需要三个或更多不同容量的电容，以保证在稳压器稳压前提供足够的电流。快速的瞬态过程由高频小容量电容来抑制，中速的瞬态过程由低频大容量电容来抑制，剩下则交给稳压器完成了。注意，稳压器也要求电容尽量靠近电压输出端。

5．电解电容的电气参数

这里的电解电容器主要指铝电解电容器，其基本电气参数包括 5 项。

① 电容值，电解电容器的容值，取决于在交流电压下工作时所呈现的阻抗。因此交流电容值，随着工作频率、电压以及测量方法的变化而变化。在标准 JISC5102 中规定：铝电解电容的电容值测量条件是在频率为 120 Hz、最大交流电压为 0.5 V rms、DC bias 电压为 1.5～2.0 V 的条件下进行。可以断言，铝电解电容器的容量随频率的增加而减小。

② 损耗角正切值 $\tan\delta$。在电容器的等效电路中，串联等效电阻 ESR 同容抗 $1/(\omega C)$ 之比称为 $\tan\delta$，这里的 ESR 是在 120 Hz 下计算获得的值。显然，$\tan\delta$ 随着测量频率的增加而变大，随测量温度的下降而增大。

③ 阻抗 Z。在特定的频率下，阻碍交流电流通过的电阻即所谓的阻抗。阻抗与电容等效电路中的电容、电感值密切相关，且与 ESR 也有关系：

$$Z = \sqrt{\text{ESR}^2 + (X_L - X_C)^2}$$

式中，$X_C = 1/\omega C = 1/2\pi fC$，$X_L = \omega L = 2\pi fL$。

电容的容抗（X_C）在低频率范围内随着频率的增大逐步减小，频率继续增大达到中频范围时电抗（X_L）降至 ESR 的值。当频率达到高频范围时感抗（X_L）变为主导，所以阻抗是随着频率的增大而增大。

④ 漏电流。电容器的介质对直流电流具有很大的阻碍作用。然而，由于铝氧化膜介质上浸有电解液，在施加电压时，重新形成的以及修复氧化膜的时候会产生一种很小的称之为漏电流的电流。通常，漏电流会随着温度和电压的升高而增大。

⑤ 纹波电流和纹波电压。有的资料中称之为涟波电流和涟波电压，其实是 ripple current 和 ripple voltage，其含义是电容器能耐受的纹波电流/电压值。二者与 ESR 之间关系密切，可以表示为
$$U_{rms} = I_{rms} \cdot R$$
式中，U_{rms} 表示纹波电压，I_{rms} 表示纹波电流，R 表示电容的 ESR。

由此可见，当纹波电流增大时，即使在 ESR 保持不变的情况下，纹波电压也会成倍提高。换言之，当纹波电压增大时，纹波电流也随之增大，这也是要求电容具备更低 ESR 值的原因。叠加入纹波电流后，由于电容内部的等效串联电阻（ESR）引起发热，从而影响到电容器的使用寿命。一般，纹波电流与频率成正比，因此低频时纹波电流也比较低。

6．电源输入端的 X、Y 安全电容

在交流电源输入端，一般需要增加三个电容来抑制 EMI 传导干扰。交流电源输入分为三条线：火线（L）、零线（N）和地线（G）。在火线和地线之间及在零线和地线之间并接的电容，一般称为 Y 电容。这两个 Y 电容连接的位置比较关键，必须要符合相关安全标准，以防引起电子设备漏电或机壳带电，容易危及人身安全及生命，所以它们都属于安全电容，要求电容值不能偏大，而耐压必须较高。一般，工作在亚热带的机器要求对地漏电电流不能超过 0.7 mA；工作在温带的机器，要求对地漏电电流不能超过 0.35 mA。因此，Y 电容的总容量一般都不能超过 4700 pF。

特别提示，Y 电容为安全电容，必须取得安全检测机构的认证。Y 电容的耐压一般都标有安全认证标志和 AC250V 或 AC275V 字样，但其真正的直流耐压高达 5000 V 以上。因此，Y 电容不能随意使用标称耐压 AC 250 V 或 DC 400 V 之类的普通电容来代用。

在火线和零线之间并联的电容一般称为 X 电容。由于这个电容连接的位置也比较关键，同样需要符合安全标准。因此，X 电容同样属于安全电容。X 电容的容值允许比 Y 电容大，但必须在 X 电容的两端并联一个安全电阻，用于防止电源线拔插时，由于该电容的充放电过程而致电源线插头长时间带电。安全标准规定，当正在工作之中的机器电源线被拔掉时，在 2 秒钟内，电源线插头两端带电的电压（或对地电位）必须小于原来额定工作电压的 30%。

同理，X 电容也是安全电容，必须取得安全检测机构的认证。X 电容的耐压一般都标有安全认证标志和 AC250V 或 AC275V 字样，但其真正的直流耐压高达 2000 V 以上，使用的时候不要随意使用标称耐压 AC 250 V 或 DC 400 V 之类的的普通电容来代用。

X 电容一般都选用纹波电流比较大的聚酯薄膜类电容，这种电容体积一般都很大，但其允许瞬间充放电的电流也很大，而其内阻相应较小。普通电容纹波电流的指标都很低，动态内阻较高。用普通电容代替 X 电容，除了耐压条件不能满足以外，一般纹波电流指标也是难以满足要求的。

实际上，仅仅依靠用 Y 电容和 X 电容来完全滤除掉传导干扰信号是不可能的。因为干扰信号的频谱非常宽，基本覆盖了几十 kHz 到几百 MHz 甚至上千 MHz 的频率范围。通常，对低端干扰信号的滤除需要很大容量的滤波电容，但受到安全条件的限制，Y 电容和 X 电容的

容量都不能太大；对高端干扰信号的滤除，大容量电容的滤波性能又极差，特别是聚酯薄膜电容的高频性能一般都比较差，因为它是用卷绕工艺生产的，并且聚酯薄膜介质高频响应特性与陶瓷或云母相比相差很远，一般聚酯薄膜介质都具有吸附效应，它会降低电容器的工作频率，聚酯薄膜电容工作频率范围大约在 1 MHz 左右，超过 1 MHz 其阻抗将显著增加。

因此，为抑制电子设备产生的传导干扰，除了选用 Y 电容和 X 电容之外，还要同时选用多种类型的电感滤波器，组合起来一起滤除干扰。电感滤波器多属于低通滤波器，有很多规格和类型，如有差模、共模及高频、低频等。每种电感主要都是针对某一小段频率的干扰信号滤除而起作用，对其他频率的干扰信号的滤除效果不大。通常，电感量很大的电感，其线圈匝数较多，那么电感的分布电容也很大。高频干扰信号将通过分布电容旁路掉。而且，磁导率很高的磁芯，其工作频率则较低。目前，大量使用的电感滤波器磁芯的工作频率大多在 75 MHz 以下。对于工作频率要求比较高的场合，必须选用高频环形磁芯，它的磁导率一般都不高，但漏感特别小，如非晶合金磁芯、坡莫合金等。

20.3　场效应管

场效应管又叫 MOS 或 MOSFET 管。MOSFET 的原意是金属氧化物半导体（Metal Oxide Semiconductor，MOS）和场效应晶体管（Field Effect Transistor，FET），即以金属层（M）的栅极隔着氧化层（O）利用电场的效应来控制半导体（S）的场效应晶体管。其特点是用栅极电压来控制漏极电流，其驱动电路简单，需要的驱动功率小，开关速度快，工作频率高，热稳定性高，但其电流容量小，耐压低，一般只适用于功率不超过 10 kW 的电力电子装置。在使用 MOS 管时，首先要考虑 MOS 管最重要的 3 个参数：导通电阻、最大电压和最大电流。

下面是对 MOSFET 及 MOSFET 驱动电路基础的总结，包括 MOS 管的介绍、特性、驱动以及应用电路。

MOS 管实物如图 20.3.1～图 20.3.3 所示。MOS 管结构如图 20.3.4 和图 20.3.5 所示。

图 20.3.1　贴片式 MOS 管

图 20.3.2　TO-220 封装 MOS 管　　　　　图 20.3.3　TO-247 封装 MOS 管

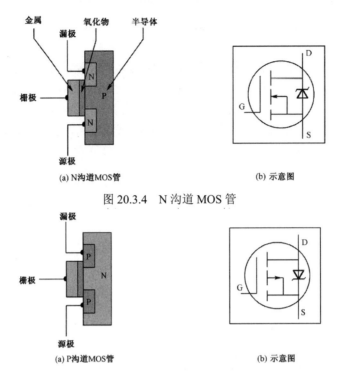

(a) N沟道MOS管　　　　　　　　　　　(b) 示意图

图 20.3.4　N 沟道 MOS 管

(a) P沟道MOS管　　　　　　　　　　　(b) 示意图

图 20.3.5　P 沟道 MOS 管

1. MOS 管种类和结构

MOSFET 管是 FET 的一种（另一种是 JFET），可以被制造成增强型或耗尽型、P 沟道或 N 沟道共 4 种类型，但实际应用的只有增强型的 N 沟道 MOS 管和增强型的 P 沟道 MOS 管，所以通常提到 NMOS 和 PMOS 指的就是这两种。

对于这两种增强型 MOS 管，比较常用的是 NMOS。原因是 NMOS 管导通电阻小，且容易制造。所以，在开关电源和马达驱动电路的应用中，一般都用 NMOS。下面的介绍中也多以 NMOS 为主。

MOS 管的三个管脚之间有寄生电容存在，这不是我们需要的，而是由于制造工艺限制产生的。寄生电容的存在使得在设计或选择驱动电路的时候要麻烦一些，但无法避免。

在 MOS 管示意图上可以看到，漏极和源极之间有一个寄生二极管，即 MOS 管的体二极管。在驱动感性负载（如马达）时，这个二极管很重要。体二极管只在单个的 MOS 管中存在，在集成电路芯片内部通常是没有的。

2. MOS 管导通特性

导通的意思是当做开关，相当于开关的闭合。

NMOS 管的特性是，V_{GS} 大于一定的值就会导通，适合用于源极接地时的情况（低端驱动），只要栅极电压达到 4~10 V 就可以导通，但其导通阻抗与 V_{GS} 有直接的关系，这要看具体使用的 MOS 管的芯片手册说明，如果 V_{GS} 过小，通过 DS 的电流又较大时，MOS 管在很短时间内就会被烧毁。

PMOS 的特性是，V_{GS} 小于一定的值就会导通，适合用于源极接 V_{CC} 时的情况（高端驱动）。虽然 PMOS 可以方便地用做高端驱动，但是由于导通电阻大，价格贵，替换种类少等原因，在高端驱动中通常使用 NMOS。

3．MOS 管开关损失

不管是 NMOS 管还是 PMOS 管，导通后都有导通电阻存在，通过 MOS 管的电流就会在这个电阻上消耗能量，这部分消耗的能量叫做导通损耗。选择导通电阻小的 MOS 管会减小导通损耗。现在的小功率 MOS 管导通电阻一般在几 $m\Omega$ 到几十 $m\Omega$ 之间。

MOS 管在导通和截止的时候，一定不是在瞬间完成的。MOS 管两端的电压有一个下降的过程，流过的电流有一个上升的过程，在这段时间内，MOS 管的损失是电压和电流的乘积，叫做开关损失。通常开关损失比导通损失大得多，而且开关频率越高，损失也越大。导通瞬间电压和电流的乘积很大，造成的损失也就很大。缩短开关时间，可以减小每次导通时的损失；降低开关频率，可以减小单位时间内的开关次数。这两种办法都可以减小开关损失。

4．MOS 管驱动

与三极管相比，一般认为，使 MOS 管导通不需要电流。以 NMOS 管为例，只要 GS 端电压高于一定的值就可以了。这个容易做到，但是关键的是我们还需要速度。

MOS 管的组成结构决定了在 GS 和 GD 之间存在寄生电容，而 MOS 管的驱动实际上就是对电容的充、放电。对电容的充电需要一个电流，因为对电容充电瞬间可以把电容看成短路，所以瞬间电流会比较大。选择和设计 MOS 管驱动电路时首先要注意的是它能提供的瞬间短路电流的大小。

另外，普遍用于高端驱动的 NMOS 在导通时需要栅极电压大于源极电压。而高端驱动的 MOS 管导通时，源极电压与漏极电压（V_{CC}）相同，所以这时栅极电压要比 V_{CC} 大 4～10 V。如果在同一个系统里，要得到比 V_{CC} 大的电压，就需要专门的升压电路了。很多马达驱动器都集成了电荷泵。注意，如果使用电荷泵，那应该选择合适的外接电容，以得到足够的短路电流去驱动 MOS 管。

4～10 V 是常用的 MOS 管的导通电压，设计时还需要有一定的余量。而且，电压越高，导通速度越快，导通电阻也越小。现在也有导通电压更小的 MOS 管应用在不同的领域里。

5．MOS 管应用电路

图 20.3.6 是某款太阳能控制器中单片机控制负载与蓄电池通断部分的电路图，其工作原理是：当单片机控制端加 5 V 高电平时，三极管 Q7 导通，这时 Q7 的上端，也就是 C 极被系统拉到 0 V 左右，这时 MOS 管 Q5、Q6 的 G 极都为 0 V，所以此时 MOS 管的 DS 端不会导通；当单片机控制端加 0 V 低电平时，三极管 Q7 不导通，这时 Q7 的上端也就是 C 极电位为 V_{CC}-R8 两端的压降，电流穿过 R3 后被稳压管 DW3 稳压在 12 V，则此时 MOS 管的 G 极电压为 12 V，所以 MOS 管导通，负载负极与蓄电池负极接通。

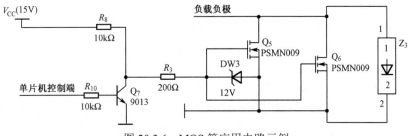

图 20.3.6　MOS 管应用电路示例

该 MOS 管型号为 PSMN009-100W，其导通阻抗 $R_{DS(ON)} \leqslant 9\ m\Omega$，可通过的最大电流

I_D=100 A，DS 端最大电压 V_{DSS}=100 V。

该电路采用两个 MOS 管并联，接法采用低端驱动，由同一个驱动电路完成两个 MOS 管的驱动，Z3 是一个 1.5KE82V 的瞬态抑制二极管，主要作用是防止高于 MOS 管最大电压的外部干扰电压突然加在 MOS 管 DS 两端时击穿 MOS 管，如雷电。

本电路实际产品的负载两端的电压为 48 V，负载最大电流为 50 A，采用两个 MOS 管并联，每个 MOS 管通过的最大电流为 25 A，占 MOS 额定最大电流的 1/4，只要驱动电路可靠，再设计好合理的散热环境，系统的运行就会非常稳定。

最后强调，当用 MOS 管去控制较大功率设备时，如果有大热量产生，必须设法降低 MOS 自身的温度，也就是必须设计好散热环境，有良好的通风条件。在恒定电流下，MOS 管的导通阻抗与自身温度成正比（非线性），当 MOS 管温度升高时阻抗就会增大，会形成如下恶性循环：温度升高→阻抗增大→功率 I^2R 增加→温度进一步升高→阻抗进一步增大→功率 I^2R 进一步增加……如此持续下去，用不了多久，MOS 就会因为温度过高而烧毁。

20.4　光耦

光电耦合器（Optical Coupler，OC）亦称光电隔离器，简称光耦，是开关电源电路中常用的器件。光耦实物如图 20.4.1～图 20.4.4 所示，光耦内部结构如图 20.4.5 和图 20.4.6 所示。

图 20.4.1　单路光耦 TLP521-1

图 20.4.2　双路光耦 TLP521-2

图 20.4.3　四路光耦 TLP521-4

图 20.4.4　贴片式光耦

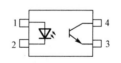
图 20.4.5　单路光耦内部结构

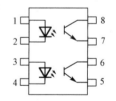
图 20.4.6　两路光耦内部结构

1．光耦的工作原理

光耦以光为媒介传输电信号，对输入、输出电信号有良好的隔离作用，所以它在各种电路中得到广泛的应用，目前已成为种类最多、用途最广的光电器件之一。

光耦合器一般由三部分组成：光的发射、光的接收及信号放大。输入的电信号驱动发光二极管（LED），使之发出一定波长的光，被光探测器接收而产生光电流，再经过进一步放大后输出。这就完成了"电—光—电"的转换，从而起到输入、输出、隔离的作用。由于光耦合器输入、输出间互相隔离，电信号传输具有单向性等特点，因而它具有良好的电绝缘能力和抗干扰能力。由于光耦合器的输入端属于电流型工作的低阻元件，因而具有很强的共模抑制能力。所以，它在长线传输信息中作为终端隔离元件可以大大提高信噪比。在计算机数字通信及实时控制中作为信号隔离的接口器件，可以大大增加计算机工作的可靠性。

2．光耦的优点

光耦的主要优点是：信号单向传输，输入端与输出端完全实现了电气隔离，输出信号对输入端无影响，抗干扰能力强，工作稳定，无触点，使用寿命长，传输效率高。光耦合器是20世纪70年代发展起来的新型器件，现已广泛用于电气绝缘、电平转换、级间耦合、驱动电路、开关电路、斩波器、多谐振荡器、信号隔离、级间隔离、脉冲放大电路、数字仪表、远距离信号传输、脉冲放大、固态继电器（SSR）、仪器仪表、通信设备及微机接口中。在单片开关电源中，利用线性光耦合器可构成光耦反馈电路，通过调节控制端电流来改变占空比，达到精密稳压目的。

3．光耦的种类

光电耦合器分为两种：非线性光耦，线性光耦。

非线性光耦的电流传输特性曲线是非线性的，这类光耦适合于开关信号的传输，不适合于传输模拟量。常用的4N系列光耦属于非线性光耦。

线性光耦的电流传输特性曲线接近直线，并且在小信号时性能较好，能以线性特性进行隔离控制。常用的线性光耦是PC817A-C和TLP521系列。

开关电源中常用的光耦是线性光耦。如果使用非线性光耦，有可能使振荡波形变坏，严重时出现寄生振荡，使数千赫兹的振荡频率被数十到数百赫兹的低频振荡依次调制。由此产生的后果是对彩电、彩显、VCD、DVD等图像画面产生干扰，同时电源带负载能力下降。在彩电，显示器等开关电源维修中如果光耦损坏，一定要用线性光耦代换。常用的4脚线性光耦有PC817A-C、PC111、TLP521等；常用的六脚线性光耦有LP632、TLP532、PC614、PC714、S2031等。常用的4N25、4N26、4N35、4N36光耦不适用于开关电源中，因为这4种光耦均属于非线性光耦。

4．光耦应用电路

在图20.3.6中，MOS管的驱动部分是和MOS管处于同一个电源系统下，当MOS管电路部分发生意外时，极有可能影响到驱动电路部分，从而进一步影响主控板上其他电路。如果考虑用光耦将MOS管与MOS管驱动部分隔开，即使MOS管部分出现问题，也不会影响主控板其他电路的正常工作。下面将图20.3.6修改为由光耦驱动MOS管，如图20.4.7所示。

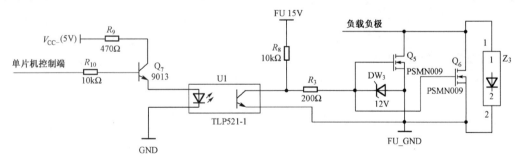

图20.4.7　光耦驱动MOS管电路图

如果使光耦系统隔离，就要保证光耦两侧电路的电源必须是各自独立的，从图20.4.7可看到，光耦左侧是单片机系统，电源为V_{CC-}（5 V）和GND，光耦右侧是MOS管和负载部分，电源为FU_15V和FU_GND。如果右侧系统出了问题，即使将光耦内部右端的三极管烧毁，光耦左侧的系统也不会受影响而会继续正常工作，这就是使用光耦隔离系统的好处所在。

下面来分析电路。TLP521-1 是 TOSHIBA 公司生产的单路线性光耦，输入端发光二极管最大电流 50 mA，输入反相最大承受电压 6 V，输出端三极管 CE 极最大电压 55 V，反相最大承受电压 6 V，输入端有 10 mA 左右电流时，右侧三极管可完全导通。在图 20.4.7 中，左侧 R9、R10、Q7 三个元件驱动光耦，用三极管的主要目的是提供给光耦开启所需的足够电流，如果使用的单片机 I/O 口能够提供 10 mA 左右的电流，就可用该 I/O 口直接连接光耦输入端，而省去这三个元件。电路工作时，当单片机控制端加高电平时，Q7 三极管导通，有电流流过光耦内部二极管，此时光耦右侧三极管导通，电阻 R3 被拉为低电平，MOS 管关断；当单片机控制端加低电平时，Q7 三极管截止，光耦内二极管左侧无电流流过，光耦右侧三极管不导通，电阻 R3 右侧被稳压管 DW3 稳压到 12 V，MOS 管开启。

20.5　蜂鸣器

蜂鸣器实物如图 20.5.1 和图 20.5.2 所示。蜂鸣器是一种一体化结构的电子讯响器，采用直流电压供电，广泛应用于计算机、打印机、复印机、报警器、电子玩具、汽车电子设备、电话机、定时器等电子产品中，用做发声器件。蜂鸣器主要分为压电式蜂鸣器和电磁式蜂鸣器两种类型。蜂鸣器在电路中用字母 H 或 HA（旧标准用 FM、LB、JD 等）表示。

图 20.5.1　压电式蜂鸣器

图 20.5.2　电磁式蜂鸣器

1．蜂鸣器的结构原理

（1）压电式蜂鸣器

图 20.5.3　压电蜂鸣片

压电式蜂鸣器主要由多谐振荡器、压电蜂鸣片、阻抗匹配器及共鸣箱、外壳等组成。有的压电式蜂鸣器外壳上装有发光二极管。多谐振荡器由晶体管或集成电路构成。接通电源后（1.5～15 V 直流工作电压），多谐振荡器起振，输出 1.5～2.5 kHz 音频信号，阻抗匹配器推动压电蜂鸣片发声。压电蜂鸣片由锆钛酸铅或铌镁酸铅压电陶瓷材料制成。在陶瓷片的两面镀上银电极，经极化和老化处理后，再与黄铜片或不锈钢片粘在一起，如图 20.5.3 所示。

（2）电磁式蜂鸣器

电磁式蜂鸣器由振荡器、电磁线圈、磁铁、振动膜片及外壳等组成。接通电源后，振荡器产生的音频电流信号通过电磁线圈，使电磁线圈产生磁场。振动膜片在电磁线圈和磁铁的相互作用下，周期性地振动发声。

2．有源蜂鸣器和无源蜂鸣器的区别

压电式蜂鸣器和电磁式蜂鸣器又各有两种结构：有源型和无源型。注意，这里的"源"不是指电源，而是指振荡源。也就是说，有源蜂鸣器内部带振荡源，所以只要一通电就会叫。而无源蜂鸣器内部不带振荡源，所以用直流信号驱动它时，无法令其鸣叫，必须用 2 kHz～

5 kHz 的方波信号去驱动它。有源蜂鸣器往往比无源的要贵，就是因为里面多了个振荡电路。

无论是有源型还是无源型，通过单片机控制驱动信号，都可以发出不同音调的声音。驱动方波的频率越高，音调就越高；驱动方波频率越低，音调也就越低。由此，我们可根据驱动方波的频率让蜂鸣器演奏出各种音调的音乐。

20.6 继电器

继电器实物如图 20.6.1～图 20.6.14 所示。

图 20.6.1 普通双刀双掷继电器

图 20.6.2 普通单刀单掷继电器

图 20.6.3 普通单刀双掷继电器

图 20.6.4 大电流双刀双掷继电器

图 20.6.5 水银继电器

图 20.6.6 高频继电器

图 20.6.7 功率继电器

图 20.6.8 高压继电器

图 20.6.9 脉冲继电器

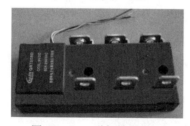

图 20.6.10 磁保持继电器

图 20.6.11 时间继电器

图 20.6.12 双稳态继电器

图 20.6.13 固态继电器

图 20.6.14 温度继电器

1．继电器的工作原理和特性

继电器是当输入量（如电压、电流、温度等）达到规定值时，使被控制的输出电路导通或断开的电器，可分为电气量（如电流、电压、频率、功率等）继电器及非电气量（如温度、压力、速度等）继电器两大类。继电器具有动作快、工作稳定、使用寿命长、体积小等优点，广泛应用于电力保护、自动化、运动、遥控、测量和通信等装置中。

继电器是一种电子控制器件，具有控制系统（又称为输入回路）和被控制系统（又称为输出回路），通常用于自动控制电路中。继电器实际上是用较小的电流去控制较大电流的一种"自动开关"，所以在电路中起着自动调节、安全保护、转换电路等作用。

2．继电器的分类

（1）按继电器的工作原理或结构特征分类

① 电磁继电器。电磁继电器一般由铁芯、线圈、衔铁、触点簧片等组成的。只要在线圈两端加上一定的电压，线圈中就会流过一定的电流，从而产生电磁效应，衔铁就会在电磁力吸引的作用下克服返回弹簧的拉力吸向铁芯，从而带动衔铁的动触点与静触点（常开触点）吸合。当线圈断电后，电磁的吸力也随之消失，衔铁就会在弹簧的反作用力下返回原来的位置，使动触点与原来的静触点（常闭触点）吸合。这样吸合、释放，从而达到在电路中导通、切断的目的。对于继电器的"常开、常闭"触点，可以这样来区分：继电器线圈未通电时处于断开状态的静触点，称为"常开触点"；处于接通状态的静触点称为"常闭触点"。电磁继电器又可分为直流电磁继电器和交流电磁继电器。

- ❖ 直流电磁继电器——输入电路中的控制电流为直流的电磁继电器。
- ❖ 交流电磁继电器——输入电路中的控制电流为交流的电磁继电器。
- ❖ 磁保持继电器——利用永久磁铁或具有很高磁特性的铁芯，使电磁继电器的衔铁在其线圈断电后仍能保持在线圈通电时的位置上的继电器。

② 固态继电器。固态继电器是一种两个接线端为输入端，另两个接线端为输出端的四端器件，中间采用隔离器件实现输入、输出的电气隔离。固态继电器按负载电源类型可分为交流型和直流型；按开关形式可分为常开型和常闭型；按隔离形式可分为混合型、变压器隔离型和光电隔离型，平时用的以光电隔离型为最多。

③ 温度继电器。当外界温度达到给定值时动作的继电器。

④ 舌簧继电器。利用密封在管内、具有触点簧片和衔铁磁路双重作用的动作来开、闭或转换线路的继电器。

- ❖ 干簧继电器——舌簧管内的介质的为真空、空气或某种惰性气体，即具有干式触点的舌簧继电器。
- ❖ 湿簧继电器——舌簧片和触点均密封在管内，并通过管底水银槽中水银的毛细作用，而使水银膜湿润触点的舌簧继电器。

⑤ 时间继电器。当加上或除去输入信号时，输出部分需延时或限时到规定的时间才闭合或断开其被控线路的继电器。

- ❖ 电磁时间继电器——当线圈加上信号后，通过减缓电磁铁的磁场变化而向后延时的时间继电器。
- ❖ 电子时间继电器——由分立元件组成的电子延时线路所构成的时间继电器，或由固体延时线路构成的时间继电器。
- ❖ 混合式时间继电器——由电子或固体延时线路和电磁继电器组合构成的时间继电器。

⑥ 高频继电器。用于切换高频、射频线路而具有最小损耗的继电器。

⑦ 极化继电器。由极化磁场与控制电流通过控制线圈所产生的磁场综合作用而动作的继电器。继电器的动作方向取决于控制线圈中流过的电流方向。

- ❖ 二位置极化继电器——继电器线圈通电时，衔铁按线圈电流方向被吸向左边或右边的位置，线圈断电后，衔铁不返回。
- ❖ 二位置偏移极化继电器——继电器线圈断电时，衔铁恒靠在一边；线圈通电时，衔铁被吸向另一边。
- ❖ 三位置极化继电器——继电器线圈通电时，衔铁按线圈电流方向被吸向左边或右边的位置，线圈断电后，总是返回到中间位置。

⑧ 其他类型的继电器。如光继电器、声继电器、热继电器、仪表式继电器、霍尔效应继电器、差动继电器等。

（2）按继电器的外形尺寸分类

按外形尺寸，继电器可分为微型继电器、超小型微型继电器、小型微型继电器、小型继电器、中型继电器和大型继电器。

（3）按继电器的负载分类

按负载，继电器可分为微功率继电器、弱功率继电器、中功率继电器和大功率继电器。按继电器的防护特征可分为密封继电器、封闭式继电器和敞开式继电器。

3. 继电器的技术参数

① 额定工作电压。指继电器正常工作时线圈所需要的电压。根据继电器的型号不同，可以是交流电压，也可以是直流电压。

② 直流电阻。指继电器中线圈的直流电阻，可以通过万用表测量。

③ 吸合电流。指继电器能够产生吸合动作的最小电流。在正常使用时，给定的电流必须略大于吸合电流，这样继电器才能稳定地工作。而对于线圈所加的工作电压，一般不要超过额定工作电压的 1.5 倍，否则会产生较大的电流而把线圈烧毁。

④ 释放电流。指继电器产生释放动作的最大电流。当继电器吸合状态的电流减小到一定程度时，继电器就会恢复到未通电的释放状态，这时的电流远远小于吸合电流。

⑤ 触点切换电压和电流，指继电器被控制端允许加载的电压和电流，决定了继电器所能控制电压和电流的大小。使用时不能超过此值，否则会损坏继电器的触点。

4. 继电器测试

（1）测常开、常闭端

用万用表的电阻挡测量常闭触点与动点电阻，其阻值应为 0；而常开触点与动点的阻值就为无穷大。由此可以区分出哪个是常闭触点，哪个是常开触点。

（2）测线圈电阻

可用万用表 R×10 Ω挡测量继电器线圈的阻值，从而判断该线圈是否存在开路现象。

（3）测量吸合电压和吸合电流

找来可调稳压电源和电流表，给继电器输入一组电压，且在供电回路中串入电流表进行监测。慢慢调高电源电压，听到继电器吸合声时，记下该吸合电压和吸合电流。为了准确，可以多试几次而求平均值。

（4）测量释放电压和释放电流

也像上述方法连接测试，当继电器发生吸合后，再逐渐降低供电电压，当听到继电器再次发生释放声音时，记下此时的电压和电流，亦可尝试多测几次而取平均的释放电压和释放电流。一般情况下，继电器的释放电压约在吸合电压的 10%～50%，如果释放电压太小（小于 1/10 的吸合电压），则不能正常使用了，这样会对电路的稳定性造成威胁，工作不可靠。

5．继电器的选用

① 了解必要条件。

❖ 控制电路的电源电压，能提供的最大电流。

❖ 被控制电路中的电压和电流。

❖ 被控电路需要几组、什么形式的触点。选用继电器时，一般控制电路的电源电压可作为选用的依据。控制电路应能给继电器提供足够的工作电流，否则继电器吸合是不稳定的。

② 查阅有关资料确定使用条件后，可查找相关资料，找出需要的继电器的型号和规格号。若手头已有继电器，可依据资料核对是否可以利用。最后考虑尺寸是否合适。

③ 注意器具的容积。若是用于一般用电器，除考虑机箱容积外，小型继电器主要考虑电路板安装布局。对于小型电器，如玩具、遥控装置则应选用超小型继电器产品。

6．继电器应用电路

图 20.6.15 是用单片机控制的一个双路继电器，其中一路引出到 P1 端子上，另一路控制一个发光二极管的亮灭。

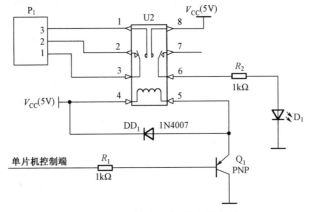

图 20.6.15　继电器典型应用电路

可以看出，继电器的 2、3 端和 6、7 端为常闭端，1、3 端和 6、8 端为常开端。当 4、5 端通过一定电流后，线圈产生的磁效应将接通 1、3 和 6、8 端，这时发光二极管点亮。通过 4、5 端的电流由三极管 Q1 来提供，当单片机控制端给三极管的 B 极送低电平时，三极管 Q1 导通，继电器 45 端有电流流过，继电器吸合；当单片机控制端给三极管的 B 极送高电平时，三极管截止，继电器 45 端无电流流过，继电器断开。继电器 45 端反相接了一个二极管，这个二极管非常重要，当使用电磁继电器时必须连接，原因如下：线圈通电正常工作时，二极管对电路不起作用。当继电器线圈在断电的一瞬间会产生一个很强的反向电动势，在继电器线圈两端反向并联二极管就是用来消耗这个反向电动势的，通常这个二极管叫做消耗二极管。如果不加这个消耗二极管，反向电动势会直接作用在驱动三极管上，容易将三极管烧毁。

20.7 自恢复保险

自恢复保险实物如图 20.7.1 和图 20.7.2 所示。

图 20.7.1 直插式自恢复保险   图 20.7.2 贴片式自恢复保险

自恢复保险是一种过流电子保护元件，采用高分子有机聚合物在高压、高温、硫化反应的条件下，掺加导电粒子材料后，经过特殊的工艺加工而成。在习惯上把 PPTC（Polyer Positive Temperature Coeffcient）也叫自恢复保险丝。严格意义讲，PPTC 不是自恢复保险丝，Resettable Fuse 才是自恢复保险丝。

1. 自恢复保险丝工作原理

自恢复保险丝是由高科技聚合树脂及纳米导电晶粒经特殊工艺加工制成，正常情况下，纳米导电晶体随树脂基链接形成链状导电通路，保险丝正常工作；当电路发生短路或者过流时，流经保险丝的大电流使其温度升高，当达到一定温度时，其态密度迅速减小，相变增大，内部的导电链路呈雪崩态或断裂，保险丝由阶跃式变到高阻态，电流被迅速夹断，从而对电路进行快速、准确的限制和保护，其微小的电流使保险丝一直处于保护状态，当断电和故障排除后，其温度降低，态密度增大，相变复原，纳米晶体还原成链状导电通路，自恢复保险丝恢复为正常状态，无须人工更换。

2. 自恢复保险参数

- ❖ I_H —最大工作电流（25℃）。
- ❖ I_T —最小动作电流（25℃）。
- ❖ I_{trip} —过载电流。
- ❖ T_{max} —过载电流最大动作时间。
- ❖ V_{max} —最大过载电压。
- ❖ I_{max} —最大过载电流。
- ❖ R_{min} —最小电阻（25℃）。
- ❖ R_{max} —最大电阻（25℃）。

3. 自恢复保险应用领域

自恢复保险串联在 DC/AC 电源电路中，可以选择 DIP 直插式或 SMD 表面贴装式，PPTC 无正负极性之分。在保护状态下，PPTC 的表面温度高，要安装在通风状态下，对高温敏感的元器件不要与 PPTC 直接接触。

PPTC 的应用范围包括：ADSL 设备、无线电产品、电池组、充电器产品、汽车电子及零部件中的过流保护；遥控电动玩具车、电动玩具、童车等电子玩具；高低频电源充电器、卫星接收器、通信终端设备、电源供应器产品、家庭影院、扬声器、分频器、电磁负载、马达、吸尘器等。

4．自恢复保险应用电路

与图 20.1.10 一样，图 20.7.3 中的 RN1 就是一个 60 V、1 A 的自恢复保险，它两端能承受的最大电压为 60 V，超过 60 V 时，将有烧毁器件的可能。一旦后级电路发生短路或过载现象，通过 RN1 的电流将会迅速增加，当电流超过 1 A 时，自恢复保险自动切断电流，起到保护电路的作用。

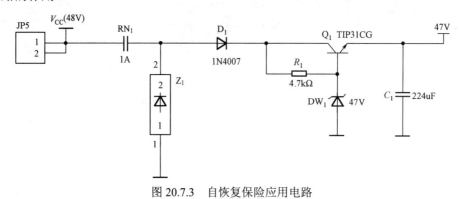

图 20.7.3　自恢复保险应用电路

20.8　瞬态电压抑制器

瞬态电压抑制器实物如图 20.8.1 和图 20.8.2 所示。

图 20.8.1　直插式瞬态电压抑制器

图 20.8.2　贴片式瞬态电压抑制器

瞬态电压抑制器（Transient Voltage Suppressor，TVS）是一种二极管形式的高效能保护器件，又称为瞬态电压抑制二极管。当 TVS 二极管的两极受到反向瞬态高能量冲击时，它能以 10～12 s 量级的速度，将其两极间的高阻抗变为低阻抗，吸收高达数千瓦的浪涌功率，将两极间的电压钳位于一个预定值，有效地保护电子线路中的精密元器件，免受各种浪涌脉冲的损坏。TVS 具有响应时间快、瞬态功率大、漏电流低、击穿电压偏差、钳位电压较易控制、无损坏极限、体积小等优点，目前已被广泛应用于计算机系统、通信设备、交/直流电源、汽车、电子镇流器、家用电器、仪器仪表（电度表）、RS-232/422/423/485、I/O、LAN、ISDN、ADSL、USB、MP3、PDA、GPS、CDMA、GSM、数码照相机等电器的保护，还应用于共模/差模保护、RF 耦合/IC 驱动接收保护、电机电磁波干扰抑制、声频/视频输入、传感器/变速器、工控回路、继电器、接触器噪音的抑制等领域。

1．瞬态电压抑制器的特点

① 将 TVS 二极管加在信号及电源线上，能防止微处理器或单片机因瞬间的脉冲，如静电放电效应、交流电源的浪涌及开关电源的噪声所导致的失灵。

② 静电放电效应能释放超过 10000 V、60 A 以上的脉冲，并能持续 10 ms；而一般的 TTL

器件遇到超过 30 ms 的 10 V 脉冲时，便会导致损坏。TVS 二极管可有效吸收可能造成器件损坏的脉冲，并能消除由总线之间开关所引起的干扰。

③ TVS 二极管放置在信号线及接地间，能避免数据及控制总线受到不必要的噪声影响。

2．瞬态电压抑制器的特性曲线

如图 20.8.3 所示，二极管在顺向电流时，需要 0.7 V 以上的电压才能导通；二极管在反向电流时，PN 结面没有办法截止所有电流，有 10～100 μA 的漏电流。如有足够的反向电压加在 PN 结面上，则产生崩溃，电流导通，利用二极管反向崩溃电压的特性可以实现瞬态电压保护。接下来来看雪崩崩溃二极管抑制电压的过程。传统的二极管在反向电流时，电流没办法导通。如有足够的反向电压（超出崩溃电压后），二极管会被击穿而损坏。雪崩崩溃二极管与传统的二极管有同样的性质，只是雪崩崩溃二极管的崩溃电压已被大大地降低。雪崩崩溃二极管在反向电流上，达到了崩溃电压后，能让电流导通而不被击穿并且能把过电压抑制下来，其抑制过程如图 20.8.4 所示。

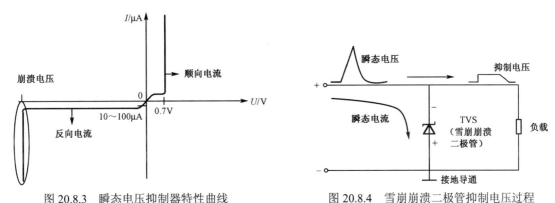

图 20.8.3　瞬态电压抑制器特性曲线　　　图 20.8.4　雪崩崩溃二极管抑制电压过程

雪崩崩溃二极管是以反向电流的方式，连接在线路上，平时不工作，只有在瞬态电压进入时，雪崩崩溃二极管产生崩溃才开始工作，把电压抑制在某个水平。

瞬态电压是指在电路上电流与电压的一种瞬时态的畸变，浪涌、谐波其为主要表现形式。瞬态电压最主要的特点有 3 个：超高压、瞬时态和高频次。超高压是指通常的瞬态电压尖峰，高出正常电路电压幅值的好多倍。瞬时态是指瞬态电压持续的时间非常之短，可以在数亿分之一秒内完成迸发到消失的过程。高频次是指瞬态电压的活动十分频繁，可以说无时不有、无处不在。瞬态电压会对微电子半导体芯片造成损坏。虽然有些微电子半导体芯片受到瞬态电压侵袭后，其性能没有明显下降，但是多次累积的侵袭会给芯片器件造成内伤而形成隐患。瞬态电压对芯片器件造成的损伤难以与其他原因造成的损伤加以区别，从而不自觉地掩盖了失效的真正原因。由于微电子半导体芯片的精细结构，如要替换或修理需要使用高度精密仪器，是非常费钱的。唯一的有效方法就是把瞬态电压抑制在被保护元件能承受的安全水平。

瞬态电压抑制二极管的原型实际上就是雪崩崩溃二极管，有单极型和双极型两种结构。单极型瞬态电压抑制二极管有一个 PN 结，双极型瞬态二极管有两个 PN 结，它们是利用现代半导体制作工艺在同一硅片的正、反两个面上制作出的两个背对背的 PN 结。瞬态电压抑制二极管的 PN 结经过玻璃纯化保护后，由引线引出，再由改性环氧树脂封装而成。其抑制瞬态电压的过程如图 20.8.5 和图 20.8.6 所示。单向和双向电压电流变化过程如图 20.8.7 和图 20.8.8 所示。

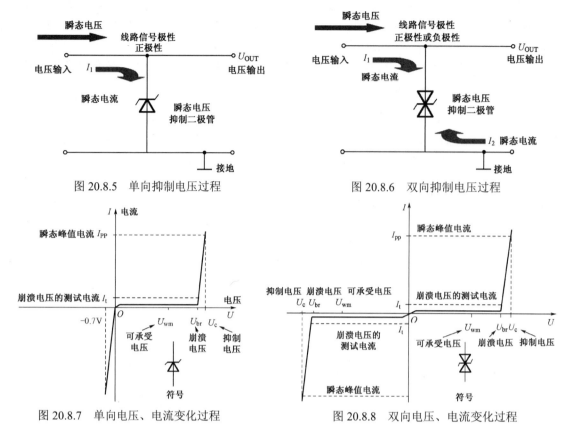

图 20.8.5　单向抑制电压过程　　　　　　图 20.8.6　双向抑制电压过程

图 20.8.7　单向电压、电流变化过程　　　　图 20.8.8　双向电压、电流变化过程

3．瞬态电压抑制器参数说明

① 可承受的反向电压 U_{wm}。在此阶段瞬态电压抑制二极管为不导通状态。U_{wm} 必须大于电路的正常工作电压，否则瞬态电压抑制二极管会不断截止回路电压。但 U_{wm} 需要尽量与被保护回路的正常工作电压接近，这样才不会在瞬态电压抑制二极管工作以前使整个回路面临过压威胁。

② 反向崩溃电压 U_{br}。当瞬态电压超过 U_{br} 时，瞬态电压抑制二极管便产生崩溃把瞬态电压抑制在某个水平，为瞬态电流提供一个超低电阻通路，让瞬态电流通过瞬态电压抑制二极管被引开，避开被保护元件。

③ 反向漏电电流 I_r。瞬态电压抑制二极管是以反向电流的方式连接在线路上，一般都会有 10～100 µA 的反向漏电电流。

④ 抑制电压 U_c。在瞬态电压冲击时，如静电，在截止状态所提供的电压。U_c 也用来测定瞬态电压抑制二极管在抑制瞬态电压时的性能。U_c 不能大于被保护回路的可承受极限电压，否则元件面临被损坏。U_c 通常越小越好。

⑤ 电容值 C_j。对于数据/信号频率越高的回路,瞬态电压抑制二极管的电容值对电路的干扰就越大，这会形成噪声或衰减信号强度。在高频回路或高速传输中，如 USB 2.0、1394，需要选择低电容值的瞬态电压抑制二极管,电容值不大于 10 pF。而对电容值要求不高的回路，电容值可高于 100 pF。

4．瞬态电压抑制器应用电路

图 20.3.6 中的 Z3 为双向瞬态电压抑制二极管，用来保护与它并联的 MOS 管 DS 之间电

压不要超过它的最大电压。图 20.7.3 中的 Z1 为单向瞬态电压抑制二极管,最右端连接 DC-DC 模块的输入端,之间并联一个单向瞬态电压抑制二极管的作用是保护输入 DC-DC 模块的电压不要超过该模块允许的最大电压。

20.9 晶闸管（可控硅）

晶闸管实物如图 20.9.1～图 20.9.4 所示。

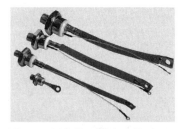

图 20.9.1　螺栓型单向可控硅

图 20.9.2　双向可控硅

图 20.9.3　大功率可控硅

图 20.9.4　TO-220 封装可控硅

1. 晶闸管工作原理

晶闸管又叫可控硅、可控硅整流元件,但它的功能不仅是整流,还可以用于无触点开关,以快速接通或切断电路,实现将直流电变成交流电的逆变,或将一种频率的交流电变成另一种频率的交流电等。与其他半导体器件一样,可控硅具有体积小、效率高、稳定性好、工作可靠等优点。可控硅使半导体技术从弱电领域进入了强电领域,成为工业、农业、交通运输、军事、科研、商业、民用电器等领域争相采用的元件。

晶闸管有阳极、阴极和控制极,其内有 4 层 PNPN 半导体、3 个 PN 结。控制极不加电压时,阳极、阴极间加正向电压不导通,加反向电压也不导通,分别称为正向阻断和反向阻断。阳极、阴极加正向电压,控制极、阴极加一电压触发,可控硅导通,此时控制极去除触发电压,可控硅仍维持导通状态,称为触发导通。要想关断（不导通）,只要电流小于维持电流就行了,去除正向电压也能关断。

图 20.9.5 和图 20.9.6 分别为可控硅的内部结构和等效电路图。

2. 晶闸管的工作过程

晶闸管是四层三端器件,有 J1、J2、J3 三个 PN 结,见图 20.9.5,可以把它中间的 NP 分成两部分,构成一个 PNP 型三极管和一个 NPN 型三极管的复合管,见图 20.9.6。

当晶闸管承受正向电压时,为使晶闸管导通,必须使承受反向电压的 PN 结 J2 失去阻挡作用。图 20.9.6 中,每个晶体管的集电极电流同时是另一个晶体管的基极电流。因此,当有足够的门极电流 I_g 流入时,两个互相复合的晶体管电路就会形成强烈的正反馈,造成两晶体

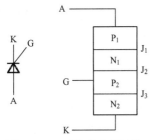

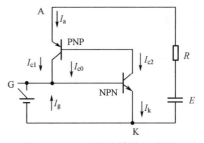

图 20.9.5 可控硅内部结构　　　　　图 20.9.6 可控硅等效电路图

管饱和导通。当晶体管饱和导通时，设 PNP 管和 NPN 管的集电极电流相应为 I_{c1} 和 I_{c2}，发射极电流相应为 I_a 和 I_k，电流放大系数相应为 $a_1=I_{c1}/I_a$ 和 $a_2=I_{c2}/I_k$，设流过 J2 结的反相漏电电流为 I_{c0}，晶闸管的阳极电流等于两管的集电极电流和漏电流的总和：

$$I_a = I_{c1} + I_{c2} + I_{c0} \qquad 或 \qquad I_a = a_1 I_a + a_2 I_k + I_{c0}$$

若门极电流为 I_g，则晶闸管阴极电流为 $I_k = I_a + I_g$，从而可以得出晶闸管阳极电流

$$I = (I_{c0} + a_2 I_g)/[1-(a_1+a_2)]$$

硅 PNP 管和硅 NPN 管相应的电流放大系数 a_1 和 a_2 随其发射极电流的改变而急剧变化，当晶闸管承受正向阳极电压，而门极未受电压的情况下，上式中，$I_g=0$，a_1+a_2 很小，故晶闸管的阳极电流 $I_a \approx I_{c0}$，晶闸管处于正向阻断状态。当晶闸管在正向阳极电压下，从门极 G 流入电流 I_g，由于足够大的 I_g 流经 NPN 管的发射结，从而提高其电流放大系数 a_2，产生足够大的集电极电流 I_{c2} 流过 PNP 管的发射结，并提高了 PNP 管的电流放大系数 a_1，产生了更大的集电极电流 I_{c1} 流经 NPN 管的发射结。这样强烈的正反馈过程迅速进行，当 a_1 和 a_2 随发射极电流增加而 $a_1+a_2 \approx 1$ 时，上式中的分母 $1-(a_1+a_2) \approx 0$，因此提高了晶闸管的阳极电流 I_a，这时流过晶闸管的电流完全由主回路的电压和回路电阻决定，晶闸管已处于正向导通状态。

上式中，当晶闸管导通后，$1-(a_1+a_2) \approx 0$，即使此时门极电流 $I_g=0$，晶闸管仍能保持原来的阳极电流 I_a 而继续导通。晶闸管在导通后，门极已失去作用。此时，如果不断减小电源电压或增大回路电阻，使阳极电流 I_a 减小到维持电流 I_H 以下，由于 a_1 和 a_2 迅速下降，当 $1-(a_1+a_2) \approx 1$ 时，晶闸管恢复阻断状态。

20.10　电荷泵

电荷泵用来提供一个系统中高于 V_{CC} 的电压。这在 MOS 管驱动、马达驱动器、开关电源驱动芯片中经常用到，下面介绍它的一些基础知识。

1. 电荷泵原理

电荷泵的基本原理是，通过电容对电荷的积累效应而产生高压，使电流由低电势流向高电势，如图 20.10.1 所示，工作过程如下：跨接电容 A 端通过二极管接 V_{cc}，另一端 B 端接振幅 U_{in} 的 PWM 方波。当 B 点电位为 0 时，A 点电位为 V_{CC}；当 B 点电位上升至 U_{in} 时，因为电容两端电压不变，此时 A 点电位上升为 $V_{CC}+U_{in}$。所以，A 点的电压是一个 PWM 方波，最大值是 $V_{CC}+U_{in}$，最小值是 V_{CC}（假设二极管为理想二极管）。A 点的方波经过简单的整流，就可以作为驱动 MOS 管的电源了。常

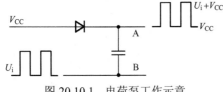

图 20.10.1　电荷泵工作示意

见的马达驱动器或开关电源驱动芯片有一个引脚，通常叫做 V_{boost}，推荐电路会在 V_{boost} 引脚和驱动引脚之间接一个电容，这个电容就是跨接电容。二极管接在 V_{CC} 与 V_{boost} 之间。需要注意跨接电容的耐压和容量。

2．电荷泵参数

输出电压：理想情况下，输出电压最大值 $V_{outmax}=U_{in}+V_{CC}-U_f$。$U_f$ 为二极管压降。

输出电流：经整流后得到的输出电压为 U_{out}，与最大可用输出电流的关系如下

$$I_{out}=(V_{CC}+U_{in}-U_f-U_{out})\times f\times C_{fly}$$

式中，f 为 PWM 波频率，C_{fly} 为跨接电容值。

驱动 MOS 管时，因为此时相当于给电容充电，而电容充电瞬间相当于短路（输出电压为 0），所以用短路输出电流来评价电荷泵：

$$I_{out}=(V_{CC}+U_{in}-U_f)\times f\times C_{fly}$$

上面两个公式是理想情况下得出的。因为电荷泵有效开环输出电阻存在，使得实际情况不是那么理想。所以在 MOS 管的驱动电路设计中，选择跨接电容时一般要留有一半的余量。

3．电荷泵的应用

除了 MOS 管驱动电路，电荷泵有时用于相机的照明灯等设备，也有升压、降压和产生负压的电荷泵。当然，因为有更高的要求，内部原理要比上面介绍的复杂得多，但是万变不离其宗，了解了电荷泵的基本原理，学习更复杂的电路也就不难了。

第 21 章　直流稳压电源专题

直流稳压电源是将交流电转变为稳定的、输出功率符合要求的直流电的设备。大部分电子电路都需要直流电源供电，所以直流稳压电源是电子电路或仪器不可缺少的组成部分。

直流稳压电源通常由电源变压器、整流电路、滤波电路和稳压电路四部分组成，其原理如图 21.1 所示。其各部分的作用如下：

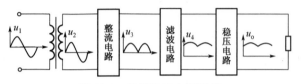

图 21.1　直流稳压电源原理

❖ 电源变压器——将交流市电电压（220 V）变换为符合整流需要的数值。

❖ 整流电路——将交流电压变换为单向脉动直流电压，是利用二极管的单向导电性来实现的。

❖ 滤波电路——将脉动直流电压中交流分量滤除，形成平滑的直流电压，可利用电容、电感或电阻-电容来实现。

❖ 稳压电路——当交流电网电压波动或负载变化时，保证输出直流电压稳定。简单的稳压电路可采用稳压管来实现，稳压性能要求高的场合可采用串联反馈式稳压电路（包括基准电压、采样电路、放大电路和调整管等组成部分）。目前，市场上通用的集成稳压模块相当普遍。

21.1　整流电路

整流电路的功能是利用二极管的单向导电性将正弦交流电压转换成单向脉动电压。整流电路有单相整流和三相整流，有半波整流、全波整流、桥式整流等。这里重点讨论单相桥式整流。

下面分析整流电路时，为了叙述简单，把二极管当做理想元件来处理，即认为它的正向导通电阻为零，而反向电阻为无穷大。

1. 单相桥式整流电路

单相桥式整流电路如图 21.1.1 所示，Tr 为电源变压器，其作用是将交流电网电压 u_1 变成整流电路要求的交流电压 u_2，R_L 是要求直流供电的负载电阻，4 只整流二极管 $D_1 \sim D_4$ 接成电桥的形式，故有桥式整流电路之称。图 21.1.2 是它的简化画法。

在电源电压 u_2 的正、负半周内（设 a 端为正、b 端为负时是正半周）电流通路用图 21.1.1 中实线和虚线箭头表示。负载 R_L 上的电压 u_O 的波形如图 21.1.3 所示。电流的波形 i_o 与 u_o 的波形相同。显然，它们都是单方向的全波脉动波形。

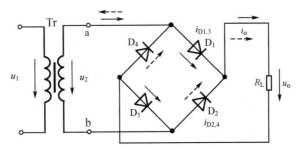

图 21.1.1　单相桥式整流电路

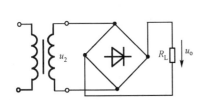

图 21.1.2　单相桥式整流电路简化画法

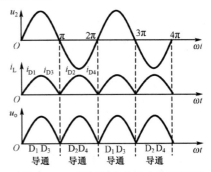

图 21.1.3　单相桥式整流电路波形图

2．桥式整流电路的技术指标

整流电路的技术指标包括整流电路的工作性能指标和整流二极管的性能指标。整流电路的工作性能指标有输出电压 U_o 和脉动系数 S。二极管的性能指标有流过二极管的平均电流 I_D 和所承受的最大反向电压 U_{DRM}。下面分析桥式整流电路的技术指标。

（1）输出电压的平均值

$$U_o = \frac{1}{\pi} \int_0^\pi \sqrt{2} U_2 \sin \omega t \mathrm{d}\omega t = \frac{2\sqrt{2}}{\pi} U_2 = 0.9 U_2$$

直流电流

$$I_o = \frac{0.9 U_2}{R_L}$$

（2）脉动系数 S

图 21.1.3 中整流输出电压波形中包含的若干偶次谐波分量称为纹波，它们叠加在直流分量上。我们把最低次谐波幅值与输出电压平均值之比定义为脉动系数。全波整流电压的脉动系数约为 0.67，故需用滤波电路滤除 u_o 中的纹波电压。

（3）流过二极管的正向平均电压 I_D

在桥式整流电路中，二极管 D_1、D_3 和 D_2、D_4 是两两轮流导通的，所以流经每个二极管的平均电流为

$$I_D = \frac{1}{2} I_L = \frac{0.45 U_2}{R_L}$$

（4）二极管承受的最大反向电压 U_{DRM}

二极管在截止时管子承受的最大反向电压可从图 21.1.1 看出。在 u_2 正半周时，D_1、D_3 导通，D_2、D_4 截止，此时 D_2、D_4 所承受到的最大反向电压均为 u_2 的最大值，即

$$U_{DRM} = \sqrt{2} U_2$$

同理，在 u_2 的负半周 D_1、D_3 也承受同样大小的反向电压。

桥式整流电路的优点是，输出电压高，纹波电压较小，管子承受的最大反向电压较低，同时因电源变压器在正负半周内都有电流供给负载，电源变压器得到充分利用，效率较高。因此，这种电路在半导体整流电路中得到了广泛应用。该电路的缺点是二极管用得较多。目前，市场上已有许多品种的半桥和全桥整流模块出售，而且价格便宜，这能弥补桥式整流电路的缺点。

表 21.1.1 给出了常见整流电路的电路图、整流电压的波形及计算公式。

表 21.1.1　常见整流电路

类型	电　路	整流电压的波形	整流电压平均值	每管电流平均值	每管承受最高反压
单相半波	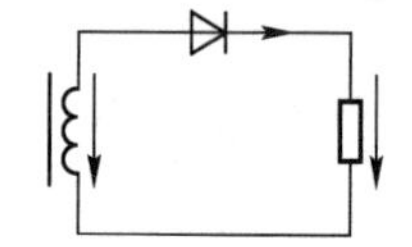	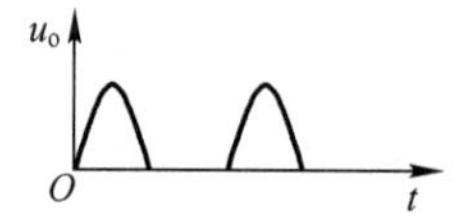	$0.45U_2$	I_o	$\sqrt{2}U_2$
单相全波	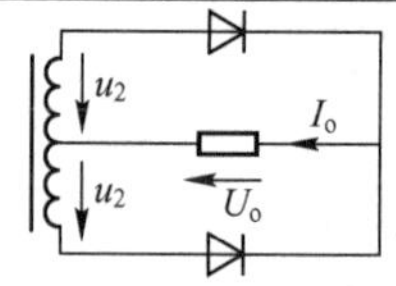	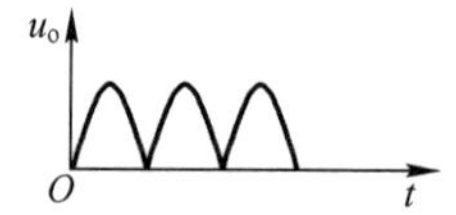	$0.9U_2$	$\frac{1}{2}I_o$	$2\sqrt{2}U_2$
单相桥式	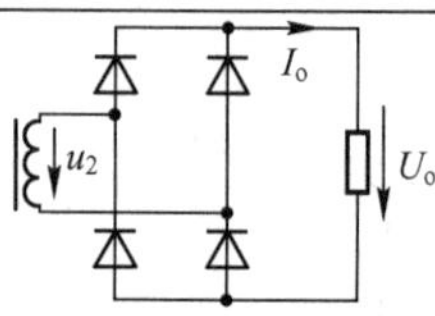		$0.9\,U_2$	$\frac{1}{2}I_o$	$\sqrt{2}U_2$
三相半波	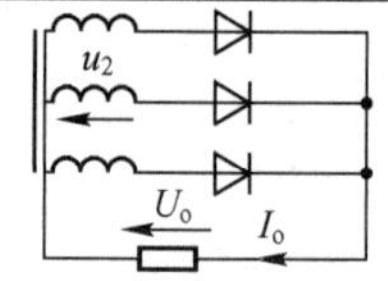	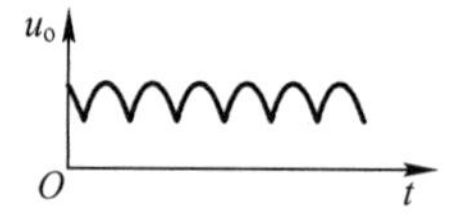	$1.17\,U_2$	$\frac{1}{3}I_o$	$\sqrt{3}\sqrt{2}U_2$
三相桥式	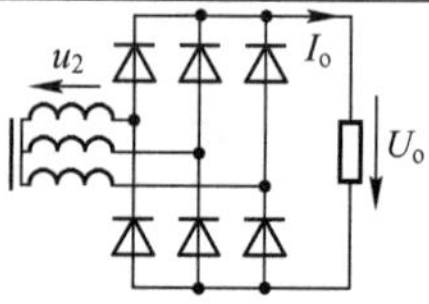	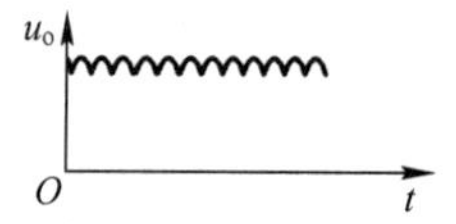	$2.34\,U_2$	$\frac{1}{3}I_o$	$\sqrt{3}\sqrt{2}U_2$

21.2　滤波电路

滤波电路的作用是滤除整流电压中的纹波。常用的滤波电路有电容滤波、电感滤波、复式滤波及有源滤波等。这里重点讨论电容滤波。

1. 电容滤波电路

电容滤波电路是最简单的滤波器，是在整流电路的负载上并联一个电容 C。电容为带有正、负极性的大容量电容器，如电解电容、钽电容等，如图 21.2.1 所示。

（1）滤波原理

电容滤波是通过电容器的充电、放电来滤掉交流分量。图 21.2.2 中的虚线波形为桥式整流的波形。并入电容 C 后，在 $u_2>0$ 时，D_1、D_3 导通，D_2、D_4 截止，电源在向 R_L 供电的同

354

时，又向 C 充电储能，由于充电时间常数 τ_1 很小（绕组电阻和二极管的正向电阻都很小），充电很快，输出电压 u_0 随 u_2 上升，当 $u_C=\sqrt{2}u_2$ 后，u_2 开始下降，$u_2<u_C$，$t_1\sim t_2$ 时段内，$D_1\sim D_4$ 全部反偏截止，由电容 C 向 R_L 放电，由于放电时间常数 τ_2 较大，放电较慢，输出电压 u_0 随 u_C 按指数规律缓慢下降，如图中的 ab 实线段。b 点以后，负半周电压 $u_2>u_C$，D_1、D_3 截止，D_2、D_4 导通，C 又被充电至 c 点，充电过程形成 $u_0=u_2$ 的波形为 bc 实线段。c 点以后，$u_2<u_C$，$D_1\sim D_4$ 又截止，C 又放电，如此不断的充电、放电，使负载获得如图 21.2.2 中实线所示的 u_0 波形。由波形可见，桥式整流接电容滤波后，输出电压的脉动程度大大减小。

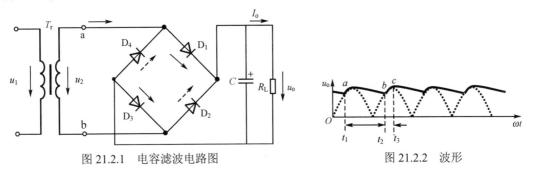

图 21.2.1 电容滤波电路图　　　　　图 21.2.2　波形

（2）U_0 的大小与元件的选择

由以上讨论可见，输出电压平均值 U_0 的大小与 τ_1、τ_2 的大小有关，τ_1 越小，τ_2 越大，U_0 也就越大。当负载 R_L 开路时，τ_2 无穷大，电容 C 无放电回路，U_0 达到最大，即 $U_0=\sqrt{2}U_2$；当 R_L 很小时，输出电压几乎与无滤波时相同。因此，电容滤波器输出电压在 $0.9U_2\sim\sqrt{2}U_2$ 内波动，在工程上一般采用经验公式估算其大小，R_L 愈小，输出平均电压愈低，因此输出平均电压可按下述工程估算取值：

$$U_0=U_2（半波）\qquad\qquad U_0=1.2U_2（半波）$$

为了达到上式的取值关系，获得比较平直的输出电压，一般要求 $R_L\geqslant(5\sim10)\dfrac{1}{\omega C}$，即

$$R_L C\geqslant(3\sim5)\frac{1}{T}$$

式中，T 是电源交流电压的周期。

对于单相桥式整流电路而言，无论有无滤波电容，二极管的最高反向工作电压都是 $\sqrt{2}U_2$。

关于滤波电容值的选取应视负载电流的大小而定。一般在几十微法到几千微法，电容器耐压应大于 $\sqrt{2}U_2$。

电容滤波电路结构简单，输出电压较高，脉动较小，但电路的带负载能力不强，因此电容滤波通常适合在小电流，且变动不大的电子设备中使用。

2. 电感滤波电路

在桥式整流电路和负载电阻 R_L 间串入一个电感器 L，如图 21.2.3 所示。利用电感的储能作用可以减小输出电压的纹波，从而得到比较平滑的直流。当忽略电感器 L 的电阻时，负载上输出的平均电压和纯电阻（不加电感）负载相同，即 $U_0=0.9U_2$。

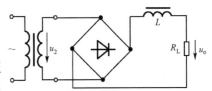

图 21.2.3　桥式整流电感滤波电路

电感滤波的优点是，整流管的导电角较大（电感 L 的反电势使整流管导电角增大），峰

值电流很小，输出特性比较平坦。其缺点是，铁芯存在笨重、体积大的问题，易引起电磁干扰，一般只适用于大电流的场合。

3. 复式滤波器

在滤波电容 C 之前加一个电感 L 构成了 LC 滤波电路。如图 21.2.4 所示，这样可使输出至负载 R_L 上的电压交流成分进一步降低。该电路适用于高频或负载电流较大并要求脉动很小的电子设备中。

为了进一步提高整流输出电压的平滑性，可以在 LC 滤波电路之前再并联一个滤波电容 C_1，如图 21.2.5 所示，这就构成了 πLC 滤波电路。

由于带有铁芯的电感线圈体积大，价格也高，因此常用电阻 R 来代替电感 L 构成πRC 滤波电路，如图 21.2.6 所示。只要适当选择 R 和 C_2 参数，在负载两端可以获得脉动极小的直流电压，在小功率电子设备中被广泛采用。

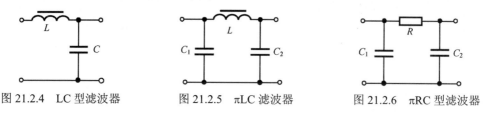

图 21.2.4　LC 型滤波器　　　　图 21.2.5　πLC 滤波器　　　　图 21.2.6　πRC 型滤波器

21.3　稳压电路

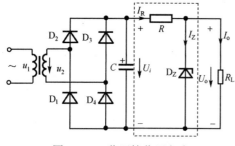

图 21.3.1　稳压管稳压电路

1. 并联型稳压电路

并联型稳压电路，又称为稳压管稳压电路（如图 21.3.1 所示），是一种最简单的稳压电路，主要用于对稳压要求不高的场合，有时也作为基准电压源，因其稳压管 D_Z 与负载电阻 R_L 并联而得名。

引起电压不稳定的原因是交流电源电压的波动和负载电流的变化，稳压管能够稳压的原理在于稳压管具有很强的电流控制能力。当保持负载 R_L 不变，U_i 因交流电源电压增大而增大时，负载电压 U_o 也要增大，稳压管的电流 I_Z 急剧增大，因此电阻 R 上的压降急剧增加，以抵偿 U_i 的增加，从而使负载电压 U_o 保持近似不变。相反，U_i 因交流电源电压降低而降低时，稳压过程与上述过程相反。

如果保持电源电压不变，负载电流 I_o 增大时，电阻 R 上的压降也增大，负载电压 U_o 因而下降，稳压管电流 I_Z 急剧减小，从而补偿了 I_o 的增大，使得通过电阻 R 的电流和电阻上的压降保持近似不变，因此负载电压 U_o 就近似地稳定。当负载电流减小时，稳压过程相反。

选择稳压管时，一般取
$$\begin{cases} U_Z = U_o \\ I_{Z\max} = (1.5 \sim 3)I_{o\max} \\ U_i = (2 \sim 3)U_o \end{cases}$$

2. 串联反馈型稳压电路

串联型反馈稳压电路克服了并联型稳压电路输出电流小、输出电压不能调节的缺点，因而在各种电子设备中得到广泛应用。同时，这种稳压电路也是集成稳压电路的基本组成部分，这里我们重点讨论。

（1）稳压电源的主要指标

稳压电源的技术指标分为两种：一种是质量指标，用来衡量输出直流电压的稳定程度，包括电压调整率、电流调整率、温度系数及纹波电压等；另一种是工作指标，指稳压器能够正常工作的工作区域，以及保证正常工作所必须的工作条件，包括允许的输入电压、输出电压、输出电流及输出电压调节范围及极限参数等。下面只介绍常用的几种，其他参数请查阅相关书籍。

① 电压调整率 S_U：表征稳压器稳压性能优劣的重要指标，是指在负载和温度恒定的条件下，输出电压的相对变化量与输入电压变化量的百分比，即

$$S_U = \frac{\Delta U_o / U_o}{\Delta U_I} \times 100\%$$

工程上还有一个类似的概念，称为稳压系数 S，是指在负载不变的条件下输出电压变化量与输入电压变化量之比。

② 电流调整率 S_I：反映稳压器负载能力的一项重要指标，又称为电流稳定系数。它表征当输入电压不变时，在规定的负载电流变化的条件下，输出电压的相对变化量，即

$$S_I = \frac{\Delta U_o}{U_o} \times 100\%$$

工程上也有一个类似的概念，称为输出电阻 R_o，定义为负载变化时输出电压变化量与负载输出电流变化量之比。

③ 输出电压的温度系数 S_T：指在负载和输入电压不变的条件下，输出电压的相对变化量与环境温度变化量的百分比，即

$$S_T = \frac{\Delta U_o / U_o}{\Delta T} \times 100\%$$

式中，S_T 表征稳压电路的热稳定性，值越小，稳压电路的热稳定性越好，单位是 ppm/℃。

3. 串联反馈型稳压电路的组成和工作原理

图 21.3.2 是串联反馈型稳压电路的一般结构，U_i 是整流滤波电路的输出电压，T 为调整管，A 为比较放大器，U_{REF} 为基准电压，R_1 和 R_2 组成反馈网络，用来反馈输出电压的变化（取样）。这种稳压电路的主回路是工作于线性状态的调整管 T 与负载串联，故称为串联型稳压电路。输出电压的变化量由反馈网络取样经放大器放大后来控制调整管 T 的 c–e 极间的电压降，从而达到稳定输出电压 U_o 的目的。

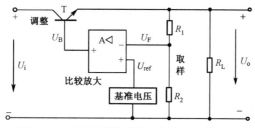

图 21.3.2　串联反馈型稳压电路的一般结构

稳压原理可简述如下：当输入电压 U_i 增大（或负载电流 I_o 减小）时，导致输出电压 U_o 增

大，随之反馈电压 $U_F = R_2 U_o / (R_1 + R_2) = F_U U_o$ 也增加（F_U 为反馈系数）。U_F 与基准电压 U_{ref} 相比较，其差值电压经比较放大器放大后使 U_B 和 I_C 减小，调整管 T 的 c–e 极间的电压 U_{CE} 增大，使 U_o 下降，从而维持 U_o 基本恒定。

同理，当输入电压 U_i 减小（或负载电流 I_o 增大）时，亦将使输出电压基本保持不变。

从反馈放大器的角度来看，这种电路属于电压串联负反馈电路。调整管 T 连接成射极跟随器。因而可得

$$U_B = A_U (U_{ref} - F_U U_o) \approx U_o \qquad \text{或} \qquad U_o = U_{ref} \frac{A_U}{1 + A_U F_U}$$

式中，A_U 是比较放大器的电压放大倍数，是考虑了所带负载的影响的，与开环放大倍数 A_{uo} 不同。在深度负反馈条件下，$|1 + A_U F_U| \gg 1$ 时，可得 $U_o = U_{ref} / F_U$，即输出电压 U_o 与基准电压 U_{ref} 近似成正比，与反馈系数 F_U 成反比。当 U_{ref} 及 F_U 已定时，U_o 也就确定了，因此它是设计稳压电路的基本关系式。

注意，调整管 T 的调整作用是依靠 F_U 和 U_{ref} 之间的偏差来实现的，必须有偏差才能调整。如果 U_o 绝对不变，调整管的 U_{CE} 绝对不变，那么电路就不能起调整作用了。所以，U_o 不可能达到绝对稳定，只能是基本稳定。因此，图 21.3.2 所示系统是一个闭环有差调整系统。

由以上分析可知，当反馈越深时，调整作用越强，输出电压 U_o 越稳定，电路的稳压系数和输出电阻 R_o 也越小。

21.4 集成稳压模块的使用

1. 三端固定式集成稳压模块

三端固定式集成稳压模块实物如图 21.4.1～图 21.4.5 所示，有 3 个端子：输入端 U_i、输出端 U_o 和公共端 COM。输入端接整流滤波电路，输出端接负载，公共端接输入、输出的公共连接点。其内部由采样、基准、放大、调整和保护等电路组成。保护电路具有过流、过热及短路保护功能。

图 21.4.1　直插式 78L05

图 21.4.2　贴片式 78L05

图 21.4.3　直插式 LM7805

图 21.4.4　贴片式 78M05

图 21.4.5　LM78H05

三端固定集成稳压器有许多品种，常用的有 7800/7900 系列。7800 系列输出正电压，其

输出电压有 5/6/8/10/12/15/18/20/24 V 等。该系列的输出电流分 5 挡：7800 系列是 1 A，78M00 是 0.5 A，78L00 是 0.1 A，78T00 是 3 A，78H00 是 5 A。7900 系列与 7800 系列不同的是输出电压为负值。

图 21.4.6 为三端集成稳压器 LM7805 和 LM7905 作为固定输出电压的典型应用。正常工作时，输入、输出电压差为 2～3 V。C_1 为输入稳定电容，其作用是减小纹波、消振、抑制高频和脉冲干扰，一般为 0.1～1 μF。C_2 为输出稳定电容，其作用是改善负载的瞬态响应，一般为 1 μF。使用三端稳压器时要根据输出电流的大小选择加散热器，否则会由于过热而无法工作到额定电流。

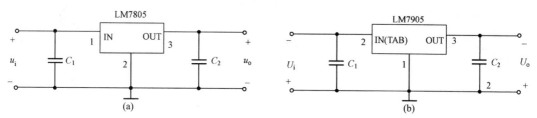

图 21.4.6　三端稳压电路的电路典型应用

2. 使用三端稳压模块同时输出正、负电压

在图 21.4.7 中，$C_1 = C_2 = 2200$ μF，是滤波电容；$C_3 = C_4 = 0.33$ μF，用于改善输入电压波纹；$C_5 = C_6 = 1$ μF，是消除模块输出高频噪声，增强输出电压稳定的电容。设计过程如下：

<1> 确定模块的输入电压。7805 的输入电压为 7～30 V，7905 的输入电压为 -7～-30 V，均按输入电压大小为 12 V 设计。

<2> 确定变压器。交流输入电压经降压、全波整流和滤波后，两模块各承受 12 V 电压（该电压为变压器副边总电压平均值的一半），则 $0.9 \times U_2/2 = 12$ V，即 $U_2 = 12$ V/0.45 ≈ 26.6 V。于是匝数比 $U_1 : U_2 = 220 : 26.6 ≈ 8 : 1$（变压比），在市场上可以选择 ±12 V 的变压器。

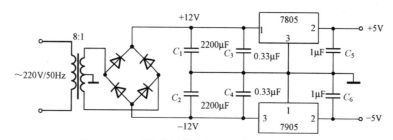

图 21.4.7　三端稳压模块同时输出正负电压电路

<3> 选择整流二极管。整流二极管承受的最大反向电压

$$U_{DRM} = \sqrt{2} U_2 = \frac{1}{8} \sqrt{2} U_1 \approx 39V$$

所以，可选择反向击穿电压为 $U_{DRM} \geq 78$ V 的整流二极管（即按最大反向工作电压的 2 倍选取 U_{DRM}），不过一般在自制电源时，都可直接采购封装好的整流桥。市场上见到的整流桥实物如图 21.4.8～图 21.4.12 所示。

<4> 确定变压器功率。根据设计负载最大功率选择变压器功率，并且考虑留有一定量的余地。

图 21.4.8　小功率长条形整流桥

图 21.4.9　小功率贴片式整流桥

图 21.4.10　小功率方形整流桥

图 21.4.11　小功率圆形整流桥

图 21.4.12　大功率方形整流桥

3. 三端可调式集成稳压器

三端可调式集成稳压器实物如图 21.4.13 和图 21.4.14 所示。

图 21.4.13　直插式 LM317

图 21.4.14　贴片式 LM317

三端可调式集成稳压器是在固定式集成稳压器基础上发展起来的。它的三个端子为输入端 U_i、输出端 U_o、可调端 ADJ。其特点是可调端 ADJ 的电流非常小，用很少外接元件就能方便地组成精密可调的稳压电路和恒流源电路。

三端集成稳压器有正电压输出型 LM117、LM217 和 LM317 系列，负电压输出型 LM137、LM237 和 LM337 系列，输出电压在 1.25～37 V 范围内连续可调。以 LM317 为例，三端可调稳压器的典型应用电路如图 21.4.15 所示。

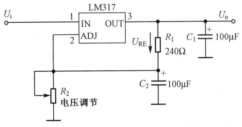

图 21.4.15　三端可调稳压器的典型应用电路

三端集成稳压器具有输出 1.5 A 电流的能力，图 21.4.14 中，R_1、R_2 组成可调输出电压网络，输出电压经过 R_1、R_2 分压加到 ADJ 端。

$$U_o = U_{REF}\left(1 + \frac{R_2}{R_1}\right)$$

式中，$U_{REF}=1.25$ V，R_2 为可调电位器。当 R_2 变化时，U_o 在 1.25～37 V 连续可调。C_2 起滤除

纹波的作用。

4．低压差三端稳压器

三端稳压器的缺点是输入、输出之间必须维持 2～3 V 的电压差才能正常工作，在电池供电设备中使用起来非常不方便。例如，7805 在输出 1.5 A 电流且电压差为 3 V 时，自身的功耗达到 4.5 W，这不仅浪费资源，还需要很好的散热条件来散热。

Micrel 公司生产的低压差三端稳压电路 MIC29150 系列（如图 21.4.16 和图 21.4.17 所示）具有 3.3 V、5 V 和 12 V 三种电压，输出电流 1.5 A，具有与 7800 系列相同的封装，与 7805 可以互换使用。该器件的特点是：压差低，在 1.5A 输出时的典型值为 350 mV，最大值为 600 mV；输出电压精度±2%；最大输入电压可达 26 V，输出电压的温度系数为 20 ppm/℃，工作温度–40℃～125℃；有过流保护、过热保护、电源极性接反及瞬态过压保护（–20～60 V）功能。当该稳压器输入电压为 5.6 V 时，输出电压为 5.0 V，功耗仅为 0.9 W，比 7805 的 4.5 W 小得多，可以不加散热片。如果采用市电供电，则前端变压器功率可以减小很多，MIC29150 的使用方法与 7805 完全相同。

图 21.4.16　直插式 MIC29150

图 21.4.17　贴片式 MIC29150

5．基准电压源

稳压管稳压电路可以作为基准电压源，但因为其电压稳定性差、温度系数大、噪声电压大等缺点，所以不能作为高精度的基准电压源。稳压性能好的基准电压源是当代模拟集成电路极为重要的组成部分，为串联型稳压电路、A/D 和 D/A 转换器提供基准电压，也是大多数传感器的稳压供电电源或激励源。另外，基准电压源也可作为标准电池、仪器表头的刻度标准和精密电流源。

（1）TL431 基准电压源

TL431 实物和图形符号如图 21.4.18 和图 21.4.19 所示。

图 21.4.18　TL431 实物

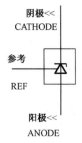

阴极<<
CATHODE

参考
REF

阳极<<
ANODE

图 21.4.19　TL431 图形符号

① 特点与主要参数

TL431 是一个性能优良的基准电压集成电路。该器件主要应用于稳压、仪器仪表、可调电源和开关电源中，是稳压二极管的良好替代品。其主要特点是，可调输出电压范围大，为

$2.5\sim36$ V；输出阻抗较小，约为 $0.2\ \Omega$，吸收电流 $1\sim100$ mA；温度系数 30 ppm/℃。

② 典型应用电路

图 21.4.20 是使用 TL431 设计的稳压电路。电路的最大稳定电流为 2 A，输出电压的调节范围为 $2.5\sim24$ V。图中发光二极管作为稳压管使用，使 T_2 的发射结恒定，从而使电流 I_1 恒定，保证当输入电压变化时，TL431 不会因电流过大而损坏。当输入电压变化时，TL431 的参考电压 U_{REF} 随之变化，当输出电压上升时，TL431 的阴极电压随 U_{REF} 上升而下降，输出电压随之下降。

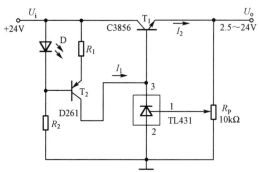

图 21.4.20　TL431 典型应用电路

（2）MC1403 基准电压源

MC1403 实物和引脚排列图如图 21.4.21 和图 21.4.22 所示。

图 21.4.21　MC1403 实物

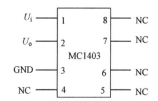

图 21.4.22　MC1403 引脚排列图

① MC1403 的特点和主要参数

MC1403 是一种高精度、低温漂、采用激光修正的能隙基准源。能隙是指硅半导体材料在热力学温度 $T=0$ K 时的禁带宽度（能带间隙），其电压值记为 U_{GO}，$U_{GO}=1.205$ V。MC1403 采用 DIP-8 封装，见图 21.4.21。U_i 为 $4.5\sim15$ V，U_o 的典型值为 2.5 V，温度系数为 10 ppm/℃。

② 典型应用电路

MC1403 基准电压源的内部电路很复杂，但应用很简单，只需外接少量元件。图 21.4.23 是其典型应用电路，R_P 为精密电位器，用于精确调节输出的基准电压值，C 为消噪电容。图 21.4.23 的电路输出电压稳定在 2.5 V，若要获得高于 2.5 V 的基准电压源，可采用图 21.4.24 所示电路。

MC1403 的输入/输出特性列于表 20.4.1 中，由表中数据可知，U_i 从 10 V 降到 4.5 V 时，U_o 变化 0.0001 V，变化率非常小。

图 21.4.23 中，ICL7650 为斩波自稳零式精密运算放大器，R_f 为反馈电阻，R_i 是反相输入电阻。若要得到 5 V 的输出电压，这里取 $R_i=R_f=20$ kΩ。输出电压

$$U_o = 2.5 \times \left(1 + \frac{R_f}{R_i}\right) = 5\text{V}$$

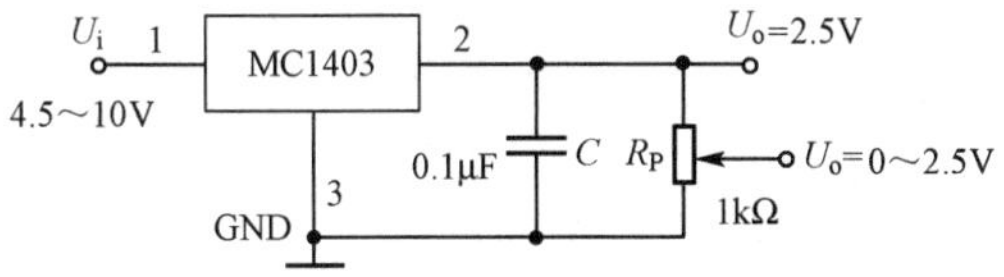

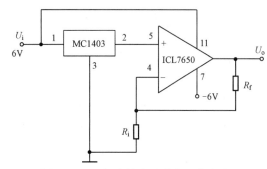

图 21.4.23　MC1403 典型应用电路　　　　图 21.4.24　提高输出基准电压的电路

表 21.4.1　MC1403 的输入/输出特性

输入电压 U_i（V）	10	9	8	7	6	5	4.5
输入电压 U_o（V）	2.5028	2.5028	2.5028	2.5028	2.5028	2.5028	2.5027

21.5　串联开关型稳压电源

1.串联开关型稳压电源的工作原理

串联反馈式稳压电路由于调整管工作在线性区，因此其管耗大、电源效率较低（40%～60%），有时还要配备庞大的散热装置。而串联开关型稳压电路调整管工作在开关状态，其具有管耗小、效率高（80%～90%）、稳压范围宽、滤波效果好等优点，在各种仪器设备和计算机乃至家电产品中得到广泛应用。

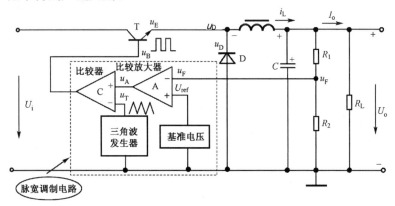

图 21.5.1　开关型稳压电源原理图

2.串联开关式稳压电源工作过程

开关型稳压电源电路原理图如图 21.5.1 所示，由调整管 T、滤波电路 LC、脉宽调制电路（PWM）和采样电路等组成。当 u_B 为高电平时，调整管 T 饱和导通，输入电压 U_i 经滤波电感 L 加在滤波电容 C 和负载 R_L 两端，在此期间，i_L 增大，L 和 C 储能，二极管 D 反偏截止。当 u_B 为低电平时，调整管 T 由导通变为截止，电感电流 i_L 不能突变，i_L 经 R_L 和续流二极管 D 衰减而释放能量，此时 C 也向 R_L 放电，因此 R_L 两端仍能获得连续的输出电压。

图 21.5.2 画出了电流 i_L、电压 u_E（u_D）和 u_o 的波形。t_{on} 是调整管 T 的导通时间，t_{off} 是调整管 T 的截止时间，$T=t_{on}+t_{off}$ 是开关转换周期。显然，由于调整管 T 的导通与截止，使输入的直流电压 U_i 变成高频矩形脉冲电压 u_E（u_D），经 LC 滤波得到输出电压。

$$U_{o} = \frac{U_i t_{on} + (-U_D) t_{off}}{T} \approx U_i \frac{t_{on}}{T} = q U_i$$

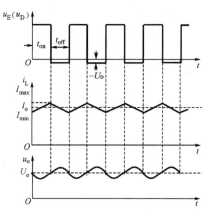

式中，$q = t_{on}/T$ 称为脉冲波形的占空比，即一个周期持续脉冲时间 t_{on} 与周期 T 之比值。由此可见，对于一定的 U_i 值，通过调节占空比即可调节输出电压 U_o。

图 21.5.1 所示电路通过保持控制信号的周期 T 不变，而改变导通时间 t_{on} 来调节输出电压 U_o 的大小，这种电路称为脉宽调制型开关稳压电源（PWM）；若保持控制信号的脉宽不变，只改变信号的周期 T，同样能使输出电压 U_o 发生变化，这就是频率调制型开关电源（PFM）；若同时改变导通时间 t_{on} 和周期 T，称为混合性开关稳压电源。

图 21.5.2　图 21.5.1 中 u_E（u_D）、i_L 和 u_o 的波形

3. 稳压原理

当输入电压波动或负载电流改变时，都将引起输出电压 U_o 的改变，在图 21.5.1 中，由于负反馈作用，电路能自动调整而使 U_o 基本维持不变。稳压过程如下：

当 $U_i \downarrow \rightarrow U_o \downarrow \rightarrow u_F \downarrow$（$u_F < U_{REF}$）$\rightarrow u_A$ 为正值 $\rightarrow u_E$ 输出高电平变宽 $t_{on} \uparrow \rightarrow U_o \uparrow$。

当 $U_i \uparrow \rightarrow U_o \uparrow \rightarrow u_F \uparrow$（$u_F > U_{REF}$）$\rightarrow u_A$ 为负值 $\rightarrow u_E$ 输出高电平变窄 $t_{on} \downarrow \rightarrow U_o \downarrow$。

此时，u_T、u_B、u_E 的波形如图 21.5.3 所示。

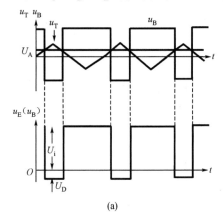

(a)

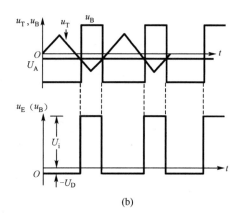

(b)

图 21.5.3　图 21.5.1 中 U_i 变化时 u_T、u_B、u_E 的波形

第 22 章　运放扩展专题

22.1　有源滤波器

1. 简单低通滤波器

简单低通滤波器电路如图 22.1.1 所示，计算公式如下：

$$f_L = \frac{1}{2\pi R_1 C_1} \qquad f_c = \frac{1}{2\pi R_3 C_1} \qquad A_L = \frac{R_3}{R_1}$$

该电路在闭环 3 dB 转折点为 f_c，对高于 f_c 的信号有 6 dB/2 倍频程的衰减。低于 f_c 频率的信号的增益由 R_3/R_1 决定，在输入信号频率远大于 f_c 的情况下，电路可以看成是对交流信号的积分器。可以认为，此时从时域响应上看，比起积分来说，RC 的时间延迟特性更明显。R_2 的阻值应选为 R_1 和 R_3 的并联阻值，以减小输入偏置电流带来的误差，可以选择带内部频率补偿的运放或在外部对单位增益的频率特性进行补偿。电路的频率响应特性如图 22.1.2 所示，表示了 LPF 和真正的积分器在频率特性上的区别。

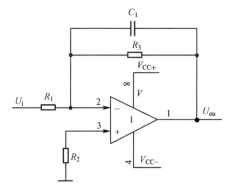

图 22.1.1　简单低通滤波器电路

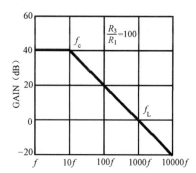

图 22.1.2　低通滤波器频率响应特性

利用运算放大器搭建有源滤波器调试难度较大，一些厂家提供集成模拟滤波器使用较方便。这里介绍 MAX280，它是一个 5 阶开关电容型低通滤波器。电源电压为 ±5 V，输入信号的频率范围为 0～20 kHz，8 脚 DIP 封装，需要外接电阻和电容以提供无漂移输出，与 MAX280 内部的 4 阶开关电容共同构成 5 阶的低通滤波器，如图 22.1.3 所示。滤波器的截止频率由一个内部时钟来设置。内部时钟和截止频率的比率为 100∶1。设 f_0 为 -3dB 的截止频率，则有

$$\frac{f_0}{1.62} = \frac{1}{2\pi RC}$$

例如，设计一个 100 Hz 的低通滤波器，则 $\frac{1}{2\pi RC} = 61.73\text{Hz}$，通常情况下电阻 R 选择 20 kΩ，这样就可以相应地算出电容 C 的值了。

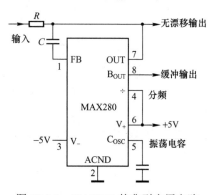

图 22.1.3　MAX280 的典型应用电路

2．二阶压控低通有源滤波器

二阶有源压控低通滤波器如图 22.1.4 所示。其通带电压放大倍数为

$$A_{up} = \frac{U_o}{U_i} - \frac{R_1 + R_f}{R_1} = 1 + \frac{R_f}{R_1}$$

电压传递函数为

$$\dot{A}_u = \frac{\dot{U}_o}{\dot{U}_i} = \frac{A_{up}}{1 - (\frac{f}{f_0})^2 + j(3 - A_{up})\frac{f}{f_0}}$$

特征频率与截止频率的关系是 $f_p = f_0$。在 f_0 点，其频率特性曲线的斜率为每 10 倍频程 40dB 下降。

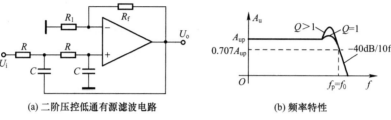

(a) 二阶压控低通有源滤波电路　　　(b) 频率特性

图 22.1.4　二阶压控低通有源滤波器

由于二阶有源压控低通滤波器引入了正反馈，其频率特性在 f_p 点有过冲，过冲的大小与电路参数有关，故参数选取上应遵循一定的原则。为方便计，设 $f = f_0$，则

$$\dot{A}_u = \frac{\dot{U}_o}{\dot{U}_i} = \frac{A_{up}}{j(3 - A_{up})}$$

令 $Q = \frac{\left| \dot{A}_u \right|_{f=f_0}}{A_{up}} = \frac{1}{3 - A_{up}}$，考虑到 $A_u = \frac{U_o}{U_i} = 1 + \frac{R_f}{R_1}$，可见在 A_{up}=3 时，Q 将趋于无穷大，意味着滤波器将产生自激。在参数选取上，A_{up}<3 方能保证电路稳定，则 $R_f < 2R_1$，一般取 $R_f = R_1$，则 A_{up}=2，Q=1，可获得最佳频率特性。

3．二阶有源压控高通滤波器

二阶有源压控高通滤波器与频率特性如图 22.1.5 所示，它的传输函数为

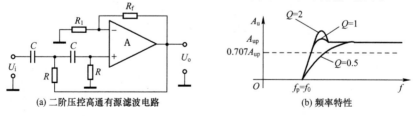

(a) 二阶压控高通有源滤波电路　　　(b) 频率特性

图 22.1.5　二阶压控高通有源滤波器

$$\dot{A}_u = \frac{\dot{U}_o}{\dot{U}_i} = \frac{-A_{up}(\frac{f}{f_0})^2}{[1 - (\frac{f}{f_0})^2] + j(3 - A_{up})\frac{f}{f_0}}$$

其中，$A_{up} = \dfrac{U_o}{U_i} = 1 + \dfrac{R_f}{R_1}$，$f_0 = \dfrac{1}{2\pi RC}$，$Q = \dfrac{1}{3 - A_{up}}$。

同样，A_{up} 必须小于 3，否则会引起自激振荡。

4. 压控二阶带通滤波器

带通滤波器的特点是让在某一个频率段的信号通过。图 22.1.6 是典型的有源带通滤波器及其幅频特性。

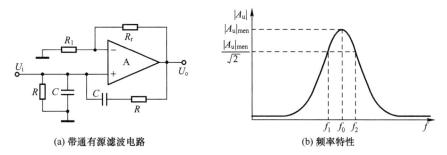

(a) 带通有源滤波电路 (b) 频率特性

图 22.1.6 带通有源滤波器

其增益为

$$\dot{A}_u = \frac{\dot{U}_o}{\dot{U}_i} = A_{up} \frac{3}{3 - A_{up}} \frac{1 + jQ_{up}(\dfrac{f}{f_0} - \dfrac{f_0}{f})}{1 + jQ(\dfrac{f}{f_0} - \dfrac{f_0}{f_0})}$$

其中，$Q = \dfrac{1}{3 - A_{up}}$，$A_{up} = \dfrac{U_o}{U_i} = 1 + \dfrac{R_f}{R_1}$，$f_0 = \dfrac{1}{2\pi RC}$。

其带通通频带为
$$\Delta f = f_2 - f_1$$

5. 50 Hz 陷波器

在信号检测的应用电路中，经常在微弱的有用信号中混有 50 Hz 的电源工频干扰信号，需要用陷波器将其滤掉，50 Hz 的陷波器电路如图 22.1.7 所示。按图中选定的电路参数，其陷波频率为 50 Hz。

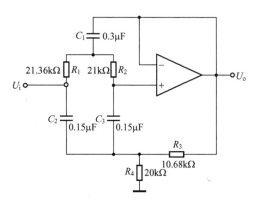

图 22.1.7 50 Hz 陷波滤波器电路

22.2 仪表放大器

仪表放大器又称为数据放大器、测量放大器，主要用于传感器信号（微弱信号）放大，具有高共模抑制比、高输入阻抗、低噪声、低线性误差等优点。仪表放大器由二级放大电路构成，如图 22.2.1 所示，第一级由二个并联的同相比例放大器 A_1、A_2 构成差动输入、差动输出级，第二级由 A_3 构成基本差动比例电路，将双端输入变单端输出。

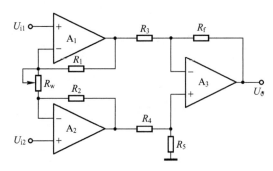

图 22.2.1　三运放构成仪表放大器

在满足电路对称的条件下，即 $R_1 = R_2$、$R_3 = R_4 = R$、$R_5 = R_f$，则总电压放大倍数为

$$A_u = (\frac{2R_1}{R_w} + 1)\frac{R_f}{R}$$

若取 $R_3 = R_4 = R_5 = R_f = R$，则

$$A_u = \frac{2R_1}{R_w} + 1$$

当 R_1、R_2、R_3、R_4、R_5、R_f 为定值时，选取 R_w 可方便地改变电路增益。仪表放大器前端增益可达 1～10000 倍，同相输入得到的输入阻抗达 $10^9\,\Omega$ 以上，输出级的精密匹配可获得良好的共模抑制比，在 $A_u = 10$ 时，直流共模抑制比可达 100 dB 以上。必须强调，放大器中固定电阻必须采用高精度电阻，保证对称性。同时，3 个运放要具有相同的特性，可采用同批次生产的单运放；最好采用集成在一个芯片里的多个运放，如 LM324（四运放集成电路）。

在某些要求高的设计中，由单运放构成仪表放大器不能满足指标要求，需采用集成仪表放大器。AD620 也是一种常用的仪表放大器，8 引脚的 SOIC 或 DIP 封装，如图 22.2.2 所示。增益设置为 1～1000 倍，供电电源范围为±2.3～±18 V，最大供电电流为 1.3mA，当 $A_u = 100$ 时，带宽 120 kHz。

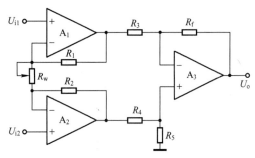

图 22.2.1　三运放构成仪表放大器

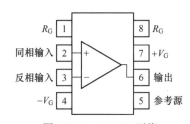

图 22.2.2　AD620 引脚

在 1、8 引脚之间外接电阻 R_G，由于放大器内部增益电阻为 24.7 kΩ，故放大倍数为

$$A_u = \frac{24.7\,\text{k}\Omega \times 2}{R_G} + 1$$

根据所需的放大倍数，可以计算出所需的外接增益电阻为

$$R_G = \frac{49.4\,\text{k}\Omega}{A_u - 1}$$

22.3　程控增益放大器

根据系统信号调理的需求，经常要改变放大电路的增益。能够由单片机程序控制改变增益的放大器称为程控增益放大器。

1. 由模拟开关和运放构成程控增益放大器

图 22.3.1 是一种由模拟开关 CD4051 和同相放大器构成的程控增益放大电路。CD4051 的 3 个控制端 A、B、C 由单片机控制，内部实际上就是电子开关，A、B、C 取值不同时（开关量），对应的开关闭合，相当于对应的电阻接地，产生不同的增益。其增益为

$$A_u = 1 + \frac{R_f}{R_i} \qquad i = 1, 2, 3, \cdots, 7$$

例如，ABC=100，Y_4 接通，则 $A_u = 1 + \dfrac{R_f}{R_4}$。

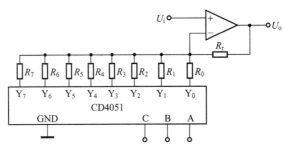

图 22.3.1　采用模拟开关的同相程控放大器

但是模拟开关在导通时有一定的导通电阻，少则十几 Ω，多则几百 Ω，因而会影响增益的准确性和稳定性。为了减小这种影响，图 22.3.2 中给出了一种改进的电路。在这个电路中，增益由几个电阻之间的比例决定，模拟开关的导通电阻的影响可忽略不计。

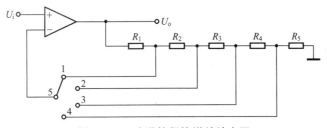

图 22.3.2　改进的程控增益放大器

例如，当开关接到第 1 路时，放大倍数为 $A_u = 1 + \dfrac{R_1}{R_2 + R_3 + R_4 + R_5}$，当开关接到第 4 路时，放大倍数则为 $A_u = 1 + \dfrac{R_1 + R_2 + R_3 + R_4}{R_5}$。

2. 程控增益放大器 PGA202

专用的集成程控增益放大器种类很多，比较常见的有 PGA102、PGA202 等。这里只介绍 PGA202/203 程控仪表放大器。PGA202/203 采用双列直插封装，根据使用温度范围的不同，分为陶瓷封装（−25～+85℃）和塑料封装（0～+70℃）两种。前端是 FET 输入，包含跨导电路，该芯片外围元件少，由于采用激光修正技术，因此增益失调不需外接元件调整。PGA202/203 的性能特点为：PGA202 的增益倍数为 1、10、100、1000，PGA203 的增益倍数为 1、2、4、8；频率响应，$G<1000$，为 1 MHz，$G=1000$，为 250 kHz；电源供电范围为 ±6～±18 V。

增益控制输入端 A_0、A_1 与 TTL、CMOS 电平兼容，可以和任何单片机的 I/O 口直接相连。使用时，A_0、A_1 的 4 种状态可选择 4 种增益。如果两片级联使用，可组成 1～8000 倍的

16 种程控增益。

如图 22.3.3 和图 22.3.4 所示，1 脚、2 脚为增益控制选择输入端。3 脚、13 脚为正、负供电电源端。6 脚、9 脚为偏置调整端。5 脚、10 脚为输出滤波端，在这两端各连接一个电容，可获得不同的截止频率，可根据需要选择；5 脚、10 脚若悬空，可作为宽带放大。PGA202/203 的增益选择及增益误差如表 22.3.1 所示。

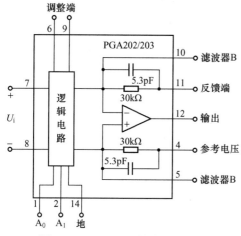

图 22.3.3　PGA202 的内部结构

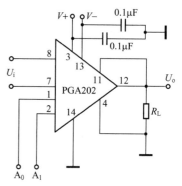

图 22.3.4　PGA202 的典型接法

表 22.3.1　PGA202/203 的增益选择及增益误差

控　制　端		PGA202		PGA203	
A0	A1	增　益	误　差	增　益	误　差
0	0	1	0.05%	1	0.05%
0	1	10	0.05%	2	0.05%
1	0	100	0.05%	4	0.05%
1	1	1000	0.1%	8	0.05%

如果需要其他的放大倍数，可以通过外接缓冲器及衰减电阻来获得，改变阻值比例，可获得不同的增益。注意，为了保证效果更好，应该在正、负电源供电端连接一个 1 μF 的旁路钽电容到模拟地，且应尽可能靠近放大器的电源引脚。此外，11 脚、4 脚上的连线电阻都会引起增益误差，因此 11 脚、4 脚连线应尽可能短。

22.4　自动增益控制放大器

自动增益控制是指使放大电路的增益自动随信号的强度而调整的自动控制方法。当输入信号的幅度变化很大时，利用自动增益控制可以使输出的信号幅度保持恒定。也就是说，当输入信号很弱时，放大电路自动的调整增益使之变大；当输入信号很强时，增益自动减小。这样，当输入信号幅度剧烈变化时，放大电路的输出端的幅度基本不变或保持恒定。

实现自动增益控制功能的电路简称 AGC 电路或 AGC 环。AGC 电路是一个负反馈闭环电路，它主要由控制信号形成电路和受控电路两部分组成。控制信号形成电路是可变增益放大器控制信号的产生部分，受控电路则由可变增益放大器组成，它按照控制信号形成电路所产生控制电压来改变放大电路的增益。按照反馈信号的形式，AGC 电路可分为模拟和数字

AGC 电路。

1. 模拟 AGC 电路

采用压控增益放大器 VCA810 或 VCA820 配合外部宽带放大器可以实现简单的模拟 AGC 电路如图 22.4.1 和图 22.4.2 所示。

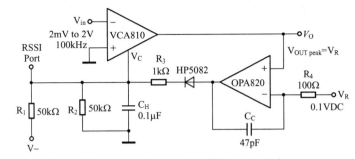

图 22.4.1　VCA810 实现模拟 AGC 电路

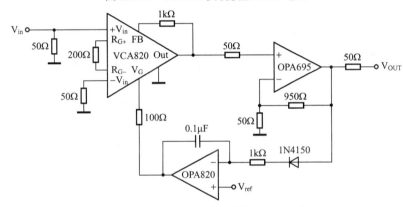

图 22.4.2　VCA820 实现模拟 AGC 电路

图 22.4.1 所示电路是典型的模拟 AGC 电路，VCA810 是一片压控增益放大器，OPA820 和二极管 HP5082 共同组成了振幅检测电路，R_4 和 C_C 组成了相位补偿的反馈回路。运算放大器 OPA820 将输出 V_o 的正峰值与直流参考电压 V_R 进行比较，每当 V_o 的正峰值超过 V_R 时，OPA820 输出正电压，二极管正向偏置并对保持电容 CH 充电。充电过程中，电容两端电压升高，放大器增益随控制电平 V_C 的升高而降低。当输入信号幅度较小时，电阻 R_1 对保持电容 C_H 反向充电，放大器增益随控制电平 V_C 的降低而升高，从而实现自动增益控制。与此同时，电阻 R_1 和 R_2 共同确定了电容 C_H 的放电时间，同时二者构成分压器，限制了 C_H 上产生的最大负电压，从而防止了 VCA810 增益控制电路的输入过载情况。

图 22.4.2 所示的 AGC 电路可提供高达 40 dB 的总增益，高速运放 OPA695 的输出通过 OPA820 整流和积分后，完成对模拟信号的检波，得到控制电平以控制 VCA820 的增益。当输出电平超过参考电压 V_{ref} 时，积分器输出电平减小，从而降低 AGC 环路的增益。相反，如果输出电平小于参考电压 V_{ref} 时，积分器输出电平增大，AGC 环路的增益也随之增大。

2. 数字 AGC 电路

数字 AGC 电路是将输出信号的幅度信息通过 ADC 采样得到数字信号，经 51 单片机处理后，再由 51 单片机控制外部 DAC 来调整压控增益放大器的放大倍数，或是直接控制程控增益放大器的放大倍数，从而实现增益控制的电路。为了获得模拟输出信号的幅度信息，一般采用以下两种方法。

① 利用检波电路将放大器输出信号的有效值转化为直流信号，再通过外置 ADC 采集该直流信号，经 51 单片机处理后控制外部 DAC 来调整压控增益放大器，或直接控制程控增益放大器，来调整放大器放大倍数，如图 22.4.3 所示。

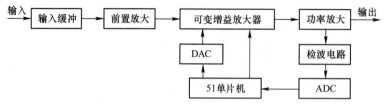

图 22.4.3　利用检波电路的数字 AGC 电路

② 利用 ADC 直接采集输出信号，通过高速 ADC 对信号进行采样得到数字信号，再经 51 单片机处理后控制放大器放大倍数，如图 22.4.4 所示。一般先将功率放大器的输出信号衰减到 ADC 输入范围内，再经 ADC 采样后由 51 单片机处理。

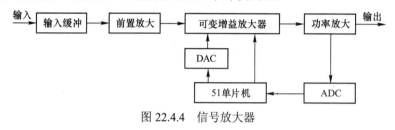

图 22.4.4　信号放大器

22.5　运算放大器的选型

运算放大器的种类繁多，使用时要根据设计电路的技术指标选择适合的型号，主要关注以下 7 点。

① 供电方式：根据系统供电方式选用单电源供电运放或双电源供电运放（正负电源供电）。

② 温度影响：运放的输入失调电压是温度的函数，也就是说，在某一温度下已经调零的运放，在另一温度下输出又不是零，俗称"温漂"。通常靠选用温度系数小的运算放大器来解决，有些场合要采用温度补偿技术来解决温漂的影响。

③ 噪声：对于淹没在背景噪声中的微弱信号放大，第一级放大器要选用低噪声电压放大器。

④ 精度要求：所谓精度是指运放输出结果（电压信号）的精准度，一般是以偏移电压为判定基准，NS（美国国家半导体）的定义是低于 1 mV 即属高精度运放，而 TI（德州仪器）的定义则是要低于 0.5 mV 才算是高精度运放。如设计对输出电压精度要求高，则选择高精度运放。另外，输出电压精度还和元件选择及系统稳定度有关。

⑤ 增益带宽积：运算放大器的工作频率特性通常用增益带宽积（GBW 或 GBP）来衡量，顾名思义这个参数表示增益和带宽的乘积。对于电压反馈型运算放大器，其增益和带宽的乘积为常数。例如，电压反馈型运放的 GBW 为 1000 M，增益为 10 V/V，那么运放带宽是 1000 M/10=100 M。电流反馈型运放的增益与带宽是相互独立的，其带宽仅由反馈电阻决定，因而其

带宽很大，适用于高频电路放大。

⑥ 压摆率（SR）：指运算放大器输出电压的转换速率，单位有 V/s、V/ms 和 V/μs，反映运算放大器对信号变化速度的适应能力。当 SR 大于输出信号最大变化率的绝对值时，输出电压才能不失真。例如，对于 OP27 A，其 SR=2.8 V/μs，意味着 OP27 A 的输出端最快在 1 μs 内能够建立从 0 变化到 2.8 V 的电压；如果设计的输出电压变化率大于 2.8 V/μs，那么 OP27 A 无法建立变化这么快的电压导致输出失真。

假设输出电压信号为正弦信号，表达式为

$$U_o = V_P \sin(\omega t + \varphi) = V_P \sin(2\pi f t + \varphi) \quad （V_P 为正弦信号幅值或单峰值）$$

那么，该信号的变化率函数为

$$\frac{\mathrm{d}U_o}{\mathrm{d}t} = 2\pi f V_P \cos(2\pi f t + \varphi)$$

则该信号最大变化率为

$$2\pi f V_P$$

那么选用运放的 SR 必须满足：

$$SR > 2\pi f V_P$$

⑦ 功耗：在手持仪表或电池供电的仪表中，为降低功耗，延长电池使用时间，要选用低功耗的运放。一般来说，CMOS 运放的功耗低于普通运放，低速运放的功耗低于高速运放。

第 23 章　STC8 系列单片机介绍

23.1　STC8 单片机的优势

STC8 系列单片机是不需要外部晶振和外部复位的单片机，使用 1T 的 8051 内核，是目前最快的 8051 单片机（相同时钟频率），比传统的 8051（使用 2T 的内核）约快 12 倍（速度快 11.2～13.2 倍）。STC8 系列单片机是 STC 生产的单时钟/机器周期（1T）的单片机，是宽电压、高速、高可靠、低功耗、强抗静电、较强抗干扰的新一代 8051 单片机，超级加密。其指令代码完全兼容传统 8051。

STC8 提供了提供了比传统 8051 单片机更多丰富的数字外设（4 个串口、5 个定时器、4 组 PCA、8 组增强型 PWM 以及 I2C、SPI 接口）和模拟外设（速度达 800 kbps 的 12 位 16 路 ADC、比较器），具有更多的中断源，相对于传统 8051，具有更多的资源可以使用，可满足广大用户的设计需求。而且，STC8 单片机最多可达 62 个 GPIO，GPIO 均支持如下：准双向口模式、强推挽输出模式、开漏输出模式、高阻输入模式 4 种模式。MCU 提供两种低功耗模式：IDLE 模式和 STOP 模式，其数字功能可使用程序在多个管脚之间进行切换，极大地方便了单片机的设计应用。

STC8 系列单片机相对于传统 8051 有更大的 FLASH 存储空间，最大支持 64 KB FLASH 空间，用于存储用户代码；而且，支持在线系统编程方式（ISP）更新用户应用程序，不需专用编程器，支持单芯片仿真，不需专用仿真器，理论断点个数无限制；支持用户配置 E^2PROM 大小，512 B 单页擦除，擦写次数可达 10 万次以上。

STC8 系列单片机内部集成了增强型的双数据指针，通过程序控制，可实现数据指针自动递增或递减功能以及两组数据指针的自动切换功能。

23.2　ADC 数模转换

STC8 系列单片机内部集成了一个 12 位 16 通道的高速 ADC。ADC 的时钟频率为系统频率/2 分频，经过用户设置的分频系数进行再次分频（时钟频率为 SYSclk/2/1～SYSclk/2/16）。每固定 16 个 ADC 时钟，可完成一次 A/D 转换。ADC 的速度最快可达 800K（即每秒可进行 80 万次模数转换）。ADC 转换结果的数据格式有两种：左对齐和右对齐。可方便用户程序进行读取和引用。

1. ADC 相关寄存器

（1）ADC 控制寄存器（如表 23.2.1 所示）

ADC_POWER：ADC 电源控制位，0：关闭 ADC 电源，1：打开 ADC 电源。建议进入空闲模式和掉电模式前将 ADC 电源关闭，以降低功耗。

ADC_START：ADC 转换启动控制位。写入 1 后开始 ADC 转换，转换完成后硬件自动将此位清零。

表 23.2.1   ADC 控制寄存器

符号	地址	B7	B6	B5	B4	B3	B2	B1	B0
ADC_CONTR	BCH	ADC_POWER	ADC_START	ADC_FLAG	—	ADC_CHS[3:0]			

ADC_FLAG：ADC 转换结束标志位。当 ADC 完成一次转换后，硬件会自动将此位置 1，并向 CPU 提出中断请求。此标准为必须软件清零。

ADC_CHS[3:0]：ADC 模拟通道选择位，如表 23.2.2 所示。

表 23.2.2   ADC 模拟通道选择位

ADC_CHS[3:0]	ADC 通道	ADC_CHS[3:0]	ADC 通道	ADC_CHS[3:0]	ADC 通道	ADC_CHS[3:0]	ADC 通道
0000	P1.0	1000	P0.0	0100	P1.4	1100	P0.4
0001	P1.1	1001	P0.1	0101	P1.5	1101	P0.5
0010	P1.2	1010	P0.2	0110	P1.6	1110	P0.6
0011	P1.3	1011	P0.3	0111	P1.7	1111	P0.7

（2）ADC 配置寄存器（如表 23.2.3 所示）

表 23.2.3   ADC 配置寄存器

符号	地址	B7	B6	B5	B4	B3	B2	B1	B0
ADCCFG	DEH	—	—	RESFMT	—	SPEED[3:0]			

RESFMT：ADC 转换结果格式控制位。0：转换结果左对齐，ADC_RES 保存结果的高 8 位，ADC_RESL 保存结果的低 4 位，格式如图 23.2.1 所示。

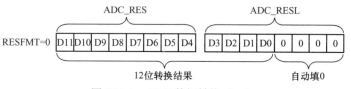

图 23.2.1   ADC 数据转换（一）

1：转换结果右对齐，ADC_RES 保存结果的高 4 位，ADC_RESL 保存结果的低 8 位，格式如图 23.2.2 所示。

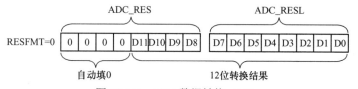

图 23.2.2   ADC 数据转换（二）

SPEED[3:0]：ADC 时钟控制（FADC＝SYSclk/2/16/SPEED），如表 23.2.4 所示。

表 23.2.4   ADC 时钟控制

SPEED[3:0]	ADC 转换时间（CPU 时钟数）	SPEED[3:0]	ADC 转换时间（CPU 时钟数）	SPEED[3:0]	ADC 转换时间（CPU 时钟数）	SPEED[3:0]	ADC 转换时间（CPU 时钟数）
0000	32	0100	160	1000	288	1100	416
0001	64	0101	192	1001	320	1101	448
0010	96	0110	224	1010	352	1110	480
0011	128	0111	256	1011	384	1111	512

（3）ADC 转换结果寄存器

当 A/D 转换完成后，12 为的转换结果会自动保存到 ADC_RES 和 ADC_RESL 中。保存结果的数据格式请参考 ADC_CFG 寄存器中的 RESFMT 设置。

2. 程序范例

C 语言代码如下：

```c
#include "reg51.h"
#include "intrins.h"
/* 测试工作频率为 11.0592MHz */
sfr  ADC_CONTR =      0xbc;
sfr  ADC_RES   =      0xbd;
sfr  ADC_RESL  =      0xbe;
sfr  ADCCFG    =      0xde;
sfr  P1M0 =      0x92;
sfr  P1M1 =      0x91;

void main()
{
    P1M0 = 0x00;                        // 设置 P1.0 为 ADC 口
    P1M1 = 0x01;
    ADCCFG = 0x0f;                      // 设置 ADC 时钟为系统时钟/2/16/16
    ADC_CONTR = 0x80;                   // 使能 ADC 模块
    ADC_CONTR |= 0x40;                  // 启动 AD 转换
    _nop_();
    _nop_();
    while (!(ADC_CONTR & 0x20));        // 查询 ADC 完成标志
    ADC_CONTR &= ~0x20;                 // 清完成标志

    ADCCFG = 0x00;                      // 设置结果左对齐
    ACC = ADC_RES;                      // A 存储 ADC 的 12 位结果的高 8 位
    B = ADC_RESL;                       // B[7:4]存储 ADC 的 12 位结果的低 4 位,B[3:0]为 0
    while (1);
}
```

23.3 PCA/CCP/PWM 应用

STC8 系列单片机内部集成了 4 组可编程计数器阵列（PCA/CCP/PWM）模块，可用于软件定时器、外部脉冲捕获、高速脉冲输出和 PWM 脉宽调制输出。

PCA 内部含有一个特殊的 16 位计数器，4 组 PCA 模块均与之相连接，如图 23.3.1 所示。

1. PCA 相关寄存器

PCA 相关寄存器的信息如表 23.3.1 所示。

2. PCA 工作模式

STC8 系列单片机有 4 组 PCA 模块，每组模块都可独立设置工作模式，如表 23.3.2 所示。

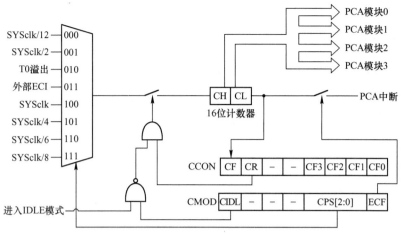

图 23.3.1　PCA 计数器结构

表 23.3.1　PCA 相关寄存器

符号	描述	地址	位地址与符号								复位值
			B7	B6	B5	B4	B3	B2	B1	B0	
CCON	PCA 控制寄存器	D8H	CF	CR	-	-	CCF3	CCF2	CCF1	CCF0	00xx,0000
CMOD	PCA 模式寄存器	D9H	CIDL	-	-	-	CPS[2:0]			ECF	0xxx,0000
CCAPM0	PCA 模块 0 模式控制寄存器	DAH	-	ECOM0	CCAPP0	CCAPN0	MAT0	TOG0	PWM0	ECCF0	x000,0000
CCAPM1	PCA 模块 1 模式控制寄存器	DBH	-	ECOM1	CCAPP1	CCAPN1	MAT1	TOG1	PWM1	ECCF1	x000,0000
CCAPM2	PCA 模块 2 模式控制寄存器	DCH	-	ECOM2	CCAPP2	CCAPN2	MAT2	TOG2	PWM2	ECCF2	x000,0000
CCAPM3	PCA 模块 3 模式控制寄存器	DDH	-	ECOM3	CCAPP3	CCAPN3	MAT3	TOG3	PWM3	ECCF3	x000,0000
CL	PCA 计数器低字节	E9H									0000,0000
CCAP0L	PCA 模块 0 低字节	EAH									0000,0000
CCAP1L	PCA 模块 1 低字节	EBH									0000,0000
CCAP2L	PCA 模块 2 低字节	ECH									0000,0000
CCAP3L	PCA 模块 3 低字节	EDH									0000,0000
PCA_PWM0	PCA0 的 PWM 模式寄存器	F2H	EBS0[1:0]		XCCAP0H[1:0]		XCCAP0L[1:0]		EPC0H	EPC0L	0000,0000
PCA_PWM1	PCA1 的 PWM 模式寄存器	F3H	EBS1[1:0]		XCCAP1H[1:0]		XCCAP1L[1:0]		EPC1H	EPC1L	0000,0000
PCA_PWM2	PCA2 的 PWM 模式寄存器	F4H	EBS2[1:0]		XCCAP2H[1:0]		XCCAP2L[1:0]		EPC2H	EPC2L	0000,0000
PCA_PWM3	PCA3 的 PWM 模式寄存器	F5H	EBS3[1:0]		XCCAP3H[1:0]		XCCAP3L[1:0]		EPC3H	EPC3L	0000,0000
CH	PCA 计数器高字节	F9H									0000,0000
CCAP0H	PCA 模块 0 高字节	FAH									0000,0000
CCAP1H	PCA 模块 1 高字节	FBH									0000,0000
CCAP2H	PCA 模块 2 高字节	FCH									0000,0000
CCAP3H	PCA 模块 3 高字节	FDH									0000,0000

表 23.3.2　PCA 工作模式

CCAPMn							模块功能
—	ECOMn	CAPPn	CAPNn	MATn	TOGn	PWMn	ECCFn	
—	0	0	0	0	0	0	0	无操作
—	1	0	0	0	0	1	0	6/7/8/10 位 PWM 模式，无中断
—	1	1	0	0	0	1	1	6/7/8/10 位 PWM 模式，产生上升沿中断
—	1	0	1	0	0	1	1	6/7/8/10 位 PWM 模式，产生下降沿中断
—	1	1	1	0	0	1	1	6/7/8/10 位 PWM 模式，产生边沿中断
—	0	1	0	0	0	0	x	16 位上升沿捕获
—	0	0	1	0	0	0	x	16 位下降沿捕获
—	0	1	1	0	0	0	x	16 位边沿捕获
—	1	0	0	1	0	0	x	16 位软件定时器
—	1	0	0	1	1	0	x	16 为高速脉冲输出

3. 程序范例（PCA 输出 PWM（6/7/8/10 位））

C 语言代码如下：

```
#include "reg51.h"
#include "intrins.h"
/* 测试工作频率为 11.0592MHz */
sfr   CCON  =      0xd8;
sbit  CF    =      CCON^7;
sbit  CR    =      CCON^6;
sbit  CCF3  =      CCON^3;
sbit  CCF2  =      CCON^2;
sbit  CCF1  =      CCON^1;
sbit  CCF0  =      CCON^0;
sfr   CMOD  =      0xd9;
sfr   CL    =      0xe9;
sfr   CH    =      0xf9;
sfr   CCAPM0   =   0xda;
sfr   CCAP0L   =   0xea;
sfr   CCAP0H   =   0xfa;
sfr   PCA_PWM0 =   0xf2;
sfr   CCAPM1   =   0xdb;
sfr   CCAP1L   =   0xeb;
sfr   CCAP1H   =   0xfb;
sfr   PCA_PWM1 =   0xf3;
sfr   CCAPM2   =   0xdc;
sfr   CCAP2L   =   0xec;
sfr   CCAP2H   =   0xfc;
sfr   PCA_PWM2 =   0xf4;
sfr   CCAPM3   =   0xdd;
sfr   CCAP3L   =   0xed;
sfr   CCAP3H   =   0xfd;
sfr   PCA_PWM3 =   0xf5;

void main()
{
   CCON = 0x00;
   CMOD = 0x08;                 //PCA 时钟为系统时钟
```

```
CL = 0x00;
CH = 0x00;
CCAPM0 = 0x42;                    // PCA 模块 0 为 PWM 工作模式
PCA_PWM0 = 0x80;                  // PCA 模块 0 输出 6 位 PWM
CCAP0L = 0x20;                    // PWM 占空比为 50%[(40H-20H)/40H]
CCAP0H = 0x20;
CCAPM1 = 0x42;                    // PCA 模块 1 为 PWM 工作模式
PCA_PWM1 = 0x40;                  // PCA 模块 1 输出 7 位 PWM
CCAP1L = 0x20;                    // PWM 占空比为 75%[(80H-20H)/80H]
CCAP1H = 0x20;
CCAPM2 = 0x42;                    // PCA 模块 2 为 PWM 工作模式
PCA_PWM2 = 0x00;                  // PCA 模块 2 输出 8 位 PWM
CCAP2L = 0x20;                    // PWM 占空比为 87.5%[(100H-20H)/100H]
CCAP2H = 0x20;
CCAPM3 = 0x42;                    // PCA 模块 3 为 PWM 工作模
PCA_PWM3 = 0xc0;                  // PCA 模块 3 输出 10 位 PWM
CCAP3L = 0x20;                    // PWM 占空比为 96.875%[(400H-20H)/400H]
CCAP3H = 0x20;
CR = 1;                          // 启动 PCA 计时器
while(1);
}
```

23.4 同步串行外设接口 SPI

STC8 系列单片机内部集成了一种高速串行通信接口——SPI 接口。SPI 是一种全双工的高速同步通信总线。STC8 系列集成的 SPI 接口提供了两种操作模式：主模式和从模式。

1. SPI 相关寄存器（如表 23.4.1 所示）

表 23.4.1 SPI 相关寄存器

符号	描述	地址	位地址与符号								复位值
			B7	B6	B5	B4	B3	B2	B1	B0	
SPSTAT	SPI 状态寄存器	CDH	SPIF	WCOL	-	-	-	-	-	-	00xx,xxxx
SPCTL	SPI 控制寄存器	CEH	SSIG	SPEN	DORD	MSTR	CPOL	CPHA	SPR[1:0]		0000,0100
SPDAT	SPI 数据寄存器	CFH									0000,0000

（1）SPI 状态寄存器 SPSTAT

SPIF：SPI 中断标志位。当发送/接收完成 1 字节的数据后，硬件自动将此位置 1，并向 CPU 提出中断请求。当 SSIG 位被设置为 0 时，由于 SS 管脚电平的变化而使得设备的主/从模式发生改变时，此标志位也会被硬件自动置 1，以标志设备模式发生变化。注意：用户必须通过软件方式向此位写 1 进行清零。

WCOL：SPI 写冲突标志位。当 SPI 在进行数据传输的过程中写 SPDAT 寄存器时，硬件将此位置 1。注意：用户必须通过软件方式向此位写 1 进行清零。

（2）SPI 控制寄存器 SPCTL

SSIG：SS 引脚功能控制位。0：SS 引脚确定器件是主机还是从机；1：忽略 SS 引脚功能，使用 MSTR 确定器件是主机还是从机。

SPEN：SPI 使能控制位。0：关闭 SPI 功能；1：使能 SPI 功能。

DORD：SPI 数据位发送/接收的顺序。0：先发送/接收数据的高位（MSB）；1：先发送/接收数据的低位（LSB）。

MSTR：器件主/从模式选择位。

设置主机模式：若 SSIG=0，则 SS 管脚必须为高电平且设置 MSTR 为 1；若 SSIG=1，则只需要设置 MSTR 为 1（忽略 SS 管脚的电平）。

设置从机模式：若 SSIG=0，则 SS 管脚必须为低电平（与 MSTR 位无关）；若 SSIG=1，则只需要设置 MSTR 为 0（忽略 SS 管脚的电平）。

CPOL：SPI 时钟极性控制。0：SCLK 空闲时为低电平，SCLK 的前时钟沿为上升沿，后时钟沿为下降沿；1：SCLK 空闲时为高电平，SCLK 的前时钟沿为下降沿，后时钟沿为上升沿。

CPHA：SPI 时钟相位控制。0：数据 SS 管脚为低电平驱动第一位数据并在 SCLK 的后时钟沿改变数据，前时钟沿采样数据（必须 SSIG=0）；1：数据在 SCLK 的前时钟沿驱动，后时钟沿采样。

2. SPI 通信方式

SPI 的通信方式通常有 3 种：单主单从（一个主机设备连接一个从机设备）、互为主从（两个设备连接，设备和互为主机和从机）、单主多从（一个主机设备连接多个从机设备），如图 23.4.1～图 23.4.3 所示。

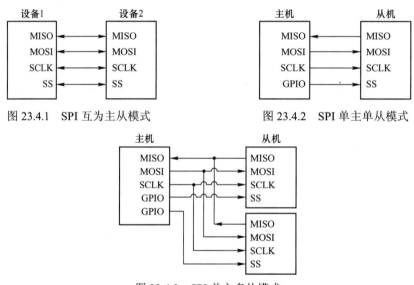

图 23.4.1　SPI 互为主从模式　　　　　图 23.4.2　SPI 单主单从模式

图 23.4.3　SPI 单主多从模式

3. SPI 配置

SPI 配置如表 23.4.2 所示。

表 23.4.2　SPI 配置表

控制位			通信端口				说　　明
SPEN	SSIG	MSTR	S	MISO	MOSI	SCLK	
0	x	x	x	输入	输入	输入	关闭 SPI 功能，SS/MOSI/MISO/SCLK 均为普通 IO
1	0	0	0	输出	输入	输入	从机模式，且被选中
1	0	0	1	高阻	输入	输入	从机模式，但未被选中

控制位			通信端口				说　明
SPEN	SSIG	MSTR	S	MISO	MOSI	SCLK	
1	0	1→0	0	输出	输入	输入	从机模式，不忽略 SS 且 MSTR 为 1 的主机模式，当 SS 管脚被拉低时，MSTR 将被硬件自动清零，工作模式将被被动设置为从机模式
1	0	1	1	输入	高阻	高阻	主机模式，空闲状态
					输出	输出	主机模式，激活状态
1	1	0	x	输出	输入	输入	从机模式
1	1	1	x	输入	输出	输出	主机模式

4．数据模式

SPI 的时钟相位控制位 CPHA 可以让用户设定数据采样和改变时的时钟沿，时钟极性位 CPOL 可以让用户设定时钟极性。图 23.4.4～图 23.4.7 显示了不同时钟相位、极性设置下的 SPI 传输时序。

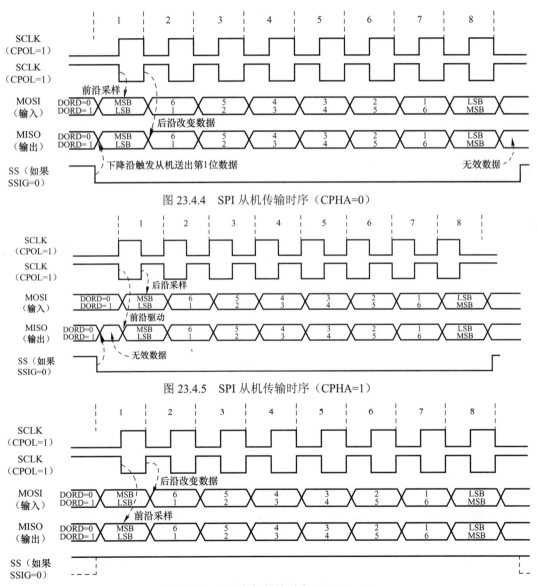

图 23.4.4　SPI 从机传输时序（CPHA=0）

图 23.4.5　SPI 从机传输时序（CPHA=1）

图 23.4.6　SPI 主机传输时序（CPHA=0）

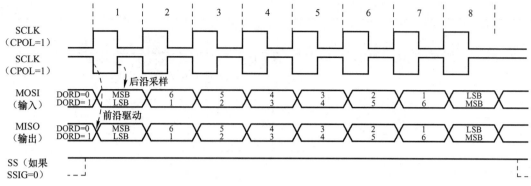

图 23.4.7　SPI 主机传输时序（CPHA=1）

5. 程序范例（单主单从模式中断方式）

C 语言代码如下：

```c
#include "reg51.h"
#include "intrins.h"
sfr  SPSTAT = 0xcd;
sfr  SPCTL = 0xce;
sfr  SPDAT = 0xcf;
sfr  IE2 = 0xaf;
#define   ESPI      0x02

sbit  SS = P1^0;
sbit  LED = P1^1;

bit  busy;

void SPI_Isr() interrupt 9 using 1
{
    SPSTAT = 0xc0;                  // 清中断标志
    SS = 1;                         // 拉高从机的 SS 管脚
    busy = 0;
    LED = !LED;                     // 测试端口
}
void main()
{
    LED = 1;
    SS = 1;
    busy = 0;
    SPCTL = 0x50;                   // 使能 SPI 主机模式
    SPSTAT = 0xc0;                  // 清中断标志
    IE2 = ESPI;                     // 使能 SPI 中断
    EA = 1;
    while (1)
    {
        while (busy);
        busy = 1;
        SS = 0;                     // 拉低从机 SS 管脚
        SPDAT = 0x5a;               // 发送测试数据
    }
}
```

23.5　I²C 总线

STC8 系列的单片机内部集成了一个 I²C 串行总线控制器，这是传统的 51 单片机所不具备的接口。I²C 是一种高速同步通信总线，通信使用 SCL（时钟线）和 SDA（数据线）两线进行同步通信。对于 SCL 和 SDA 的端口分配，STC8 系列的单片机提供了切换模式，可将 SCL 和 SDA 切换到不同的 I/O 口上，以方便用户将一组 I²C 总线当作多组进行分时复用。

与标准 I²C 协议相比较，忽略了如下两种机制：发送起始信号（START）后不进行仲裁，时钟信号（SCL）停留在低电平时不进行超时检测。

STC8 系列的 I²C 总线提供了两种操作模式：主机模式（SCL 为输出口，发送同步时钟信号）和从机模式（SCL 为输入口，接收同步时钟信号）

1. I²C 主机模式

（1）I²C 配置寄存器（如表 23.5.1 所示）

表 23.5.1　I²C 配置寄存器

符号	地址	B7	B6	B5	B4	B3	B2	B1	B0
I2CCFG	FE80H	ENI2C	MSSL	MSSPEED[6:1]					

ENI2C：I²C 功能使能控制位。0：禁止 I²C 功能；1：允许 I²C 功能。

MSSL：I²C 工作模式选择位。0：从机模式；1：主机模式。

MSSPEED[6:1]：I²C 总线速度（等待时钟数）控制，如表 23.5.2 所示。只有当 I²C 模块工作在主机模式时，该参数设置的等待参数才有效。

表 23.5.2　I²C 总线速度控制

MSSPEED[6:1]	对应的时钟数	MSSPEED[6:1]	对应的时钟数	MSSPEED[6:1]	对应的时钟数
0	1	x	2x+1	62	125
1	3	…	…	63	127

（2）I²C 主机控制寄存器（如表 23.5.3 所示）

表 23.5.3　I²C 主机控制寄存器

符号	地址	B7	B6	B5	B4	B3	B2	B1	B0
I2CMSCR	FE81H	EMSI	—	—	—	—	MSCMD[2:0]		

EMSI：主机模式中断使能控制位。0：关闭主机模式的中断；1：允许主机模式的中断。

MSCMD[2:0]：主机命令。

000：待机，无动作。

001：起始命令，发送 START 信号。如果当前 I2C 控制器处于空闲状态，即 MSBUSY（I2CMSST.7）为 0 时，写此命令会使控制器进入忙状态，硬件自动将 MSBUSY 状态位置 1，并开始发送 START 信号；若当前 I2C 控制器处于忙状态，写此命令无效。

010：发送数据命令。写此命令后，I2C 总线控制器会在 SCL 管脚上产生 8 个时钟，并将 I2CTXD 寄存器里面数据按位送到 SDA 管脚上（先发送高位数据）。

011：接收 ACK 命令。写此命令后，I²C 总线控制器会在 SCL 管脚上产生 1 个时钟，并将从 SDA 端口上读取的数据保存到 MSACKI（I2CMSST.1）。

100：接收数据命令。写此命令后，I²C 总线控制器会在 SCL 管脚上产生 8 个时钟，并将从 SDA 端口上读取的数据依次左移到 I2CRXD 寄存器（先接收高位数据）。

101：发送 ACK 命令。写此命令后，I^2C 总线控制器会在 SCL 管脚上产生 1 个时钟，并将 MSACKO（I2CMSST.0）中的数据发送到 SDA 端口。

110：停止命令。发送 STOP 信号。写此命令后，I^2C 总线控制器开始发送 STOP 信号。信号发送完成后，硬件自动将 MSBUSY 状态位清零。

111：保留。

（3）I^2C 主机状态寄存器（如表 23.5.4 所示）

表 23.5.4　I^2C 主机状态寄存器

符号	地址	B7	B6	B5	B4	B3	B2	B1	B0
I2CMSST	FE82H	MSBUSY	MSIF	—	—	—	—	MSACKI	MSACK

MSBUSY：主机模式时 I2C 控制器状态位（只读位）。0：控制器处于空闲状态；1：控制器处于忙碌状态。当 I^2C 控制器处于主机模式时，在空闲状态下，发送完成 START 信号后，控制器便进入到忙碌状态，一直维持到成功发送完成 STOP 信号，然后恢复到空闲状态。

MSIF：主机模式的中断请求位（中断标志位）。当处于主机模式的 I^2C 控制器执行完成寄存器 I2CMSCR 中 MSCMD 命令后，产生中断信号，硬件自动将此位 1，向 CPU 发请求中断，响应中断后 MSIF 位必须用软件清零。

MSACKI：主机模式时，发送"011"命令到 I2CMSCR 的 MSCMD 位后所接收到的 ACK 数据。

MSACKO：主机模式时，准备要发送的 ACK 信号。当发送"101"命令到 I2CMSCR 的 MSCMD 位后，控制器会自动读取此位的数据当成 ACK 发送到 SDA。

3．I^2C 从机模式

（1）I^2C 从机控制寄存器（如表 23.5.5 所示）

表 23.5.5　I2C 从机控制寄存器

符号	地址	B7	B6	B5	B4	B3	B2	B1	B0
I2CSLCR	FE83H	—	ESTAI	ERXI	ETXI	ESTOI	—	—	SLRST

ESTAI：从机模式时接收到 START 信号中断允许位。0：禁止从机模式时接收到 START 信号时发生中断；1：使能从机模式时接收到 START 信号时发生中断

ERXI：从机模式时接收到 1 字节数据后中断允许位。0：禁止从机模式时接收到数据后发生中断；1：使能从机模式时接收到 1 字节数据后发生中断。

ERXI：从机模式时发送完成 1 字节数据后中断允许位。0：禁止从机模式时发送完成数据后发生中断；1：使能从机模式时发送完成 1 字节数据后发生中断。

ESTOI：从机模式时接收到 STOP 信号中断允许位。0：禁止从机模式时接收到 STOP 信号时发生中断；1：使能从机模式时接收到 STOP 信号时发生中断。

SLRST：复位从机模式。

（2）I^2C 从机状态寄存器（如表 23.5.6 所示）

表 23.5.6　I^2C 从机状态寄存器

符号	地址	B7	B6	B5	B4	B3	B2	B1	B0
I2CSLST	FE84H	SLBUSY	STAIF	RXIF	TXIF	STOIF	-	SLACKI	SLACKO

SLBUSY：从机模式时 I^2C 控制器状态位（只读位）。0：控制器处于空闲状态；1：控制器处于忙碌状态。当 I^2C 控制器处于从机模式时，在空闲状态下，接收到主机发送 START 信号后，控制器会继续检测之后的设备地址数据，若设备地址与当前 I^2C SLADR 寄存器中所设置的从机地址像匹配，控制器便进入到忙碌状态，一直维持到成功接收到主机发送 STOP 信号，然后恢复到空闲状态。

STAIF：从机模式时接收到 START 信号后的中断请求位。从机模式的 I^2C 控制器接收到 START 信号后，硬件会自动将此位置 1，并向 CPU 发请求中断，响应中断后 STAIF 位必须用软件清零。

RXIF：从机模式时接收到 1 字节的数据后的中断请求位。从机模式的 I^2C 控制器接收到 1 字节的数据后，在第 8 个时钟的下降沿时硬件会自动将此位置 1，并向 CPU 发请求中断，响应中断后 RXIF 位必须用软件清零。

TXIF：从机模式时发送完成 1 字节的数据后的中断请求位。从机模式的 I2C 控制器发送完成 1 字节的数据并成功接收到 1 位 ACK 信号后，在第 9 个时钟的下降沿时硬件会自动将此位置 1，并向 CPU 发请求中断，响应中断后 TXIF 位必须用软件清零。

STOIF：从机模式时接收到 STOP 信号后的中断请求位。从机模式的 I^2C 控制器接收到 STOP 信号后，硬件会自动将此位置 1，并向 CPU 发请求中断，响应中断后 STOIF 位必须用软件清零。

SLACKI：从机模式时，接收到的 ACK 数据。

SLACKO：从机模式时，准备将要发送出去的 ACK 信号。

I^2C 从机时序如图 23.5.1 所示。

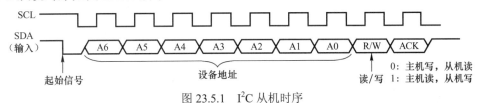

图 23.5.1　I^2C 从机时序

（2）I^2C 从机地址寄存器（如表 23.5.7 所示）

表 23.5.7　I2C 从机地址寄存器

符号	地址	B7	B6	B5	B4	B3	B2	B1	B0
I2CSLADR	FE85H	SLADR[6:0]							MA

SLADR[6:0]：从机设备地址。当 I^2C 控制器处于从机模式时，控制器在接收到 START 信号后，会继续检测接下来主机发送出的设备地址数据以及读/写信号。当主机发送出的设备地址与 SLADR[6:0]中所设置的从机设备地址相匹配时，控制器才会向 CPU 发出中断求，请求 CPU 处理 I^2C 事件；若设备地址不匹配，I^2C 控制器继续继续监控，等待下一个起始信号，对下一个设备地址继续匹配。

MA：从机设备地址匹配控制。0：设备地址必须与 SLADR[6:0]继续匹配；1：忽略 SLADR 中的设置，匹配所有的设备地址。

（3）I^2C 数据寄存器

I2CTXD 是 I^2C 发送数据寄存器，存放将要发送的 I2C 数据。

I2CRXD 是 I^2C 接收数据寄存器，存放接收完成的 I2C 数据。

4. 程序范例（I²C 从机模式（中断方式））

C 语言代码如下：

```c
#include "reg51.h"
#include "intrins.h"
sfr  P_SW2=     0xba;

#define    I2CCFG        (*(unsigned char volatile xdata *)0xfe80)
#define    I2CMSCR       (*(unsigned char volatile xdata *)0xfe81)
#define    I2CMSST       (*(unsigned char volatile xdata *)0xfe82)
#define    I2CSLCR       (*(unsigned char volatile xdata *)0xfe83)
#define    I2CSLST       (*(unsigned char volatile xdata *)0xfe84)
#define    I2CSLADR      (*(unsigned char volatile xdata *)0xfe85)
#define    I2CTXD        (*(unsigned char volatile xdata *)0xfe86)
#define    I2CRXD        (*(unsigned char volatile xdata *)0xfe87)

sbit  SDA = P1^4;
sbit  SCL = P1^5;

bit  isda;                              // 设备地址标志
bit  isma;                              // 存储地址标志
unsigned char  addr;
unsigned char pdata buffer[256];
void I2C_Isr() interrupt 24 using 1
{
    _push_(P_SW2);
    P_SW2 |= 0x80;

    if (I2CSLST & 0x40)
    {
        I2CSLST &= ~0x40;               // 处理 START 事件
    }
    else if (I2CSLST & 0x20)
    {
        I2CSLST &= ~0x20;               // 处理 RECV 事件
        if (isda)
        {
            isda = 0;                   // 处理 RECV 事件（RECV DEVICE ADDR）
        }
        else if (isma)
        {
            isma = 0;                   // 处理 RECV 事件（RECV MEMORY ADDR）
            addr = I2CRXD;
            I2CTXD = buffer[addr];
        }
        else
        {
            buffer[addr++] = I2CRXD;    // 处理 RECV 事件（RECV DATA）
        }
    }
    else if (I2CSLST & 0x10)
    {
        I2CSLST &= ~0x10;               // 处理 SEND 事件
```

```
        if (I2CSLST & 0x02)
        {
            I2CTXD = 0xff;                    // 接收到 NAK，则停止读取数据
        }
        else
        {
            I2CTXD = buffer[++addr];          // 接收到 ACK，则继续读取数据
        }
    }
    else if (I2CSLST & 0x08)
    {
        I2CSLST &= ~0x08;                     // 处理 STOP 事件
        isda = 1;
        isma = 1;
    }
    _pop_(P_SW2);
}

void main()
{
    P_SW2 = 0x80;

    I2CCFG = 0x81;                            // 使能 I2C 从机模式
    I2CSLADR = 0x5a;                          // 设置从机设备地址为 5A
    I2CSLST = 0x00;
    I2CSLCR = 0x78;                           // 使能从机模式中断
    EA = 1;

    isda = 1;                                 // 用户变量初始化
    isma = 1;
    addr = 0;
    I2CTXD = buffer[addr];
    while (1);
}
```

第24章 电机专题

24.1 直流电机原理及应用

直流电机实物如图 24.1.1～图 24.1.5 所示。

图 24.1.1 普通直流电机

图 24.1.2 减速直流电机

图 24.1.3 无刷直流电机

图 24.1.4 伺服直流电机

图 24.1.5 永磁直流电机

1. 直流电机介绍

电动机简称电机，是把电能转化为机械能的一种设备。直流电机能够把直流电能转化为机械能。作为机电执行元部件，直流电机内部有一个闭合的主磁路。主磁通在主磁路中流动，同时与两个电路交联，其中一个电路产生磁通，称为激磁电路，另一个电路传递功率，称为功率回路或电枢回路。现行的直流电机都是旋转电枢式，也就是说，激磁绕组及其所包围的铁芯组成的磁极为定子（stator），带换向单元的电枢绕组和电枢铁芯结合构成直流电机的转子（rotor）。

直流电机优点：① 调速范围广，且易于平滑调节；② 过载、起动、制动转矩大；③ 易于控制，可靠性高；④ 调速时的能量损耗较小。

所以，在调速要求高的场所，如轧钢机、轮船推进器、电车、电气铁道牵引、高炉送料、造纸、纺织、拖动、吊车、挖掘机械、卷扬机拖动等，直流电机均得到广泛的应用。

2. 直流电机的基本工作原理

图 24.1.6 是直流电机工作原理图，当电刷 A、B 接在电压为 U 的直流电源上时，若电刷 A 是正电位，B 是负电位，在 N 极范围内的导体 ab 中的电流是从 a 流向 b，在 S 极范围内的导体 cd 中的电流是从 c 流向 d。载流导体在磁场中要受到电磁力的作用，因此 ab 和 cd 两导体都受到电磁力的作用。根据磁场方向和导体中的电流方向，利用电机左手定则判断，ab 边受力的方向是向左的，cd 边则是向右的。由于磁场是均匀的，导体中流过的又是相同的电流，

因此 ab 边和 cd 边所受电磁力的大小相等。这样，线圈就受到了电磁力的作用而按逆时针方向转动。当线圈转到磁极的中性面上时，线圈中的电流等于 0，电磁力等于 0，但是由于惯性的作用，线圈继续转动。线圈转过半周之后，虽然 ab 与 cd 的位置调换了，ab 边转到 S 极范围内，cd 边转到 N 极范围内，但是由于换向片和电刷的作用，转到 N 极下的 cd 边中电流方向也变了，是从 d 流向 c，在 S 极下的 ab 边中的电流则是从 b 流向 a。因此，电磁力的方向仍然不变，线圈仍然受力按逆时针方向转动。可见，分别处在 N、S 极范围内的导体中的电流方向总是不变的，因此线圈两个边的受力方向也不变，这样线圈就可以按照受力方向不停地旋转，通过齿轮或皮带等机构的传动，便可以带动其他机械工作。

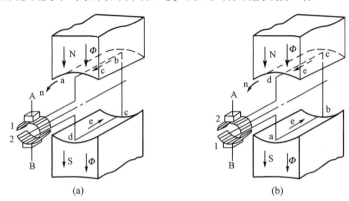

图 24.1.6 直流电机工作原理

从以上分析可以看到，要使线圈按照一定的方向旋转，关键问题是当导体从一个磁极范围转到另一个异性磁极范围时（即导体经过中性面后），导体中电流的方向要同时改变。换向器和电刷就是完成这一任务的装置。在直流电机中，换向器和电刷把输入的直流电变为线圈中的交流电。可见，换向器和电刷是直流电机中不可缺少的关键部件。

当然，在实际的直流电机中不只有一个线圈，而是有许多线圈牢固地嵌在转子铁芯槽中，当导体中通过电流在磁场中因受力而转动时，带动整个转子旋转，这就是直流电机的基本工作原理。

3．直流电机的参数

转矩—电机得以旋转的力矩，单位为 kg·m 或 N·m。

转矩系数—电机所产生转矩的比例系数，一般表示每安培电枢（armature）电流所产生的转矩大小。

摩擦转矩—电刷、轴承、换向单元等因摩擦而引起的转矩损失。

启动转矩—电机启动时所产生的旋转力矩。

转速—电机旋转的速度，工程单位为 r/min，即转每分。在国际单位制中为 rad/s，即弧度每秒。

电枢电阻—电枢内部的电阻，有刷电机中一般包括电刷与换向器之间的接触电阻，由于电阻中流过电流时会发热，因此总希望电枢电阻尽量小。

电枢电感—因为电枢绕组由金属线圈构成，必然存在电感，从改善电机运行性能的角度来说，电枢电感越小越好。

电气时间常数—电枢电流从零开始达到稳定值的 63.2%时所经历的时间。测定电气时间常数时，电机应处于堵转状态并施加阶跃性质的驱动电压。工程上，常常利用电枢绕组的电

阻 R_a 和电感 L_a 求出电气时间常数：

$$T_e = L_a/R_a$$

机械时间常数——电机从启动到转速达到空载转速的 63.2% 时所经历的时间。测定机械时间常数时，电机应处于空载运行状态并施加阶跃性质的阶跃电压。工程上，常常利用电动机转子的转动惯量 J、电枢电阻 R_a、电机反电动势系数 K_e 和转矩系数 K_t 求出机械时间常数：

$$T_m = (J \times R_a)/(K_e \times K_t)$$

转动惯量——具有质量的物体维持其固有运动状态的一种性质。

反电动势系数——电机旋转时，电枢绕组内部切割磁力线所感应的电动势相对于转速的比例系数，也称发电系数或感应电动势系数。

功率密度——电机每单位质量所能获得的输出功率值。功率密度越大，电机的有效材料的利用率就越高。

4．直流电机的驱动

用单片机控制直流电机时，需要加驱动电路，为直流电机提供足够大的驱动电流。不同直流电机的驱动电流也不同，我们要根据实际需求选择合适的驱动电路，通常有以下几种驱动电路：三极管电流放大驱动电路、电机专用驱动模块（如 L298）、达林顿驱动器等。如果是驱动单个电机，并且电机的驱动电流不大，我们可用三极管搭建驱动电路，不过这样要稍微麻烦。如果电机需要的驱动电流较大，可直接选用市场上现成的电机专用驱动模块，这种模块接口简单，操作方便，并可为电机提供较大的驱动电流，不过价格稍贵。如果是自己学习电机原理及电路驱动原理使用，建议选用达林顿驱动器。林顿驱动器实际上是一个集成芯片，单块芯片同时可驱动 8 个电机，每个电机由单片机的一个 I/O 口控制，当需要调节直流电机转速时，使单片机的相应 I/O 接口输出不同占空比的 PWM 波形即可。下面的例程将介绍该驱动电路，先介绍 PWM 波形。

图 21.1.7　PWM 信号的占空比

PWM（Pulse Width Modulation，脉冲宽度调制）是按一定规律改变脉冲序列的脉冲宽度，以调节输出量和波形的一种调制方式。在控制系统中最常用的是矩形波 PWM 信号，在控制时需要调节 PWM 波的占空比。如图 24.1.7 所示，占空比是指高电平持续时间在一个周期时间内的百分比。控制电机的转速时，占空比越大，速度越快，如果全为高电平，占空比为 100% 时，速度达到最快。

当用单片机 I/O 口输出 PWM 信号时，可采用以下 3 种方法：

❖ 利用软件延时。当高电平延时时间到时，对 I/O 口电平取反变成低电平，再延时；当低电平延时时间到时，对该 I/O 口电平取反；如此循环，就可得到 PWM 信号。

❖ 利用定时器。控制方法同上，只是利用单片机的定时器来定时进行高、低电平的翻转，而不用软件延时。

❖ 利用单片机自带的 PWM 控制器。STC12 系列单片机自身带有 PWM 控制器，STC89 系列单片机无此功能，其他型号的很多单片机也带有 PWM 控制器，如 PIC 单片机、AVR 单片机等。

5. 直流电机与单片机的硬件连接

图 24.1.8 是使用 TX-1C 实验板做直流电机扩展实验时的硬件连接图。电机扩展板独立于 TX-1C 实验板，使用 12 V 直流电源，TX-1C 实验板使用 5 V 直流电源。在做本实验时，两电源需要共地。电机扩展板上用一个达林顿反相驱动器 ULN2803 驱动电机，这里仅驱动一路电机，电机的一端接+12 V 电源，另一端接 ULN2803 的 OUT7 引脚，ULN2803 的 IN7 引脚与单片机的 P1.7 引脚相连，通过控制单片机的 P1.7 引脚输出 PWM 信号，由此控制直流电机的速度与启停。所用直流电机实物如图 24.1.9 所示。直流电机和 TX-1C 连接运行效果如图 24.1.10 所示。

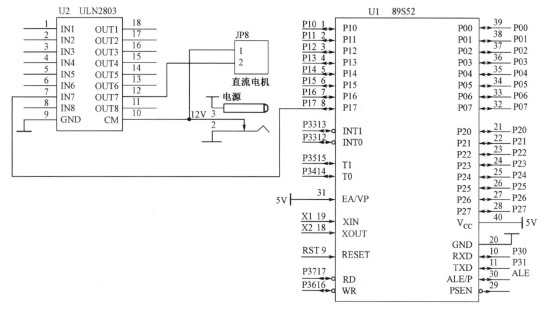

图 24.1.8　直流电机和单片机连接原理

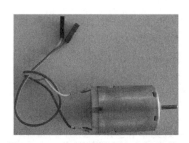

图 24.1.9　实验所用直流电机实物

图 24.1.10　直流电机和 TX-1C 实验板连接运行效果

6. 直流电机应用的 C 语言程序设计实例

【例 24.1.1】 使用 TX-1C 实验板上两个独立按键调节直流电机转速，同时在实验板的数码管上象征性地显示相应的转速值，通过控制单片机输出不同占空比的 PWM 信号来控制直流电机的转速。由于本实验没有测量电机实际转速的电路部分，因此数码管显示的速度并不代表电机实际速度，这里仅给出感性的认识。其程序流程图如图 24.1.11 所示。

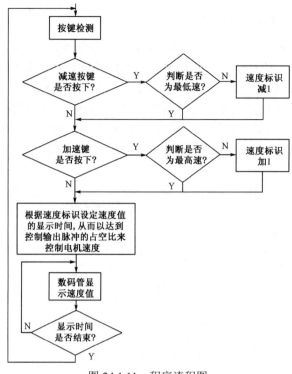

图 24.1.11　程序流程图

程序源代码如下：

```
#include <reg52.h>
#define uchar unsigned char
sbit dula=P2^6;                                 // 数码管显示段选 I/O 口定义
sbit wela=P2^7;                                 // 数码管显示位选 I/O 口定义
sbit dianji=P1^7;                               // 控制电机 I/O 口定义
sbit jia_key=P3^6;                              // 加速键
sbit jian_key=P3^7;                             // 减速键
uchar  num=0, show_num=1, gao_num=1, di_num=3;
uchar  code table[]={0x3f,0x06,0x5b,0x4f,0x66,0x6d,0x7d,
                 0x07,0x7f,0x6f,0x77,0x7c,0x39,0x5e,0x79,0x71};   // 数码管显示数据表
void delay(uchar i)                             // 延时函数
{
  uchar j,k;
  for(j=i;j>0;j--)
    for(k=125;k>0;k--);
}
void display()                                  // 数码管显示函数
{
  dula=0;
  P0=table[show_num];
  dula=1;
  dula=0;
  wela=0;
  P0=0xfe;
  wela=1;
  wela=0;
```

```
        delay(5);
        P0=table[0];
        dula=1;
        dula=0;
        P0=0xfd;
        wela=1;
        wela=0;
        delay(5);
        P0=table[0];
        dula=1;
        dula=0;
        P0=0xfb;
        wela=1;
        wela=0;
        delay(5);
        P0=table[0];
        dula=1;
        dula=0;
        P0=0xf7;
        wela=1;
        wela=0;
        delay(5);
}
void key ()                             // 按键检测处理函数
{
    if(jia_key==0)
    {
        delay(5);                       // 消抖
        if(jia_key==0)
        {
            num++;                      // 加速键按下，速度标志加1
            if(num==4)
                num=3;                  // 已经达到最大3，则保持
            while(jia_key==0);          // 等待按键松开
        }
    }
    if(jian_key==0)
    {
        delay(5);
        if(jian_key == 0)
        {
            if(num != 0)                // 减速键按下，速度标志减1
                num--;
            else
                num=0;                  // 已经达到最小0，则保持
            while(jian_key == 0);
        }
    }
}
void dispose()                          // 根据速度标志进行数据处理
{
    switch(num)
```

```
    {
        case 0:   show_num=1;                    // 数码管第一位显示的数据
                  gao_num=1;                     // PWM 信号中高电平持续时间标志为 1
                  di_num=3;                      // PWM 信号中低电平持续时间标志为 3，此时速度最慢
                  break;
        case 1:   show_num=2;
                  gao_num=2;
                  di_num=2;
                  break;
        case 2:   show_num=3;
                  gao_num=3;
                  di_num=1;
                  break;
        case 3:   show_num=4;
                  gao_num=4;
                  di_num=0;                      // 此时速度最快
                  break;
    }
}
void qudong()                                    // 控制电机程序
{
    uchar  i;
    if(di_num != 0)
    {
        for(i=0; i<di_num; i++)
        {
            dianji=0;                            // 实现 PWM 信号低电平输出
            display();                           // 利用显示函数起延时作用，也不影响数码管显示，一举两得
        }
    }
    for(i=0; i<gao_num; i++)
    {
        dianji=1;                                // 实现 PWM 信号高电平输出
        display();
    }
}
void main()
{
    while(1)
    {
        dianji=0;
        key();
        dispose();
        qudong();
    }
}
```

24.2 步进电机原理及应用

步进电机实物如图 24.2.1～图 24.2.4 所示。步进电机解剖图如图 24.2.5 所示。

图 24.2.1　普通步进电机

图 24.2.2　减速步进电机

图 24.2.3　直线步进电机

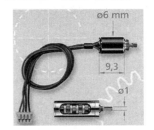

图 24.2.4　微型步进电机

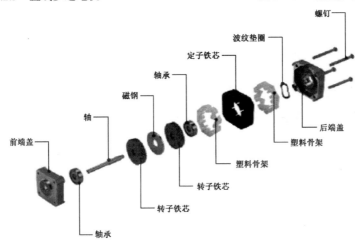

图 24.2.5　步进电机解剖图

1．步进电机介绍

步进电机是将电脉冲信号转变为角位移或线位移的开环控制元件。在非超载情况下，电机的转速、停止的位置只取决于脉冲信号的频率和脉冲数，而不受负载变化的影响，即给电机加一个脉冲信号，电机则转过一个步距角。这一线性关系的存在，加上步进电机只有周期性的误差而无累积误差等特点，使得步进电机在速度、位置等控制领域的控制操作非常简单。虽然步进电机应用广泛，但它并不像普通的直流和交流电机那样在常规状态下使用，它必须由双环形脉冲信号、功率驱动电路等组成控制系统方可使用。因此，用好步进电机也非易事，涉及机械、电机、电子及计算机等专业知识。

2．步进电机分类

❖ 永磁式（PM）：一般为二相，转矩和体积较小，步距角一般为 7.5°或 15°。

❖ 反应式（VR）：一般为三相，可实现大转矩输出，步距角一般为 1.5°，但噪声和振动都很大。在欧美等国家，20 世纪 80 年代已经淘汰反应式步进电机。

❖ 混合式（HB）：混合了永磁式和反应式的优点，应用最为广泛，分为二相和五相。二相步距角一般为 1.8°，五相步距角一般为 0.72°。

3．技术指标

（1）步进电机的静态指标

相数—电机内部的线圈组数，常用的有二相、三相、四相、五相步进电机。电机相数不同，其步距角也不同，一般二相电机的步距角为 0.9°/1.8°，三相为 0.75°/1.5°、五相为 0.36°/0.72°。在没有细分驱动器时，用户主要靠选择不同相数的步进电机来满足自己步距角的要求。如果使用细分驱动器，则"相数"将变得没有意义，用户只需在驱动器上改变细分数，就可以改变步距角。

步距角—表示控制系统每发一个步进脉冲信号，电机所转动的角度。电机出厂时给出了一个步距角的值，如 86BYG250A 型电机的值为 0.9°/1.8°（表示半步工作时为 0.9°、整步工作时为 1.8°），这个步距角可称为"电机固有步距角"，不一定是电机实际工作时的真正步距角，真正的步距角与驱动器有关。

拍数—完成一个磁场周期性变化所需的脉冲数或导电状态，或指电机转过一个步距角所需的脉冲数。以四相电机为例，有四相四拍运行方式，即 AB-BC-CD-DA-AB，有四相八拍运行方式，即 A-AB-B-BC-C-CD-D-DA-A。

定位转矩—电机在不通电状态下，转子自身的锁定力矩（由磁场齿形的谐波以及机械误差造成）。

保持转矩—步进电机通电但没有转动时，定子锁住转子的力矩。它是步进电机最重要的参数之一，通常步进电机在低速时的力矩接近保持转矩。因为步进电机的输出力矩随速度的增大而不断衰减，输出功率也随速度的增大而变化，所以保持转矩就成了衡量步进电机最重要参数之一。比如，在没有特殊说明的情况下，2N•m 的步进电机是指保持转矩为 2N•m 的步进电机。

（2）步进电机的动态指标

步距角精度—步进电机每转过一个步距角的实际值与理论值的误差，用百分比表示：误差/步距角×100%。不同运行拍数其值不同，四拍运行时应在 5%之内，八拍运行时应在 15%以内。

失步—指电机运转时运转的步数不等于理论上的步数。

失调角—转子齿轴线偏移定子齿轴线的角度。电机运转必存在失调角，由失调角产生的误差，采用细分驱动是不能解决的。

最大空载起动频率—电机在某种驱动形式、电压及额定电流下，在不加负载的情况下，能够直接起动的最大频率。

最大空载运行频率—电机在某种驱动形式、电压及额定电流下，电机不带负载的最高转速频率。

运行矩频特性—电机在某种测试条件下，测得运行中输出力矩与频率关系的曲线称为运行矩频特性。运行矩频特性是电机诸多动态曲线中最重要的，也是电机选择的根本依据，如图 24.2.6 所示。

电机一旦选定，电机的静力矩确定，而动态力矩不然，电机的动态力矩取决于电机运行时的平均电流（而非静态电流），平均电流越大，电机输出力矩越大，即电机的频率特性越硬，如图 24.2.7 所示。其中，曲线 3 电流最大或电压最高；曲线 1 电流最小或电压最低，曲线与负载的交点为负载的最大速度点。要使平均电流大，尽可能提高驱动电压，或采用小电感大电流的电机。

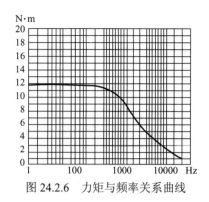

图 24.2.6 力矩与频率关系曲线

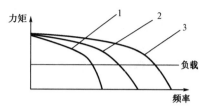

图 24.2.7 力矩与频率关系曲线

电机的共振点—步进电机均有固定的共振区域，共振区一般为 50～80 r/min 或 180 r/min 左右。电机驱动电压越高，电机电流越大，负载越轻，电机体积越小，则共振区向上偏移，反之亦然。为了使电机输出电矩大、不失步且整个系统的噪声降低，一般工作点均应偏移共振区较多。因此，在使用步进电机时应避开此共振区。

4. 步进电机工作原理

步进电机是一种将电脉冲转换成相应角位移或线位移的电磁机械装置，具有快速启停能力，在电机的负荷不超过能提供的动态转矩时，可以通过输入脉冲来控制它在一瞬间的启动或停止。步进电机的步距角和转速只和输入的脉冲频率有关，和环境温度、气压、振动无关，也不受电网电压的波动和负载变化的影响。因此，步进电机多应用在需要精确定位的场合。

（1）工作原理

步进电机有三线式、五线式和六线式，但其控制方式均相同，都要以脉冲信号电流来驱动。假设旋转一圈需要 200 个脉冲信号来励磁（excitation），可以计算出每个励磁信号能使步进电机前进 1.8°，其旋转角度与脉冲的个数成正比。步进电动机的正、反转由励磁脉冲产生的顺序来控制。六线式四相步进电机是比较常见的，它的控制等效电路如图 24.2.8 所示，有 4 条励磁信号引线 A、$\overline{A}$、B、$\overline{B}$，通过控制这 4 条引线上励磁脉冲产生的时刻，即可控制步进电机的转动。每出现一个脉冲信号，步进电机只走一步。因此，只要依序不断送出脉冲信号，步进电机就能实现连续转动。

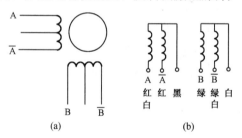

图 24.2.8 步进电机的控制等效电路

（2）励磁方式

步进电机的励磁方式分为全步励磁和半步励磁两种。其中，全步励磁有一相励磁和二相励磁之分，半步励磁又称为一-二相励磁。假设旋转一圈需要 200 个脉冲信号来励磁，可以计算出每个励磁信号能使步进电动机前进 1.8°，简要介绍如下。

一相励磁—在每一瞬间，步进电机只有一个线圈导通。每送一个励磁信号，步进电机旋转 1.8°，这是三种励磁方式中最简单的一种。其特点是：精确度好、消耗电力小，但输出转矩最小，振动较大。如果以该方式控制步进电机正转，对应的励磁顺序如表 24.2.1 所示。若励磁信号反向传送，则步进电机反转，1 和 0 表示送给电机的高电平和低电平。励磁顺序说明：1→2→3→4。

二相励磁—在每一瞬间，步进电动机有两个线圈同时导通。每送一个励磁信号，步进电

397

机旋转 1.8°。其特点是：输出转矩大，振动小，因而成为目前使用最多的励磁方式。如果以该方式控制步进电机正转，对应的励磁顺序见表 24.2.2。若励磁信号反向传送，则步进电机反转。励磁顺序说明：1→2→3→4。

一-二相励磁——为一相励磁与二相励磁交替导通的方式。每送一个励磁信号，步进电机旋转 0.9°。其特点是：分辨率高，运转平滑，故应用也很广泛。如果以该方式控制步进电机正转，对应的励磁顺序见表 24.2.3。若励磁信号反向传送，则步进电机反转。励磁顺序说明：1→2→3→4→5→6→7→8。

表 24.2.1　一相励磁顺序表

STEP	A	B	$\overline{A}$	$\overline{B}$
1	1	0	0	0
2	0	1	0	0
3	0	0	1	0
4	0	0	0	1

表 24.2.2　二相励磁顺序表

STEP	A	B	$\overline{A}$	$\overline{B}$
1	1	1	0	0
2	0	1	1	0
3	0	0	1	1
4	1	0	0	1

表 24.2.3　一-二相励磁顺序表

STEP	A	B	$\overline{A}$	$\overline{B}$	STEP	A	B	$\overline{A}$	$\overline{B}$
1	1	0	0	0	5	0	0	1	0
2	1	1	0	0	6	0	0	1	1
3	0	1	0	0	7	0	0	0	1
4	0	1	1	0	8	1	0	0	1

5．步进电机的驱动

步进电机的驱动可以选用专用的电机驱动模块，如 L298、FT5754 等，接口简单，操作方便，它们既可驱动步进电机，也可驱动直流电机。除此之外，还可利用三极管自己搭建驱动电路，不过这样非常麻烦，可靠性也会降低。还有一种方法是使用达林顿驱动器 ULN2803，该芯片单片最多可一次驱动八线步进电机。当然，如果只有四线或六线制的也是没有问题的，下面介绍用该芯片与 TX-1C 实验板共同驱动步进电机的方法。

6．步进电机与单片机连接原理图分析

本实验采用六线制四相步进电机，其实物如图 24.2.9 所示，与 TX-1C 实验板的连接效果如图 24.2.10 所示。

图 24.2.9　本实验使用的步进电机实物

图 24.2.10　步进电机与 TX-1C 实验板连接效果

该电机与 ULN2803 连接，其中 JP1 为电机六线接口，其第 1 引脚对应步进电机的 A，

第 2 引脚对应步进电机的 B，第 3、4 引脚连接在一起与电机的公共端相连，对应图 24.2.8 中黑白两条线，第 5 引脚对应步进电机的 $\overline{A}$，第 6 引脚对应步进电机的 $\overline{B}$。这 4 条驱动线通过 ULN2803 后与单片机的 P1.0～P1.3 引脚相连，如图 24.2.11 所示。

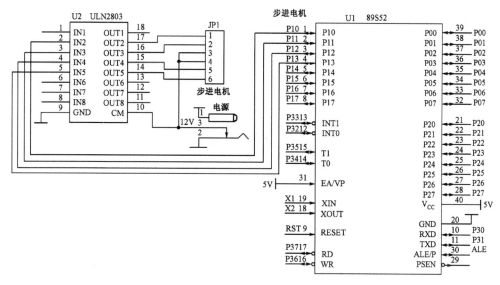

图 24.2.11　步进电机和单片机连接原理图

7. 步进电机应用 C 语言程序设计实例

【例 24.2.1】　用 TX-1C 实验板的独立铵键控制步进电机正转、反转、加速、减速。驱动方式采用一相励磁，即 4 条信号线每次只有一个为高电平，在实验板数码管上象征性地显示转速。注意，数码管显示的速度并不代表电机实际速度，只是给大家一个感性的认识。其流程如图 24.2.12 所示。

程序源代码如下：

```c
#include <reg52.h>
#define uchar unsigned char
sbit  dula=P2^6;                        // 数码管显示段选 I/O 口定义
sbit  wela=P2^7;                        // 数码管显示位选 I/O 口定义
sbit  jia_key=P3^6;                     // 电机加速 I/O 口定义
sbit  jian_key=P3^7;                    // 电机减速 I/O 口定义
sbit  zf_key=P3^5;                      // 电机正反转 I/O 口定义
bit  flag=0;                            // 电机正反转标志位
uchar num=0, show_num=2, maichong=4, table_begin=0;
/* 电机正反转 I/O 口的高低电平对应表 */
uchar  code table1[]={0x01,0x02,0x04,0x08,0x08,0x04,0x02,0x01};
uchar  code table[]={0x3f,0x06,0x5b,0x4f,0x66,0x6d,0x7d,
                0x07,0x7f,0x6f,0x77,0x7c,0x39,0x5e,0x79,0x71};  // 数码管显示 I/O 口对应表
void delay(uchar i)                     // 延时函数
{
  uchar j, k;
  for(j=i; j>0; j--)
    for(k=125; k>0; k--)  ;
}
```

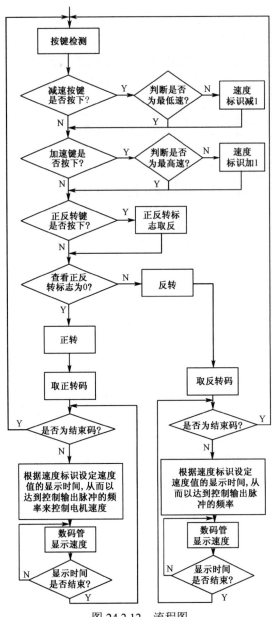

图 24.2.12 流程图

```c
void display()                          // 显示函数
{
    dula=0;
    P0=table[show_num];
    dula=1;
    dula=0;
    wela=0;
    P0=0xfe;
    wela=1;
    wela=0;
    delay(5);
    P0=table[0];
    dula=1;
```

```
      dula=0;
      P0=0xfd;
      wela=1;
      wela=0;
      delay(5);
}
void key ()                                    // 按键检测处理函数
{
   if(jia_key == 0)
   {
      delay(5);                                // 加速键按下, 消抖
      if(jia_key == 0)
      {
         num++;                                // 速度标示加1
         if(num == 4)
            num=3;                             // 达到最大3则保持
         while(jia_key == 0);                  // 等待松开按键
      }
   }
   if(jian_key == 0)
   {
      delay(5);                                // 减速键按下
      if(jian_key == 0)
      {
         if(num != 0)
            num--;                             // 速度标示减1
         else
            num=0;                             // 达到最小0则保持
         while(jian_key == 0);
      }
   }
   if(zf_key == 0)
   {
      delay(5);                                // 正反转按键按下
      if(zf_key == 0)
      {
         flag=~flag;                           // 正反转标识取反
         while(zf_key == 0);
      }
   }
}
void dispose()                                 // 根据速度标识进行数据处理
{
   switch(num)
   {
      case 0:   show_num=2;                    // 数码管第一位显示的数字
                maichong=5;                    // 利用maichong数据控制送给电机脉冲的频率, 控制速度
                break;
      case 1:   show_num=4;
                maichong=4;
                break;
      case 2:   show_num=6;
```

401

```
                maichong=3;
                break;
        case 3:   show_num=8;
                maichong=2;
                break;
    }
    if(flag == 0)
    {
        table_begin=0;                    // flag 为 0, 正转
    }
    else
        table_begin=4;                    // flag 为 1, 反转
}
void qudong()                             // 电机速度, 和正反转控制
{
    uchar  i, j;
    for(j=0+table_begin; j<4+table_begin; j++)
    {
        P1=table1[j];                     // 读取控制电机转动 I/O 口表
        for(i=0; i<maichong; i++)
        {
            display();                    //利用显示函数起延时作用, 控制电机速度, 也不影响数码管显示, 一举两得
        }
    }
}

void main()
{
    while(1)
    {
        key();
        dispose();
        qudong();
    }
}
```

8. 步进电机使用常见问题

（1）二相与四相混合式的区别

二相步进电机内部只有二组线圈，外部有 4 条引出接线，标记为 A、$\overline{A}$、B、$\overline{B}$。四相步进电机内部线圈有两种形式：二组带中间抽头的有 6 条引出接线，独立四组线圈的有 8 条引出接线。

（2）步进电机与驱动器的选型

因为步进电机的输出功率与运转速度成反比，所以选型时必须了解以下参数：

负载—单位为 kg•cm 或 N•m（如 1 cm 半径 1 kg 力拉动时为 1kg•cm）。

速度—速度越高，电机输出力矩越小。参照电机输出曲线选择相应速度时，输出要达到负载能力。表 24.2.4 给出了一些参考值。

表 24.2.4 电机选择参考值

	高速性能	低速振动	适配驱动器
电机电压高电流小	差	小	价格低
电机电压低电流大	好	大	价格高

（3）步进电机使用时出现振动大、失步或有声不转动等现象的原因

步进电机与普通交流电机有很大的差别，振动大或失步是常见的现象。产生的原因或解决方法有以下两种。

① 控制脉冲——频率低速时是否处在共振点上（每个型号电机不同），高速时是否采用梯形或其他曲线加速，控制脉冲频率有无跳动（部分 PLC 机型）。

解决方法：调整控制脉冲频率或采用步进伺服专用控制器。

② 驱动器——电机低速时，振动或失步，高速时正常；驱动电压过高。电机低速时正常，高速时失步；驱动电压过低。电机长时间低速运转无发热现象（电机正常工作时可高达 80～90℃）；驱动电流过小。电机工作时过热；驱动电流过大。

解决方法：调节驱动器电流、驱动电压或更换驱动器。

（4）步进电机控制采用梯形或其他加速方法的原因

步进电机的起步速度一般为 150～250 r/min，如果希望高于此速度运转，就必须先用起步以下速度起步，逐渐加速至最高速度，运行一定距离后，再逐渐减速至起步速度以下，方可停止，否则会出现高速上不去或失步的现象。常见加速方法有分级加速、梯形加速和 S 字加速等。

（5）步进电机的外表温度允许的最高值

步进电机温度过高会使电机的磁性材料退磁，从而导致力矩下降及失步，因此电机外表允许的最高温度取决于不同电机磁性材料的退磁点。一般来说，磁性材料的退磁点都在 130℃ 以上，有的甚至高达 200℃ 以上，所以步进电机外表温度在 80～90℃ 完全正常。

（6）步进电机的力矩会随转速的升高而下降的原因

当步进电机转动时，电机各相绕组的电感将形成一个反向电动势，频率越高，反向电动势越大。在它的作用下，电机随频率（或速度）的增大而相电流减小，从而导致力矩下降。

（7）步进电机低速时可以正常运转，但高于一定速度无法启动并伴有啸叫声的原因

步进电机有一个技术参数——空载启动频率，即步进电机在空载情况下能够正常启动的脉冲频率。如果脉冲频率高于该值，电机不能正常启动，可能发生失步或堵转。在有负载的情况下，启动频率应更低。如果使电机达到高速转动，脉冲频率应该有加速过程，即启动频率较低，然后按一定加速度升到所希望的高频（电机转速从低速到高速）。

（8）克服两相混合式步进电机在低速运转时的振动和噪声的方法

步进电机低速转动时振动和噪声大是其固有的缺点，一般可采用以下方法来克服：

① 如步进电机正好工作在共振区，可通过改变减速比等机械传动避开共振区。

② 采用带有细分功能的驱动器，这是最常用、最简便的方法。

③ 换成步距角更小的步进电机，如三相或五相步进电机。

④ 换成交流伺服电机，几乎可以完全克服振动和噪声，但成本较高。

⑤ 在电机轴上加磁性阻尼器，市场上已有这种产品，但机械结构改变较大。

（9）细分驱动器的细分数是否能代表精度

步进电机的细分技术实质上是一种电子阻尼技术（请参考有关文献），其主要目的是减弱或消除步进电机的低频振动，提高电机的运转精度，它只是细分技术的一个附带功能。比如，对于步距角为 1.8° 的两相混合式步进电机，如果细分驱动器的细分数设置为 4，那么电机的运转分辨率为每个脉冲 0.45°，电机的精度能否达到或接近 0.45° 还取决于细分驱动器的细分电流控制精度等其他因素。不同厂家的细分驱动器的精度可能差别很大，细分数越大，

精度越难控制。

（10）四相混合式步进电机与驱动器的串联接法和并联接法的区别

四相混合式步进电机一般由两相驱动器来驱动，因此连接时可以采用串联接法或并联接法将四相电机接成两相使用。串联接法一般在电机转速较低的场合使用，此时需要的驱动器输出电流为电机相电流的 0.7 倍，因而电机发热小；并联接法一般在电机转速较高的场合使用（又称为高速接法），需要的驱动器输出电流为电机相电流的 1.4 倍，因而电机发热较大。

（11）如何确定步进电机驱动器的直流供电电源

① 电压的确定。混合式步进电机驱动器的供电电源电压一般有一个较宽的范围（12～48 V DC），电源电压通常根据电机的工作转速和响应要求来选择。如果电机工作转速较高或响应要求较快，那么电压取值也高，但电源电压的纹波不能超过驱动器的最大输入电压，否则可能损坏驱动器。

② 电流的确定。供电电源电流一般根据驱动器的输出相电流 I 来确定。如果采用线性电源，电源电流一般可取 I 值的 1.1～1.3 倍；如果采用开关电源，电源电流一般可取 I 值的 1.5～2.0 倍。

（12）混合式步进电机驱动器的脱机信号 FREE 的使用情况

当脱机信号 FREE 为低电平时，驱动器输出到电机的电流被切断，电机转子处于自由状态（脱机状态）。在有些自动化设备中，如果在驱动器不断电的情况下要求直接转动电机轴（手动方式），就可以将 FREE 信号置低，使电机脱机，进行手动操作或调节。手动完成后，再将 FREE 信号置高，以继续自动控制。

（13）如何用简单的方法调整两相步进电机通电后的转动方向

只需将电机与驱动器接线的 A+和 A–（或 B+和 B–）对调即可。

（14）关于驱动器的细分原理及一些相关说明

在国外，对于步进系统，主要采用二相混合式步进电机及相应的细分驱动器。但在国内，广大用户对"细分"还不是特别了解，有些人认为，细分是为了提高精度，其实不然，细分主要是改善电机的运行性能，现说明如下。

步进电机的细分控制是由驱动器精确控制步进电机的相电流来实现的，以二相电机为例，假如电机的额定相电流为 3 A，使用常规驱动器（如常用的恒流斩波方式）驱动该电机，电机每运行一步，其绕组内的电流将从 0 突变为 3 A 或从 3 A 突变到 0，相电流的巨大变化，必然会引起电机运行的振动和噪声。如果使用细分驱动器，在 10 细分状态下驱动该电机，电机每运行一微步，其绕组内的电流变化只有 0.3 A 而不是 3 A，且电流是以正弦曲线规律变化，这样大大改善了电机的振动和噪声，因此性能上的优点才是细分的真正优点。细分驱动器要精确控制电机的相电流，所以对驱动器有相当高的技术和工艺要求，成本亦会较高。注意，国内有一些驱动器采用"平滑"来取代细分，有的亦称为细分，但这不是真正的细分，望广大用户一定要分清两者的本质不同：

❖ "平滑"并不精确控制电机的相电流，只是把电流的变化率变缓一些，所以"平滑"并不产生微步，而细分的微步是可以用来精确定位的。

❖ 电机的相电流被平滑后，会引起电机力矩的下降，而细分控制不但不会引起电机力矩的下降，相反，力矩会有所增加。

24.3　舵机原理及其应用

舵机实物如图 24.3.1 和图 24.3.2 所示。

图 24.3.1　普通航模用舵机

图 24.3.2　　微型舵机

1．舵机介绍

舵机（Servo），也称为伺服机，其特点是结构紧凑、易安装调试、控制简单、大扭力、成本较低等。舵机的主要性能取决于最大力矩和工作速度（一般是以秒/60°为单位），是一种位置伺服的驱动器，适用于需要角度不断变化并能够保持的控制系统。在机器人机电控制系统中，舵机控制效果是性能的重要影响因素。舵机能够在微机电系统和航模中作为基本的输出执行机构，其简单的控制和输出使得单片机系统容易与之接口。

2．舵机工作原理

标准的舵机有三条引线：电源线 V_{CC}、地线 GND 和控制信号线，如图 24.3.3 所示。

在航模遥控系统中，控制信号由接收机的通道进入信号调制芯片，获得直流偏置电压。它的内部有一个基准电路，

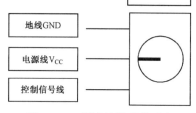

图 24.3.3　标准舵机引线示意

产生周期为 20 ms、宽度为 1.5 ms 的基准信号，并将获得的直流偏置电压和电位器的电压比较，获得电压差输出，然后将电压差的正、负输出到电机驱动芯片决定电机的正、反转。当电机转速一定时，通过级联减速齿轮带动电位器旋转，使电压差为 0，电机停止转动。其实我们可以不用去了解它内部的具体工作原理，知道它的控制原理就够了。就像我们使用三极管一样，知道可以拿它来做开关管或放大管就行了，至于管内的电子具体怎样流动是可以完全不用考虑的。舵机的控制信号也是 PWM 信号，利用占空比的变化改变舵机的位置。

图 24.3.4 为舵机输出转角与输入信号脉冲宽度的关系，其脉冲宽度在 0.5～2.5 ms 变化时，舵机输出轴转角在 0°～180°变化。

3．用单片机实现舵机转角控制

单片机系统实现对舵机输出转角的控制，必须首先完成两项任务：① 产生基本的 PWM 周期信号，即产生 20 ms 的周期信号；② 调整脉宽，即单片机调节 PWM 信号的占空比。

作为舵机的控制部分，单片机能使 PWM 信号的脉冲宽度实现微秒级的变化，从而提高舵机的转角精度。单片机完成控制算法，再将计算结果转化为 PWM 信号输出到舵机，因为单片机系统是一个数字系统，其控制信号的变化完全依靠硬件计数，所以受外界干扰较小，整个系统工作可靠。

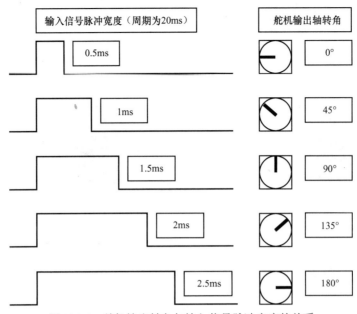

图 24.3.4　舵机输出转角与输入信号脉冲宽度的关系

　　单片机控制单个舵机比较简单，利用一个定时器即可。假设仅控制舵机 5 个角度转动，其控制思路如下：只利用一个定时器 T0，定时时间为 0.5 ms；定义一个角度标识，数值可以为 1、2、3、4、5，实现 0.5、1、1.5、2、2.5 ms 高电平的输出；再定义一个变量，数值最大为 40，实现周期为 20 ms。每次进入定时中断，判断此时的角度标识，进行相应的操作。比如，此时为 5，则进入前 5 次中断期间，信号输出为高电平，即为 2.5 ms 的高电平；剩下的 35 次中断期间，信号输出为低电平，即 17.5 ms 的低电平。总的时间是 20 ms，为一个周期。

　　当用单片机系统控制多个舵机工作时，以驱动八路舵机为例，可以参考以下方法：假设使用的舵机的工作周期均为 20 ms，那么用单片机定时器产生的多路 PWM 波的周期也相同。使用单片机的内部定时器产生脉冲计数。一般来说，舵机工作正脉冲宽度小于周期的 1/8，这样能够在 1 个周期内分时启动各路 PWM 波的上升沿，再利用定时器中断 T0 确定各路 PWM 波的输出宽度，定时器中断 T1 控制 20 ms 的基准时间。第 1 次定时器中断 T0 按 20 ms 的 1/8 配置初值，并配置输出 I/O 口，第 1 次 T0 定时中断响应后，将当前输出 I/O 口对应的引脚输出置高电平，配置该路输出正脉冲宽度，并启动第 2 次定时器中断，输出 I/O 口指向下一个输出口。第 2 次定时器定时时间结束后，将当前输出引脚置低电平，配置此中断周期为 20 ms 的 1/8 减去正脉冲的时间，此 PWM 信号在该周期中输出完毕，往复输出。在每次循环的第 16 次（2×8=16）中断实行关定时中断 T0 操作，最后就能够实现八路舵机控制信号的输出。

4．舵机与单片机连接原理图

　　本实验所用舵机实物如图 24.3.5 所示，舵机与 TX-1C 实验板连接效果如图 24.3.6 所示。

　　在用单片机驱动舵机之前，要先确定相应舵机的功率，然后选择足够功率的电源为舵机供电，控制端无须大电流，直接用单片机的 I/O 口就可操作，本实验直接用 TX-1C 实验板上电源驱动舵机，只是演示性实验，并不需要带大功率负载，所以不需为其提供大功率电源，舵机与单片机连接原理图如图 24.3.7 所示。

　　本实验中使用的舵机参数如下：工作电压 4.8～6 V，电流 10 mA（静态），力矩 3 kg/cm，外型尺寸 41×42×20 mm，重量 48 g，转速 0.22 ms/60°。

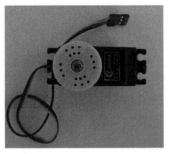

图 24.3.5　实验使用的舵机实物

图 24.3.6　舵机与 TX-1C 实验板连接效果

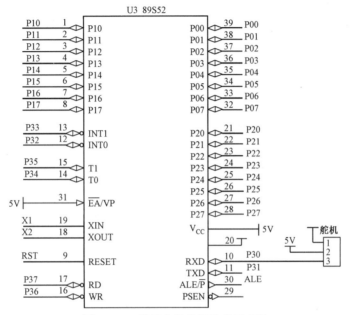

图 24.3.7　舵机和单片机连接原理图

5．舵机应用 C 语言程序设计实例

【例 24.3.1】　开机时舵机角度自动转为 0°，通过实验板上的独立按键调节舵机的角度转动,并且在实验板数码管上显示相应的角度。本例仅演示 5 个角度的控制，若想实现任意角度控制请读者自行编程实验。

　　程序流程图如图 24.3.8 所示。程序源代码如下：

```c
#include "reg52.h"
unsigned char  count;                    // 0.5ms 次数标识
sbit  pwm =P3^0 ;                         // PWM 信号输出
sbit  jia =P3^7;                          // 角度增加按键检测 I/O 口
sbit  jan =P3^6;                          // 角度减少按键检测 I/O 口
unsigned char  jd;                        // 角度标识
sbit  dula=P2^6;
sbit  wela=P2^7;
unsigned char  code table[]={0x3f,0x06,0x5b,0x4f,0x66,0x6d,0x7d,
                     0x07,0x7f,0x6f,0x77,0x7c,0x39,0x5e,0x79,0x71};
void delay(unsigned char i)               // 延时
{
```

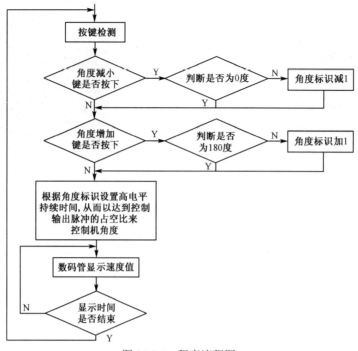

图 24.3.8　程序流程图

```
    unsigned char  j, k;
    for(j=i;j>0;j--)
        for(k=125;k>0;k--);
}
void Time0_Init()                          // 定时器初始化
{
    TMOD = 0x01;                           // 定时器 0 工作在方式 1
    IE= 0x82;
    TH0= 0xfe;
    TL0= 0x33;                             // 11.0592MHz 晶振，0.5ms
    TR0=1;                                 // 定时器开始
}
void Time0_Int() interrupt 1               // 中断程序
{
    TH0  = 0xfe;                           // 重新赋值
    TL0  = 0x33;
    if(count < jd)                         // 判断 0.5ms 次数是否小于角度标识
        pwm=1;                             // 确实小于，PWM 输出高电平
    else
        pwm=0;                             // 大于则输出低电平
    count = (count+1);                     // 0.5ms 次数加 1
    count = count%40;                      // 次数始终保持为 40 即保持周期为 20ms
}
void keyscan()                             // 按键扫描
{
    if(jia == 0)                           // 角度增加按键是否按下
    {
        delay(10);                         // 按下延时，消抖
        if(jia == 0)                       // 确实按下
```

```
        {
            jd++;                              // 角度标识加1
            count=0;                           // 按键按下，则 20ms 周期从新开始
            if(jd == 6)
                jd=5;                          // 已经是 180°，则保持
            while(jia == 0);                   // 等待按键放开
        }
    }
    if(ja n== 0)                               // 角度减小按键是否按下
    {
        delay(10);
        if(jan == 0)
        {
            jd--;                              // 角度标识减1
            count=0;
            if(jd == 0)
                jd=1;                          // 已经是 0°，则保持
            while(jan == 0);
        }
    }
}
void display()                                 // 数码管显示函数
{
    unsigned char  bai, shi, ge;
    switch(jd)                                 // 根据角度标识显示相应的数值
    {
        case 1:   bai=0;                       // 为 1，角度为 0，前 3 个数码管显示 000
                  shi=0;
                  ge=0;
                  break;
        case 2:   bai=0;
                  shi=4;
                  ge=5;
                  break;
        case 3:   bai=0;
                  shi=9;
                  ge=0;
                  break;
        case 4:   bai=1;
                  shi=3;
                  ge=5;
                  break;
        case 5:   bai=1;                       // 为 5，角度为 180，前 3 个数码管显示 180
                  shi=8;
                  ge=0;
                  break;
    }
    dula=0;
    P0=table[bai];
    dula=1;
    dula=0;
    wela=0;
```

```c
        P0=0xfe;
        wela=1;
        wela=0;
        delay(5);
        P0=table[shi];
        dula=1;
        dula=0;
        P0=0xfd;
        wela=1;
        wela=0;
        delay(5);
        P0=table[ge];
        dula=1;
        dula=0;
        P0=0xfb;
        wela=1;
        wela=0;
        delay(5);
    }
    void main()
    {
        jd=1;
        count=0;
        Time0_Init();
        while(1)
        {
            keyscan();                                  // 按键扫描
            display();
        }
    }
```

第 25 章　基于 Wi-Fi 的物联网应用

25.1　物联网系统架构

全球信息化浪潮的第一次浪潮是个人计算机，是以信息处理为核心，活跃参与的公司有 Intel、IBM、苹果、Microsoft、联想等；第二次浪潮是互联网和移动通信网，以信息传输为核心，活跃参与的公司有 Cisco、Nokia、华为、中兴、Yahoo、Google、中国移动等；第三次浪潮是物联网，以信息获取为核心。在这次浪潮中，谁是未来的赢家？

物联网（Internet of Things，IoT）是把所有物品通过互联网连接起来，实现任何物体、任何人、任何时间、任何地点的智能化识别、信息交换与管理。物联网的本质是将 IT 基础设施融入到物理基础设施中，就是把感应器嵌入到家居、电网、铁路、桥梁、隧道、公路、建筑、供水系统、大坝、油气管道、工业等物体中，实现信息的自动提取。

物联网正在和即将对人们日常生活产生重要影响。比如，公文包会提醒主人忘记带什么东西；衣服会"告诉"洗衣机对颜色和水温的要求；病人不住在医院，只要通过一个小小的仪器，医生就能 24 小时监控病人的体温、血压、脉搏；下班了，只要用手机发出一个指令，家里的电饭煲就会自动加热做饭，空调开始降温。其实，物联网与人们的日常各方面的生活息息相关，如图 25.1.1 所示。

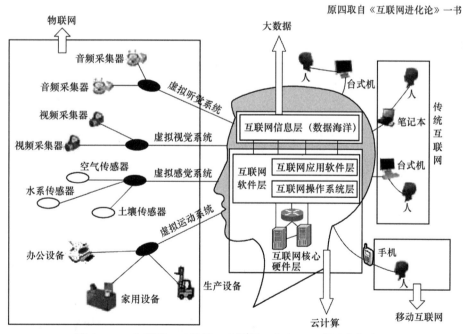

图 25.1.1　物联网、云计算、大数据（来自《互联网进化论》）

物联网是新一代信息技术的重要组成部分，回顾其发展，必须提到嵌入式系统。传统的嵌入式系统与互联网的发展衍生出物联网，在如今的物联网浪潮之下，嵌入式系统面临着全新的机遇和挑战。与早年相比，因为物联网的技术和应用，嵌入式操作系统被很多人重新关注。同时，嵌入式系统发生了一些变化，主要有如下两方面。

① 今天的嵌入式系统要关注物联网的底层技术，如传感器的节点、小型的通信网关。这些节点在以前不适用嵌入式操作系统，但是现在因为物联网要具备联网的特点，所以嵌入式操作系统就要往这方面深入发展，即往下走。

② 嵌入式操作系统要往上走。嵌入式操作系统的用武之地包括网关和带有人机界面的设备。例如，手机流行后，大家都希望有一个非常好用的人机界面的操作方式。往上发展即云计算和人工智能，最典型的是无人驾驶车，其中大量使用了嵌入式系统和云计算技术。

从图25.1.2不难看出，端云一体化物联网系统是个综合应用，囊括了嵌入式设备端、手机App端、云端技术。物联网技术的发展其实也是由微控制器（Microcontroller Unit，MCU）硬件的技术更新、手机APP的发展、云端技术的发展及无线传输技术的发展一起推进的。

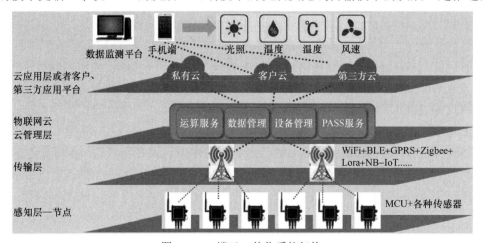

图25.1.2　端云一体化系统架构

25.2　常用的物联网无线传输技术

物联网传输层技术近年来发生了翻天覆地的变化，从早期的GRPS、ZigBee到Wi-Fi，再到现在基于Lora和NB-IoT的广域网技术，将物联网技术提高到新的高度。下面介绍这几种无线传输技术的特点。

GPRS是在GSM系统上发展出来的一种新的数据承载业务，支持TCP/IP协议，可以与分组数据网（Internet等）直接互通。GPRS无线传输系统的应用范围非常广泛，几乎可以涵盖所有的中低业务和低速率的数据传输，尤其适合突发的小流量数据传输业务。GPRS因为距离覆盖面广被很多设备广泛使用。其缺点是，GRPS会有丢包发生，流量需要收费，管理麻烦，功耗高，瞬时电流高，电源设计成本高。

ZigBee是基于IEEE 802.15.4标准的低功耗局域网协议。根据国际标准规定，ZigBee技术是一种短距离、低功耗的无线通信技术，工作在免许可的2.4 GHz ISM射频频段。ZigBee的名称（又称紫蜂协议）来源于蜜蜂的八字舞。蜜蜂（bee）是靠飞翔和"嗡嗡"（zig）抖动翅膀的"舞蹈"来与同伴传递花粉所在方位信息，也就是说，蜜蜂依靠这样的方式构成了群体中的通信网络。ZigBee的特点是近距离、低复杂度、自组织、低功耗、低数据传输速率，适用于工业自动控制领域，可以嵌入各种设备。简而言之，ZigBee 就是一种便宜的、低功耗的、近距离安全性极高、低速短距离的无线组网通信技术。ZigBee 的缺点也很明显，如产品开发难度大，开发周期长，产品成本高，大规模节点组网的时候不稳定。

蓝牙低能耗（BLE）技术是低成本、短距离、可互操作的鲁棒性无线技术，工作在免许可的 2.4 GHz ISM 射频频段。蓝牙技术从一开始就设计为超低功耗（ULP）无线技术，利用许多智能手段，最大限度地降低功耗。蓝牙低功耗技术采用可变连接时间间隔，根据具体应用，可以设置为几毫秒到几秒不等。另外，蓝牙低能耗技术采用非常快速的连接方式，因此平时可以处于"非连接"状态（节省能源），此时链路两端相互间只是知晓对方，只有在必要时才开启链路，然后在尽可能短的时间内关闭链路。蓝牙低能耗技术的工作模式非常适用于从微型无线传感器（每半秒交换一次数据）或使用完全异步通信的遥控器等其他外设传输数据。这些设备发送的数据量非常少（通常几字节），而且发送次数也很少（如每秒几次到每分钟一次，甚至更少）。

与蓝牙技术一样，Wi-Fi 属于短距离无线技术，是一种网络传输标准。人们在星巴克中浏览网页，记者在会议现场发回稿件，人们在自己家中用手机或者多台笔记本电脑无线上网，这些都离不开 Wi-Fi。Wi-Fi 的优点是能快速连接路由器上网，传输速率高，流量免费，缺点是功耗高。后面会介绍 Wi-Fi 的入网方式。

基于蜂窝的窄带物联网（Narrow Band Internet of Things，NB-IoT）成为万物互联网络的一个重要分支。NB-IoT 构建于蜂窝网络，只消耗大约 180 kHz 的带宽，可直接部署于 GSM、UMTS 或 LTE 网络中，以降低部署成本、实现平滑升级。NB-IoT 是 IoT 领域一个新兴的技术，支持低功耗设备在广域网的蜂窝数据连接，也被称为低功耗广域网（LPWAN）。NB-IoT 支持待机时间长、对网络连接要求较高设备的高效连接。NB-IoT 设备电池寿命可以提高至少 10 年，还能提供非常全面的室内蜂窝数据连接覆盖。NB-IoT 的缺点是通信带宽低，而且涉及运营商费用问题。

Wi-Fi、ZigBee、BLE 的优缺点都非常明显。在低功耗广域网（LPWAN）产生之前，似乎远距离和低功耗两者之前只能二选一。当采用 LPWAN 技术之后，设计人员可做到两者兼顾，最大程度地实现更长距离通信、更低功耗，同时可节省额外的中继器成本。Lora 是 LPWAN 通信技术中的一种，是美国 Semtech 公司采用和推广的一种基于扩频技术的超远距离无线传输方案。Lora 改变了以往关于传输距离与功耗的折中方式，为用户提供了一种简单的能实现远距离、长电池寿命、大容量的系统，进而扩展传感网络。目前，Lora 主要在全球免费频段运行，包括 433 MHz、868 MHz、915 MHz 等，其缺点是通信带宽低。

25.3　IoT 云平台

IT 领域刮起了一阵"云"风，而且这阵风越吹越猛，概念大点的，有智能云、物联云、物联开放平台；偏垂直领域的，有智能家居平台、工业云、医疗云、D 语音云等。瞬间铺天盖地，有种乱云渐入迷人眼的趋势，不管做电商的、做 IT 基础设施的、做移动互联网的，还是运营商，甚至传统制造业厂商，谁家没有云？IoT 的市场前景不可估量。在"设备-云-APP"的应用框架中，选择什么样的切入点去布局 IoT，并且在入围后如何能活下来，是每个想入围的人应该好好思考的问题。

IoT 是个开放的领域，每个人都会在里面找到自己的位置，而在这个开放的生态中，希望参与者能积极推动整个行业的良性发展，同时为消费者提供安全、可靠的产品及服务。云平台实在太多了，下面列举一些典型的云平台厂商。

1. 阿里智能云

阿里智能生活事业部是阿里巴巴整合了天猫、阿里智能云（http://open.alink.aliyun.com/）、淘宝众筹三个业务部门的优质资源，旨在全面支持智能产品的推进，加速智能硬件孵化速度，进一步提高阿里在 IoT 市场的竞争力，通过电商销售资源、云端数据服务、内容平台的整合，打通智能硬件全产业链的各环节。

智能云负责为厂商提供有关技术支持和云端服务；天猫和淘宝负责流量和销售渠道，电商智能化产品备货要占所有消费类电器产品的 50%以上。通过阿里小智移动端 APP 平台，厂商在其上添加各自的产品 APP 并获得移动端流量，消费者可以用阿里小智超级 APP 控制所有在天猫或淘宝购买的智能产品。

目前，厂商要接入阿里获取流量，需要经过签约入驻、产品注册、开发调试、发布上架等步骤。智能设备通过 Alink 接入阿里智能云，必须通过直连方式，即设备数据直接到阿里智能云上才可以获得流量和销售渠道资源，设备厂商期望通过第三方云将数据对接到阿里智能云是不可能的。所以，那些希望借助第三方云厂商接入阿里的设备厂商必须明白这个道理。

图 25.3.1 展示了阿里智能硬件平台解决方案架构。阿里智能硬件平台包括：硬件设备、云上网关、手机端、物联网区、业务区和大数据区 6 部分。

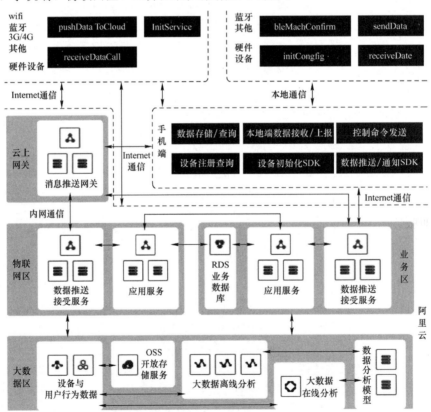

图 25.3.1　阿里智能硬件平台解决方案架构

① 硬件设备：由 MCU、传感器、Wi-Fi/3G/4G 以及其他联网通信模块和应用程序构成，可直接连接手机进行数据交换，或通过联网通信模块接入网关完成数据的发送接收。

② 云上网关：采用通用协议使得硬件设备、手机端、物联网区以及业务区实现消息的发送与转发，保证整个平台的消息通畅。

③ 手机端：通过云上网关或直连硬件设备收发数据，完成设备注册查询、数据存储、数据处理及指令发送等。

④ 物联网区：通过云服务器（ECS）构建数据推送与接收服务，采用负载均衡（SLB）与可水平扩展的云服务器来保证高并发数据采集的可靠性。

⑤ 业务区：根据用户请求的参数，匹配目标硬件，中转业务数据，完成业务系统的数据订阅与分发，实现对智能硬件的控制。

⑥ 大数据区：将采集的大量数据存储到大数据区域的 DRDS/OTS 中，结合数据分析模型，进行相关业务的统计分析和预测，通过 ADS 完成复杂的在线实时查询统计。

2. 微软 Azure

Windows Azure（http://www.windowsazure.cn/）是微软基于云计算的操作系统，现在更名为 "Microsoft Azure"，与 Azure Services Platform 一样，是微软 "软件和服务" 技术的名称。Azure 的主要目标是为开发者提供一个平台，帮助开发可运行在云服务器、数据中心、Web 和 PC 上的应用程序。云计算的开发者能使用微软全球数据中心的储存、计算能力和网络基础服务。Azure 服务平台包括以下主要组件：Windows Azure，Microsoft SQL 数据库服务，Microsoft .NET 服务，用于存储、分享和同步文件的 Live 服务，针对商业的 Microsoft SharePoint 和 Microsoft Dynamics CRM 服务。

Azure 是一种灵活和支持互操作的平台，可以创建云中运行的应用或者通过基于云的特性来加强现有应用。它开放式的架构给开发者提供了 Web 应用、互联设备应用、PC、服务器，也提供最优在线复杂解决方案的选择。Azure 以云技术为核心，提供软件+服务的计算方法，这是 Azure 服务平台的基础。Azure 能够将处于云端的开发者个人能力同微软全球数据中心网络托管的服务（如存储、计算和网络基础设施服务）紧密结合起来。

Azure 可满足任何应用程序需求，可以托管应用程序，并按需扩展；也可以使用 SQL 数据库、MySQL 数据库、NoSQL 表存储和非结构化 Blob 存储来存储不同类型数据。利用 Azure，用户可以实现健壮的消息传递，从而扩展分布式应用程序。Azure 在 2015 年被 Gartner 评为基础结构即服务（IaaS）和平台即服务（PaaS）行业领袖的唯一主流云平台。托管和非托管服务的强大组合可让用户以自己舒适的方式构建、部署和管理应用程序，将工作效率提高到极致。Azure 的服务偏贵，源于微软长期以来优秀的企业级合作伙伴，以及微软强大的企业级应用服务能力。2014 年，微软通过世纪互联的运营成功进入中国。

微软开放技术有限公司（微软开放技术）是微软公司为大力发展其在开放技术领域的投资（包括互操作性、开放标准、开源软件等方向）而设立的下属子公司。在 IoT 领域，为了更好地支持开发者，微软的 Open Tech 建立了基于 Azure 的 SiteWhere 项目。SiteWhere 提供了完整的平台，可用于管理物联网设备、收集数据，并将该数据与外部系统整合起来。SiteWhere 发行版本可以下载，也可以在亚马逊 AWS 上使用。SiteWhere 还与多个大数据工具整合起来，包括 MongoDB 和 ApacheHBase。相关网站：http://www.sitewhere.org。

3. 亚马逊 AWS

亚马逊 AWS（https://aws.amazon.com/cn）是 IaaS 基础设施服务平台，目前在国内和国外的特性和功能方面差异比较大。AWS 提供计算、存储和内容传输、数据库、联网、管理和安全等基础设施服务，以及应用程序服务、部署和管理、移动应用及设备等平台服务，同时具备大量的企业 IT 应用程序和最苛刻的安全要求。在 IoT 方面，AWS IoT 已正式上线：https://aws.amazon.com/cn/iot/?nc2=h_l3_ap。

AWS IoT 是一款托管的云平台，使互联设备可以轻松、安全地与云应用程序及其他设备交互。AWS IoT 可支持数十亿台设备和数万亿条消息，可以对这些消息进行处理并将其安全可靠地路由至 AWS 终端节点和其他设备。借助 AWS IoT，用户的应用程序可以随时跟踪所有设备并与其通信，即使这些设备未处于连接状态也不例外。

AWS IoT 使用户能够轻松使用 AWS Lambda、Amazon Kinesis、Amazon S3、Amazon Machine Learning 和 Amazon DynamoDB 等服务来构建 IoT 应用程序，以便收集、处理和分析互连设备生成的数据并对其执行操作，而不需管理任何基础设施。用户可以利用 AWS IoT 轻松地连接并管理设备、保护设备连接和数据，并对这些数据进行操作，随时读取和设置设备状态等。

4. FogCloud

上海庆科信息技术有限公司是一家智能硬件解决方案供应商，在"设备‐云‐APP"的整体应用框架中，庆科云 FogCloud 由专业团队精心打造，定位于专门为智能硬件提供后台支持的云服务平台，为智能硬件与 APP 和云端互联奠定基础，尤其是为家电、照明、安防、娱乐、工业、健康等领域的客户提供免费接入服务。

FogCloud 秉承完全开放的策略，所有客户工程师、开发者、创客、学生等均可以免费使用，提供包括设备云端互联、数据云存储、云分发、软件 OTA 升级、微信接入等支持服务。FogCloud 结合物联网发展的技术和市场需求，整合智能硬件开发过程中的各环节，优化设备接入云平台的过程。除了端与 APP 由开发者私人订制实现差异化外，其他设备接入的云平台开发工作由 FogCloud 完成，实现快速接入，敏捷开发，同时可以利用丰富和完善的 API 进行云服务的差异化和定制化开发。云端提供的服务包括：OpenAPI、资源管理、SDK、设备远程控制、数据转存、数据报表、云端转码、OTA、事件触发、计划任务、微信、阿里 AI、科大讯飞、火火兔等第三方云的接入。

每家云都有各自的一些优势，但是这种差异化的服务才是各云平台能够生存下去的唯一方式，中国的云计算和大数据产业将快速促进物联网的发展。我们有理由相信，互联网 3.0 时代，中国将引领 IoT 潮流。

25.4 基于 Wi-Fi 的嵌入式设备入网方式

因为数据传输速率大、家庭自带 Wi-Fi 热点、流量免费、Wi-Fi 设备内置 TCP/IP 协议可以直达云端等特点，Wi-Fi 被广泛使用。本节主要介绍 Wi-Fi 的一些入网方式。

Wi-Fi 可以工作在 softAP 模式，内部运行 AP 热点，供其他设备接入，用于局域网通信；也可以工作在 Station 模式，连接到其他设备或者服务器完成两者通信。例如，Wi-Fi 连接百度服务器的方式就是让 Wi-Fi 工作在 Station 模式，Station 的工作模式是最常见的方式。当然，

softAP 和 Station 模式可以共存。

市面上的 Wi-Fi 模块形式多样，有单射频的 Wi-Fi 模块，有 MCU 和射频组成一个模块的，也有直接由 SOC 芯片集成的 Wi-Fi 模块。开发方式一般有两种。一种是通过 Wi-Fi 模块完成数据采集和无线传输的功能。这种方式难度最大，需要开发者了解 Wi-Fi 协议、操作系统、API 函数实现等，每家的 Wi-Fi 模块开发方式都有所不同。另一种是 8 位/16 位/32 位单片机通过串口方式与 Wi-Fi 模块一起完成整个数据采集和无线传输的功能，单片机进行数据采集和串口收发，Wi-Fi 模块完成数据的无线传输。这种方式难度最小，单片机开发者根本不用考虑 Wi-Fi 模块内部的实现细节，只需根据文档操作串口命令就能完成数据的无线传输，对 Wi-Fi 模块内部的数据传输不做处理，内部只进行数据"搬运"。因此，这种方式称为透明传输方式，也叫透传，用到的串口命令称为 AT 指令。

第一种方式，开发者的自由度最大，难度也最大，需要了解的知识也最多。比如，在 Wi-Fi 无线通信的时候，用户需要熟悉 TCP/IP 协议，熟悉 Socket 网络编程知识，在对接云服务器的时候，数据传输的协议一般采用 JSON 格式（JavaScript 对象表示法），在 Socket 传输层上要学习著名的 HTTP/HTTPS 协议，在云端需要学习 restful API 接口供客户端调用的操作法则。物联网用到消息订阅和发布机制 IBM 的 MQTT 协议，嵌入式工程师也需要学习。

1. 典型的无线 Wi-Fi / Wi-Fi & BLE 模组

以下介绍几种目前市场上常用的无线 Wi-Fi 或 Wi-Fi-BLE 模组，如图 25.4.1 所示。其性能参数如表 25.4.1 所示。

EMW3080（AB）　　　　　　EMW3166　　　　　　　EMW3239

图 25.4.1　典型的 Wi-Fi 或 Wi-Fi-BLE 模组

表 25.4.1　典型的 Wi-Fi 或 Wi-Fi & BLE 无线模组参数

项　　目	EMW3080	EMW3166	EMW3239
种类	单 Wi-Fi	单 Wi-Fi	Wi-Fi & BLE
标准	支持 802.11b/g/n	支持 802.11b/g/n	支持 802.11b/g/n
工作频段	2.4 GHz	2.4 GHz	2.4 GHz
CPU 类型	ARM CM4F	Cortex-M4 MCU	Cortex-M4 MCU
CPU 最高主频	133 MHz	100 MHz	100 MHz
RAM	256 KB	256 KB	256 KB
片内 Flash	无	1 MB	1 MB
片外 SPI Flash	2 MB	2 MB	2 MB
电源	单 3.3 V	单 3.3 V	单 3.3 V
串口 UART	2 路	2 路	2 路
I2C 通信	2 路	1 路	1 路
SPI 通信	无	1 路	1 路
SWD 调试口	1 路	1 路	1 路
加密安全芯片	EMW3080A 支持	无	无
支持天线类型	PCB 天线或外接天线	PCB 天线或外接天线	PCB 天线或外接天线
出厂固件	AT 透传固件	AT 透传固件	AT 透传固件
二次开发	支持	支持	支持

2．基于 EMW3080B AT 透传固件的 51 单片机无线传输系统

MiCO AT 透传固件是庆科公司专门为 EMW 系列无线 Wi-Fi 或 Wi-Fi & BLE 通信模组开发设计的，旨在实现本地设备与远程服务器之间的数据透明传输。透传固件支持的网络通信协议包括：Wi-Fi & BLE 无线通信协议，TCP/IP，HTTP，SSL（安全加密传输协议）。

下面介绍基于 EMW3080B 的 AT 透传固件，与 51 单片机串口通信，实现温度采集数据无线传输的系统，如图 25.4.2 所示。单片机开发者不需关心 EMW3080B 的代码细节，直接用串口发送 AT 指令实现控制。工作过程大致如下：

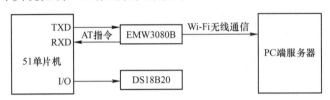

图 25.4.2　基于 EMW3080B 的温度采集无线传输系统框图

<1> 应用 51 单片机通过 AT 指令设置 EMW3080B 模块的工作模式为 STA 模式，且作为 TCP 客户端。

<2> 51 单片机通过单线控制 DS18B20 传感器进行温度采集，并通过串口将温度数据发送至 EMW3080B。

<3> 利用 EMW3080B，将温度通过无线信号发送至接收端服务器。注意：该接收端服务器采用 PC 端模拟，如可通过 TCP 测试工具模拟 TCP 服务器。EMW3080B 模块为 3.3 V 供电，模块通过 UART 串口与 51 单片机进行串口通信。在使用该 Wi-Fi 模块前，用户可以在 PC 端使用普通的串口调试工具来熟悉各种 AT 指令的操作。

下面介绍如何通过 51 单片机发送 AT 指令，控制 EMW3080B 无线 Wi-Fi 模组工作模式，实现系统温度采集的无线传输功能。

（1）PC 端启动 TCP 服务器

<1> PC 连接至 AP。PC 端通过无线方式，连接至 AP（无线路由器）名称：mxchip-rd，密码：stm32f215。

<2> 创建 PC 服务器。打开 PC 端 TCP 测试工具软件，创建一个 TCP 服务器，端口号为 4001，记下该服务器的 IP 地址（即 PC 的 IP 地址）192.168.31.38，并启动，如图 25.4.3 所示。

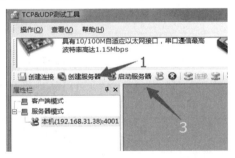

图 25.4.3　创建并启动 PC 端 TCP 服务器

（2）Wi-Fi 模块启动 STA 模式

51 单片机通过 UART 串口向 EMW3080 模块发送 AT 指令，完成网络相关配置。

<1> 进入模块的 AT 指令控制模式。指令：发送+++，返回 a 后，再发送 a；返回：+OK，

即表示已成功进入。

<2> 设置模块的 Wi-Fi 工作模式。指令：AT+WMODE=STA，即 STATION 模式。

<3> 设置模块接入 AP（无线路由）的 ssid 和 key。指令：AT+WSTA=mxchip-rd，stm32f215；返回：+OK。

<4> 设置模块的 IP 地址获取方式。指令：AT+DHCP=ON；返回：+OK，推荐自动获取 IP 地址。

<5> 打开消息通知。指令：AT+EVENT=ON；返回：+OK。

<6> 保存设置。指令：AT+SAVE；返回：+OK。

<7> 重启生效。指令：AT+REBOOT；返回：+OK，表示已设置保存成功。

<8> 查看 Wi-Fi 连接状态。重启指令发出后，返回：+EVENT=WI-FI_LINK，STATION_UP，表示联网成功。

具体的 AT 指令收发情况如图 25.4.4 所示。

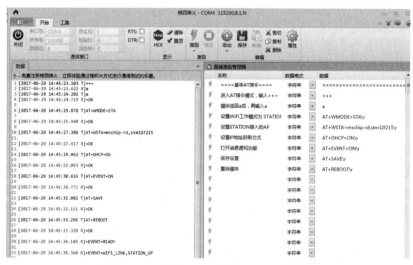

图 25.4.4　设置 Wi-Fi 模块 STA 工作模式

（3）Wi-Fi 模块创建 TCP 客户端（如图 25.4.5 所示）

图 25.4.5　创建 TCP 客户端并连接

<1> 进入模块的 AT 指令控制模式。指令：发送+++，返回 a 后，再发送 a；返回：+OK，即表示已成功进入。

　　<2> 设置通道 1 的 TCP 客户端参数。指令：AT+CON1=CLIENT，4001，192.168.24.244；返回：+OK。

　　<3> 保存设置。指令：AT+SAVE；返回：+OK。

　　<4> 重启生效。指令：AT+REBOOT；返回：+OK。

（4）Wi-Fi 模块与 PC 服务器建立 TCP 链接并通信

　　模块与 PC 端 TCP 服务器建立链接，如图 25.4.6 所示，模块重启后建立 TCP 客户端，与 PC 端已启动的 TCP 服务器自动连接。

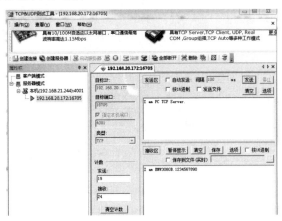

图 25.4.6　Wi-Fi 模块向 PC 端 TCP 服务器发送数据

　　<1> 在 AT 指令控制模式下，模块向 TCP 服务器发送数据。

　　进入 AT 指令控制模式，指令：发送+++，返回 a 后，再发送 a；返回：+OK，即表示已成功进入。然后发送指令：AT+SSEND=0，14；返回：+OK。

　　其中，0 代表不指定 Socket 号，有多个 Socket 连接时，也可以指定 Socket 号 2；14 代表发送的数据字符数。必须在 AT+SSEND 指令发送后的 3 s 内发送字符串"I am EMW3080B"。

　　<2> 在透传模式下，模块向 TCP 服务器发送数据。

　　首先，退出 AT 指令控制模式。指令：AT+QUIT，返回：+OK。

　　然后，直接发送字符串数据"1234567890"，如图 25.4.7 所示。

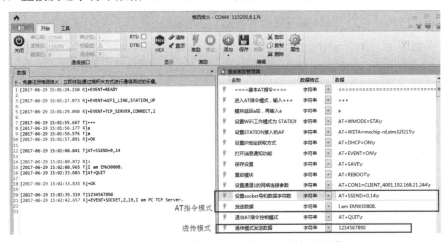

图 25.4.7　Wi-Fi 模块与 PC 端 TCP 服务器通信

（5）TCP 服务器向模块发送数据

PC 端 TCP 服务器通过发送区输入数据"I am PC TCP Server."，发送至模块。图 25.4.8 为 51 单片机温度采集无线传输系统流程。

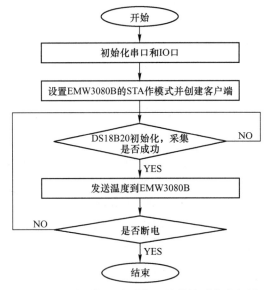

图 25.4.8　单片机温度采集无线传输系统流程图

25.5　微软 Azure 系列 IoT 物联网开发板

1. 简介

AZ3166 是上海庆科和微软联合研制的一套基于 Azure 的物联网开发套件，提供开箱即用的智能硬件解决方案，兼容 Arduino 平台，具有丰富的外围设备和传感器，可用于物联网、智能硬件的原型机开发，方便验证用户的软件和功能。AZ3166 使产品可以快速、安全地连接至 Azure 云服务平台和手机端，缩短研发周期，从而快速推向市场。AZ3166 由硬件、软件和开发者论坛等组成，包括开发板和快速连接到云服务的演示应用程序，可使用移动终端进行安全控制和操作。开发板如图 25.5.1 所示。

图 25.5.1　AZ3166 开发板

2. 硬件资源

❖ 上海庆科 EMW 低功耗、小体积 EMW3166 Wi-Fi 模块。

❖ DAP Link 仿真器。

❖ Micro USB 接口。

❖ 3.3 V DC-DC 电源，最大电流 1.5 A。

❖ 音频 Codec，带麦克风和耳机插座。

❖ OLED 黄蓝显示屏，分辨率 126×64 像素。

❖ 2 个用户按键。

❖ 1 个 RGB 五彩灯。

- ❖ 3 个工作状态指示灯。
- ❖ 安全加密芯片。
- ❖ 红外发射器。
- ❖ 加速度计和陀螺仪传感器。
- ❖ 磁场传感器。
- ❖ 大气压传感器。
- ❖ 温度、湿度传感器。
- ❖ 金手指扩展接口。

3．软件支持

使用 AZ3166 开发套件，用户将拥有 Azure 开发者门户网站的账号和进入 Azure 开发者支持服务网站的权限，包括：产品开发所需要的资料与 SDK，社区论坛，以及关于如何通过庆科的软件架构应用程序接口连接到其他云服务的内容。

Microsoft 开发者支持地址：https://microsoft.github.io/azure-iot-developer-kit/。

MXCHIP 开发者支持地址：www.mxchip.com/az3166。

北京天祥微控电子有限公司是上海庆科物联网开发板的指定代理商，销售店铺网址 http://www.txmcu.com/。

附录 A 天祥电子开发实验板简介

公司名称：北京天祥微控电子有限公司

网站：www.txmcu.com　　　　淘宝店铺：http://shop33687988.taobao.com/

电话：010-56283677　　　　　邮箱：txmcu@163.com

A.1 TX-1C 51 单片机开发板

主芯片采用 STC89C52 单片机（如图 A.1 所示），支持 USB 口 4 和串行口载程序方式，主要配置如下：

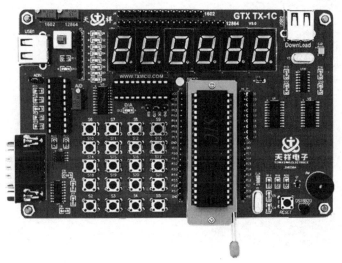

图 A.1　TX-IC 51 单片机开发板

1．6 位数码管（数码管的动态扫描及静态显示实验）。

2．8 位 LED 发光二极管（流水灯实验）。

3．MAX232 芯片 RS-232 通信接口（可作为与计算机通信的接口，也可作为 STC 单片机下载程序的接口）。

4．USB 供电系统，直接插接到计算机 USB 端口即可提供电源，不需外接直流电源。

5．蜂鸣器（做单片机发声实验）。

6．ADC0804 芯片（做模/数转换实验）。

7．DAC0832 芯片（做数/模转换实验）。

8．USB 转串行口芯片，直接由计算机 USB 口下载程序至单片机。

9．DS18B20 数字温度传感器（编程获知当前环境温度）。

10．AT24C02 I^2C 总线 E^2PROM 芯片（模拟 I^2C 传输协议）。

11．1602 字符液晶接口（可显示两行字符）。

12．12864 图形液晶接口（可显示任意汉字及图形）。

13．4×4 矩形键盘另加 4 个独立键盘（键盘检测试验）。

14. 单片机 32 个 I/O 接口全部引出，方便用户自由扩展。

15. 锁紧装置，方便主芯片的安装及卸取。

16. 建议购买 SST 仿真芯片，可直接与开发软件连接实现在线单步、全速仿真。

17. 大部分元件采用贴片封装，有效节省了系统空间。元器件采用软件选通，有极强的系统综合性。

本开发板有配套光盘，内含本开发板所有例程。可赠送单片机开发所需全部软件、全套原理图、开发板详细使用教程及郭天祥讲解的 30 小时专题视频教程。详情请浏览网站 www.txmcu.com 查看。

A.2 AVR 单片机开发板

主芯片采用 ATMEGA16A 单片机（如图 A.2 所示），支持 USB 端口、串行口、并行口 ISP 三种下载程序方式，主要配置如下：

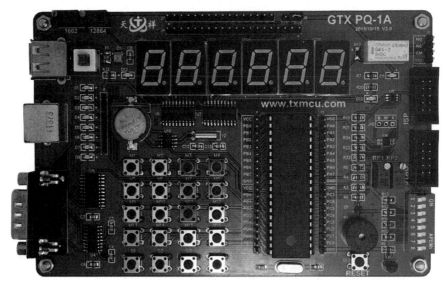

图 A.2 AVR 单片机开发板

1. 8 个发光二极管。

2. 6 位数码管。

3. 1602 字符液晶接口。

4. 12864 图形液晶接口。

5. 4×4 矩阵键盘加 4 个独立按键。

6. 8 位串行 SPI 驱动方式 D/A 芯片。

7. DS18B20 数字温度传感器。

8. I^2C 接口数字电位器。

9. 蜂鸣器。

10. 继电器。

11. UART 异步串口。

12. DS1302 时钟芯片。

13. PS2 标准键盘接口。

14. PDIUSBD12 USB 设备开发芯片。

15. uC/OS-II 操作系统移植。

16. 开发板可选配仿真模块，可直接与开发软件连接实现在线单步、全速仿真。

17. 大部分元件采用贴片封装，有效的节省了系统空间。元器件的选择采用软件选通，其有极强的系统综合性。

本开发板有配套光盘，内含所有例程，可赠送开发所需全部软件、全套原理图、开发板详细使用教程及叶大鹏讲解的 20 小时的视频教程。详情请浏览网站 www.txmcu.com 查看。

A.3 PIC 单片机开发板

本开发板（如图 A.3 所示）是天祥电子工程师综合市场上现有的多种 PIC 开发板功能之大成，结合工程师们多年项目经验，特别为 PIC 单片机爱好者研制的具有强大功能的 PIC 单片机学习用开发板。其供电和程序下载共用一根 USB 线与计算机连接，使用方便，性能稳定。其最大特点是配套有郭天祥老师讲解的数十小时的视频教程，让学习者轻松上手。

图 A.3 PIC 单片机开发板

主芯片采用 PIC16F877A 单片机，直接 USB 口下载程序。其主要功能如下：

1. 板上留有 8、14、18、20、28、40 脚的 PIC 单片机芯片插座，板载 PIC10 系列、PIC16F57 芯片插座，可以实验开发 PIC 各系列单片机。

2. 板上集成计算机 USB 端口烧写编程模块，直接通过 USB 端口向开发板上芯片烧写程序。

3. 板上具备 ICSP 接口烧写编程功能。

4. 板载外接电源接口，同时可使用计算机 USB 端口供电。

5. 单片机所有 I/O 口全部外引出，方便用户外接。

6. RS-232 串行口通信。

7. 8 路流水灯。

8. 4×4 矩阵键盘。

9. 4 个独立键盘。

10. 两路外部 A/D 转换输入，调节电位器可模拟变化的电压。

11. 6 位单体共阴极数码管。

12. 蜂鸣器。

13. 双路继电器。

14. DS18B20 数字温度传感器。

15. DS1302 时钟芯片。

16. AT24C02 存储芯片，I2C 总线控制模式。

17．93C46 存储芯片，SPI 总线控制模式。

18．DAC0832 输出控制小灯亮暗变化，并行总线控制模式。

19．红外线遥控接收。

20．PS2 接口。

21．SD 读卡器接口。

22．1602 液晶接口。

23．12864 液晶接口。

本开发板有配套光盘，内含本开发板所有例程，可赠送开发所需全部软件、全套原理图、开发板详细使用教程及郭天祥讲解的 16 小时专题视频教程。详情请浏览网站 www.txmcu.com 查看。

A.4　TX-2440A ARM9 嵌入式系统开发板

TX-2440A 嵌入式系统开发板（如图 A.6 所示）以 S3C2440 芯片作为核心处理器，采用"核心板+底板"结构，核心板为 6 层板，具有良好的稳定性和抗干扰性；底板为 2 层板，周边外设丰富，适用于各种手持设备、消费电子和工业控制设备的开发。

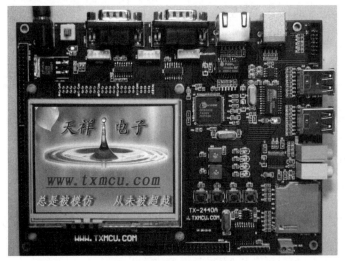

图 A.6　ARM9 嵌入式系统开发板

一、硬件资源

核心板：

1．CPU：　　　　S3C2440AL，主频 400 MHz，最高频率 533 MHz。

2．SDRAM：　　 64 MB SDRAM（可扩至 128 MB），总线频率 100 MHz。

3．NandFlash：　256 MB NandFlash（可扩至 1 GB），采用大页 Nand，提供完整驱动。

4．NorFlash：　　2 MB NorFlash。

底板：

1．DM9000 100 Mb/s 以太网接口（带连接和传输指示灯）。

2．两个三线异步串口（RS232 电平）。

3．USB Device 接口一个（用来下载程序）。

4．USB Host 接口 4 个（使用 AT43301 做 USB Hub，扩展 4 个 USB）。

5．LCD 接口（集成 4 线电阻式触摸屏，支持多种尺寸的 TFT LCD）。

6. UDA134 音频接口（立体声输入/输出）。

7. Camera 接口（标配 Camera 模块）。

8. SD 卡接口（最大支持 32 GB 的 SD 卡）。

9. AT24C02 I2C 总线接口。

10. TFDU4100 红外收发器（lrDA 1.1 传输协议）。

11. 一个标准 CAN 总线接口。

12. DS18B20 温度传感器。

13. 两路外部 A/D 转换输入。

14. 4 个发光二极管。

15. 4 个独立按键。

16. 一个蜂鸣器（由 PWM 控制）。

17. 内部 RTC 时钟源（带有后备锂电池）。

18. 14 芯 JTAG 接口（标配 JTAG 调试板）。

19. 引出部分 IO 接口和总线接口。

20. 外围通信模块接口（GPRS，GPS，蓝牙，ZigBee）。

二、软件资源

1. Bootloader：   U-Boot 1.1.6（支持大页 Nand 驱动，USB 下载程序）。
2. 操作系统内核：   Linux-2.6.31（支持开发板上所有硬件资源的驱动）。
3. 文件系统：   Yaffs2。
4. GUI：   Qtopia-4.2.4 Phone Edition（完善的手机桌面环境，可直接用于产品开发）；
                   Qt-Embedded-Linux-4.5.3（qt 基础类库，用于开发自己的图形界面）。

本开发板有配套光盘，内含本开发板所有软件的源代码，赠送全套原理图、详细的使用教程和移植手册，并配有 20 余小时的嵌入式系统专题视频教程，详情请浏览网站 www.txmcu.com 查看。

A.5 TX–51STAR 单片机综合实验箱

TX-51STAR 单片机综合实验箱（如图 A.7 所示）是在 TX-1C 学习/开发板的基础上进行的扩展，实验箱中对于 TX-1C 的元器件和摆放位置几乎没有做改动，这样用户仍然可以很方便地对照 51 单片机的视频教程对实验箱进行操作。这款产品是天祥电子综合了目前市场上的 51 单片机学习套件后，为电子爱好者量身定做的，从控制发光二极管这样简单的器件到控制 MP3、U 盘、彩色触摸屏这样复杂的器件，让大家循序渐进地学习，从而能够完全掌握单片机及 C 语言程序设计。

51STAR 单片机综合实验箱完全兼容 TX-1C 51 单片机开发板的所有功能，还扩展了以下实验功能：

1. 实验箱主芯片采用 STC89C516（51 内核，更大 1280B SRAM，64KB 程序存储空间）。

2. 铝合金外箱包装（特制铝合金外壳，方便移动和运输）。

3. PS/2 接口（用来连接 PS/2 接口的键盘和鼠标）。

4. DS1302 实时时钟（板载钮扣电池座和标准时钟晶振，用来设计精确时钟）。

5. 双路继电器（使用小电流驱动继电器，预留用户外接接口）。

6. 红外遥控接收器（可用普通遥控器当作发射装置，实现红外遥控功能）。

7. MP3 模块（采用 MP3 专用解码芯片，直接连接音箱设备实现歌曲播放）。

8. U 盘读/写模块（可实现对 U 盘文件系统的直接读取与写入）。

图 A.7 TX-51STAR 单片机综合实验箱

9．FM 收音机模块（通过按键调节接收频率，可自行设计数字收音机）。

10．SD 卡读/写模块（可实现对扇区的直接读/写与文件系统的直接读/写功能）。

11．板载 320×240 彩色触摸屏液晶（学习彩色液晶和触摸屏的工作原理）。

12．板载 12864 图形显示液晶（学习普通黑白液晶的文字显示及图片显示原理）。

13．电机模块（集 4 相步进电机、直流电机和舵机于一体）。

本开发板有配套光盘，内含本开发板所有例程，可赠送单片机开发所需全部软件、全套原理图、开发板详细使用教程及郭天祥讲解的 30 小时专题视频教程。详情请浏览网站 www.txmcu.com 查看。

附录 B　北京海克智动主要产品简介

公司名称：北京海克智动科技开发有限公司

网站：www.bjhike.com

电话：4008- 678- 095 010- 62983617

邮箱：sales@bjhike.com

地址：北京市海淀区双清路 3 号　中太大厦 6 层 36019 室

海克智动 A5 激光颗粒物浓度传感器

海克智动 B1 智能空净解决方案

海克智动 B3 工业空气质量监测仪

海克智动 C5 室内外 PM2.5 监测仪

海克智动 C7 车载激光测霾仪

B5S
PM2.5

B5W
室内外 PM2.5+WiFi

B5J
PM2.5+ 甲醛 +WiFi

B5T
PM2.5+TVOC+WiFi

B5C
PM2.5+CO₂+WiFi

海克智动 B5 激光测霾仪系列

海克智动 B7 空气通

海克智动智能环境监控系统

海克智动智能环境监控系统竖屏版

海克智动新风集控系统

海克智动 X3 智能新风控制系统　　　　海克智动 X3S 智能新风空调一体控制器

海克云设备管理系统

设备列表

智能设备智能联控

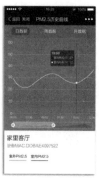

历史数据查看

微空气微信服务号

FA-260B 直吹壁挂式新风机

FA-520G 直吹柜式新风机

FA-1000G 直吹柜式新风机

参 考 文 献

[1]　Atmel Microcontroller Handbook. 2001.

[2]　宏晶科技. STC Microcontroller Handbook. 2007.

[3]　张毅刚. 新编 MCS-51 单片机应用设计. 哈尔滨：哈尔滨工业大学出版社，2003.

[4]　求是科技. 8051 系列单片机 C 程序设计. 北京：人民邮电出版社，2006.

[5]　求是科技. 单片机典型模块设计实例导航. 北京：人民邮电出版社，2004.

[6]　谭浩强. C 程序设计. 北京：清华大学出版社，1991.